普通高等教育“十二五”规划教材

·新时期大学数学信息化精品教材丛书·

丛书主编　龙爱芳　张军好

线性代数

（第三版）

张军好　余启港　欧阳露莎　主　编

科学出版社

北　京

内 容 简 介

本书是按新时期大学数学教学大纲编写，内容丰富、理论严谨、思路清晰、例题典型、方法性强，注重分析解题思路与规律，对培养和提高学生的学习兴趣以及分析问题和解决问题的能力将起到较大的作用. 全书共分6章，内容涵盖了行列式、矩阵及其运算、向量组的线性相关性、线性方程组解的结构、方阵的特征值与特征向量、二次型等. 书后附有一套线性代数综合测试题及各章习题的参考答案. 在封三扫码获取本书配套的学习辅导全文.

本书可以作为高等院校非数学专业的“线性代数”教材，也可供自学者、科技工作者、考研学生等阅读参考.

图书在版编目(CIP)数据

线性代数/张军好，余启港，欧阳露莎主编. —3版. —北京：科学出版社，2016.11

(新时期大学数学信息化精品教材丛书/龙爱芳，张军好主编)

普通高等教育“十二五”规划教材

ISBN 978-7-03-050470-8

Ⅰ. ①线… Ⅱ. ①张… ②余… ③欧… Ⅲ. ①线性代数－高等学校－教材 Ⅳ. ①O151.2

中国版本图书馆CIP数据核字(2016)第265131号

责任编辑：吉正霞 / 责任校对：王 晶

责任印制：彭 超 / 封面设计：苏 波

科学出版社 出版

北京东黄城根北街16号

邮政编码：100717

http://www.sciencep.com

武汉中科兴业印务有限公司印刷

科学出版社发行 各地新华书店经销

*

开本：B5(720×1000)

2016年11月第 三 版 印张：13 1/4

2023年 8 月第四次印刷 字数：262 000

定价：49.00元

(如有印装质量问题，我社负责调换)

《线性代数》(第三版)
编委会

主　编　张军好　余启港　欧阳露莎

副主编　夏永波　胡军浩　佘纬　李学锋　安智　谌永荣

编　委　(按姓氏笔画排序)

王丽君　孔跃东　安　智　江美英　李学锋

李浩光　何　毅　佘　纬　余启港　张军好

张国东　欧阳露莎　周基农　赵雪荣　胡军浩

胡佳义　贾小英　夏永波　郭仲凯　谌永荣

第三版前言

本书为“新时期大学数学信息化精品教材”丛书之《线性代数》，它是在《线性代数》第一版与第二版的基础之上修订而成的.

第三版是在前两版的内容丰富、理论严谨、思路清晰、例题典型、方法性强、注重分析解题思路与规律的基础之上，结合新时期大学数学教育与考研的新要求，对部分内容、理论与方法做了更合理的安排与调整，使教材能更好地满足老师的教学之用、学生的学习之用，以及考研学生的复习之用.

经过三年的教学实践，同时也参考同行与学生们的宝贵建议，我们进一步对国内外优秀的同类教材进行了深入的比较研究，在保持前两版优点、特色的基础之上，第三版更加注重教材内容的连贯性与可读性.我们主要做了以下修改：

(1) 重新编写第 2 章前 4 节内容. 2.1 节只给出了矩阵的基本概念，没有讨论矩阵的运算，把矩阵的加法、减法、数乘、乘法、乘方、转置、行列式、共轭这 8 种运算编排在 2.2 节中.把伴随矩阵与逆矩阵作为 2.3 节另外讨论.在 2.4 节只讨论了分块矩阵.这样安排把矩阵的运算与运算性质结合讨论，从而避免了前两版的 2.2 节矩阵运算内容的堆积，使读者阅读起来更方便自然.

(2) 在每章内容最后添加了近几年的一些典型考研题，这样使得教材的题型与方法更有深度与广度，从而利于考研同学们的阅读与提高.

(3) 在教材最后以附录形式给出了一套综合训练题，以检验学生对整本书的学习效果.同时对学生的线性代数的期末考试题型、难度与广度提供一个参考.

本书和前两版的内容章节编排相同，仍然共分 6 章，内容分别是 n 阶行列式、矩阵及其运算、向量组的线性相关性、线性方程组解的结构、方阵的特征值与特征向量、二次型.全书每节后有节后练习，每章后有综合练习.这些练习题都是基于我们多年的教学经验并结合历年考研线性代数试题的特点科学设计的，读者通过这些练习的训练，对消化知识、夯实基础、提高能力大有帮助.

本版的修订工作主要由张军好、余启港、夏永波负责完成，同时胡军浩、佘纬、安智、李学锋、欧阳露莎、周基农、谌永荣、江美英、胡佳义、贾小英、张国东、王丽君、郭仲凯、赵雪荣、孔跃东、李浩光、何毅等老师也提出了宝贵的意见与建议.

本书的再版得到了科学出版社的领导和同志们的支持，同时也得到了中南民族大学教务处、数学与统计学学院的支持与帮助，在此一并致谢！对于新版中存在的不足之处，欢迎广大的读者们给予批评指正，我们会为线性代数教材的建设、发展与完善不断前行！

编　者

二〇一六年十月于武昌南湖畔

第二版前言

本书为“新时期大学数学信息化精品教材”丛书之《线性代数》，它是在《线性代数》第一版基础之上修订而成.

第二版在继承了第一版的内容丰富、理论严谨、思路清晰、例题典型、方法性强、注重分析解题思路与规律的基础之上，结合了新时期大学数学教育的新要求对内容、理论与方法做了更合理的安排与整合，使之更好地满足老师的教学之用，更好地满足学生的学习之用.

经过几年的教学实践，同时也参考同行与学生们的宝贵建议，我们进一步对国内外优秀的同类教材进行了比较研究，在保持第一版优点、特色的基础之上，第二版更加注重教材内容的连贯性与可读性，我们主要做了以下修改：

(1) 减掉了一些复杂的高阶行列式的计算.因为一些复杂的高阶行列式的计算对初学者而言难度较大，学起来很吃力，所以删掉这些内容，增加了教材的可读性.

(2) 将第一版中第 4 章 4.1 节消元法解线性方程组调到第 2 章作为 2.7 节，这样有利于第 3 章向量组的线性相关性的判定与线性表示的讲解，从而教材的连贯性变得更强，老师教起来更方便，学生学起来更顺畅.

(3) 在每章后面的总练习中增加了一些考研的题型，这样有利于学习有余力和想考研的同学们阅读与提高.

本书和第一版内容章节编排相同，共分 6 章，内容分别是 n 阶行列式、矩阵及其运算、向量组的线性相关性、线性方程组解的结构、方阵的特征值与特征向量、二次型.全书每节后有相应的基本练习题，方便教学中布置课后作业；每章后还有综合练习题，这些练习是作者基于自己多年的教学经验并结合历年考研数学试题特点科学设计的，目的是给读者提供更深入的练习机会，让读者进一步消化知识、夯实基础、提高能力.

本版的修订工作主要由张军好、余启港、欧阳露莎完成.全书由张军好负责统编定稿.胡军浩、安智、余纬、李学锋、谌永荣也做了大量的具体工作.

本书的再版得到了科学出版社的领导和编辑们的支持与帮助，同时也得到了中南民族大学数学与统计学学院的支持与帮助，在此一并致谢！新版中存在的问题，欢迎广大专家、同行和读者继续给予批评指正，我们为了教材的完善会继续前行！

编　者

二〇一三年十月于武昌南湖畔

第一版前言

成功就是把复杂的事情简单做,简单的事情重复做. 把所有的问题简单化,简单到最后只剩下直奔成功.

线性代数教材建设的成功就在于如何理清知识结构,使概念更清晰明了,结论更条理统一,方法更规范合理,从而让读者学以致用.

本书编写过程中,我们采取了两点特别的措施:一是将矩阵运算与性质分离,直接给出运算公式,而对运算的众多性质,重点只讲如何发现性质和证明性质的方法;二是各种解题方法的总结,将它们都标准程序化了. 这些既是我们教学改革实践的经验总结,也是新编教材的一种尝试.

本书共 6 章,内容分别是 n 阶行列式、矩阵及其运算、向量组的线性相关性、线性方程组、方阵的特征值与特征向量、二次型. 全书每节后有相应的基本习题,方便教学中布置课后作业;每章后还有综合题,方便读者复习时练习.

本书可供高等院校文理科各专业使用,教学时数约需 48 学时. 对于学时更少的课堂,教师可删去某些结论的证明. 本书也适合各类读者自学.

本书由余启港、欧阳露莎、张军好主编,胡军浩、佘纬、李学锋任副主编.

读者对本书提出的宝贵意见和建议,以及指正书中的不足,即使是一个很微小的疏忽,也是对我们莫大的鼓励. 请读者通过电子邮箱 xxds123456@163.com 与我们联系.

编　者

二〇一〇年十月于武昌南湖畔

目　　录

第 1 章　n 阶行列式

n 阶行列式理论是线性代数中最基本的内容之一，它产生于线性方程组求解公式——克拉默(Cramer)法则，又自成体系，形成了自己的核心内容：定义、性质、计算方法. 本章重点要讲解行列式定义和计算方法——化三角形法. 学习的困难之处在于行列式的定义的理解和展开性质的应用.

1.1　二阶行列式与三阶行列式

在中学，大家学习了线性方程组的加减消元法和代入消元法求方程组的解. 例如，解二元线性方程组

$$\begin{cases}3x+4y=7; & ①\\ 5x+6y=11. & ②\end{cases}$$

就可以这样解：①×6－②×4，得

$$x=\frac{7\times6-11\times4}{3\times6-5\times4},$$

①×5－②×3，得

$$y=\frac{7\times5-11\times3}{4\times5-6\times3}=\frac{11\times3-7\times5}{3\times6-5\times4}.$$

现在的问题是，怎样记住解 x,y 的分子、分母呢？

首先，从 x,y 变形以后的分母看到 3,6,5,4 就是方程组中 x,y 的系数，因此，我们能想到规定记号

$$\begin{vmatrix}3 & 4\\ 5 & 6\end{vmatrix}\triangleq 3\times6-5\times4,$$

这样，我们就有了一种新的方法. 例如，

$$\begin{vmatrix}2 & 3\\ 4 & 5\end{vmatrix}=2\times5-4\times3=10-12=-2,$$

$$\begin{vmatrix}-3 & 2\\ 5 & 7\end{vmatrix}=(-3)\times7-5\times2=-21-10=-31.$$

其次，观察 x,y 的分子，我们看到 x 的分子

$$7\times6-11\times4=\begin{vmatrix}7 & 4\\ 11 & 6\end{vmatrix}$$

是用常数项“取代”了分母中的 x 的系数；y 的分子

$$11\times 3-7\times 5=\begin{vmatrix} 3 & 7 \\ 5 & 11 \end{vmatrix}$$

是用常数项“取代”了分母中的 y 的系数. 显然,对于一般的二元一次方程组

$$\begin{cases} a_{11}x+a_{12}y=b_1; \\ a_{21}x+a_{22}y=b_2 \end{cases}$$

的解,规定公分母为

$$\begin{vmatrix} a_{11} & a_{12} \\ a_{21} & a_{22} \end{vmatrix}=a_{11}a_{22}-a_{12}a_{21}, \tag{1.1}$$

当 $\begin{vmatrix} a_{11} & a_{12} \\ a_{21} & a_{22} \end{vmatrix}=a_{11}a_{22}-a_{12}a_{21}\neq 0$ 时,则有如下求解公式:

$$x=\frac{\begin{vmatrix} b_1 & a_{12} \\ b_2 & a_{22} \end{vmatrix}}{\begin{vmatrix} a_{11} & a_{12} \\ a_{21} & a_{22} \end{vmatrix}}=\frac{b_1a_{22}-b_2a_{12}}{a_{11}a_{22}-a_{12}a_{21}},$$

$$y=\frac{\begin{vmatrix} a_{11} & b_1 \\ a_{21} & b_2 \end{vmatrix}}{\begin{vmatrix} a_{11} & a_{12} \\ a_{21} & a_{22} \end{vmatrix}}=\frac{a_{11}b_2-b_1a_{21}}{a_{11}a_{22}-a_{12}a_{21}}.$$

同样,我们也可以运用消元法求出三元一次方程组

$$\begin{cases} a_{11}x_1+a_{12}x_2+a_{13}x_3=b_1; \\ a_{21}x_1+a_{22}x_2+a_{23}x_3=b_2; \\ a_{31}x_1+a_{32}x_2+a_{33}x_3=b_3 \end{cases}$$

的解,其公分母为

$$\begin{vmatrix} a_{11} & a_{12} & a_{13} \\ a_{21} & a_{22} & a_{23} \\ a_{31} & a_{32} & a_{33} \end{vmatrix}\triangleq a_{11}a_{22}a_{33}+a_{12}a_{23}a_{31}+a_{13}a_{21}a_{32}-a_{11}a_{23}a_{32}-a_{12}a_{21}a_{33}-a_{13}a_{22}a_{31}, \tag{1.2}$$

故可得到如下求解公式:

$$x_1=\frac{\begin{vmatrix} b_1 & a_{12} & a_{13} \\ b_2 & a_{22} & a_{23} \\ b_3 & a_{32} & a_{33} \end{vmatrix}}{\begin{vmatrix} a_{11} & a_{12} & a_{13} \\ a_{21} & a_{22} & a_{23} \\ a_{31} & a_{32} & a_{33} \end{vmatrix}},\quad x_2=\frac{\begin{vmatrix} a_{11} & b_1 & a_{13} \\ a_{21} & b_2 & a_{23} \\ a_{31} & b_3 & a_{33} \end{vmatrix}}{\begin{vmatrix} a_{11} & a_{12} & a_{13} \\ a_{21} & a_{22} & a_{23} \\ a_{31} & a_{32} & a_{33} \end{vmatrix}},\quad x_3=\frac{\begin{vmatrix} a_{11} & a_{12} & b_1 \\ a_{21} & a_{22} & b_2 \\ a_{31} & a_{32} & b_3 \end{vmatrix}}{\begin{vmatrix} a_{11} & a_{12} & a_{13} \\ a_{21} & a_{22} & a_{23} \\ a_{31} & a_{32} & a_{33} \end{vmatrix}}.$$

由以上线性方程组的求解已经看到了新的解法中，式(1.1)和式(1.2)中的记号的作用. 我们分别把这种记号称为**二阶行列式**和**三阶行列式**.

大家可能很想继续再解出 4 元，5 元，…，n 元一次方程组的解的公分母而规定 4 阶，5 阶，…，n 阶行列式. 那么，一方面，每次找公分母的工作量巨大；另一方面，由于消元法每一步只能消去一个未知量——1 元，对于一般的 n 元一次方程组，消元法难以完成.

另外，我们规定的 n 阶行列式还必须满足如下要求：n 个方程的 n 元一次方程组的解的公分母就是 n 阶系数行列式，而每个未知量的分子就是用常数项“取代”分母中它的系数而得到的 n 阶行列式.

练　习　1.1

1. 计算下列行列式：

(1) $D=\begin{vmatrix} \cos\theta & \sin\theta \\ -\sin\theta & \cos\theta \end{vmatrix}$；　　(2) $D=\begin{vmatrix} \lambda^2 & \lambda \\ 3 & 1 \end{vmatrix}$；

(3) $D=\begin{vmatrix} 1 & 2 & -4 \\ -2 & 2 & 1 \\ -3 & 4 & -2 \end{vmatrix}$；　　(4) $D=\begin{vmatrix} a & 1 & 0 \\ 1 & a & 0 \\ 4 & 1 & 1 \end{vmatrix}$.

2. 解线性方程组

$$\begin{cases} 3x_1-2x_2=12; \\ 2x_1+x_2=1. \end{cases}$$

1.2　排列及其对换

为了定义 n 阶行列式，我们先给出 n 级排列的概念.

定义 1.1　由数字 1，2，3，…，n 排成的有序数组 $i_1i_2i_3\cdots i_n$ 称为一个 n 级排列，简称为排列. 特别地，n 级排列 $123\cdots n$ 称为 **n 级自然排列或 n 级标准排列**.

对于一个 n 级排列中的两个数字，以它们在标准排列中的位置次序为“标准”给出它们在这个排列中的“序关系”如下：

定义 1.2　在一个 n 级排列 $i_1\cdots i_s\cdots i_t\cdots i_n(s<t)$ 中的两个数字 i_s, i_t，如果 $i_s>i_t$，则称它们构成一个**逆序**. 排列 $i_1i_2i_3\cdots i_n$ 中全部逆序的总个数称为排列的**逆序数**，记作 $N(i_1i_2i_3\cdots i_n)$.

例 1.1　求排列 514362 的逆序数.

解　该排列中，5 后面有 1，4，3，2，这 4 个数比 5 小；1 后面有 0 个比 1 小；4 后面有 3，2，这 2 个数比 4 小；3 后面有 2，这 1 个数比 3 小；6 后面有 2，这 1 个数比 6

小,这是全部构成逆序的数字,共有 $4+0+2+1+1=8$ 对,因此 $N(514362)=8$.

一般地,求排列的逆序数的方法如下:

对排列 $i_1i_2i_3\cdots i_n$,数出每个数字 i_t 后面比 i_t 小的数字的个数 N_t,$t=1,2,\cdots,n-1$,则 $i_1i_2i_3\cdots i_n$ 的逆序数

$$N(i_1i_2i_3\cdots i_n)=\sum_{t=1}^{n-1}N_t.$$

定义 1.3 逆序数为偶数的排列称为**偶排列**;逆序数为奇数的排列称为**奇排列**.

例如,1234 的逆序数是偶数 0,是偶排列;4123 的逆序数是奇数 3,是奇排列.

定义 1.4 在排列 $i_1\cdots i_s\cdots i_t\cdots i_n$ 中,如果对调其中两个数字 i_s 与 i_t 的位置,其他数字的位置不变,得到一个新排列 $i_1\cdots i_t\cdots i_s\cdots i_n$,称这样的变换为**对换**,记作 (i_s,i_t). 对换过程记作

$$i_1\cdots i_s\cdots i_t\cdots i_n\xrightarrow{(i_s,i_t)}i_1\cdots i_t\cdots i_s\cdots i_n.$$

如果对调的两个数字的位置是相邻的,称这样的对换为**相邻对换**.

例 1.2 将排列 52134 经对换变成标准排列 12345.

解 $52134\xrightarrow{(5,1)}12534\xrightarrow{(5,3)}12354\xrightarrow{(5,4)}12345.$

一般地,任何一个 n 级排列 $i_1i_2i_3\cdots i_n$ 都可经过一系列这种"归位"对换:第 1 位置数字与 1 对换,再对新排列中的第 2 位置数字与 2 对换……逐步将数字 k 移到第 k 位置而变成标准排列.

关于对换与排列奇偶性之间的关系,有如下性质:

性质 1.1 一次对换改变排列的奇偶性.

证 设旧排列 $\cdots i_sj_1\cdots j_pi_t\cdots$ 经过一次对换 (i_s,i_t) 变成新排列 $\cdots i_tj_1\cdots j_pi_s\cdots$ ($p=0$时表示相邻对换). 我们来考察两个排列中数字之间的序关系:仅 i_s 与 i_t 之间和 i_s,i_t 分别与 $j_1,\cdots,j_p$ 的每一个之间的序关系发生了改变,共 $2p+1$ 次. 设其中有 q_1 次是由逆序变成不是逆序,有 q_2 次是从不是逆序变成逆序,则

$$q_1+q_2=2p+1.$$

因此,新排列的逆序比旧排列的逆序增加了 q_2-q_1 个(当 $q_2<q_1$ 时是减少了 q_1-q_2 个). 而

$$q_2-q_1=q_2+q_1-2q_1=2(p-q_1)+1\quad[q_1-q_2=q_1+q_2-2q_2=2(p-q_2)+1]$$

为奇数,故新旧两个排列的逆序数的奇偶性相反,从而对换改变了排列的奇偶性.

练 习 1.2

1. 计算下列排列的逆序数,并判断排列的奇偶性:

(1) 32514;　　(2) 31524;

(3) $135\cdots(2n-1)246\cdots(2n)$.

1.3　n 阶行列式的定义

利用排列的理论，我们可以给出 n 阶行列式的定义如下：

定义 1.5　由 n^2 个数 $a_{ij}(i=1,2,\cdots,n;j=1,2,\cdots,n)$ 排成 n 行 n 列的记号

$$\begin{vmatrix} a_{11} & a_{12} & \cdots & a_{1n} \\ a_{21} & a_{22} & \cdots & a_{2n} \\ \vdots & \vdots & & \vdots \\ a_{n1} & a_{n2} & \cdots & a_{nn} \end{vmatrix}$$

称为 **n 阶行列式**. 其中 a_{ij} 表示第 i 行第 j 列位置上的数字，称为第 i 行第 j 列元素.

n 阶行列式表示所有取自不同行、不同列的 n 个数的乘积并按照如下方法带上正号或负号的代数和：每项乘积中的 n 个数按行号排成标准排列时，其列号排列的奇偶性决定该项的符号，奇排列时为负号，偶排列时为正号，即

$$\begin{vmatrix} a_{11} & a_{12} & \cdots & a_{1n} \\ a_{21} & a_{22} & \cdots & a_{2n} \\ \vdots & \vdots & & \vdots \\ a_{n1} & a_{n2} & \cdots & a_{nn} \end{vmatrix} = \sum_{j_1 j_2 \cdots j_n} (-1)^{N(j_1 j_2 \cdots j_n)} a_{1j_1} a_{2j_2} \cdots a_{nj_n}. \tag{1.3}$$

其中，求和 $\sum\limits_{j_1 j_2 \cdots j_n}$ 取遍所有 n 级排列 $j_1 j_2 \cdots j_n$；而 $(-1)^{N(j_1 j_2 \cdots j_n)} a_{1j_1} a_{2j_2} \cdots a_{nj_n}$ 称为**行列式的一般项**. 特别地，当 $n=1$ 时，规定一阶行列式 $|a_{11}|=a_{11}$.

行列式有时也简记作 $|a_{ij}|$，其值是一个数.

当 $n=2,3$ 时，按照定义 1.5 计算的 2,3 阶行列式的值与前面规定的 2,3 阶行列式值式(1.1) 和式(1.2) 正好吻合一致. 其实，n 阶行列式的定义就是从分析 2,3 阶行列式的共同规律，由特殊到一般地推广得到的.

根据 n 阶行列式的定义计算行列式将要计算 $n!$ 项，$n=4$ 时，$4!=24$；$n=5$ 时，$5!=120$. 如此多项的计算很麻烦，但当这些项中很多都等于 0，仅有少量的项不等于 0，特别仅有 1,2 项不等于 0 时，我们只需要把这些不等于 0 的项计算出来就可以了.

行列式的一般项是取自不同行、不同列的 n 个数的乘积的代数和，故只有当这 n 个数都不等于 0 时，该项才不等于 0.

例 1.3　计算 4 阶行列式

$$\begin{vmatrix} a_{11} & a_{12} & a_{13} & a_{14} \\ & a_{22} & a_{23} & a_{24} \\ & & a_{33} & a_{34} \\ & & & a_{44} \end{vmatrix}$$

(在行列式中,某些位置数字 0 不写更能反映其分布时,就不写).

解 这个行列式按定义计算时第 4 行只能取 a_{44},从而第 3 行只能取 a_{33},进而第 2 行只能取 a_{22},最后就知道第 1 行只能取 a_{11},于是,这个行列式的不等于 0 的项只能是这 4 个数字的乘积,其前显然带正号,故原行列式 $= a_{11}a_{22}a_{33}a_{44}$.

行列式中从左上角到右下角的对角线称为**主对角线**. 主对角线下(上)方数字全为 0 的行列式称为**上(下)三角形行列式**,统称为**三角形行列式**. 主对角线以外的数字全为 0 的行列式称为**对角形行列式**.

仿上例可证:三角形行列式和对角形行列式的值都等于主对角线上的数字的乘积.

行列式 $|a_{ij}|$ 的一般项还可以写成

$$(-1)^{N(i_1i_2\cdots i_n)+N(j_1j_2\cdots j_n)}a_{i_1j_1}a_{i_2j_2}\cdots a_{i_nj_n},$$

这是因为 n 个数 $a_{i_1j_1},a_{i_2j_2},\cdots,a_{i_nj_n}$ 是取自不同行不同列的,从而 $i_1i_2\cdots i_n$ 和 $j_1j_2\cdots j_n$ 分别是行号排列和列号排列. 交换乘积 $a_{i_1j_1}a_{i_2j_2}\cdots a_{i_nj_n}$ 中因子数字之间的次序,相当于对两个排列同时作相同位置上数字的对换,即对 $i_1i_2\cdots i_n$ 作 (i_s,i_t) 对换时,就对 $j_1j_2\cdots j_n$ 作 (j_s,j_t) 对换.

这样,若经过 T 次对换,将 $i_1i_2\cdots i_n$ 变成了标准排列 $12\cdots n$,则这 T 次对换相应地把 $j_1j_2\cdots j_n$ 变成了排列 $k_1k_2\cdots k_n$;根据性质 1.1,于是有

$$(-1)^{N(j_1j_2\cdots j_n)}(-1)^T=(-1)^{N(k_1k_2\cdots k_n)}.$$

又由于 $12\cdots n$ 为偶排列,则 T 的奇偶性与排列 $i_1i_2\cdots i_n$ 的奇偶性相同,于是有

$$(-1)^{N(i_1i_2\cdots i_n)}=(-1)^T,$$

进而

$$(-1)^{N(i_1i_2\cdots i_n)+N(j_1j_2\cdots j_n)}a_{i_1j_1}a_{i_2j_2}\cdots a_{i_nj_n}=(-1)^{N(k_1k_2\cdots k_n)}a_{1k_1}a_{2k_2}\cdots a_{nk_n},$$

就是行列式的一般项.

于是,我们有如下行列式的等价定义:

定义 1.5′ 定义 1.5 中的 n 阶行列式 $|a_{ij}|$ 可定义为

$$|a_{ij}|=\sum_{i_1i_2\cdots i_n}(-1)^{N(i_1i_2\cdots i_n)}a_{i_11}a_{i_22}\cdots a_{i_nn}.$$

这是一个将各项乘积中的 n 个数按列号排成标准排列,其行号排列的奇偶性确定该项的符号的定义.

于是,我们有了行列式的如下一种变形:把行列式的行与列互换,即把原来在第 i 行第 j 列位置的元素换到第 j 行第 i 列位置上去,所得到的行列式称为原来行列式的**转置行列式**,记 D 的转置行列式为 D^{T}. 例如 $D=\begin{vmatrix}2&7&6\\1&3&4\\5&-2&-1\end{vmatrix}$ 时,有

$$D^{\mathrm{T}} = \begin{vmatrix} 2 & 1 & 5 \\ 7 & 3 & -2 \\ 6 & 4 & -1 \end{vmatrix}.$$

根据行列式的两个等价定义就知道,如下性质成立:

性质 1.2　将行列式转置,行列式的值不变.

因此,在行列式中行与列的地位相同,凡是对行成立的性质,对列也同样成立.以下我们以行为例研究行列式的性质.

练　习　1.3

1. 写出 4 阶行列式 $D = |a_{ij}|_{4\times4}$ 中含 $a_{13}a_{42}$ 的项.

2. 计算下列行列式的值:

(1) $D = \begin{vmatrix} & & & \lambda_1 \\ & & \lambda_2 & \\ & \iddots & & \\ \lambda_n & & & \end{vmatrix}$;　　(2) $D = \begin{vmatrix} 2 & 0 & 1 & 1 \\ 0 & 0 & 1 & 0 \\ 2 & 0 & 3 & -1 \\ 1 & -1 & 3 & 2 \end{vmatrix}$;

(3) $D = \begin{vmatrix} -1 & 2 & 3 & 0 \\ 2 & 1 & 0 & 0 \\ 1 & 1 & 2 & 3 \\ 0 & 4 & 0 & 0 \end{vmatrix}$.

1.4　行列式的性质

为了计算行列式的值,我们有必要先研究一下将行列式变形成"好计算"的行列式.如前所述,三角形行列式就"好计算".那么如何对行列式作变形?变形后行列式的值有什么变化呢?

我们是要用行列式来表示方程组的解的,而方程组求解是用消元法.由于消元法前后方程组是"同解"的,但这时表示解的分子、分母行列式已经变形了,它们的比值却要"保持不变"——"同解".因此,可以想到:变形前后的分子之间、分母之间一定是有某些共同的规律.

消元法对方程组的变形,大致可以归结为如下三种:

(1) **换方程**,即对换方程组中两方程的位置;

(2) **倍方程**,即对某一方程两边同时乘以一个非零数;

(3) **倍方程加**,即对某一方程两边同时乘以一个数加到另一个方程上.

将这三种变形称为**方程组的初等变换**.此时,分子、分母行列式也跟着发生如下三种变形:

(1) **换行**,即交换两行的位置,记 $r_1 \leftrightarrow r_j$ 为交换第 i 行与第 j 行;

(2) **倍行**,即对某一行乘以一个非零数,记 $kr_i(k \neq 0)$ 为将第 i 行 k 倍;

(3) **倍行加**,即对某一行乘以一个数加到另一行上去,记 $r_i + kr_j$ 为将第 j 行的 k 倍加到第 i 行.

我们通常把这三种变形称为**行列式的初等行变换**.

同样,将"行"字改成"列"字,将"r"改成"c",就是**行列式的初等列变换**. 它们合称为**行列式的初等变换**.

初等变换是线性代数课程中最基本的变换,例如:

$$\begin{vmatrix} 3 & 4 & 2 \\ 1 & 4 & 5 \\ 0 & 1 & 4 \end{vmatrix} \xrightarrow{r_1 \leftrightarrow r_2} \begin{vmatrix} 1 & 4 & 5 \\ 3 & 4 & 2 \\ 0 & 1 & 4 \end{vmatrix};$$

$$\begin{vmatrix} 2 & 1 & 4 \\ 3 & 0 & 2 \\ 1 & 4 & 3 \end{vmatrix} \xrightarrow{4r_1} \begin{vmatrix} 8 & 4 & 16 \\ 3 & 0 & 2 \\ 1 & 4 & 3 \end{vmatrix};$$

$$\begin{vmatrix} 4 & 1 & 0 \\ 2 & 3 & 2 \\ 4 & 0 & 1 \end{vmatrix} \xrightarrow{c_1 - c_3} \begin{vmatrix} 4 & 1 & 0 \\ 0 & 3 & 2 \\ 3 & 0 & 1 \end{vmatrix}.$$

那么,初等变换前后的行列式值究竟发生了什么变化呢?我们有行列式的如下三个基本性质.

性质 1.3 行列式的初等行变换性质:

(1) **换行,值反号**;

(2) **倍行,倍值**;

(3) **倍行加,值不变**.

例如:

$$\begin{vmatrix} 2 & 1 & 2 \\ 1 & -4 & 1 \\ 5 & 3 & 0 \end{vmatrix} \overset{r_1 \leftrightarrow r_2}{=\!=\!=\!=} - \begin{vmatrix} 1 & -4 & 1 \\ 2 & 1 & 2 \\ 5 & 3 & 0 \end{vmatrix};$$

$$\begin{vmatrix} 1 & 4 & -3 \\ 2 & 1 & -2 \\ 1 & 1 & 4 \end{vmatrix} \overset{3r_2}{=\!=\!=} \frac{1}{3} \begin{vmatrix} 1 & 4 & -3 \\ 6 & 3 & -6 \\ 1 & 1 & 4 \end{vmatrix};$$

$$\begin{vmatrix} 2 & -1 & 4 \\ 6 & -4 & 2 \\ 0 & 1 & 5 \end{vmatrix} \overset{r_2 - 3r_1}{=\!=\!=\!=\!=} \begin{vmatrix} 2 & -1 & 4 \\ 0 & -1 & -10 \\ 0 & 1 & 5 \end{vmatrix}.$$

至此,我们只要利用行列式的初等变换性质,像解方程组时化成三角形方程组一样,把行列式化成三角形,就可以计算出行列式的值了.

例 1.4　计算行列式

$$\begin{vmatrix} 2 & 1 & 1 & 4 \\ 4 & 3 & 4 & 2 \\ 2 & 1 & 3 & 5 \\ 0 & 3 & 8 & 7 \end{vmatrix}.$$

解　利用初等变换化成三角形行列式：

$$\text{原式} \xlongequal[r_3 - r_1]{r_2 - 2r_1} \begin{vmatrix} 2 & 1 & 1 & 4 \\ 0 & 1 & 2 & -6 \\ 0 & 0 & 2 & 1 \\ 0 & 3 & 8 & 7 \end{vmatrix} \quad \begin{bmatrix} \text{① 第 1 行}(-2)\text{ 倍加到第 2 行} \\ \text{② 第 1 行}(-1)\text{ 倍加到第 3 行} \end{bmatrix}$$

$$\xlongequal{r_4 - 3r_2} \begin{vmatrix} 2 & 1 & 1 & 4 \\ 0 & 1 & 2 & -6 \\ 0 & 0 & 2 & 1 \\ 0 & 0 & 2 & 25 \end{vmatrix} \quad [\text{③ 第 2 行}(-3)\text{ 倍加到第 4 行}]$$

$$\xlongequal{r_4 - r_3} \begin{vmatrix} 2 & 1 & 1 & 4 \\ 0 & 1 & 2 & -6 \\ 0 & 0 & 2 & 1 \\ 0 & 0 & 0 & 24 \end{vmatrix} \quad [\text{④ 第 3 行}(-1)\text{ 倍加到第 4 行}]$$

$$= 2 \times 1 \times 2 \times 24 = 96.$$

现在，我们来证明性质 1.3 的(1) 和(2).

证　利用式(1.3) 来证明.

(1) 换行后，设交换了第 i 行与第 k 行($i < k$) 的行列式 D_1 按式(1.3) 计算，注意到第 i 行取第 j_k 列数字为 a_{kj_k}，而第 k 行取第 j_i 列数字为 a_{ij_i}，就得

$$D_1 = \sum_{\cdots j_k \cdots j_i \cdots} (-1)^{N(\cdots j_k \cdots j_i \cdots)} \cdots a_{kj_k} \cdots a_{ij_i} \cdots,$$

根据性质 1.1 一次对换改变排列的奇偶性知 $(-1)^{N(\cdots j_k \cdots j_i \cdots)} = -(-1)^{N(\cdots j_i \cdots j_k \cdots)}$，而乘积 $\cdots a_{kj_k} \cdots a_{ij_i} \cdots = \cdots a_{ij_i} \cdots a_{kj_k} \cdots$，又因为排列 $\cdots j_k \cdots j_i \cdots$ 与 $\cdots j_i \cdots j_k \cdots$ 是一一对应的，因此

$$D_1 = -\sum_{\cdots j_i \cdots j_k \cdots} (-1)^{N(\cdots j_i \cdots j_k \cdots)} \cdots a_{ij_i} \cdots a_{kj_k} \cdots = -D;$$

(2) 倍行后，设第 i 行 k 倍后的行列式 D_1 按式(1.3) 计算，注意到第 i 行取第 j_i 列数字为 ka_{ij_i}，就得

$$D_1 = \sum_{\cdots j_i \cdots} (-1)^{N(\cdots j_i \cdots)} \cdots (ka_{ij_i}) \cdots = k \sum_{\cdots j_i \cdots} (-1)^{N(\cdots j_i \cdots)} \cdots a_{ij_i} \cdots = kD.$$

应用中我们要计算的是原行列式 D，因此，倍行时要求倍数非零，这样 $D_1 = kD$，

$k\neq0$,才能有 $D=\frac{1}{k}D_1$,这个等式很好记:D_1 是在 D 里面某一行乘了 k 倍,从而 D_1 的外面就要乘以 $\frac{1}{k}$ 倍,才能与原来的 D 相等.

但是,另一方面,前面的证明中得到 $D_1=kD$,我们并没有利用 $k\neq0$,因此,无论因子 k 是否等于0,$D_1=kD$ 总是成立的,而这时的 k 又可看成是从 D_1 中的某一行里提取出来的公因子,这样就得到了行列式的一个非常好的性质:

性质 1.4 提取一行公因子,即可以把行列式中某一行所有元素的公因子提取出来放到行列式外面作为因子.

这个性质特别在讨论含参数的问题中,可使讨论变得简便易懂.

利用性质 1.3 的(1) 和(2) 及性质 1.4 容易得到如下三个零值行列式的结论.

性质 1.5 具有如下特征之一的行列式,其值为 0:

(1) 有一行元素全为 0;

(2) 有两行元素对应相等;

(3) 有两行元素对应成比例.

证 (1) 在原来行列式 D 的全为 0 的行乘以 2 得到的新行列式 D_1,一方面,$D_1=D$;另一方面,根据性质 1.3 的(2) 有,$D_1=2D$,故 $D=2D$,$D=0$.

(2) 交换原来行列式 D 中对应相等的这两行,得到的新行列式 D_1,一方面,$D_1=D$;另一方面,根据性质 1.3 的(1) 有 $D_1=-D$,从而 $D=-D$,故 $D=0$.

(3) 若对应成比例的比值为 k,则在原来这个行列式 D 中将比例的分子行的因子比值 k 提取出来,就得到一个新的行列式 D_1,其中原来成比例的两行数字对应相等,故由前面已证明了的(2) 知 $D_1=0$,又根据性质 1.4 可知 $D=kD_1$,得 $D=0$.

为了证明性质 1.3 的(3),人们发现了行列式的如下一种变形:拆一行,即把行列式的某一行的数字拆开成两个数字的和,分别放在两个行列式对应的位置上去,而其他行数字不变,这样得到两个行列式. 例如

$$\begin{vmatrix}4+2 & 3+7 & -2+5\\ 2 & 1 & 3\\ 1 & 3 & 4\end{vmatrix}\ \text{拆第 1 行变成}\ \begin{vmatrix}4 & 3 & -2\\ 2 & 1 & 3\\ 1 & 3 & 4\end{vmatrix}\ \text{和}\ \begin{vmatrix}2 & 7 & 5\\ 2 & 1 & 3\\ 1 & 3 & 4\end{vmatrix},$$

并且还发现如下性质:

性质 1.6 拆行拆值,即把一个行列式的某一行拆开所得到的两个行列式的值之和就等于原行列式的值.

证 还是利用式(1.3) 来证明. 这个性质就是要证明

$$\begin{vmatrix} & \vdots & \\ a_1+b_1 & a_2+b_2 & \cdots & a_n+b_n\\ & \vdots & \end{vmatrix}=\begin{vmatrix} & \vdots & \\ a_1 & a_2 & \cdots & a_n\\ & \vdots & \end{vmatrix}+\begin{vmatrix} & \vdots & \\ b_1 & b_2 & \cdots & b_n\\ & \vdots & \end{vmatrix},$$

其中未写出来的数字,在三个行列式对应的位置上是相等的,即

$$\begin{aligned}左 &= \sum_{j_1\cdots j_n}(-1)^{N(j_1\cdots j_2)}\cdots(a_i+b_i)\cdots \\ &= \sum_{j_1\cdots j_n}(-1)^{N(j_1\cdots j_2)}\cdots a_i\cdots + \sum_{j_1\cdots j_n}(-1)^{N(j_1\cdots j_2)}\cdots b_i\cdots \\ &= 右.\end{aligned}$$

现在,我们可以证明性质 1.3 的(3)了.

证　设 D 中第 i 行的 l 倍加到第 j 行上去后,得到的行列式为 D_1,我们来证明 $D_1=D$. 首先,将 D_1 中第 j 行拆开得到两个行列式 D_2 和 D_3,由性质 1.6 知 $D_1=D_2+D_3$,D_2 就是原来的 D,而 D_3 中第 j 行是第 i 行的 l 倍,即第 j 行与第 i 行成比例,故 $D_3=0$. 这样就证明了 $D_1=D$.

至此,性质 1.3 的证明完成.

前面我们已经举例说明了**计算行列式的化三角形方法**:

首先,若第 1 个对角元 a_{11} 及其下方(即第 1 列)的数字都等于 0,则行列式等于 0,否则,经过初等行变换把 a_{11} 化成非零数,并把其下方的 a_{i1} 都化成 0,$i=2,3,\cdots,n$;其次,再考虑第 2 个对角元,若第 2 个对角元 a_{22} 及其下方的数字都等于 0,则行列式的值也等于 0,否则,经过初等行变换把 a_{22} 化成非零,并把其下方的 a_{i2} 都化成 0,$i=3,\cdots,n$;接着再考虑第 3 个对角元……这样,逐步将每个对角元下方都化成了 0,行列式就化成三角形了.

如果在某步,对角元及其下方都为 0,则行列式等于 0;否则,化成了三角形行列式,由此可计算出原行列式的值.

下面我们再举几例.

规定:①每次变形对每个元素至多只能改变一次;②每次变形所做的多个初等变换按自上而下的次序.

例 1.5　计算行列式

$$D=\begin{vmatrix}0&1&2&3\\3&4&1&2\\2&3&4&1\\1&2&3&4\end{vmatrix}.$$

解

$$D \xlongequal{r_1\leftrightarrow r_4} -\begin{vmatrix}1&2&3&4\\3&4&1&2\\2&3&4&1\\0&1&2&3\end{vmatrix} \qquad (化\ a_{11}\ 为非零)$$

$$\xlongequal[r_3+(-2)r_1]{r_2+(-3)r_1} -\begin{vmatrix}1&2&3&4\\0&-2&-8&-10\\0&-1&-2&-7\\0&1&2&3\end{vmatrix} \qquad (化\ a_{11}\ 下方为零)$$

$$\xlongequal[r_4+(-1)r_2]{\substack{r_2+3r_4\\ r_3+r_2}} -\begin{vmatrix}1&2&3&4\\0&1&-2&-1\\0&0&-4&-8\\0&0&4&4\end{vmatrix} \qquad (\text{化 } a_{22} \text{ 下方为零})$$

$$\xlongequal{r_4+r_3} -\begin{vmatrix}1&2&3&4\\0&1&-2&-1\\0&0&-4&-8\\0&0&0&-4\end{vmatrix} \qquad (\text{化 } a_{33} \text{ 下方为零})$$

$$=-1\times1\times(-4)\times(-4)=-16.$$

例 1.6 计算行列式

$$D=\begin{vmatrix}2&3&2&4\\4&6&2&1\\-2&-3&1&4\\2&3&4&5\end{vmatrix}.$$

解 $D\xlongequal[r_4-r_1]{\substack{r_2-2r_1\\ r_3+r_1}}\begin{vmatrix}2&3&2&4\\0&0&-2&-7\\0&0&3&8\\0&0&2&1\end{vmatrix}\xlongequal{c_3-2c_4}\begin{vmatrix}2&3&-6&4\\0&0&12&-7\\0&0&-13&8\\0&0&0&1\end{vmatrix}$

$=0.$

例 1.7 计算 n 阶行列式

$$D=\begin{vmatrix}x&a&\cdots&a\\a&x&\ddots&\vdots\\\vdots&\ddots&\ddots&a\\a&\cdots&a&x\end{vmatrix}.$$

解 这个行列式的各行(列)元素之和相等,将它们加到一起,再相减就可以化出0.

$$D\xlongequal[j=2,3,\cdots,n]{c_1+c_j}\begin{vmatrix}x+(n-1)a&a&a&\cdots&a\\x+(n-1)a&x&a&\cdots&a\\x+(n-1)a&a&\ddots&\ddots&\vdots\\\vdots&\vdots&\ddots&\ddots&a\\x+(n-1)a&a&\cdots&a&x\end{vmatrix}$$

$$\xlongequal[i=2,3,\cdots,n]{r_i-r_1}\begin{vmatrix} x+(n-1)a & a & \cdots & a \\ & x-a & & \\ & & \ddots & \\ & & & x-a \end{vmatrix}$$

$$=[x+(n-1)a](x-a)^{n-1}.$$

这个高阶行列式计算中应用了初等变换的第一个思考途径:**同一位置**.

练　习　1.4

1. 计算下列行列式:

(1) $\begin{vmatrix} 2 & 1 & 4 & 0 \\ 3 & -1 & 2 & 2 \\ 1 & 2 & 3 & 2 \\ 5 & 0 & 6 & 2 \end{vmatrix}$;　　(2) $\begin{vmatrix} 3 & 1 & 1 & 1 \\ 1 & 3 & 1 & 1 \\ 1 & 1 & 3 & 1 \\ 1 & 1 & 1 & 3 \end{vmatrix}$;

(3) $\begin{vmatrix} 3 & 1 & -1 & 2 \\ -5 & 1 & 3 & -4 \\ 2 & 0 & 1 & -1 \\ 1 & -5 & 3 & -3 \end{vmatrix}$;　　(4) $D=\begin{vmatrix} a^2 & ab & b^2 \\ 2a & a+b & 2b \\ 1 & 1 & 1 \end{vmatrix}$.

2. 设 $D=\begin{vmatrix} a_{11} & a_{12} & a_{13} \\ a_{21} & a_{22} & a_{23} \\ a_{31} & a_{32} & a_{33} \end{vmatrix}=1$,计算

$$D_1=\begin{vmatrix} 4a_{11} & 2a_{11}-3a_{12} & a_{13} \\ 4a_{21} & 2a_{21}-3a_{22} & a_{23} \\ 4a_{31} & 2a_{31}-3a_{32} & a_{33} \end{vmatrix}.$$

3. 计算行列式

$$D=\begin{vmatrix} a & b & c & d \\ a & a+b & a+b+c & a+b+c+d \\ a & 2a+b & 3a+2b+c & 4a+3b+2c+d \\ a & 3a+b & 6a+3b+c & 10a+6b+3c+d \end{vmatrix}.$$

4. 计算 n 阶行列式

$$D=\begin{vmatrix} x & & & a \\ & x & & \\ & & \ddots & \\ a & & & x \end{vmatrix}.$$

5. 求证

$$\begin{vmatrix} ax+by & ay+bz & az+bx \\ ay+bz & az+bx & ax+by \\ az+bx & ax+by & ay+bz \end{vmatrix}=(a^3+b^3)\begin{vmatrix} x & y & z \\ y & z & x \\ z & x & y \end{vmatrix}.$$

1.5 行列式的展开性质

通过计算发现三阶行列式

$$D=\begin{vmatrix} a_{11} & a_{12} & a_{13} \\ a_{21} & a_{22} & a_{23} \\ a_{31} & a_{32} & a_{33} \end{vmatrix}$$

由式(1.2)可得

$$\begin{aligned} D &= a_{11}(a_{22}a_{33}-a_{23}a_{32})-a_{12}(a_{21}a_{33}-a_{23}a_{31})+a_{13}(a_{21}a_{32}-a_{22}a_{31}) \\ &= a_{11}\begin{vmatrix} a_{22} & a_{23} \\ a_{32} & a_{33} \end{vmatrix}-a_{12}\begin{vmatrix} a_{21} & a_{23} \\ a_{31} & a_{33} \end{vmatrix}+a_{13}\begin{vmatrix} a_{21} & a_{22} \\ a_{31} & a_{32} \end{vmatrix} \\ &= (-1)^{1+1}a_{11}\begin{vmatrix} a_{22} & a_{23} \\ a_{32} & a_{33} \end{vmatrix}+(-1)^{1+2}a_{12}\begin{vmatrix} a_{21} & a_{23} \\ a_{31} & a_{33} \end{vmatrix}+(-1)^{1+3}a_{13}\begin{vmatrix} a_{21} & a_{22} \\ a_{31} & a_{32} \end{vmatrix}. \end{aligned}$$

我们记

$$M_{11}=\begin{vmatrix} a_{22} & a_{23} \\ a_{32} & a_{33} \end{vmatrix}, \quad M_{12}=\begin{vmatrix} a_{21} & a_{23} \\ a_{31} & a_{33} \end{vmatrix}, \quad M_{13}=\begin{vmatrix} a_{21} & a_{22} \\ a_{31} & a_{32} \end{vmatrix}$$

分别称为元素 a_{11},a_{12},a_{13} 的余子式;记

$$A_{11}=(-1)^{1+1}M_{11}, \quad A_{12}=(-1)^{1+2}M_{12}, \quad A_{13}=(-1)^{1+3}M_{13}$$

分别称为元素 a_{11},a_{12},a_{13} 的代数余子式,则

$$D=a_{11}M_{11}-a_{12}M_{12}+a_{13}M_{13}=a_{11}A_{11}+a_{12}A_{12}+a_{13}A_{13},$$

即一个三阶行列式等于它的第一行数字与其代数余子式乘积之和.

仿此,我们首先引入 n 阶行列式中元素的余子式和代数余子式的概念:

定义 1.6 在 n 阶行列式 $|a_{ij}|$ 中,划去元素 a_{ij} 所在的第 i 行和第 j 列后,余下的元素按原来的相对位置排成的 $n-1$ 阶行列式称为 a_{ij} 的**余子式**,记作 M_{ij},并称 $A_{ij}=(-1)^{i+j}M_{ij}$ 为 a_{ij} 的**代数余子式**.

例如,4 阶行列式

$$\begin{vmatrix} 5 & 6 & 9 & 2 \\ -2 & 4 & x_{14} & 1 \\ 5 & 8 & 7 & 4 \\ 5 & 2 & 0 & 3 \end{vmatrix}$$

中，$a_{23}=x_{14}$ 的余子式和代数余子式分别为

$$M_{23}=\begin{vmatrix}5&6&2\\5&8&4\\5&2&3\end{vmatrix}\xlongequal[r_3-r_1]{r_2-r_1}\begin{vmatrix}5&6&2\\0&2&2\\0&-4&1\end{vmatrix}\xlongequal{r_3+2r_2}\begin{vmatrix}5&6&2\\0&2&2\\0&0&5\end{vmatrix}=50,$$

$$A_{23}=(-1)^{2+3}M_{23}=-\begin{vmatrix}5&6&2\\5&8&4\\5&2&3\end{vmatrix}=-50.$$

n 阶行列式也可以展开，即有如下重要结论：

定理 1.1　n 阶行列式 $D=|a_{ij}|$ 等于任一行的元素与其代数余子式乘积之和，即

$$D=a_{i1}A_{i1}+a_{i2}A_{i2}+\cdots+a_{in}A_{in},\ i=1,2,\cdots,n.$$

证　分三步. 第 1 步，当 $D=|a_{ij}|$ 中第 1 行除 a_{11} 外其余数字全为 0，即

$$D=\begin{vmatrix}a_{11}&0&\cdots&0\\a_{21}&a_{22}&\cdots&a_{2n}\\\vdots&\vdots&&\vdots\\a_{n1}&a_{n2}&\cdots&a_{nn}\end{vmatrix},$$

按式(1.3)，每一项都含有第 1 行的 1 个数字，当这个数字不是 a_{11} 时，这一项为 0，所以

$$D=\sum_{1j_2\cdots j_n}(-1)^{N(1j_2\cdots j_n)}a_{11}a_{2j_2}\cdots a_{nj_n}.$$

其中，$j_2,\cdots,j_n$ 取自 $2,\cdots,n$. 又因 $1j_2\cdots j_n$ 与 $(j_2-1)\cdots(j_n-1)$ 一一对应，且 $N(1j_2\cdots j_n)=N[(j_2-1)\cdots(j_n-1)]$，故

$$D=a_{11}\sum_{(j_2-1)\cdots(j_n-1)}(-1)^{N[(j_2-1)\cdots(j_n-1)]}a_{2j_2}\cdots a_{nj_n}=a_{11}\begin{vmatrix}a_{22}&\cdots&a_{2n}\\\vdots&&\vdots\\a_{2n}&\cdots&a_{nn}\end{vmatrix}$$

$$=a_{11}M_{11}=a_{11}A_{11}.$$

第 2 步，当 $D=|a_{ij}|$ 中第 i 行除 a_{ij} 外其余数字全为 0，即

$$D=\begin{vmatrix}a_{11}&\cdots&a_{1,j-1}&a_{1j}&a_{1,j+1}&\cdots&a_{1n}\\\vdots&&\vdots&\vdots&\vdots&&\vdots\\a_{i-1,1}&\cdots&a_{i-1,j-1}&a_{i-1,j}&a_{i-1,j+1}&\cdots&a_{i-1,n}\\0&&0&a_{ij}&0&&0\\a_{i+1,1}&\cdots&a_{i+1,j-1}&a_{i+1,j}&a_{i+1,j+1}&\cdots&a_{i+1,n}\\\vdots&&\vdots&\vdots&\vdots&&\vdots\\a_{n1}&\cdots&a_{n,j-1}&a_{n,j}&a_{n,j+1}&\cdots&a_{nn}\end{vmatrix},$$

将 D 中第 i 行依次与第 $i-1,i-2,\cdots,1$ 行交换后,再将第 j 列依次与 $j-1,j-2,\cdots,1$ 列交换,共经过 $(i-1)+(j-1)=i+j-2$ 次交换 D 的行和列,得

$$D=(-1)^{i+j-2}\begin{vmatrix} a_{ij} & 0 & \cdots & 0 & 0 & \cdots & 0 \\ a_{1j} & a_{11} & \cdots & a_{1,j-1} & a_{1,j+1} & \cdots & a_{1n} \\ \vdots & \vdots & & \vdots & \vdots & & \vdots \\ a_{i-1,j} & a_{i-1,1} & \cdots & a_{i-1,j-1} & a_{i-1,j+1} & \cdots & a_{i-1,n} \\ a_{i+1,j} & a_{i+1,1} & \cdots & a_{i+1,j-1} & a_{i+1,j+1} & \cdots & a_{i+1,n} \\ \vdots & \vdots & & \vdots & \vdots & & \vdots \\ a_{nj} & a_{n1} & \cdots & a_{n,j-1} & a_{n,j+1} & \cdots & a_{nn} \end{vmatrix}.$$

利用第 1 步的结果知

$$D=(-1)^{i+j-2}a_{ij}\begin{vmatrix} a_{11} & \cdots & a_{1,j-1} & a_{1,j+1} & \cdots & a_{1n} \\ \vdots & & \vdots & \vdots & & \vdots \\ a_{i-1,1} & \cdots & a_{i-1,j-1} & a_{i-1,j+1} & \cdots & a_{i-1,n} \\ a_{i+1,1} & \cdots & a_{i+1,j-1} & a_{i+1,j+1} & \cdots & a_{i+1,n} \\ \vdots & & \vdots & \vdots & & \vdots \\ a_{n1} & \cdots & a_{n,j-1} & a_{n,j+1} & \cdots & a_{nn} \end{vmatrix},$$

由于右端行列式正是 a_{ij} 在 D 中的余子式 M_{ij},并注意到 $(-1)^{i+j-2}=(-1)^{i+j}$,就得

$$D=(-1)^{i+j-2}a_{ij}M_{ij}=a_{ij}A_{ij}.$$

第 3 步,对一般的行列式 $D=|a_{ij}|$,将 D 中第 i 行拆开有

$$D=\begin{vmatrix} & & & \\ a_{i1} & 0 & \cdots & 0 \\ & & & \end{vmatrix}+\begin{vmatrix} & & & & \\ 0 & a_{i2} & 0 & \cdots & 0 \\ & & & & \end{vmatrix}+\cdots+\begin{vmatrix} & & & \\ 0 & \cdots & 0 & a_{in} \\ & & & \end{vmatrix}.$$

其中,未写出来的元素,在三个行列式对应的位置上是相等的. 利用第 2 步的结果知

$$D=a_{i1}A_{i1}+a_{i2}A_{i2}+\cdots+a_{in}A_{in},\quad i=1,2,\cdots,n.$$

例 1.8 用行列式展开方法计算行列式

$$D=\begin{vmatrix} 3 & 2 & 6 & 0 \\ 0 & 0 & 1 & 0 \\ 5 & 1 & 4 & 3 \\ 4 & 0 & 2 & 0 \end{vmatrix}.$$

解 $D=1\times(-1)^{2+3}\times\begin{vmatrix} 3 & 2 & 0 \\ 5 & 1 & 3 \\ 4 & 0 & 0 \end{vmatrix}$

$$=-4\times(-1)^{3+1}\times\begin{vmatrix}2&0\\1&3\end{vmatrix}$$

$$=-4\times 6=-24.$$

例 1.9　对于行列式

$$\begin{vmatrix}3&2&4&5\\1&4&3&3\\1&2&1&1\\2&0&3&3\end{vmatrix}$$

计算余子式的线性组合$-2M_{21}+4M_{22}-3M_{23}+3M_{24}$.

解　$-2M_{21}+4M_{22}-3M_{23}+3M_{24}$

$$=2A_{21}+4A_{22}+3A_{23}+3A_{24}$$

$$=\begin{vmatrix}3&2&4&5\\2&4&3&3\\1&2&1&1\\2&0&3&3\end{vmatrix}\xlongequal{r_2-r_4}\begin{vmatrix}3&2&4&5\\0&4&0&0\\1&2&1&1\\2&0&3&3\end{vmatrix}$$

$$=4\times(-1)^{2+2}\times\begin{vmatrix}3&4&5\\1&1&1\\2&3&3\end{vmatrix}\xlongequal[j=2,3]{r_1-r_j}4\times\begin{vmatrix}0&0&1\\1&1&1\\2&3&3\end{vmatrix}$$

$$=4\times 1\times(-1)^{1+3}\times\begin{vmatrix}1&1\\2&3\end{vmatrix}$$

$$=4\times(3-2)=4.$$

例 1.10　计算范德蒙德(Vandermonde)行列式

$$D_n=\begin{vmatrix}1&1&1&\cdots&1&1\\x_1&x_2&x_3&\cdots&x_{n-1}&x_n\\x_1^2&x_2^2&x_3^2&\cdots&x_{n-1}^2&x_n^2\\\vdots&\vdots&\vdots&&\vdots&\vdots\\x_1^{n-1}&x_2^{n-1}&x_3^{n-1}&\cdots&x_{n-1}^{n-1}&x_n^{n-1}\end{vmatrix},\quad n\geqslant 2.$$

解　在 D_n 中,从第 n 行开始,下一行减去上一行的 x_n 倍,即上一行的$(-x_n)$倍加到下一行,得

$$D_n=\begin{vmatrix}1&1&1&\cdots&1&1\\x_1-x_n&x_2-x_n&x_3-x_n&\cdots&x_{n-1}-x_n&0\\x_1(x_1-x_n)&x_2(x_2-x_n)&x_3(x_3-x_n)&\cdots&x_{n-1}(x_{n-1}-x_n)&0\\\vdots&\vdots&\vdots&&\vdots&\vdots\\x_1^{n-2}(x_1-x_n)&x_2^{n-2}(x_2-x_n)&x_3^{n-2}(x_3-x_n)&\cdots&x_{n-1}^{n-2}(x_{n-1}-x_n)&0\end{vmatrix}.$$

按第 n 列展开,并把每列的公因子(x_j-x_n)提出,得

$$D_n=1\times(-1)^{1+n}\times(x_1-x_n)(x_2-x_n)(x_3-x_n)\cdots(x_{n-1}-x_n)\times\begin{vmatrix}1&1&1&\cdots&1\\x_1&x_2&x_3&\cdots&x_{n-1}\\x_1^2&x_2^2&x_3^2&\cdots&x_{n-1}^2\\\vdots&\vdots&\vdots&&\vdots\\x_1^{n-2}&x_2^{n-2}&x_3^{n-2}&\cdots&x_{n-1}^{n-2}\end{vmatrix}$$

$$=(x_n-x_1)(x_n-x_2)(x_n-x_3)\cdots(x_n-x_{n-1})D_{n-1}.$$

注意到 D_{n-1} 比 D_n 中少了 x_n,因此 $D_2=\begin{vmatrix}1&1\\x_1&x_2\end{vmatrix}=x_2-x_1$ 就可以递推得到

$$\begin{aligned}D_n=&(x_n-x_1)(x_n-x_2)(x_n-x_3)\cdots(x_n-x_{n-1})\times\\&(x_{n-1}-x_1)(x_{n-1}-x_2)(x_{n-1}-x_3)\cdots(x_{n-1}-x_{n-2})\times\\&\cdots\cdots\times\\&(x_2-x_1)\\=&\prod_{1\leqslant j<i\leqslant n}(x_i-x_j).\end{aligned}$$

这里的记号 $\prod$ 表示全体同类因子的乘积.

上述范德蒙德行列式的计算中,我们利用了初等变换的第二个思考途径:**相邻位置**.

范德蒙德行列式的值其实很好记:就是第 2 行中所有右边数字减去左边数字之差的乘积,它在后面第 5 章特征向量性质的证明中会用到.

定理 1.1 还有一个重要推论:

推论 1.1 行列式 $D=|a_{ij}|$ 中,任一行的每个元素与另一行中同列位置的元素的代数余子式的乘积之和等于 0,即 $a_{i1}A_{j1}+a_{i2}A_{j2}+\cdots+a_{in}A_{jn}=0,i\neq j$.

证 在行列式 $D=|a_{ij}|$ 中,将第 j 行数字 $a_{j1},a_{j2},\cdots,a_{jn}$ 换成第 i 行数字 a_{i1},$a_{i2},\cdots,a_{in}$,而其余数字不变,即构造如下的行列式:

$$D_1=\begin{vmatrix}a_{11}&a_{12}&\cdots&a_{1n}\\\vdots&\vdots&&\vdots\\a_{i1}&a_{i2}&\cdots&a_{in}\\\vdots&\vdots&&\vdots\\a_{i1}&a_{i2}&\cdots&a_{in}\\\vdots&\vdots&&\vdots\\a_{n1}&a_{n2}&\cdots&a_{nn}\end{vmatrix}\begin{matrix}\\\\\longleftarrow\text{第 } i \text{ 行}\\\\\longleftarrow\text{第 } j \text{ 行}\\\\\\\end{matrix}$$

当 $i\neq j$ 时,在 D_1 中第 i 行与第 j 行相等,根据性质 1.5 的(2)知 $D_1=0$. 又将

D_1 按第 j 行展开,注意 D 和 D_1 中第 j 行数字的代数余子式是相同的,根据定理 1.1 知

$$D_1=a_{i1}A_{j1}+a_{i2}A_{j2}+\cdots+a_{in}A_{jn}.$$

这就证明了 $a_{i1}A_{j1}+a_{i2}A_{j2}+\cdots+a_{in}A_{jn}=0$.

有时,我们把定理 1.1 简称为"同行展开等于行列式本身",而把推论 1.1 简称为"异行展开等于 0".

行列式也可以按多行展开.

定义 1.7 在 n 阶行列式 $D=|a_{ij}|$ 中,任取 k 行 k 列($1\leqslant k\leqslant n$),位于这些行、列交叉处的 k^2 个数字按原来在 D 中的相对位置排成的 k 阶行列式 M,称为 D 的一个 **k 阶子式**. 划去 M 所在的行和列,余下的数字按原来的相对位置排成的 $n-k$ 阶行列式并带上符号 $(-1)^{i_1+\cdots+i_k+j_1+\cdots+j_k}$,称为 M 的**代数余子式**. 其中,$i_1\cdots i_k$ 是 M 所在的行号,$j_1\cdots j_k$ 是 M 所在的列号.

定理 1.2[拉普拉斯(Laplace)展开定理] 在 n 阶行列式 $D=|a_{ij}|$ 中,任取 k 行($1\leqslant k\leqslant n$)后,所有位于这 k 行的 k 阶子式与其代数余子式乘积之和等于 D.

证明略.

例 1.11 证明

$$\begin{vmatrix} a_{11} & \cdots & a_{1n} & 0 & \cdots & 0 \\ \vdots & & \vdots & \vdots & & \vdots \\ a_{n1} & \cdots & a_{nn} & 0 & \cdots & 0 \\ c_{11} & \cdots & c_{1n} & b_{11} & \cdots & b_{1m} \\ \vdots & & \vdots & \vdots & & \vdots \\ c_{m1} & \cdots & c_{mn} & b_{m1} & \cdots & b_{mm} \end{vmatrix} = \begin{vmatrix} a_{11} & \cdots & a_{1n} \\ \vdots & & \vdots \\ a_{n1} & \cdots & a_{nn} \end{vmatrix} \times \begin{vmatrix} b_{11} & \cdots & b_{1m} \\ \vdots & & \vdots \\ b_{m1} & \cdots & b_{mm} \end{vmatrix}.$$

证 在左端行列式中取定前 n 行,按拉普拉斯定理展开,由于只有左上角一个 n 阶行列式不等于 0,且这个子式所在行号和所在列号都是 $1,2,\cdots,n$,其和为偶数,故其代数余子式带正号,就是右下角的一个 m 阶子式,从而所证等式成立.

练 习 1.5

1. 用行列式展开方法计算行列式

$$D=\begin{vmatrix} 3 & 1 & -1 & 2 \\ -5 & 1 & 3 & -4 \\ 2 & 0 & 1 & -1 \\ 1 & -5 & 3 & -3 \end{vmatrix}.$$

2. 对于行列式

$$\begin{vmatrix} 3 & -5 & 2 & 1 \\ 1 & 1 & 0 & -5 \\ -1 & 3 & 1 & 3 \\ 2 & -4 & -1 & -3 \end{vmatrix},$$

求余子式和代数余子式的线性组合 $A_{11}+A_{12}+A_{13}+A_{14}$ 和 $M_{11}+M_{21}+M_{31}+M_{41}$.

3. 对于行列式

$$\begin{vmatrix} a_1 & a_2 & a_3 & p \\ b_1 & b_2 & b_3 & p \\ c_1 & c_2 & c_3 & p \\ d_1 & d_2 & d_3 & p \end{vmatrix},$$

计算代数余子式的线性组合 $A_{11}+A_{21}+A_{31}+A_{41}$.

4. 设

$$f(x)=\begin{vmatrix} 1 & 1 & 1 & 1 \\ -1 & 3 & 0 & x \\ 1 & 9 & 0 & x^2 \\ -1 & 27 & 0 & x^3 \end{vmatrix},$$

求方程 $f(x)=0$ 的根.

5. 用行列式展开方法计算 $2n$ 阶行列式

$$D=\begin{vmatrix} a & & & & & b \\ & \ddots & & & \iddots & \\ & & a & b & & \\ & & c & d & & \\ & \iddots & & & \ddots & \\ c & & & & & d \end{vmatrix}.$$

1.6 克拉默法则

现在,我们来证明所定义的 n 阶行列式能满足在 1.1 节最后所提出的要求.

定理 1.3(克拉默法则) 如果 n 个方程的 n 元线性方程组

$$\begin{cases} a_{11}x_1+a_{12}x_2+\cdots+a_{1n}x_n=b_1; \\ a_{21}x_1+a_{22}x_2+\cdots+a_{2n}x_n=b_2; \\ \quad\cdots\cdots \\ a_{n1}x_1+a_{n2}x_2+\cdots+a_{nn}x_n=b_n \end{cases} \tag{1.4}$$

的系数行列式

$$D=\begin{vmatrix} a_{11} & a_{12} & \cdots & a_{1n} \\ a_{21} & a_{22} & \cdots & a_{2n} \\ \vdots & \vdots & & \vdots \\ a_{n1} & a_{n2} & \cdots & a_{nn} \end{vmatrix}$$

满足条件 $D\neq 0$,则该方程组有且仅有一组解,并且这组解满足公式

$$x_j=\frac{D_j}{D},\ j=1,2,\cdots,n.$$

其中,

$$D_j=\begin{vmatrix} a_{11} & \cdots & a_{1,j-1} & b_1 & a_{1,j+1} & \cdots & a_{1n} \\ a_{21} & \cdots & a_{2,j-1} & b_2 & a_{2,j+1} & \cdots & a_{2n} \\ \vdots & & \vdots & \vdots & \vdots & & \vdots \\ a_{n1} & \cdots & a_{n,j-1} & b_n & a_{n,j+1} & \cdots & a_{nn} \end{vmatrix},$$

即 D_j 是以常数项“取代”D 中 x_j 的系数得到的行列式,称为**分子行列式**.

证 我们利用行列式展开定理 1.1 来证明.

方程组(1.4)中,从上往下对第 i 个方程两边同时乘以 A_{ij},$i=1,2,\cdots,n$,然后将所得的 n 个方程的两边全部加起来有

$$\begin{aligned} \text{左边}=&(a_{11}A_{1j}+a_{21}A_{2j}+\cdots+a_{n1}A_{nj})x_1+(a_{12}A_{1j}+a_{22}A_{2j}+\cdots+a_{n2}A_{nj})x_2 \\ &+\cdots+(a_{1n}A_{1j}+a_{2n}A_{2j}+\cdots+a_{nn}A_{nj})x_n=Dx_j, \end{aligned}$$

$$\text{右边}=b_1A_{1j}+b_2A_{2j}+\cdots+b_nA_{nj}=D_j.$$

因此,当 $D\neq 0$ 时,原方程组有且仅有一组解,且满足公式 $x_j=\dfrac{D_j}{D}$, $j=1,2,\cdots,n$.

这个证明过程中,虽然是在每个方程都乘以 A_{ij} 再相加,实际上可以看成是由于 $D\neq 0$,在 $A_{1j},A_{2j},\cdots,A_{nj}$ 中一定有非零的,用其中一个非零的 $A_{i_0 j}$ 乘第 i_0 个方程,而将其余方程两边都乘相应的 A_{ij}, $i_j\neq i_0$ 并加到第 i_0 个方程上去. 这样的初等变换过程是同解变形. 因此方程组(1.4)求解的问题转化成了 $Dx_j=D_j$, $j=1,2,\cdots,n$ 的求解问题了.

推论 1.2 如果 n 个方程的 n 元齐次线性方程组

$$\begin{cases}a_{11}x_1+a_{12}x_2+\cdots+a_{1n}x_n=0;\\a_{21}x_1+a_{22}x_2+\cdots+a_{2n}x_n=0;\\\quad\cdots\cdots\\a_{n1}x_1+a_{n2}x_2+\cdots+a_{nn}x_n=0\end{cases}\tag{1.5}$$

的系数行列式 $D=|a_{ij}|\neq0$,则只有零解.反过来说就是,如果齐次线性方程组(1.5)式有非零解,则其系数行列式 $D=|a_{ij}|=0$.

练 习 1.6

1. 方程组

$$\begin{cases}3x+4y-9=0;\\5x-7y+8=0\end{cases}$$

按克拉默法则求解的公式为

$$x=\frac{\begin{vmatrix}-9&4\\8&-7\end{vmatrix}}{\begin{vmatrix}3&4\\5&-7\end{vmatrix}},\quad y=\frac{\begin{vmatrix}3&-9\\5&8\end{vmatrix}}{\begin{vmatrix}3&4\\5&-7\end{vmatrix}},$$

对吗?

2. 方程组

$$\begin{cases}4x-3y+5=0;\\7x+2y-6=0\end{cases}$$

的解为(　　).

A. $x=\frac{\begin{vmatrix}-3&-5\\2&6\end{vmatrix}}{\begin{vmatrix}4&-3\\7&2\end{vmatrix}},y=\frac{\begin{vmatrix}4&-5\\7&6\end{vmatrix}}{\begin{vmatrix}4&-3\\7&2\end{vmatrix}}$　　B. $x=\frac{\begin{vmatrix}4&-3\\7&2\end{vmatrix}}{\begin{vmatrix}-3&-5\\2&6\end{vmatrix}},y=\frac{\begin{vmatrix}4&-3\\7&2\end{vmatrix}}{\begin{vmatrix}4&-5\\7&6\end{vmatrix}}$

C. $x=\frac{\begin{vmatrix}-3&5\\2&-6\end{vmatrix}}{\begin{vmatrix}4&-3\\7&2\end{vmatrix}},y=\frac{\begin{vmatrix}4&5\\7&-6\end{vmatrix}}{\begin{vmatrix}4&-3\\7&2\end{vmatrix}}$　　D. $x=\frac{\begin{vmatrix}-5&-3\\6&2\end{vmatrix}}{\begin{vmatrix}4&-3\\7&2\end{vmatrix}},y=\frac{\begin{vmatrix}4&-5\\7&6\end{vmatrix}}{\begin{vmatrix}4&-3\\7&2\end{vmatrix}}$

3. 设线性方程组

$$\begin{cases}kx+y+z=0;\\x+ky+z=0;\\x+y+kz=0\end{cases}$$

有非零解,求 k 的值.

历年考研试题选讲 1

本章最后再讲解若干个近年来的线性代数考研题，以供读者体会线性代数考研题的难度、深度与广度，从而对线性代数的深入学习起到一个很好的参考作用.

例 1.12(2014 年，数三)　行列式 $\begin{vmatrix} 0 & a & b & 0 \\ a & 0 & 0 & b \\ 0 & c & d & 0 \\ c & 0 & 0 & d \end{vmatrix} =$ ________.

解
$$\begin{vmatrix} 0 & a & b & 0 \\ a & 0 & 0 & b \\ 0 & c & d & 0 \\ c & 0 & 0 & d \end{vmatrix} \xlongequal{r_2 \leftrightarrow r_3} - \begin{vmatrix} 0 & a & b & 0 \\ 0 & c & d & 0 \\ a & 0 & 0 & b \\ c & 0 & 0 & d \end{vmatrix}$$
$$\xlongequal{c_1 \leftrightarrow c_3} \begin{vmatrix} b & a & 0 & 0 \\ d & c & 0 & 0 \\ 0 & 0 & a & b \\ 0 & 0 & c & d \end{vmatrix}$$
$$= \begin{vmatrix} b & a \\ d & c \end{vmatrix} \begin{vmatrix} a & b \\ c & d \end{vmatrix} = (bc-ad)(ad-bc) = -(ad-bc)^2.$$

例 1.13(2015 年，数学一)　n 阶行列式 $\begin{vmatrix} 2 & & & & 2 \\ -1 & 2 & & & 2 \\ & \ddots & \ddots & & \vdots \\ & & \ddots & 2 & 2 \\ & & & -1 & 2 \end{vmatrix} =$ ________.

解　将此行列式记为 D_n，按第一行展开得
$$D_n = 2D_{n-1} + (-1)^{n+1} \cdot 2 \cdot (-1)^{n-1} = 2D_{n-1} + 2,$$
递推得
$$\begin{aligned} D_n &= 2D_{n-1} + 2 = 2 \cdot (2D_{n-2} + 2) + 2 = 2^2 \cdot D_{n-2} + 2^2 + 2 \\ &= \cdots = 2^{n-1} \cdot D_1 + 2^{n-1} + \cdots + 2^2 + 2 \\ &\xlongequal{D_1 = 2} 2^n + 2^{n-1} + \cdots + 2^2 + 2 = 2^{n+1} - 2. \end{aligned}$$

例 1.14(2008 年，数一)　证明 n 阶行列式
$$|A| = \begin{vmatrix} 2a & 1 & & & & \\ a^2 & 2a & 1 & & & \\ & a^2 & 2a & 1 & & \\ & & \ddots & \ddots & \ddots & \\ & & & a^2 & 2a & 1 \\ & & & & a^2 & 2a \end{vmatrix} = (n+1)a^n.$$

证 利用数学归纳法证明. 记 n 阶行列式 $|A|=(n+1)a^2$ 的值为 D_n.

当 $n=1$ 时, $D_1=2a$, 命题正确;

当 $n=2$ 时, $D_2=\begin{vmatrix}2a & 1\\ a^2 & 2a\end{vmatrix}=3a^2$, 命题正确.

设 $n<k$ 时, 命题正确, 即

$$D_n=(n+1)a^n,$$

则当 $n=k$ 时, 对 D_n 按第一列展开, 则有

$$D_k=2a\begin{vmatrix}2a & 1 & & & & \\ a^2 & 2a & 1 & & & \\ & a^2 & 2a & 1 & & \\ & & \ddots & \ddots & \ddots & \\ & & & a^2 & 2a & 1\\ & & & & a^2 & 2a\end{vmatrix}_{k-1}+a^2(-1)^{2+1}\begin{vmatrix}1 & 0 & & & & \\ a^2 & 2a & 1 & & & \\ & a^2 & 2a & 1 & & \\ & & \ddots & \ddots & \ddots & \\ & & & a^2 & 2a & 1\\ & & & & a^2 & 2a\end{vmatrix}_{k-1}$$

$$=2a\cdot D_{k-1}-a^2\cdot 1\cdot(-1)^{1+1}\begin{vmatrix}2a & 1 & & & & \\ a^2 & 2a & 1 & & & \\ & a^2 & 2a & 1 & & \\ & & \ddots & \ddots & \ddots & \\ & & & a^2 & 2a & 1\\ & & & & a^2 & 2a\end{vmatrix}_{k-2}$$

$$=2aD_{k-1}-a^2D_{k-2}=2a(ka^{k-1})-a^2[(k-1)a^{k-2}]=(k+1)a^k,$$

所以, 对于 $\forall n\in N^+$ 有 $|A|=(n+1)a^n$ 成立.

习 题 1

第一部分 客观题

1. 排列 341625 的逆序数是( ).

A. 4　　B. 5　　C. 6　　D. 7

2. 行列式 $\begin{vmatrix}1 & 3 & -1 & 3\\ 0 & 2 & 0 & 3\\ 1 & 1 & 0 & 4\\ 0 & -4 & 0 & 0\end{vmatrix}$ 的值为( ).

A. 12　　B. 16　　C. -12　　D. -16

3. 若 n 阶行列式 $|a_{ij}|$ 的零元素个数大于 n^2-n, 则该行列式的值为( ).

A. -1　　B. 0　　C. 1　　D. 1 或 -1

4. 已知多项式

$$f(x)=\begin{vmatrix} x & 1 & 1 & 2 \\ 1 & x & 1 & -1 \\ 3 & 2 & x & 1 \\ 1 & 1 & 2x & 1 \end{vmatrix},$$

则 x^3 项的系数是(　　).

A. -1　　B. 1

C. 2　　D. -2

5. 6 阶行列式的项 $-a_{12}a_{25}a_{3i}a_{46}a_{5j}a_{6k}$ 中的列号 i,j,k 分别是(　　).

A. $i=3,j=4,k=1$ B. $i=1,j=3,k=4$

C. $i=4,j=1,k=3$ D. $i=3,j=1,k=4$

第二部分　解答题

1. 实数 a,b 取何值时，$\begin{vmatrix} a & b & 0 \\ -b & a & 0 \\ 1 & 0 & 1 \end{vmatrix}=0$.

2. k 为何值时，$\begin{vmatrix} k & -1 & 5 \\ 1 & k & -3 \\ 0 & k & 1 \end{vmatrix}\neq 0$.

3. 解方程 $\begin{vmatrix} 1 & 1 & 1 \\ 2 & 3 & x \\ 4 & 9 & x^2 \end{vmatrix}=0$.

4. 求下列排列的逆序数，并判断奇偶性：

(1) 645123；　　(2) $135\cdots(2n-1)(2n)(2n-2)\cdots 642$.

5. 函数 $f(x)=\begin{vmatrix} x & 2 & 1 & 0 \\ 1 & 3x & -1 & 1 \\ 3 & 4 & 2x & -2 \\ 1 & 1 & -1 & x \end{vmatrix}$ 中，x^3 项的系数是________，x^4 项的系数是________.

6. 计算下列行列式：

(1) $D=\begin{vmatrix} 1 & -1 & 2 & -3 & 1 \\ -3 & 3 & -7 & 9 & -5 \\ 2 & 0 & 4 & -2 & 1 \\ 3 & -5 & 7 & -14 & 6 \\ 4 & -4 & 10 & -10 & 2 \end{vmatrix}$；　(2) $D=\begin{vmatrix} 1823 & 823 & 23 & 3 \\ 1549 & 549 & 49 & 9 \\ 1667 & 667 & 67 & 7 \\ 1986 & 986 & 86 & 6 \end{vmatrix}$.

7. 计算下列行列式：

(1) $\begin{vmatrix} -ab & ac & ae \\ bd & -cd & de \\ bf & cf & -ef \end{vmatrix}$；　　(2) $\begin{vmatrix} 1 & a & a^2 & a^3 \\ 1 & b & b^2 & b^3 \\ 1 & c & c^2 & c^3 \\ 1 & x & x^2 & x^3 \end{vmatrix}$；

(3) $\begin{vmatrix} a & 1 & 0 & 0 \\ -1 & b & 1 & 0 \\ 0 & -1 & c & 1 \\ 0 & 0 & -1 & d \end{vmatrix}$；　　(4) $\begin{vmatrix} a & b & c & d \\ b & a & d & c \\ c & d & a & b \\ d & c & b & a \end{vmatrix}$.

8. 设 x_1, x_2, x_3 是方程 $x^3 + px + q = 0$ 的三个根，求行列式 $\begin{vmatrix} x_1 & x_2 & x_3 \\ x_2 & x_3 & x_1 \\ x_3 & x_1 & x_2 \end{vmatrix}$ 的值.

9. 计算下列行列式：

(1) $D_n = \begin{vmatrix} n & 0 & 0 & \cdots & \cdots & 0 \\ 0 & 0 & 2 & \ddots & \ddots & \vdots \\ 0 & 0 & 0 & \ddots & \ddots & \vdots \\ \vdots & \vdots & \vdots & \ddots & \ddots & 0 \\ 0 & 0 & 0 & \ddots & \ddots & n-1 \\ 0 & 1 & 0 & \cdots & \cdots & 0 \end{vmatrix}$；(2) $D_n = \begin{vmatrix} a & b & \cdots & \cdots & b \\ b & a & \ddots & \ddots & \vdots \\ \vdots & \ddots & \ddots & \ddots & \vdots \\ \vdots & \ddots & \ddots & \ddots & b \\ b & \cdots & \cdots & b & a \end{vmatrix}$；

(3) $D_{n+1} = \begin{vmatrix} a_1^n & a_1^{n-1}b_1 & a_1^{n-2}b_1^2 & \cdots & a_1 b_1^{n-1} & b_1^n \\ a_2^n & a_2^{n-1}b_2 & a_2^{n-2}b_2^2 & \cdots & a_2 b_2^{n-1} & b_2^n \\ \vdots & \vdots & \vdots & & \vdots & \vdots \\ a_{n+1}^n & a_{n+1}^{n-1}b_{n+1} & a_{n+1}^{n-2}b_{n+1}^2 & \cdots & a_{n+1} b_{n+1}^{n-1} & b_{n+1}^n \end{vmatrix}$(提示：提取公因式后转化为范德蒙德行列式).

10. 用克拉默法则解下列方程组：

(1) $\begin{cases} x_1 + x_2 + x_3 + x_4 = 5; \\ x_1 + 2x_2 - x_3 + 4x_4 = -2; \\ 2x_1 - 3x_2 - x_3 - 5x_4 = -2; \\ 3x_1 + x_2 + 2x_3 + 11x_4 = 0; \end{cases}$

(2) $\begin{cases} 2x_1 + x_2 - 5x_3 + x_4 = 8; \\ x_1 - 3x_2 - 6x_4 = 9; \\ 2x_2 - x_3 + 2x_4 = -5; \\ x_1 + 4x_2 - 7x_3 + 6x_4 = 0. \end{cases}$

11. 求一个二次多项式 $f(x)$，使得 $f(-3)=28, f(2)=3, f(1)=0$.

12. λ 取何值时，齐次线性方程组

$$\begin{cases}(1-\lambda)x_1-2x_2+4x_3=0;\\2x_1+(3-\lambda)x_2+x_3=0;\\x_1+x_2+(1-\lambda)x_3=0\end{cases}$$

有非零解？

第 2 章 矩阵及其运算

矩阵是数学中的一个重要内容，它是继数值这个运算对象之后，人们研究的又一个新的运算对象，也是处理线性模型的重要工具. 矩阵的运算，到目前为止，人们已经研究了几十种. 在本课程中，我们学习其中的 10 种运算，包括加法、减法、数乘、乘法、乘方、转置、共轭、方阵求行列式、伴随和求逆. 学习矩阵运算，重点有矩阵运算的条件和性质两方面. 而运算需要的条件和数值运算是大不相同的. 本章还将学习矩阵变形——初等变换的技巧. 这和矩阵运算是同等重要的. 在本章最后，我们还要介绍矩阵的秩——这个重要概念是矩阵应用中的重要工具.

2.1 矩阵的概念

定义 2.1 由 $m\times n$ 个数 a_{ij} , $i=1,2,\cdots,m;j=1,2,\cdots,n$ 排成的 m 行 n 列的矩形数据表，称为一个 **m 行 n 列矩阵**，简称为 **$m\times n$ 型矩阵**. 通常用圆括号或方括号括起来表示. 矩阵数表是一个整体，并用大写字母表示，即 $m\times n$ 型矩阵 $\boldsymbol{A}$ 表示为

$$\boldsymbol{A}=\begin{pmatrix} a_{11} & a_{12} & \cdots & a_{1n} \\ a_{21} & a_{22} & \cdots & a_{2n} \\ \vdots & \vdots & & \vdots \\ a_{m1} & a_{m2} & \cdots & a_{mn} \end{pmatrix}.$$

位于矩阵 $\boldsymbol{A}$ 的第 i 行第 j 列的数 a_{ij}，称为 $\boldsymbol{A}$ 的 **(i,j)元素**，简称 **(i,j)元**. 以 a_{ij} 为(i,j)元的矩阵可简记作(a_{ij}). $m\times n$ 型矩阵 $\boldsymbol{A}$ 也记作 $\boldsymbol{A}_{m\times n}$ 或 $\underset{m\times n}{\boldsymbol{A}}$. 当 $m=n$ 时，$n\times n$型矩阵 $\boldsymbol{A}$ 也称为 **n 阶方阵**，记作 $\boldsymbol{A}_n$.

元素为实数的矩阵称为**实矩阵**，元素为复数的矩阵称为**复矩阵**. 本书所讨论的矩阵除特别说明外，都指实矩阵.

两个矩阵的行数相等，列数也相等时，称为**同型矩阵**. 若两个矩阵 $\boldsymbol{A}$ 与 $\boldsymbol{B}$ 是同型矩阵，且它们的对应元素都相等，则称这两个矩阵 $\boldsymbol{A}$ 与 $\boldsymbol{B}$ 相等，记作 $\boldsymbol{A}=\boldsymbol{B}$.

零矩阵：元素全为 0 的矩阵称为零矩阵，记作 $\boldsymbol{O}$. 要注意，不同型的零矩阵是不同的.

三角矩阵：

(1) **上三角矩阵** 对角线以下元素都为 0 的方阵

$$A=\begin{pmatrix} a_{11} & a_{12} & \cdots & a_{1n} \\ 0 & a_{22} & \ddots & \vdots \\ \vdots & \ddots & \ddots & a_{n-1n} \\ 0 & \cdots & 0 & a_{nn} \end{pmatrix};$$

(2) **下三角矩阵** 对角线以上元素都为 0 的方阵

$$A=\begin{pmatrix} a_{11} & 0 & \cdots & 0 \\ a_{21} & a_{22} & \ddots & \vdots \\ \vdots & \ddots & \ddots & 0 \\ a_{n1} & \cdots & a_{nn-1} & a_{nn} \end{pmatrix}.$$

对角矩阵:不在对角线上的元素都为 0 的方阵称为对角矩阵,通常用 $\boldsymbol{\Lambda}$ 表示,即

$$\boldsymbol{\Lambda}=\begin{pmatrix} \lambda_1 & & & \\ & \lambda_2 & & \\ & & \ddots & \\ & & & \lambda_n \end{pmatrix},$$

通常也可记作为 $\boldsymbol{\Lambda}=\mathrm{diag}(\lambda_1,\lambda_2,\cdots,\lambda_n)$,

其中非对角线元素都为 0,这与对角行列式的结构是类似的.

数量矩阵:对角线元素都相等的对角矩阵称为数量矩阵,有时也称为纯量矩阵,即

$$\boldsymbol{\Lambda}=\mathrm{diag}(\lambda,\lambda,\cdots,\lambda)=\begin{pmatrix} \lambda & & & \\ & \lambda & & \\ & & \ddots & \\ & & & \lambda \end{pmatrix}.$$

单位矩阵:对角线元素都为 1 的纯量矩阵称为单位矩阵,n 阶单位矩阵一般时用 $\boldsymbol{E}_n$ 或 $\boldsymbol{I}_n$ 表示. 即

$$\boldsymbol{E}_n=\boldsymbol{I}_n=\mathrm{diag}(1,1,\cdots,1)=\begin{pmatrix} 1 & & & \\ & 1 & & \\ & & \ddots & \\ & & & 1 \end{pmatrix}.$$

在不引起混淆的前提下,n 阶单位矩阵也可简记为 $\boldsymbol{E}$ 或 $\boldsymbol{I}$.

显然,数量矩阵是一种特殊的对角矩阵. 而单位矩阵是一种特殊的数量矩阵.

行矩阵:只有一行的矩阵($m=1$ 的 $m\times n$ 型矩阵)

$$\boldsymbol{A}=(a_1\ a_2 \cdots\ a_n)$$

称为行矩阵,又称为 n 维行向量. 为了避免元素间的混淆,元素间用逗号隔开,即行矩阵可记为

$$\mathbf{A}=(a_1,a_2,\cdots,a_n).$$

列矩阵:只有一列的矩阵($n=1$ 的 $m\times n$ 型矩阵)

$$\mathbf{B}=\begin{pmatrix} b_1 \\ b_2 \\ \vdots \\ b_m \end{pmatrix}$$

称为列矩阵,又称为 m 维列向量.

一阶方阵:$\mathbf{A}_{1\times 1}=(a_{11})_{1\times 1}=a_{11}$,即一阶方阵就等于数 a_{11} 本身.

根据第 1 章中的一阶行列式的定义可知,一阶方阵 $(a_{11})_{1\times 1}$ 与一阶行列式 $|a_{11}|_1$ 都等于数 a_{11} 本身,即 $(a_{11})_{1\times 1}=|a_{11}|_1=a_{11}$.

矩阵在现实生活中有着非常广泛的应用,下面举两例说明.

例 2.1 某厂向 3 个商店发送 4 种产品的数量可以列成矩阵

$$\mathbf{A}=\begin{pmatrix} a_{11} & a_{12} & a_{13} & a_{14} \\ a_{21} & a_{22} & a_{23} & a_{24} \\ a_{31} & a_{32} & a_{33} & a_{34} \end{pmatrix},$$

其中,a_{ij} 为工厂向第 i 个店发送第 j 种产品的数量($i=1,2,3;j=1,2,3,4$).

例 2.2 n 个变量 $x_1,x_2,\cdots,x_n$ 与 m 个变量 $y_1,y_2,\cdots,y_m$ 之间的关系式

$$\begin{cases} y_1=a_{11}x_1+a_{12}x_2+\cdots+a_{1n}x_n; \\ y_2=a_{21}x_1+a_{22}x_2+\cdots+a_{2n}x_n; \\ \qquad\cdots\cdots \\ y_m=a_{m1}x_1+a_{m2}x_2+\cdots+a_{mn}x_n, \end{cases}$$

表示一个从变量 $x_1,x_2,\cdots,x_n$ 到变量 $y_1,y_2,\cdots,y_m$ 的**线性变换**,其中 a_{ij} 为常数.

以上线性变换中的系数 a_{ij} 可以构成矩阵

$$\mathbf{A}=(a_{ij})_{m\times n}=\begin{pmatrix} a_{11} & a_{12} & \cdots & a_{1n} \\ a_{21} & a_{22} & \cdots & a_{2n} \\ \vdots & \vdots & & \vdots \\ a_{m1} & a_{m2} & \cdots & a_{mn} \end{pmatrix},$$

称为从变量 $x_1,x_2,\cdots,x_n$ 到变量 $y_1,y_2,\cdots,y_m$ 的线性变换系数矩阵.

练 习 2.1

1. 写出下列线性变换系数矩阵 $\mathbf{A}$:

(1) $\begin{cases} y_1=x_1+x_2; \\ y_2=x_1-x_2; \end{cases}$　　(2) $\begin{cases} y_1=x_1+x_2-2x_3; \\ y_2=-3x_1-x_2+x_3; \\ y_3=2x_1-3x_2; \end{cases}$

(3) $\begin{cases} y_1 = x_1; \\ y_2 = x_2; \\ y_3 = x_3; \end{cases}$　　　(4) $\begin{cases} a = x + y - z; \\ b = 3x - y + 2z; \\ c = 2x - 3y + z; \\ d = x - y + 4z. \end{cases}$

2.2　矩阵的运算

在 2.1 节中，我们介绍了矩阵的概念以及一些特殊矩阵，本节我们讨论矩阵的运算，其中包括加法与减法运算、数乘运算、乘法运算、方阵求幂运算、矩阵的转置运算、方阵的行列式运算以及复数矩阵的共轭运算. 关于方阵求伴随运算与求逆运算我们将在 2.3 节中讨论.

2.2.1　矩阵的加法与减法运算

定义 2.2　设两个 $m \times n$ 型矩阵 $\boldsymbol{A} = (a_{ij})_{m \times n}$ 和 $\boldsymbol{B} = (b_{ij})_{m \times n}$，那么矩阵 $\boldsymbol{A}$ 与 $\boldsymbol{B}$ 的和与差分别记作 $\boldsymbol{A} + \boldsymbol{B}$ 与 $\boldsymbol{A} - \boldsymbol{B}$，规定如下：

$$\boldsymbol{A} + \boldsymbol{B} = \begin{pmatrix} a_{11} + b_{11} & a_{12} + b_{12} & \cdots & a_{1n} + b_{1n} \\ a_{21} + b_{21} & a_{22} + b_{22} & \cdots & a_{2n} + b_{2n} \\ \vdots & \vdots & & \vdots \\ a_{m1} + b_{m1} & a_{m2} + b_{m2} & \cdots & a_{mn} + b_{mn} \end{pmatrix},$$

$$\boldsymbol{A} - \boldsymbol{B} = \begin{pmatrix} a_{11} - b_{11} & a_{12} - b_{12} & \cdots & a_{1n} - b_{1n} \\ a_{21} - b_{21} & a_{22} - b_{22} & \cdots & a_{2n} - b_{2n} \\ \vdots & \vdots & & \vdots \\ a_{m1} - b_{m1} & a_{m2} - b_{m2} & \cdots & a_{mn} - b_{mn} \end{pmatrix}.$$

注意：$\boldsymbol{A}$ 与 $\boldsymbol{B}$ 能够相加、减的前提条件是 $\boldsymbol{A}$ 与 $\boldsymbol{B}$ 必须是同型矩阵.

设矩阵 $\boldsymbol{A} = (a_{ij})_{m \times n}$，记

$$-\boldsymbol{A} = (-a_{ij})_{m \times n},$$

称 $-\boldsymbol{A}$ 为 $\boldsymbol{A}$ 的负矩阵，即 $-\boldsymbol{A}$ 为 $\boldsymbol{A}$ 中的元素都取相反数所得矩阵.

例如

$$\begin{pmatrix} 2 & 3 \\ 5 & 7 \end{pmatrix} + \begin{pmatrix} 3 & 4 \\ 1 & 0 \end{pmatrix} = \begin{pmatrix} 2+3 & 3+4 \\ 5+1 & 7+0 \end{pmatrix} = \begin{pmatrix} 5 & 7 \\ 6 & 7 \end{pmatrix},$$

$$\begin{pmatrix} 1 & 2 \\ 4 & 3 \\ 2 & -1 \end{pmatrix} - \begin{pmatrix} 3 & -3 \\ 2 & 4 \\ 1 & 2 \end{pmatrix} = \begin{pmatrix} 1-3 & 2-(-3) \\ 4-2 & 3-4 \\ 2-1 & -1-2 \end{pmatrix} = \begin{pmatrix} -2 & 5 \\ 2 & -1 \\ 1 & -3 \end{pmatrix},$$

$$-\begin{pmatrix} 1 & 2 \\ 3 & 4 \end{pmatrix} = \begin{pmatrix} -1 & -2 \\ -3 & -4 \end{pmatrix}.$$

根据上面的讨论,矩阵的加法与减法运算满足以下运算规律(设 $\boldsymbol{A},\boldsymbol{B},\boldsymbol{C}$ 是同型矩阵):

(1) $\boldsymbol{A}+\boldsymbol{B}=\boldsymbol{B}+\boldsymbol{A}$;(加法交换律)

(2) $(\boldsymbol{A}+\boldsymbol{B})+\boldsymbol{C}=\boldsymbol{A}+(\boldsymbol{B}+\boldsymbol{C})$;(加法结合律)

(3) $\boldsymbol{A}-\boldsymbol{B}=\boldsymbol{A}+(-\boldsymbol{B})$;

(4) $\boldsymbol{A}-\boldsymbol{A}=\boldsymbol{A}+(-\boldsymbol{A})=\boldsymbol{O}$.

2.2.2 数与矩阵相乘(矩阵的数乘运算)

定义 2.3 数 k 与矩阵 $\boldsymbol{A}=(a_{ij})_{m\times n}$ 的乘积记作 $k\boldsymbol{A}$ 或 $\boldsymbol{A}k$,规定如下:

$$k\boldsymbol{A}=\boldsymbol{A}k=k\,(a_{ij})_{m\times n}=(ka_{ij})_{m\times n}=\begin{pmatrix} ka_{11} & ka_{12} & \cdots & ka_{1n} \\ ka_{21} & ka_{22} & \cdots & ka_{2n} \\ \vdots & \vdots & & \vdots \\ ka_{m1} & ka_{m2} & \cdots & ka_{mn} \end{pmatrix}.$$

例如

$$-5\begin{pmatrix} 2 & 3 & 4 \\ -3 & 1 & 0 \end{pmatrix}=\begin{pmatrix} -5\times 2 & -5\times 3 & -5\times 4 \\ -5\times(-3) & -5\times 1 & -5\times 0 \end{pmatrix}=\begin{pmatrix} -10 & -15 & -20 \\ 15 & -5 & 0 \end{pmatrix}.$$

矩阵的数乘运算满足以下运算规律(其中 λ,μ,k 为数):

(1) $(\lambda\mu)\boldsymbol{A}=\lambda(\mu\boldsymbol{A})=\mu(\lambda\boldsymbol{A})$;

(2) $(\lambda+\mu)\boldsymbol{A}=\lambda\boldsymbol{A}+\mu\boldsymbol{A}$;

(3) $\lambda(\boldsymbol{A}+\boldsymbol{B})=\lambda\boldsymbol{A}+\lambda\boldsymbol{B}$;

(4) $0\times\boldsymbol{A}=\boldsymbol{O},k\times\boldsymbol{O}=\boldsymbol{O}$;

(5) $1\times\boldsymbol{A}=\boldsymbol{A},(-1)\times\boldsymbol{A}=-\boldsymbol{A}$.

例 2.3 设

$$\boldsymbol{A}=\begin{pmatrix} 2 & 0 & 2 \\ 2 & 2 & 0 \\ 0 & 4 & 4 \end{pmatrix},\quad \boldsymbol{B}=\begin{pmatrix} 2 & 2 & 3 \\ 0 & 1 & 1 \\ 2 & -1 & 1 \end{pmatrix},$$

解矩阵方程 $3\boldsymbol{A}+4\boldsymbol{X}=2\boldsymbol{B}+2\boldsymbol{X}$.

解 移项化简得

$$2\boldsymbol{X}=2\boldsymbol{B}-3\boldsymbol{A},$$

故

$$\begin{aligned}\boldsymbol{X}&=\frac{1}{2}(2\boldsymbol{B}-3\boldsymbol{A})\\&=\frac{1}{2}\left(2\begin{pmatrix} 2 & 2 & 3 \\ 0 & 1 & 1 \\ 2 & -1 & 1 \end{pmatrix}-3\begin{pmatrix} 2 & 0 & 2 \\ 2 & 2 & 0 \\ 0 & 4 & 4 \end{pmatrix}\right)\end{aligned}$$

$$=\frac{1}{2}\begin{pmatrix}-2&4&0\\-6&-4&2\\4&-14&-10\end{pmatrix}=\begin{pmatrix}-1&2&0\\-3&-2&1\\2&-7&-5\end{pmatrix}.$$

2.2.3 矩阵与矩阵相乘(矩阵的乘法运算)

定义 2.4 设 $\boldsymbol{A}=(a_{ij})$是一个 $m\times s$ 型矩阵，$\boldsymbol{B}=(b_{ij})$是一个 $s\times n$ 型矩阵，那么规定矩阵 $\boldsymbol{A}$ 与矩阵 $\boldsymbol{B}$ 的乘积是一个 $m\times n$ 型矩阵 $\boldsymbol{C}=(c_{ij})_{m\times n}$，其中 $\boldsymbol{C}$ 的第 i 行第 j 列元素 c_{ij} 等于 $\boldsymbol{A}$ 的第 i 行元素与 $\boldsymbol{B}$ 的第 j 列元素对应之积之和，即

$$c_{ij}=a_{i1}b_{1j}+a_{i2}b_{2j}+\cdots+a_{is}b_{sj}=\sum_{k=1}^{s}a_{ik}b_{kj},\quad i=1,2,3,\cdots,m;j=1,2,3,\cdots,n,$$

并把此乘积记为

$$\boldsymbol{C}=\boldsymbol{AB}.$$

根据以上两个矩阵乘积的定义，我们再强调以下两点：

(1) 只有当矩阵 $\boldsymbol{A}$ 的列数与矩阵 $\boldsymbol{B}$ 的行数相等时，$\boldsymbol{AB}$ 才有意义；

(2) $\boldsymbol{A}_{m\times s}\boldsymbol{B}_{s\times n}=\boldsymbol{C}_{m\times n}$(注意矩阵类型的对应).

例 2.4 设矩阵

$$\boldsymbol{A}=\begin{pmatrix}2&3&-2\\1&4&7\end{pmatrix},\boldsymbol{B}=\begin{pmatrix}3&1\\-2&3\\7&-2\end{pmatrix},$$

求矩阵乘积 $\boldsymbol{AB}$ 与 $\boldsymbol{BA}$.

解

$$\boldsymbol{AB}=\begin{pmatrix}2&3&-2\\1&4&7\end{pmatrix}\begin{pmatrix}3&1\\-2&3\\7&-2\end{pmatrix}$$

$$=\begin{pmatrix}2\times3+3\times(-2)+(-2)\times7 & 2\times1+3\times3+(-2)\times(-2)\\1\times3+4\times(-2)+7\times7 & 1\times1+4\times3+7\times(-2)\end{pmatrix}$$

$$=\begin{pmatrix}-14&15\\44&-1\end{pmatrix};$$

$$\boldsymbol{BA}=\begin{pmatrix}3&1\\-2&3\\7&-2\end{pmatrix}\begin{pmatrix}2&3&-2\\1&4&7\end{pmatrix}$$

$$=\begin{pmatrix}3\times2+1\times1 & 3\times3+1\times4 & 3\times(-2)+1\times7\\(-2)\times2+3\times1 & (-2)\times3+3\times4 & (-2)\times(-2)+3\times7\\7\times2+(-2)\times1 & 7\times3+(-2)\times4 & 7\times(-2)+(-2)\times7\end{pmatrix}$$

$$=\begin{pmatrix}7&13&1\\-1&6&25\\12&13&-28\end{pmatrix}.$$

例 2.5 设矩阵

$$\boldsymbol{A}=\begin{pmatrix}-2 & 4\\ 1 & -2\end{pmatrix},\quad \boldsymbol{B}=\begin{pmatrix}2 & 4\\ -3 & -6\end{pmatrix},$$

求矩阵乘积 $\boldsymbol{AB}$ 与 $\boldsymbol{BA}$.

解 $\boldsymbol{AB}=\begin{pmatrix}-2 & 4\\ 1 & -2\end{pmatrix}\begin{pmatrix}2 & 4\\ -3 & -6\end{pmatrix}=\begin{pmatrix}-16 & -32\\ 8 & 16\end{pmatrix}$,

$$\boldsymbol{BA}=\begin{pmatrix}2 & 4\\ -3 & -6\end{pmatrix}\begin{pmatrix}-2 & 4\\ 1 & -2\end{pmatrix}=\begin{pmatrix}0 & 0\\ 0 & 0\end{pmatrix}=\boldsymbol{O}.$$

在例 2.4 中,$\boldsymbol{A}$ 是 2×3 型矩阵,$\boldsymbol{B}$ 是 3×2 型矩阵,$\boldsymbol{AB}$ 与 $\boldsymbol{BA}$ 都有意义,但$\boldsymbol{AB}\neq\boldsymbol{BA}$. 在例 2.5 中,$\boldsymbol{A}$ 与 $\boldsymbol{B}$ 都是 2 阶方阵,但 $\boldsymbol{AB}$ 与 $\boldsymbol{BA}$ 也不相等,由此可知,在矩阵的乘法中,必须注意矩阵相乘的左右顺序. $\boldsymbol{AB}$ 是 $\boldsymbol{A}$ 左乘 $\boldsymbol{B}$($\boldsymbol{B}$ 右乘 $\boldsymbol{A}$),$\boldsymbol{BA}$ 是 $\boldsymbol{A}$ 右乘 $\boldsymbol{B}$($\boldsymbol{B}$ 左乘 $\boldsymbol{A}$),当 $\boldsymbol{AB}$ 有意义时,$\boldsymbol{BA}$ 不一定有意义. 即便 $\boldsymbol{AB}$ 与 $\boldsymbol{BA}$ 都有意义,二者也不一定相等. 总之,矩阵的乘法不满足交换律,即在一般情况下,$\boldsymbol{AB}\neq\boldsymbol{BA}$.

如果两个 n 阶方阵 $\boldsymbol{A}$,$\boldsymbol{B}$ 满足 $\boldsymbol{AB}=\boldsymbol{BA}$,则称方阵 $\boldsymbol{A}$ 与 $\boldsymbol{B}$ 是可交换的.

由例 2.5 还可以看出,矩阵 $\boldsymbol{A}\neq\boldsymbol{O}$,$\boldsymbol{B}\neq\boldsymbol{O}$,但是 $\boldsymbol{BA}=\boldsymbol{O}$. 这就提醒读者要特别注意:若有两个矩阵 $\boldsymbol{A}$,$\boldsymbol{B}$ 满足 $\boldsymbol{AB}=\boldsymbol{O}$,不能得出 $\boldsymbol{A}=\boldsymbol{O}$ 或 $\boldsymbol{B}=\boldsymbol{O}$ 的结论;若 $\boldsymbol{A}\neq\boldsymbol{O}$ 而 $\boldsymbol{A}(\boldsymbol{X}-\boldsymbol{Y})=\boldsymbol{O}$,也不能得到 $\boldsymbol{X}=\boldsymbol{Y}$ 的结论. 总之,矩阵的乘法不满消去律.

矩阵的乘法虽然不满足交换律与消去律,但仍然满足下列结合律与分配律(假设运算都是可行的):

(1) $(\boldsymbol{AB})\boldsymbol{C}=\boldsymbol{A}(\boldsymbol{BC})$;

(2) $\lambda(\boldsymbol{AB})=(\lambda\boldsymbol{A})\boldsymbol{B}=\boldsymbol{A}(\lambda\boldsymbol{B})$(其中 λ 为数);

(3) $\boldsymbol{A}(\boldsymbol{B}+\boldsymbol{C})=\boldsymbol{AB}+\boldsymbol{AC}$,$(\boldsymbol{B}+\boldsymbol{C})\boldsymbol{A}=\boldsymbol{BA}+\boldsymbol{CA}$.

对于单位矩阵 $\boldsymbol{E}$,容易验证

$$\boldsymbol{E}_m\boldsymbol{A}_{m\times n}=\boldsymbol{A}_{m\times n},\quad \boldsymbol{A}_{m\times n}\boldsymbol{E}_n=\boldsymbol{A}_{m\times n},$$

或可以简写为

$$\boldsymbol{EA}=\boldsymbol{AE}=\boldsymbol{A}.$$

这表明单位矩阵在矩阵乘法中的作用类似数 1.

在 2.1 节中,我们给出了数量(纯量)矩阵的概念,显然数量矩阵正好等于单位矩阵的数乘,即

$$\lambda\boldsymbol{E}=\begin{pmatrix}\lambda & & & \\ & \lambda & & \\ & & \ddots & \\ & & & \lambda\end{pmatrix},$$

由$(\lambda\boldsymbol{E})\boldsymbol{A}=\lambda(\boldsymbol{EA})=\lambda\boldsymbol{A}$,$\boldsymbol{A}(\lambda\boldsymbol{E})=\lambda(\boldsymbol{AE})=\lambda\boldsymbol{A}$,可知数量矩阵 $\lambda\boldsymbol{E}$ 与矩阵$\boldsymbol{A}$ 的乘积等于数 λ 与 $\boldsymbol{A}$ 的乘积. 并且当 $\boldsymbol{A}$ 为 n 阶方阵时,有

$$(\lambda \boldsymbol{E}_n)\boldsymbol{A}_n=\lambda \boldsymbol{A}_n=\boldsymbol{A}_n(\lambda \boldsymbol{E}_n),$$

从而数量矩阵 $\lambda\boldsymbol{E}$ 与任何同阶方阵 $\boldsymbol{A}$ 都是可交换的 $\boldsymbol{A}$.

根据矩阵的乘法定义及运算规则,下面介绍方阵的幂的概念及运算性质.

定义 2.5　设矩阵 $\boldsymbol{A}$ 为 n 阶方阵,k 为正整数,定义

$$\boldsymbol{A}^1=\boldsymbol{A},\boldsymbol{A}^2=\boldsymbol{A}\boldsymbol{A},\boldsymbol{A}^{k+1}=\boldsymbol{A}^k\boldsymbol{A}.$$

简而言之,$\boldsymbol{A}^k$ 就是 k 个 $\boldsymbol{A}$ 作连续乘积. 显然只有方阵才可以求它的 k 次幂.

根据以上方阵幂的定义及矩阵乘积的结合律,方阵的幂有以下运算规则:

(1) $\boldsymbol{A}^k=\begin{cases}\boldsymbol{E}, & k=0;\\ \boldsymbol{A}, & k=1;\\ \boldsymbol{A}^{k-1}\boldsymbol{A}, & k\geqslant 2,\end{cases}$ 其中规定 $\boldsymbol{A}^0=\boldsymbol{E}$;

(2) $\boldsymbol{A}^k\boldsymbol{A}^l=\boldsymbol{A}^{k+l},(\boldsymbol{A}^k)^l=\boldsymbol{A}^{kl}$,其中 k,l 为非负整数;

(3) $\boldsymbol{E}^k=\boldsymbol{E}$.

例 2.6　设 $\boldsymbol{A}=\begin{pmatrix}2 & 3\\ 3 & -1\end{pmatrix}$,试求 $\boldsymbol{A}^3$.

解　
$$\begin{aligned}\boldsymbol{A}^3=\begin{pmatrix}2 & 3\\ 3 & -1\end{pmatrix}^3&=\begin{pmatrix}2 & 3\\ 3 & -1\end{pmatrix}^2\begin{pmatrix}2 & 3\\ 3 & -1\end{pmatrix}\\ &=\begin{pmatrix}2 & 3\\ 3 & -1\end{pmatrix}\begin{pmatrix}2 & 3\\ 3 & -1\end{pmatrix}\begin{pmatrix}2 & 3\\ 3 & -1\end{pmatrix}\\ &=\begin{pmatrix}13 & 3\\ 3 & 10\end{pmatrix}\begin{pmatrix}2 & 3\\ 3 & -1\end{pmatrix}=\begin{pmatrix}35 & 36\\ 36 & -1\end{pmatrix}.\end{aligned}$$

因为矩阵乘法一般时不满足交换律,所以对于两个 n 阶方阵 $\boldsymbol{A}$ 与 $\boldsymbol{B}$ 而言,它们间的运算与数的运算有很大的区别,例如,$(\boldsymbol{A}\pm\boldsymbol{B})^2=\boldsymbol{A}^2\pm 2\boldsymbol{A}\boldsymbol{B}+\boldsymbol{B}^2$,$\boldsymbol{A}^2-\boldsymbol{B}^2=(\boldsymbol{A}+\boldsymbol{B})(\boldsymbol{A}-\boldsymbol{B})$,$(\boldsymbol{A}\boldsymbol{B})^k=\boldsymbol{A}^k\boldsymbol{B}^k$,$\boldsymbol{A}^3\pm\boldsymbol{B}^3=(\boldsymbol{A}\pm\boldsymbol{B})(\boldsymbol{A}^2\mp\boldsymbol{A}\boldsymbol{B}+\boldsymbol{B}^2)$等这些运算式一般时都是错误的. 可以证明只有当 $\boldsymbol{A}$ 与 $\boldsymbol{B}$ 可交换时,即当 $\boldsymbol{A}\boldsymbol{B}=\boldsymbol{B}\boldsymbol{A}$ 时,以上等式才成立. 下面作为例 2.7 证明其中一个,其他的可类似证明.

例 2.7　设 $\boldsymbol{A}$ 与 $\boldsymbol{B}$ 为同阶方阵,试证明:$\boldsymbol{A}^2-\boldsymbol{B}^2=(\boldsymbol{A}+\boldsymbol{B})(\boldsymbol{A}-\boldsymbol{B})\Leftrightarrow\boldsymbol{A}\boldsymbol{B}=\boldsymbol{B}\boldsymbol{A}$.

证明　由于

$$\begin{aligned}(\boldsymbol{A}+\boldsymbol{B})(\boldsymbol{A}-\boldsymbol{B})&=\boldsymbol{A}(\boldsymbol{A}-\boldsymbol{B})+\boldsymbol{B}(\boldsymbol{A}-\boldsymbol{B})\\ &=\boldsymbol{A}^2-\boldsymbol{A}\boldsymbol{B}+\boldsymbol{B}\boldsymbol{A}-\boldsymbol{B}^2.\end{aligned}$$

(1) 若 $\boldsymbol{A}^2-\boldsymbol{B}^2=(\boldsymbol{A}+\boldsymbol{B})(\boldsymbol{A}-\boldsymbol{B})$,则有

$$\boldsymbol{A}^2-\boldsymbol{B}^2=\boldsymbol{A}^2-\boldsymbol{A}\boldsymbol{B}+\boldsymbol{B}\boldsymbol{A}-\boldsymbol{B}^2,$$

故 $-\boldsymbol{A}\boldsymbol{B}+\boldsymbol{B}\boldsymbol{A}=\boldsymbol{O}$,即有

$$\boldsymbol{A}\boldsymbol{B}=\boldsymbol{B}\boldsymbol{A};$$

(2) 若 $\boldsymbol{A}\boldsymbol{B}=\boldsymbol{B}\boldsymbol{A}$,则

$$(\boldsymbol{A}+\boldsymbol{B})(\boldsymbol{A}-\boldsymbol{B})=\boldsymbol{A}^2-\boldsymbol{AB}+\boldsymbol{BA}-\boldsymbol{B}^2=\boldsymbol{A}^2-\boldsymbol{B}^2.$$

根据以上讨论,下面我们介绍关于方阵的多项式的一些知识.

设 $\boldsymbol{A}$ 为方阵,$\varphi(x)=a_0x^m+a_1x^{m-1}+\cdots+a_{m-1}x+a_m$ 为关于 x 的 m 次多项式,则将方阵 $\boldsymbol{A}$ 代入 $\varphi(x)$ 得

$$\begin{aligned}\varphi(\boldsymbol{A})&=a_0\boldsymbol{A}^m+a_1\boldsymbol{A}^{m-1}+\cdots+a_{m-1}\boldsymbol{A}+a_m\boldsymbol{A}^0\\&=a_0\boldsymbol{A}^m+a_1\boldsymbol{A}^{m-1}+\cdots+a_{m-1}\boldsymbol{A}+a_m\boldsymbol{E},\end{aligned}$$

$\varphi(\boldsymbol{A})$称为方阵 $\boldsymbol{A}$ 的 m 次多项式. 因为 $\boldsymbol{AE}=\boldsymbol{EA}=\boldsymbol{A}$,即方阵 $\boldsymbol{A}$ 与单位矩阵 $\boldsymbol{E}$ 可交换,故关于 $\boldsymbol{A}$ 的多项式与关于 x 的多项式有类似的运算规则,例如相乘、分解因式、带余式的多项式除法等,下面我们举例说明.

例 2.8 设 $\boldsymbol{A}$ 方阵,将下列关于 $\boldsymbol{A}$ 的多项式分解因式:

(1) $\boldsymbol{A}^2-\boldsymbol{E}$;　　(2) $\boldsymbol{A}^2-2\boldsymbol{A}-3\boldsymbol{E}$.

解 (1) $\boldsymbol{A}^2-\boldsymbol{E}=\boldsymbol{A}^2-\boldsymbol{E}^2=(\boldsymbol{A}+\boldsymbol{E})(\boldsymbol{A}-\boldsymbol{E})$ (平方差公式);

(2) $\boldsymbol{A}^2-2\boldsymbol{A}-3\boldsymbol{E}=\boldsymbol{A}^2-2\boldsymbol{AE}-3\boldsymbol{E}^2=(\boldsymbol{A}-3\boldsymbol{E})(\boldsymbol{A}+\boldsymbol{E})$.

通过以上讨论及例题我们还可以证明以下结论:

设 $f(x)$与 $g(x)$为多项式,$\boldsymbol{A}$ 与 $\boldsymbol{B}$ 为同阶可交换方阵,即 $\boldsymbol{AB}=\boldsymbol{BA}$,则

$$f(\boldsymbol{A})g(\boldsymbol{B})=g(\boldsymbol{B})f(\boldsymbol{A}),$$

即有关于 $\boldsymbol{A}$ 的多项式 $f(\boldsymbol{A})$与关于 $\boldsymbol{B}$ 的多项式 $g(\boldsymbol{B})$仍然可交换.

2.2.4 矩阵的转置(矩阵的转置运算)

定义 2.6 将矩阵 $\boldsymbol{A}$ 的行换成同序数的列得到一个新矩阵,称为 $\boldsymbol{A}$ 的转置矩阵,记作 $\boldsymbol{A}^{\mathrm{T}}$ 或 $\boldsymbol{A}'$. 即有矩阵

$$\boldsymbol{A}=\begin{pmatrix}a_{11}&a_{12}&\cdots&a_{1n}\\a_{21}&a_{22}&\cdots&a_{2n}\\\vdots&\vdots&&\vdots\\a_{m1}&a_{m2}&\cdots&a_{mn}\end{pmatrix}$$

的转置矩阵为

$$\boldsymbol{A}^{\mathrm{T}}=\begin{pmatrix}a_{11}&a_{21}&\cdots&a_{m1}\\a_{12}&a_{22}&\cdots&a_{m2}\\\vdots&\vdots&&\vdots\\a_{1n}&a_{2n}&\cdots&a_{mn}\end{pmatrix}.$$

有时也可简记成:$\boldsymbol{A}_{m\times n}=(a_{ij})_{m\times n}$的转置矩阵为 $\boldsymbol{A}_{m\times n}^{\mathrm{T}}=(a_{ij})_{m\times n}^{\mathrm{T}}=(a_{ji})_{n\times m}$.

例如矩阵

$$\boldsymbol{A}=\begin{pmatrix}3&4&5\\1&2&3\end{pmatrix}_{2\times 3}$$

的转置矩阵为

$$A^{\mathrm{T}}=\begin{pmatrix}3&1\\4&2\\5&3\end{pmatrix}_{3\times 2}.$$

矩阵的转置作为矩阵的一种运算，可以证明满足下述运算规律(假定运算都是可行的)：

(1) $(\boldsymbol{A}^{\mathrm{T}})^{\mathrm{T}}=\boldsymbol{A}$；

(2) $(\boldsymbol{A}\pm\boldsymbol{B})^{\mathrm{T}}=\boldsymbol{A}^{\mathrm{T}}\pm\boldsymbol{B}^{\mathrm{T}}$；

(3) $(\lambda\boldsymbol{A})^{\mathrm{T}}=\lambda\boldsymbol{A}^{\mathrm{T}}$；

(4) $(\boldsymbol{AB})^{\mathrm{T}}=\boldsymbol{B}^{\mathrm{T}}\boldsymbol{A}^{\mathrm{T}},(\boldsymbol{A}^k)^{\mathrm{T}}=(\boldsymbol{A}^{\mathrm{T}})^k,(\boldsymbol{A}_1\boldsymbol{A}_2\cdots\boldsymbol{A}_{k-1}\boldsymbol{A}_k)^{\mathrm{T}}=\boldsymbol{A}_k^{\mathrm{T}}\boldsymbol{A}_{k-1}^{\mathrm{T}}\cdots\boldsymbol{A}_2^{\mathrm{T}}\boldsymbol{A}_1^{\mathrm{T}}$；

(5) $\boldsymbol{\Lambda}^{\mathrm{T}}=\boldsymbol{\Lambda},\boldsymbol{E}^{\mathrm{T}}=\boldsymbol{E}$.

例 2.9　已知

$$\boldsymbol{A}=\begin{pmatrix}2&0&-1\\1&3&2\end{pmatrix},\quad \boldsymbol{B}=\begin{pmatrix}1&7&-1\\4&2&3\\2&0&1\end{pmatrix},$$

求$(\boldsymbol{AB})^{\mathrm{T}}$.

解法 1　因为　$$\boldsymbol{AB}=\begin{pmatrix}2&0&-1\\1&3&2\end{pmatrix}\begin{pmatrix}1&7&-1\\4&2&3\\2&0&1\end{pmatrix}=\begin{pmatrix}0&14&-3\\17&13&10\end{pmatrix},$$

所以　$$(\boldsymbol{AB})^{\mathrm{T}}=\begin{pmatrix}0&14&-3\\17&13&10\end{pmatrix}^{\mathrm{T}}=\begin{pmatrix}0&17\\14&13\\-3&10\end{pmatrix}.$$

解法 2　$$(\boldsymbol{AB})^{\mathrm{T}}=\boldsymbol{B}^{\mathrm{T}}\boldsymbol{A}^{\mathrm{T}}=\begin{pmatrix}1&7&-1\\4&2&3\\2&0&1\end{pmatrix}^{\mathrm{T}}\begin{pmatrix}2&0&-1\\1&3&2\end{pmatrix}^{\mathrm{T}}$$

$$=\begin{pmatrix}1&4&2\\7&2&0\\-1&3&1\end{pmatrix}\begin{pmatrix}2&1\\0&3\\-1&2\end{pmatrix}=\begin{pmatrix}0&17\\14&13\\-3&10\end{pmatrix}.$$

定义 2.7(**对称矩阵与反对称矩阵**)　设 $\boldsymbol{A}=(a_{ij})_{n\times n}$ 为 n 阶方阵，

(1) 若 $\boldsymbol{A}^{\mathrm{T}}=\boldsymbol{A}$，即 $a_{ij}=a_{ji}$，$i,j=1,2,\cdots,n$，则称 $\boldsymbol{A}$ 为**对称矩阵**，简称**对称阵**，

(2) 若 $\boldsymbol{A}^{\mathrm{T}}=-\boldsymbol{A}$，即 $a_{ij}=-a_{ji}$，$i,j=1,2,\cdots,n$，则称 $\boldsymbol{A}$ 为**反对称矩阵**，简称**反对称阵**.

例如 $\boldsymbol{A}=\begin{pmatrix}1&3&4\\3&2&0\\4&0&-3\end{pmatrix}$就是一个对称矩阵，$\boldsymbol{B}=\begin{pmatrix}0&3&-4\\-3&0&1\\4&-1&0\end{pmatrix}$就是一个反

对称矩阵.

显然对称矩阵的特点是:它的元素关于对角线对称对应相等. 反对称矩阵的特点是:它的对角线元素一定为 0,非对角线元素关于对角线对称互为相反数. 对角矩阵一定是对称矩阵,只有零方阵 $\boldsymbol{O}$ 既为对称矩阵,也为反对称矩阵. 再者对于任意矩阵 $\boldsymbol{A}$ 而言,$\boldsymbol{A}^{\mathrm{T}}\boldsymbol{A}$ 与 $\boldsymbol{A}\boldsymbol{A}^{\mathrm{T}}$ 一定是对称矩阵. 当 $\boldsymbol{A}$ 为方阵时,$\boldsymbol{M}=\dfrac{\boldsymbol{A}+\boldsymbol{A}^{\mathrm{T}}}{2}$ 一定为对称矩阵. $\boldsymbol{N}=\dfrac{\boldsymbol{A}-\boldsymbol{A}^{\mathrm{T}}}{2}$ 一定为反对称矩阵,这时 $\boldsymbol{A}=\boldsymbol{M}+\boldsymbol{N}$,即任意方阵都可以写成一个对称矩阵与一个反对称矩阵之和. 奇数阶反对称矩阵的行列式等于 0.

例 2.10 证明以下命题:

(1) 设 $\boldsymbol{A}$ 与 $\boldsymbol{B}$ 为同阶对称矩阵,则 $\boldsymbol{AB}$ 仍为对称矩阵的充要条件是:$\boldsymbol{A}$ 与 $\boldsymbol{B}$ 可交换,即 $\boldsymbol{AB}=\boldsymbol{BA}$;

(2) 设 $\boldsymbol{A}$ 与 $\boldsymbol{B}$ 为同阶反对称矩阵,则 $\boldsymbol{AB}$ 仍为反对称矩阵的充要条件是:$\boldsymbol{AB}=-\boldsymbol{BA}$.

证 (1) 一方面:设 $\boldsymbol{A}$ 与 $\boldsymbol{B}$ 可交换,故有 $\boldsymbol{AB}=\boldsymbol{BA}$,再由 $\boldsymbol{A}$ 与 $\boldsymbol{B}$ 为同阶对称矩阵,故

$$\boldsymbol{A}^{\mathrm{T}}=\boldsymbol{A},\boldsymbol{B}^{\mathrm{T}}=\boldsymbol{B},$$

从而

$$(\boldsymbol{AB})^{\mathrm{T}}=\boldsymbol{B}^{\mathrm{T}}\boldsymbol{A}^{\mathrm{T}}=\boldsymbol{BA},$$

考虑到 $\boldsymbol{AB}=\boldsymbol{BA}$,有

$$(\boldsymbol{AB})^{\mathrm{T}}=\boldsymbol{AB},$$

即有 $\boldsymbol{AB}$ 为对称矩阵;

另一方面:设 $\boldsymbol{AB}$ 为对称矩阵,即有

$$(\boldsymbol{AB})^{\mathrm{T}}=\boldsymbol{AB},$$

再由 $\boldsymbol{A}$ 与 $\boldsymbol{B}$ 为同阶对称矩阵,故

$$\boldsymbol{A}^{\mathrm{T}}=\boldsymbol{A},\boldsymbol{B}^{\mathrm{T}}=\boldsymbol{B},$$

从而有

$$\boldsymbol{AB}=(\boldsymbol{AB})^{\mathrm{T}}=\boldsymbol{B}^{\mathrm{T}}\boldsymbol{A}^{\mathrm{T}}=\boldsymbol{BA}.$$

(2) 可以类似证明(请读者自己证明).

例 2.11 设列矩阵 $\boldsymbol{X}=(x_1,x_2,\cdots,x_n)^{\mathrm{T}}$ 满足 $\boldsymbol{X}^{\mathrm{T}}\boldsymbol{X}=1$,$\boldsymbol{E}$ 为 n 阶单位矩阵,$\boldsymbol{H}=\boldsymbol{E}-2\boldsymbol{X}\boldsymbol{X}^{\mathrm{T}}$,证明 $\boldsymbol{H}$ 是对称矩阵,且 $\boldsymbol{H}\boldsymbol{H}^{\mathrm{T}}=\boldsymbol{E}$.

证

$$\begin{aligned}\boldsymbol{H}^{\mathrm{T}}&=(\boldsymbol{E}-2\boldsymbol{X}\boldsymbol{X}^{\mathrm{T}})^{\mathrm{T}}=\boldsymbol{E}^{\mathrm{T}}-2(\boldsymbol{X}\boldsymbol{X}^{\mathrm{T}})^{\mathrm{T}}\\&=\boldsymbol{E}-2(\boldsymbol{X}^{\mathrm{T}})^{\mathrm{T}}\boldsymbol{X}^{\mathrm{T}}=\boldsymbol{E}-2\boldsymbol{X}\boldsymbol{X}^{\mathrm{T}}=\boldsymbol{H},\end{aligned}$$

所以 $\boldsymbol{H}$ 是对称矩阵. 且

$$\begin{aligned}\boldsymbol{H}\boldsymbol{H}^{\mathrm{T}}&=\boldsymbol{H}^2=(\boldsymbol{E}-2\boldsymbol{X}\boldsymbol{X}^{\mathrm{T}})^2\\&=\boldsymbol{E}^2-4\boldsymbol{E}\boldsymbol{X}\boldsymbol{X}^{\mathrm{T}}+4(\boldsymbol{X}\boldsymbol{X}^{\mathrm{T}})^2\\&=\boldsymbol{E}-4\boldsymbol{X}\boldsymbol{X}^{\mathrm{T}}+4(\boldsymbol{X}\boldsymbol{X}^{\mathrm{T}})(\boldsymbol{X}\boldsymbol{X}^{\mathrm{T}})\\&=\boldsymbol{E}-4\boldsymbol{X}\boldsymbol{X}^{\mathrm{T}}+4\boldsymbol{X}(\boldsymbol{X}^{\mathrm{T}}\boldsymbol{X})\boldsymbol{X}^{\mathrm{T}}\\&=\boldsymbol{E}-4\boldsymbol{X}\boldsymbol{X}^{\mathrm{T}}+4\boldsymbol{X}\cdot 1\cdot \boldsymbol{X}^{\mathrm{T}}\\&=\boldsymbol{E}-4\boldsymbol{X}\boldsymbol{X}^{\mathrm{T}}+4\boldsymbol{X}\boldsymbol{X}^{\mathrm{T}}=\boldsymbol{E}.\end{aligned}$$

2.2.5　方阵的行列式

定义 2.8　设矩阵 $\boldsymbol{A}=(a_{ij})_{n\times n}$ 为 n 方阵，由 $\boldsymbol{A}$ 的元素所构成的 n 阶行列式(各元素的位置不变)称为方阵 $\boldsymbol{A}$ 的行列式，记作 $|\boldsymbol{A}|$ 或 $\det\boldsymbol{A}$，即 $|\boldsymbol{A}|=\det\boldsymbol{A}=|a_{ij}|_n$.

例如，方阵 $\boldsymbol{A}=\begin{pmatrix}3&4&1\\2&0&0\\-1&1&1\end{pmatrix}$ 的行列式为

$$|\boldsymbol{A}|=\begin{vmatrix}3&4&1\\2&0&0\\-1&1&1\end{vmatrix}=2\times(-1)^{2+1}\begin{vmatrix}4&1\\1&1\end{vmatrix}=-6.$$

注意：方阵 $\boldsymbol{A}$ 与行列式 $|\boldsymbol{A}|$ 是两个不同的概念，n 阶方阵是 n^2 个数按一定的方式排成的 n 行 n 列的方形数据表，它只表示一个数表. 而 n 阶行列式则是这些数(也就是数表 $\boldsymbol{A}$)按一定的运算法则所确定的一个数. 同时它们的书写符号也是不同的，这些区别与联系请读者牢记.

方阵的行列式运算满足以下运算规律(以下所涉及矩阵都是 n 阶方阵)：

(1) $|\boldsymbol{A}^{\mathrm{T}}|=|\boldsymbol{A}|^{\mathrm{T}}=|\boldsymbol{A}|$(等价于行列式的转置其值不变)；

(2) $|\lambda\boldsymbol{A}|=\lambda^n|\boldsymbol{A}|$ (λ 为数)；

(3) $|\boldsymbol{A}\boldsymbol{B}|=|\boldsymbol{A}||\boldsymbol{B}|=|\boldsymbol{B}\boldsymbol{A}|$；

(4) $|\boldsymbol{A}_1\boldsymbol{A}_2\cdots\boldsymbol{A}_k|=|\boldsymbol{A}_1||\boldsymbol{A}_2|\cdots|\boldsymbol{A}_k|$，$|\boldsymbol{A}^k|=|\boldsymbol{A}|^k(k\in\mathbf{N}^+)$.

我们仅证明(3)：

由第 1 章例 1.11 得

$$D=\begin{vmatrix}a_{11}&a_{12}&\cdots&a_{1n}&&&&\\a_{21}&a_{22}&\cdots&a_{2n}&&\boldsymbol{O}&&\\\vdots&\vdots&&\vdots&&&&\\a_{n1}&a_{n2}&\cdots&a_{nn}&&&&\\-1&&&&b_{11}&b_{12}&\cdots&b_{1n}\\&-1&&&b_{21}&b_{22}&\cdots&b_{2n}\\&&\ddots&&\vdots&\vdots&&\vdots\\&&&-1&b_{n1}&b_{n2}&\cdots&b_{nn}\end{vmatrix}=\begin{vmatrix}\boldsymbol{A}&\boldsymbol{O}\\-\boldsymbol{E}&\boldsymbol{B}\end{vmatrix}=|\boldsymbol{A}||\boldsymbol{B}|.$$

另一方面,我们对 D 进行下列倍列加变换:第 i 列的 b_{ij} 倍加到第 $n+j$ 列上去,$i=1,2,\cdots,n;j=1,2,\cdots,n$,有

$$D=\begin{vmatrix} \boldsymbol{A} & \boldsymbol{AB} \\ -\boldsymbol{E} & \boldsymbol{O} \end{vmatrix},$$

再对 D 作行变换:$r_j\leftrightarrow r_{n+j}$, $j=1,2,\cdots,n$,有

$$\begin{aligned} D &=(-1)^n\begin{vmatrix} -\boldsymbol{E} & \boldsymbol{O} \\ \boldsymbol{A} & \boldsymbol{AB} \end{vmatrix} \\ &=(-1)^n\,|-\boldsymbol{E}|\,|\boldsymbol{AB}| \\ &=(-1)^n\cdot(-1)^n\,|\boldsymbol{E}|\,|\boldsymbol{AB}| \\ &=|\boldsymbol{AB}|, \end{aligned}$$

于是有 $|\boldsymbol{AB}|=|\boldsymbol{A}|\,|\boldsymbol{B}|$,从而有

$$|\boldsymbol{AB}|=|\boldsymbol{A}|\,|\boldsymbol{B}|=|\boldsymbol{BA}|.$$

由结论(3)可知,对于 n 阶方阵 $\boldsymbol{A},\boldsymbol{B}$ 而言,一般时 $\boldsymbol{AB}\neq\boldsymbol{BA}$,但它们的行列式一定是相等的,即 $|\boldsymbol{AB}|=|\boldsymbol{BA}|=|\boldsymbol{A}|\,|\boldsymbol{B}|$.

2.2.6 共轭矩阵

定义 2.9 当矩阵 $\boldsymbol{A}=(a_{ij})$ 为复矩阵时,用 $\overline{a_{ij}}$ 表示 a_{ij} 的共轭复数,记 $\overline{\boldsymbol{A}}=(\overline{a_{ij}})_{m\times n}$,$\overline{\boldsymbol{A}}$ 称为 $\boldsymbol{A}$ 的共轭矩阵.

例如

$$\overline{\begin{pmatrix} 3 & i \\ 4+i & 1-i \end{pmatrix}}=\begin{pmatrix} \overline{3} & \overline{i} \\ \overline{4+i} & \overline{1-i} \end{pmatrix}=\begin{pmatrix} 3 & -i \\ 4-i & 1+i \end{pmatrix}.$$

可以证明共轭矩阵满足以下运算规律($\boldsymbol{A},\boldsymbol{B}$ 为复矩阵,λ 为复数):

(1) $\overline{\boldsymbol{A}+\boldsymbol{B}}=\overline{\boldsymbol{A}}+\overline{\boldsymbol{B}}$;

(2) $\overline{\lambda\boldsymbol{A}}=\overline{\lambda}\,\overline{\boldsymbol{A}}$;

(3) $\overline{\boldsymbol{AB}}=\overline{\boldsymbol{A}}\,\overline{\boldsymbol{B}}$.

当然,本书不做特殊说明,我们只讨论实矩阵.

练　习　2.2

1. 计算:

(1) $\begin{pmatrix} 12 & 3 & -5 \\ 1 & -9 & 0 \\ 3 & 6 & 8 \end{pmatrix}+\begin{pmatrix} 1 & 8 & 9 \\ 6 & 5 & 4 \\ 3 & 2 & 1 \end{pmatrix}$;　　(2) $(1,2,3)\begin{pmatrix} 3 \\ 2 \\ 1 \end{pmatrix}$;

(3) $\begin{pmatrix} 2 \\ 2 \\ 3 \end{pmatrix}(1,2)$;　　(4) $(1,2,3)\begin{pmatrix} 0 & 1 \\ 2 & 0 \\ -1 & 4 \end{pmatrix}$.

2. 设 $\boldsymbol{A}=\begin{pmatrix}2 & -1\\ 4 & -2\end{pmatrix}$，$\boldsymbol{B}=\begin{pmatrix}1 & 1\\ 1 & -1\end{pmatrix}$，$\boldsymbol{C}=\begin{pmatrix}2 & 3\\ 3 & 3\end{pmatrix}$，计算 $\boldsymbol{AB}$，$\boldsymbol{AC}$.

3. 设 $\boldsymbol{A}=\begin{pmatrix}1 & 1\\ -1 & -1\end{pmatrix}$，$\boldsymbol{B}=\begin{pmatrix}1 & -1\\ -1 & 1\end{pmatrix}$，计算 $\boldsymbol{AB}$，$\boldsymbol{BA}$.

4. 已知 $\boldsymbol{A}_{3\times s}\boldsymbol{B}_{4\times t}+\boldsymbol{C}_{u\times v}=\boldsymbol{D}_{3\times 5}\boldsymbol{C}^{\mathrm{T}}\boldsymbol{C}$，求 s,t,u,v.

5. 设 $\boldsymbol{A}$，$\boldsymbol{B}$ 都为三阶方阵，且 $|\boldsymbol{A}|=-2$，$|\boldsymbol{B}|=3$，求 $|(2\boldsymbol{A})^{\mathrm{T}}(-\boldsymbol{B})|$.

6. 设矩阵 $\boldsymbol{A}$，$\boldsymbol{B}$ 都是反对称矩阵，试找出 $4\boldsymbol{AB}-3\boldsymbol{BA}$ 也是反对称矩阵的充分必要条件，并证明你的结论.

2.3 逆 矩 阵

为了解释逆矩阵的概念，我们首先介绍方阵的伴随矩阵的概念与性质.

定义 2.10 设矩阵 $\boldsymbol{A}=(a_{ij})_{n\times n}(n\geqslant 2)$ 是一个 n 阶方阵，行列式 $|\boldsymbol{A}|$ 的各个元素 a_{ij} 的代数余子式 A_{ij} 所构成的如下矩阵

$$\boldsymbol{A}^{*}=\begin{pmatrix}A_{11} & A_{21} & \cdots & A_{n1}\\ A_{12} & A_{22} & \cdots & A_{n2}\\ \vdots & \vdots & & \vdots\\ A_{1n} & A_{2n} & \cdots & A_{nn}\end{pmatrix},$$

称为方阵 $\boldsymbol{A}$ 的伴随矩阵，简称伴随阵.

由以上定义可知，方阵 $\boldsymbol{A}$ 的伴随阵 $\boldsymbol{A}^{*}$ 相当于将 $\boldsymbol{A}$ 中的每个元素换成它的代数余子式后，再转置，即 $\boldsymbol{A}^{*}=(a_{ij})^{*}=(A_{ij})^{\mathrm{T}}$.

伴随阵满足以下性质：

(1) 二阶方阵的伴随阵有记忆公式 $\begin{pmatrix}a & b\\ c & d\end{pmatrix}^{*}=\begin{pmatrix}d & -b\\ -c & a\end{pmatrix}$；

(2) $(\lambda\boldsymbol{A})^{*}=\lambda^{n-1}\boldsymbol{A}^{*}(\lambda\in\mathbf{R},n\geqslant 2)$；

(3) $(\boldsymbol{AB})^{*}=\boldsymbol{B}^{*}\boldsymbol{A}^{*}$，$(\boldsymbol{A}^{k})^{*}=(\boldsymbol{A}^{*})^{k}(k\in\mathbf{N}^{+})$；

(4) $\boldsymbol{AA}^{*}=\boldsymbol{A}^{*}\boldsymbol{A}=|\boldsymbol{A}|\boldsymbol{E}$；

(5) $(\boldsymbol{A}^{*})^{\mathrm{T}}=(\boldsymbol{A}^{\mathrm{T}})^{*}$；

(6) $|\boldsymbol{A}^{*}|=|\boldsymbol{A}|^{n-1}$（$n$ 为方阵 $\boldsymbol{A}$ 的阶数，$n\geqslant 2$）；

(7) $(\boldsymbol{A}^{*})^{*}=\begin{cases}|\boldsymbol{A}|^{n-2}\cdot\boldsymbol{A}, & n>2;\\ \boldsymbol{A}, & n=2.\end{cases}$

下面仅对(4)进行证明：

根据行列式展开定理 1.1 及其推论 1.1，有

$$AA^* = \begin{pmatrix} a_{11} & a_{12} & \cdots & a_{1n} \\ a_{21} & a_{22} & \cdots & a_{2n} \\ \vdots & \vdots & & \vdots \\ a_{n1} & a_{n2} & \cdots & a_{nn} \end{pmatrix} \begin{pmatrix} A_{11} & A_{21} & \cdots & A_{n1} \\ A_{12} & A_{22} & \cdots & A_{n2} \\ \vdots & \vdots & & \vdots \\ A_{1n} & A_{2n} & \cdots & A_{nn} \end{pmatrix}$$

$$= \begin{pmatrix} |A| & & & \\ & |A| & & \\ & & \ddots & \\ & & & |A| \end{pmatrix} = |A|E.$$

同理有 $A^*A = |A|E$.

例 2.12 $A = \begin{pmatrix} 1 & 2 & 3 \\ 1 & 1 & -1 \\ 2 & 0 & 0 \end{pmatrix}$,求 A^* 并验证 $AA^* = |A|E$.

解 由三阶方阵的伴随矩阵为

$$\begin{pmatrix} a_{11} & a_{12} & a_{13} \\ a_{21} & a_{22} & a_{23} \\ a_{31} & a_{32} & a_{33} \end{pmatrix}^* = \begin{pmatrix} A_{11} & A_{21} & A_{31} \\ A_{12} & A_{22} & A_{32} \\ A_{13} & A_{23} & A_{33} \end{pmatrix}$$

$$= \begin{pmatrix} \begin{vmatrix} a_{22} & a_{23} \\ a_{32} & a_{33} \end{vmatrix} & -\begin{vmatrix} a_{12} & a_{13} \\ a_{32} & a_{33} \end{vmatrix} & \begin{vmatrix} a_{12} & a_{13} \\ a_{22} & a_{23} \end{vmatrix} \\ -\begin{vmatrix} a_{21} & a_{23} \\ a_{31} & a_{33} \end{vmatrix} & \begin{vmatrix} a_{11} & a_{13} \\ a_{31} & a_{33} \end{vmatrix} & -\begin{vmatrix} a_{11} & a_{13} \\ a_{21} & a_{23} \end{vmatrix} \\ \begin{vmatrix} a_{21} & a_{22} \\ a_{31} & a_{32} \end{vmatrix} & -\begin{vmatrix} a_{11} & a_{12} \\ a_{31} & a_{32} \end{vmatrix} & \begin{vmatrix} a_{11} & a_{12} \\ a_{21} & a_{22} \end{vmatrix} \end{pmatrix},$$

得
$$A^* = \begin{pmatrix} 1 & 2 & 3 \\ 1 & 1 & -1 \\ 2 & 0 & 0 \end{pmatrix}^* = \begin{pmatrix} 0 & 0 & -5 \\ -2 & -6 & 4 \\ -2 & 4 & -1 \end{pmatrix}.$$

再由
$$|A| = \begin{vmatrix} 1 & 2 & 3 \\ 1 & 1 & -1 \\ 2 & 0 & 0 \end{vmatrix} = -10,$$

得
$$AA^* = \begin{pmatrix} 1 & 2 & 3 \\ 1 & 1 & -1 \\ 2 & 0 & 0 \end{pmatrix} \begin{pmatrix} 0 & 0 & -5 \\ -2 & -6 & 4 \\ -2 & 4 & -1 \end{pmatrix} = \begin{pmatrix} -10 & 0 & 0 \\ 0 & -10 & 0 \\ 0 & 0 & -10 \end{pmatrix}$$

$$= -10 \begin{pmatrix} 1 & & \\ & 1 & \\ & & 1 \end{pmatrix} = -10E = |A|E.$$

下面我们介绍逆矩阵概念、计算方法及性质.

定义 2.11　对于 n 阶方阵 $\boldsymbol{A}$,若存在一个 n 阶方阵 $\boldsymbol{B}$,使

$$\boldsymbol{AB}=\boldsymbol{BA}=\boldsymbol{E},$$

则称 $\boldsymbol{A}$ 是一个可逆矩阵,并称 $\boldsymbol{B}$ 是 $\boldsymbol{A}$ 的逆矩阵.

如果矩阵 $\boldsymbol{A}$ 是可逆的,则 $\boldsymbol{A}$ 的逆矩阵是唯一的. 这是因为:设 $\boldsymbol{B}$,$\boldsymbol{C}$ 都是 $\boldsymbol{A}$ 的逆矩阵,则有

$$\boldsymbol{B}=\boldsymbol{BE}=\boldsymbol{B}(\boldsymbol{AC})=(\boldsymbol{BA})\boldsymbol{C}=\boldsymbol{EC}=\boldsymbol{C},$$

所以 $\boldsymbol{A}$ 的逆矩阵是唯一的.

由于可逆矩阵的逆矩阵是唯一的,故我们把 $\boldsymbol{A}$ 的逆矩阵记作 $\boldsymbol{A}^{-1}$,此时若 $\boldsymbol{AB}=\boldsymbol{BA}=\boldsymbol{E}$,则 $\boldsymbol{A}$ 与 $\boldsymbol{B}$ 互为逆矩阵,即 $\boldsymbol{A}^{-1}=\boldsymbol{B}$ 或 $\boldsymbol{B}^{-1}=\boldsymbol{A}$.

定理 2.1　若方阵 $\boldsymbol{A}$ 可逆,则 $\boldsymbol{A}$ 的行列式不为零,即 $|\boldsymbol{A}|\neq 0$.

证　由 $\boldsymbol{A}$ 为可逆方阵可知,存在 $\boldsymbol{A}^{-1}$ 使得 $\boldsymbol{AA}^{-1}=\boldsymbol{E}$. 故

$$|\boldsymbol{A}|\cdot|\boldsymbol{A}^{-1}|=|\boldsymbol{AA}^{-1}|=|\boldsymbol{E}|=1,$$

所以有 $|\boldsymbol{A}|\neq 0$,且 $|\boldsymbol{A}^{-1}|=\dfrac{1}{|\boldsymbol{A}|}$.

定理 2.2　若 $|A|\neq 0$,则方阵 $\boldsymbol{A}$ 可逆,且 $\boldsymbol{A}^{-1}=\dfrac{1}{|\boldsymbol{A}|}\boldsymbol{A}^{*}$,其中 $\boldsymbol{A}^{*}$ 为方阵 $\boldsymbol{A}$ 的伴随矩阵.

证　由伴随阵的性质(4)得

$$\boldsymbol{AA}^{*}=\boldsymbol{A}^{*}\boldsymbol{A}=|\boldsymbol{A}|\boldsymbol{E},$$

因为 $|\boldsymbol{A}|\neq 0$,故有

$$\boldsymbol{A}\left(\frac{1}{|\boldsymbol{A}|}\boldsymbol{A}^{*}\right)=\left(\frac{1}{|\boldsymbol{A}|}\boldsymbol{A}^{*}\right)\boldsymbol{A}=\boldsymbol{E},$$

所以,由逆矩阵的定义可知 $\boldsymbol{A}$ 可逆,且有

$$\boldsymbol{A}^{-1}=\frac{1}{|\boldsymbol{A}|}\boldsymbol{A}^{*}.$$

当 $|\boldsymbol{A}|=0$ 时,$\boldsymbol{A}$ 称为**奇异矩阵**,当 $|\boldsymbol{A}|\neq 0$ 时,$\boldsymbol{A}$ 称为**非奇异矩阵**. 为此根据以上定理 2.1 与定理 2.2,我们作以下三点注解:

(1) 公式 $\boldsymbol{A}^{-1}=\dfrac{1}{|\boldsymbol{A}|}\boldsymbol{A}^{*}$ 通常称为可逆方阵的求逆公式;

(2) $\boldsymbol{A}$ 可逆($\boldsymbol{A}^{-1}$存在)$\Leftrightarrow|\boldsymbol{A}|\neq 0\Leftrightarrow\boldsymbol{A}$ 为非奇异方阵;

(3) 若 $\boldsymbol{AB}=\boldsymbol{E}$(或 $\boldsymbol{BA}=\boldsymbol{E}$),则 $\boldsymbol{B}=\boldsymbol{A}^{-1}$;

(4) 若 $\boldsymbol{A}$ 可逆,则 $\boldsymbol{A}^{*}=|\boldsymbol{A}|\boldsymbol{A}^{-1}$.

下面给出注解(3)的证明:

由 $\boldsymbol{AB}=\boldsymbol{E}$ 得

$$|\boldsymbol{A}|\,|\boldsymbol{B}|=|\boldsymbol{AB}|=|\boldsymbol{E}|=1,$$

故$|\boldsymbol{A}|\neq 0$,从而$\boldsymbol{A}^{-1}$存在,于是有

$$\boldsymbol{B}=\boldsymbol{E}\boldsymbol{B}=(\boldsymbol{A}^{-1}\boldsymbol{A})\boldsymbol{B}=\boldsymbol{A}^{-1}(\boldsymbol{A}\boldsymbol{B})=\boldsymbol{A}^{-1}\boldsymbol{E}=\boldsymbol{A}^{-1}.$$

方阵的逆有以下运算性质与规律:

(1) 若$\boldsymbol{A}$可逆,则$\boldsymbol{A}^{-1}$也可逆,且$(\boldsymbol{A}^{-1})^{-1}=\boldsymbol{A}$;

(2) 若$\boldsymbol{A}$可逆,$\lambda\neq 0$,则$\lambda\boldsymbol{A}$可逆,且$(\lambda\boldsymbol{A})^{-1}=\frac{1}{\lambda}\boldsymbol{A}^{-1}$;

(3) 若$\boldsymbol{A}$与$\boldsymbol{B}$为都可逆的同阶方阵,则$\boldsymbol{A}\boldsymbol{B}$可逆,且$(\boldsymbol{A}\boldsymbol{B})^{-1}=\boldsymbol{B}^{-1}\boldsymbol{A}^{-1}$,

推广:$(\boldsymbol{A}_1\boldsymbol{A}_2\cdots\boldsymbol{A}_k)^{-1}=\boldsymbol{A}_k^{-1}\boldsymbol{A}_{k-1}^{-1}\cdots\boldsymbol{A}_1^{-1}$,其中$\boldsymbol{A}_i$, $i=1,2,\cdots,k$为可逆方阵,特别有

$$(\boldsymbol{A}^k)^{-1}=(\boldsymbol{A}^{-1})^k(k\in\mathbf{N}^+);$$

(4) 若记$\boldsymbol{A}^0=\boldsymbol{E},\boldsymbol{A}^{-k}=(\boldsymbol{A}^{-1})^k(k\in\mathbf{N}^+)$,则$\boldsymbol{A}^{\lambda}\boldsymbol{A}^{\mu}=\boldsymbol{A}^{\lambda+\mu},(\boldsymbol{A}^{\lambda})^{\mu}=\boldsymbol{A}^{\lambda\mu}$,其中$\lambda,\mu$为整数;

(5) 若$\boldsymbol{A}$可逆,则$\boldsymbol{A}^{\mathrm{T}}$也可逆,且$(\boldsymbol{A}^{\mathrm{T}})^{-1}=(\boldsymbol{A}^{-1})^{\mathrm{T}}$;

(6) 若$\boldsymbol{A}$可逆,则$\boldsymbol{A}^*$也可逆,且$(\boldsymbol{A}^*)^{-1}=(\boldsymbol{A}^{-1})^*=\frac{1}{|\boldsymbol{A}|}\boldsymbol{A}$.

以上运算性质与规律都可以利用$\boldsymbol{A}\boldsymbol{B}=\boldsymbol{E}\Rightarrow\boldsymbol{A}^{-1}=\boldsymbol{B}$进行验证性证明,下面我们仅对(1)结论做出以下证明:

由$\boldsymbol{A}$可逆得$|\boldsymbol{A}|\neq 0$,故$|\boldsymbol{A}^{-1}|=\frac{1}{|\boldsymbol{A}|}\neq 0$,从而$\boldsymbol{A}^{-1}$也可逆. 再由$\boldsymbol{A}^{-1}\boldsymbol{A}=\boldsymbol{E}$,故$(\boldsymbol{A}^{-1})^{-1}=\boldsymbol{A}$.

下面我们再对三类特定的矩阵方程的求解做一些讨论.

第一种类型:设$\boldsymbol{A}$与$\boldsymbol{B}$为已知矩阵,其中$\boldsymbol{A}$可逆,且满足$\boldsymbol{A}\boldsymbol{X}=\boldsymbol{B}$,求未知矩阵$\boldsymbol{X}$. 有时我们把$\boldsymbol{A}\boldsymbol{X}=\boldsymbol{B}$称为右乘方程. 由$\boldsymbol{A}$可逆及$\boldsymbol{A}\boldsymbol{X}=\boldsymbol{B}$可知,在方程两边的左边同乘$\boldsymbol{A}^{-1}$得

$$\begin{aligned}\boldsymbol{A}^{-1}(\boldsymbol{A}\boldsymbol{X})=\boldsymbol{A}^{-1}\boldsymbol{B}&\Rightarrow(\boldsymbol{A}^{-1}\boldsymbol{A})\boldsymbol{X}=\boldsymbol{A}^{-1}\boldsymbol{B}\\&\Rightarrow\boldsymbol{E}\boldsymbol{X}=\boldsymbol{A}^{-1}\boldsymbol{B}\Rightarrow\boldsymbol{X}=\boldsymbol{A}^{-1}\boldsymbol{B},\end{aligned}$$

即有

$$\left.\begin{array}{l}\boldsymbol{A}\boldsymbol{X}=\boldsymbol{B}\\\boldsymbol{A}^{-1}\text{存在}\end{array}\right\}\Rightarrow\boldsymbol{X}=\boldsymbol{A}^{-1}\boldsymbol{B}.$$

第二种类型:设$\boldsymbol{A}$与$\boldsymbol{B}$为已知矩阵,其中$\boldsymbol{A}$可逆,且满足$\boldsymbol{X}\boldsymbol{A}=\boldsymbol{B}$,求未知矩阵$\boldsymbol{X}$. 有时我们把$\boldsymbol{X}\boldsymbol{A}=\boldsymbol{B}$称为左乘方程. 类似地,有

$$\left.\begin{array}{l}\boldsymbol{X}\boldsymbol{A}=\boldsymbol{B}\\\boldsymbol{A}^{-1}\text{存在}\end{array}\right\}\Rightarrow\boldsymbol{X}=\boldsymbol{B}\boldsymbol{A}^{-1}.$$

第三种类型:设$\boldsymbol{A},\boldsymbol{B},\boldsymbol{C}$为已知矩阵,其中$\boldsymbol{A}$与$\boldsymbol{B}$可逆,且满足$\boldsymbol{A}\boldsymbol{X}\boldsymbol{B}=\boldsymbol{C}$,求未知矩阵$\boldsymbol{X}$. 有时我们把$\boldsymbol{A}\boldsymbol{X}\boldsymbol{B}=\boldsymbol{C}$称为中间乘方程. 类似地,有

$$\left.\begin{array}{l}\boldsymbol{A}\boldsymbol{X}\boldsymbol{B}=\boldsymbol{C}\\\boldsymbol{A}^{-1},\boldsymbol{B}^{-1}\text{存在}\end{array}\right\}\Rightarrow\boldsymbol{X}=\boldsymbol{A}^{-1}\boldsymbol{C}\boldsymbol{B}^{-1}.$$

例 2.13　设

$$A=\begin{pmatrix}2&1&0\\0&3&1\\0&0&1\end{pmatrix}$$

解矩阵方程 $AX+4A=5X$.

解　由 $AX+4A=5X$ 移项得

$$AX-5X=-4A,$$

提出公因子得

$$(A-5E)X=-4A,$$

消去系数矩阵求解有

$$X=(A-5E)^{-1}(-4A),$$

化简得

$$\begin{aligned}X&=(A-5E)^{-1}[-4(A-5E)-20E]\\&=-4E-20\,(A-5E)^{-1}.\end{aligned}$$

再由 $A=\begin{pmatrix}2&1&0\\0&3&1\\0&0&1\end{pmatrix}$ 知

$$A-5E=\begin{pmatrix}-3&1&0\\0&-2&1\\0&0&-4\end{pmatrix},\quad |A-5E|=-24\neq 0,$$

故

$$(A-5E)^{-1}=\frac{1}{|A-5E|}(A-5E)^{*}=\frac{1}{-24}\begin{pmatrix}8&4&1\\0&12&3\\0&0&6\end{pmatrix},$$

从而

$$X=-4\begin{pmatrix}1&0&0\\0&1&0\\0&0&1\end{pmatrix}+\frac{5}{6}\begin{pmatrix}8&4&1\\0&12&3\\0&0&6\end{pmatrix}=\begin{pmatrix}\frac{8}{3}&\frac{10}{3}&\frac{5}{6}\\0&6&\frac{5}{2}\\0&0&1\end{pmatrix}.$$

例 2.14　设

$$A=\begin{pmatrix}2&0&0\\0&3&1\\0&0&-1\end{pmatrix},$$

解矩阵方程 $AXA^{*}+4AX=4E$.

解 由 $\boldsymbol{A}=\begin{pmatrix}2&0&0\\0&3&1\\0&0&-1\end{pmatrix}$ 得 $|\boldsymbol{A}|=-6$，故 $\boldsymbol{A}^{-1}$ 存在，从而由 $\boldsymbol{AXA}^*+4\boldsymbol{AX}=4\boldsymbol{E}$ 化简得

$$\boldsymbol{A}^{-1}(\boldsymbol{AXA}^*+4\boldsymbol{AX})\boldsymbol{A}=\boldsymbol{A}^{-1}(4\boldsymbol{E})\boldsymbol{A},$$

即

$$|\boldsymbol{A}|\boldsymbol{X}+4\boldsymbol{XA}=4\boldsymbol{E},$$

提出公因子得

$$\boldsymbol{X}(|\boldsymbol{A}|\boldsymbol{E}+4\boldsymbol{A})=4\boldsymbol{E},$$

消去系数矩阵求解

$$\boldsymbol{X}=4\boldsymbol{E}\,(|\boldsymbol{A}|\boldsymbol{E}+4\boldsymbol{A})^{-1}=4\,(|\boldsymbol{A}|\boldsymbol{E}+4\boldsymbol{A})^{-1},$$

再由

$$|\boldsymbol{A}|\boldsymbol{E}+4\boldsymbol{A}=\begin{pmatrix}2&0&0\\0&6&4\\0&0&-10\end{pmatrix},$$

得

$$\big||\boldsymbol{A}|\boldsymbol{E}+4\boldsymbol{A}\big|=-120\neq 0,$$

故

$$(|\boldsymbol{A}|\boldsymbol{E}+4\boldsymbol{A})^{-1}=\frac{1}{-120}\begin{pmatrix}-60&0&0\\0&-20&-8\\0&0&12\end{pmatrix},$$

因此

$$\boldsymbol{X}=\frac{1}{-30}\begin{pmatrix}-60&0&0\\0&-20&-8\\0&0&12\end{pmatrix}=\frac{1}{15}\begin{pmatrix}30&0&0\\0&10&4\\0&0&-6\end{pmatrix}.$$

例 2.15 设 $|\boldsymbol{A}_4|=-3$，求 $|\boldsymbol{A}^*+5\boldsymbol{A}^{-1}|$.

解 由于

$$\boldsymbol{A}^*=|\boldsymbol{A}|\boldsymbol{A}^{-1}=-3\boldsymbol{A}^{-1},$$

故

$$|\boldsymbol{A}^*+5\boldsymbol{A}^{-1}|=|-3\boldsymbol{A}^{-1}+5\boldsymbol{A}^{-1}|=|2\boldsymbol{A}^{-1}|=2^4|\boldsymbol{A}^{-1}|=16\,\frac{1}{|\boldsymbol{A}|}=-\frac{16}{3}.$$

例 2.16 设

$$\boldsymbol{A}=\begin{pmatrix}2&0&2\\0&3&1\\0&0&5\end{pmatrix},$$

求$[2(\boldsymbol{A}+3\boldsymbol{E})^*]^{-1}$.

解　由$\boldsymbol{A}+3\boldsymbol{E}=\begin{pmatrix}5&0&2\\0&6&1\\0&0&8\end{pmatrix}$得$|\boldsymbol{A}+3\boldsymbol{E}|=240$,故

$$\begin{aligned}[2(\boldsymbol{A}+3\boldsymbol{E})^*]^{-1}&=[2|\boldsymbol{A}+3\boldsymbol{E}|(\boldsymbol{A}+3\boldsymbol{E})^{-1}]^{-1}\\&=[480(\boldsymbol{A}+3\boldsymbol{E})^{-1}]^{-1}\\&=\frac{1}{480}[(\boldsymbol{A}+3\boldsymbol{E})^{-1}]^{-1}\\&=\frac{1}{480}(\boldsymbol{A}+3\boldsymbol{E})\\&=\frac{1}{480}\begin{pmatrix}5&0&2\\0&6&1\\0&0&8\end{pmatrix}.\end{aligned}$$

例 2.17　设

$$\boldsymbol{A}=\begin{pmatrix}2&0&1\\3&1&0\\4&0&1\end{pmatrix},$$

求$(3\boldsymbol{A}^*+2\boldsymbol{A}^{-1})^*$.

解　由$|\boldsymbol{A}|=-2$得

$$\boldsymbol{A}^*=|\boldsymbol{A}|\boldsymbol{A}^{-1}=-2\boldsymbol{A}^{-1},$$

故

$$\begin{aligned}(3\boldsymbol{A}^*+2\boldsymbol{A}^{-1})^*&=(3|\boldsymbol{A}|\boldsymbol{A}^{-1}+2\boldsymbol{A}^{-1})^*=(-4\boldsymbol{A}^{-1})^*\\&=|-4\boldsymbol{A}^{-1}|(-4\boldsymbol{A}^{-1})^{-1}\\&=(-4)^3|\boldsymbol{A}^{-1}|\frac{1}{(-4)}(\boldsymbol{A}^{-1})^{-1}\\&=16\frac{1}{|\boldsymbol{A}|}\boldsymbol{A}=-8\boldsymbol{A}=-8\begin{pmatrix}2&0&1\\3&1&0\\4&0&1\end{pmatrix}.\end{aligned}$$

例 2.18　设$\boldsymbol{\alpha}=(1,2,3)$,$\boldsymbol{A}=\boldsymbol{\alpha}^{\mathrm{T}}\boldsymbol{\alpha}$,求$\boldsymbol{A}^{101}$.

解　由

$$\boldsymbol{\alpha}\boldsymbol{\alpha}^{\mathrm{T}}=(1,2,3)\begin{pmatrix}1\\2\\3\end{pmatrix}=14,$$

$$\boldsymbol{A}=\boldsymbol{\alpha}^{\mathrm{T}}\boldsymbol{\alpha}=\begin{pmatrix}1\\2\\3\end{pmatrix}(1,2,3)=\begin{pmatrix}1&2&3\\2&4&6\\3&6&9\end{pmatrix},$$

得

$$A^{101}=(\boldsymbol{\alpha}^{T}\boldsymbol{\alpha})^{101}=\boldsymbol{\alpha}^{T}(\boldsymbol{\alpha}\boldsymbol{\alpha}^{T})\cdots(\boldsymbol{\alpha}\boldsymbol{\alpha}^{T})\boldsymbol{\alpha}$$

$$=\boldsymbol{\alpha}^{T}(\boldsymbol{\alpha}\boldsymbol{\alpha}^{T})^{100}\boldsymbol{\alpha}=14^{100}\boldsymbol{\alpha}^{T}\boldsymbol{\alpha}=14^{100}\begin{pmatrix}1&2&3\\2&4&6\\3&6&9\end{pmatrix}.$$

例 2.19 设 $\boldsymbol{A}$ 满足 $\boldsymbol{A}^3+2\boldsymbol{A}+3\boldsymbol{E}=\boldsymbol{O}$,试证明:$\boldsymbol{A}-\boldsymbol{E}$ 可逆,并求出$(\boldsymbol{A}-\boldsymbol{E})^{-1}$.

解 由带余式的多项式除法得

$$\begin{array}{r} x^2+x+3 \\ x-1\overline{\big)\,x^3+0x^2+2x+3} \\ \underline{x^3-x^2\qquad\quad} \\ x^2+2x+3 \\ \underline{x^2-x\qquad} \\ 3x+3 \\ \underline{3x-3} \\ 6 \end{array},$$

即有

$$(x-1)(x^2+x+3)+6=x^3+2x+3,$$

于是

$$(\boldsymbol{A}-\boldsymbol{E})(\boldsymbol{A}^2+\boldsymbol{A}+3\boldsymbol{E})+6\boldsymbol{E}=\boldsymbol{A}^3+2\boldsymbol{A}+3\boldsymbol{E},$$

从而由 $\boldsymbol{A}^3+2\boldsymbol{A}+3\boldsymbol{E}=\boldsymbol{O}$ 得

$$(\boldsymbol{A}-\boldsymbol{E})(\boldsymbol{A}^2+\boldsymbol{A}+3\boldsymbol{E})+6\boldsymbol{E}=\boldsymbol{O},$$

即

$$(\boldsymbol{A}-\boldsymbol{E})(\boldsymbol{A}^2+\boldsymbol{A}+3\boldsymbol{E})=-6\boldsymbol{E},$$

从而有

$$(\boldsymbol{A}-\boldsymbol{E})\left[\frac{-1}{6}(\boldsymbol{A}^2+\boldsymbol{A}+3\boldsymbol{E})\right]=\boldsymbol{E},$$

所以 $\boldsymbol{A}-\boldsymbol{E}$ 可逆,且

$$(\boldsymbol{A}-\boldsymbol{E})^{-1}=\frac{-1}{6}(\boldsymbol{A}^2+\boldsymbol{A}+3\boldsymbol{E}).$$

例 2.20 设 $\boldsymbol{A}$ 满足 $\boldsymbol{A}^3+6\boldsymbol{A}^2+13\boldsymbol{A}+6\boldsymbol{E}=\boldsymbol{O}$,试证明 $\boldsymbol{A}^2+3\boldsymbol{A}+2\boldsymbol{E}$ 可逆,并求出$(\boldsymbol{A}^2+3\boldsymbol{A}+2\boldsymbol{E})^{-1}$.

解 由于 $\boldsymbol{A}^2+3\boldsymbol{A}+2\boldsymbol{E}=(\boldsymbol{A}+\boldsymbol{E})(\boldsymbol{A}+2\boldsymbol{E})$,且由 $\boldsymbol{A}^3+6\boldsymbol{A}^2+13\boldsymbol{A}+6\boldsymbol{E}=\boldsymbol{O}$,可仿照上例 2.19 求得

$$\boldsymbol{A}+\boldsymbol{E}\text{ 可逆且}(\boldsymbol{A}+\boldsymbol{E})^{-1}=\frac{1}{2}(\boldsymbol{A}^2+5\boldsymbol{A}+8\boldsymbol{E});$$

$$\boldsymbol{A}+2\boldsymbol{E}\text{ 可逆且}(\boldsymbol{A}+2\boldsymbol{E})^{-1}=\frac{1}{4}(\boldsymbol{A}^2+4\boldsymbol{A}+5\boldsymbol{E}),$$

从而 $\boldsymbol{A}^2+3\boldsymbol{A}+2\boldsymbol{E}$ 可逆且

$$
\begin{aligned}
(\boldsymbol{A}^2+3\boldsymbol{A}+2\boldsymbol{E})^{-1} &= [(\boldsymbol{A}+\boldsymbol{E})(\boldsymbol{A}+2\boldsymbol{E})]^{-1} \\
&= (\boldsymbol{A}+2\boldsymbol{E})^{-1}(\boldsymbol{A}+\boldsymbol{E})^{-1} \\
&= \frac{1}{8}(\boldsymbol{A}^4+9\boldsymbol{A}^3+33\boldsymbol{A}^2+57\boldsymbol{A}+40\boldsymbol{E}) \\
&= \frac{1}{8}[(\boldsymbol{A}+3\boldsymbol{E})(\boldsymbol{A}^3+6\boldsymbol{A}^2+13\boldsymbol{A}+6\boldsymbol{E})+2\boldsymbol{A}^2+12\boldsymbol{A}+22\boldsymbol{E}] \\
&= \frac{1}{8}(2\boldsymbol{A}^2+12\boldsymbol{A}+22\boldsymbol{E}) \\
&= \frac{1}{4}(\boldsymbol{A}^2+6\boldsymbol{A}+11\boldsymbol{E}).
\end{aligned}
$$

注：本题由于 $\boldsymbol{A}^3+6\boldsymbol{A}^2+13\boldsymbol{A}+6\boldsymbol{E}=(\boldsymbol{A}^2+3\boldsymbol{A}+2\boldsymbol{E})(\boldsymbol{A}+3\boldsymbol{E})+2\boldsymbol{A}$，直接利用带余式的多项式的除法是不可行的.

本节最后我们再介绍一种特殊矩阵：**哈达码(Hadamard)矩阵**

$$
\boldsymbol{H}=\begin{pmatrix} & & & 1 \\ & & 1 & \\ & \iddots & & \\ 1 & & & \end{pmatrix},
$$

容易证明 n 阶哈达码矩阵 $\boldsymbol{H}$ 满足以下性质：

(1) $\boldsymbol{H}^{\mathrm{T}}=\boldsymbol{H}$；　(2) $\boldsymbol{H}^{-1}=\boldsymbol{H}, \boldsymbol{H}^2=\boldsymbol{E}$；　(3) $|\boldsymbol{H}|=(-1)^{\frac{n(n-1)}{2}}$，$n$ 为 $\boldsymbol{H}$ 的阶.

哈达码矩阵在编码理论中有很好的应用.

练　习　2.3

1. 证明：$(\boldsymbol{A}^{-1}+\boldsymbol{B}^{-1})^{-1}=\boldsymbol{A}(\boldsymbol{A}+\boldsymbol{B})^{-1}\boldsymbol{B}=\boldsymbol{B}(\boldsymbol{A}+\boldsymbol{B})^{-1}\boldsymbol{A}$.

2. 设 $\boldsymbol{P}=\begin{pmatrix}1 & 2\\ 1 & 4\end{pmatrix}, \boldsymbol{\Lambda}=\begin{pmatrix}1 & 0\\ 0 & 2\end{pmatrix}$ 且 $\boldsymbol{AP}=\boldsymbol{P\Lambda}$，求 $\boldsymbol{A}^n$.

3. 设 $\boldsymbol{P}=\begin{pmatrix}-1 & 1 & 1\\ 1 & 0 & 2\\ 1 & 1 & -1\end{pmatrix}, \boldsymbol{\Lambda}=\begin{pmatrix}1 & & \\ & 2 & \\ & & -3\end{pmatrix}, \boldsymbol{AP}=\boldsymbol{P\Lambda}$，求 $\varphi(\mathrm{A})=\boldsymbol{A}^3+2\boldsymbol{A}^2-3\boldsymbol{A}$.

4. 设 $\boldsymbol{A},\boldsymbol{B}$ 为三阶方阵，且 $|\boldsymbol{A}|=3$，$|\boldsymbol{B}|=2$，$|\boldsymbol{A}^{-1}+\boldsymbol{B}|=2$，求 $|\boldsymbol{A}+\boldsymbol{B}^{-1}|$.

5. 证明：如果 $\boldsymbol{A}^2=\boldsymbol{A}, \boldsymbol{A}\neq\boldsymbol{E}$，则 $\boldsymbol{A}$ 必为奇异矩阵.

6. 求矩阵 $\boldsymbol{A}$ 的伴随矩阵以及逆矩阵：

(1) $\boldsymbol{A}=\begin{pmatrix}2 & -5\\ 4 & -3\end{pmatrix}$；　(2) $\boldsymbol{A}=\begin{pmatrix}1 & -2 & 0\\ 2 & -1 & 3\\ 5 & 0 & -2\end{pmatrix}$.

7. 解以下矩阵方程:

(1) $\begin{pmatrix} 1 & -5 \\ -1 & 4 \end{pmatrix}\boldsymbol{X}=\begin{pmatrix} 3 & 2 \\ 1 & 4 \end{pmatrix}$;　　(2) $\begin{pmatrix} 2 & 1 \\ 7 & 4 \end{pmatrix}\boldsymbol{X}\begin{pmatrix} 3 & 2 \\ 1 & 1 \end{pmatrix}=\begin{pmatrix} 0 & 1 \\ -2 & 3 \end{pmatrix}$.

8. 解矩阵方程 $\begin{pmatrix} 3 & 5 \\ 1 & 4 \end{pmatrix}\boldsymbol{X}+\begin{pmatrix} -2 & 3 \\ 0 & 1 \end{pmatrix}=\boldsymbol{X}+\begin{pmatrix} 2 & -3 \\ 2 & 2 \end{pmatrix}$.

9. 解矩阵方程 $\boldsymbol{AX}=\boldsymbol{A}+\boldsymbol{X}$,其中 $\boldsymbol{A}=\begin{pmatrix} 2 & 2 & 0 \\ 2 & 1 & 3 \\ 0 & 1 & 0 \end{pmatrix}$.

10. 设 $\boldsymbol{A}=\begin{pmatrix} 3 & 3 & 2 \\ 0 & 1 & 0 \\ 2 & 2 & 1 \end{pmatrix}$ 满足 $\boldsymbol{A}^*\boldsymbol{X}+\boldsymbol{E}=\boldsymbol{X}$,求矩阵 $\boldsymbol{X}$.

11. 设 $\boldsymbol{A},\boldsymbol{B}$ 满足 $\boldsymbol{A}^*\boldsymbol{BA}=2\boldsymbol{BA}-8\boldsymbol{E}$ 且 $\boldsymbol{A}=\begin{pmatrix} 1 & 1 & 0 \\ 0 & -2 & 0 \\ 0 & 0 & 1 \end{pmatrix}$,求矩阵 $\boldsymbol{B}$.

12. 设方阵 $\boldsymbol{A}=\begin{pmatrix} 1 & 0 & 0 \\ 9 & 3 & 0 \\ -5 & 7 & -2 \end{pmatrix}$,计算:

(1) $|2\boldsymbol{A}^*+10\boldsymbol{A}^{-1}|$;　　(2) $(\boldsymbol{A}^*)^{-1}$.

13. 已知方阵 $\boldsymbol{A}=\begin{pmatrix} 1 & 0 & -7 \\ 0 & 5 & 2 \\ 0 & 0 & -1 \end{pmatrix}$,计算:

(1) $[3(\boldsymbol{A}-2\boldsymbol{E})^{-1}]^*$;　　(2) $\left[\frac{1}{3}(\boldsymbol{A}+2\boldsymbol{E})^*\right]^{-1}$.

14. 设 $\boldsymbol{\alpha}=(0,8,6)$,$\boldsymbol{A}=\boldsymbol{\alpha}^{\mathrm{T}}\boldsymbol{\alpha}$,计算 $\boldsymbol{A}^{101}$.

15. 设 $\boldsymbol{\alpha}=\begin{pmatrix} 2 \\ 2 \\ 4 \end{pmatrix}$,$\boldsymbol{A}=\boldsymbol{E}-\frac{1}{4}\boldsymbol{\alpha\alpha}^{\mathrm{T}}$,计算 $\boldsymbol{A}^2$.

16. (1)若 n 阶矩阵 $\boldsymbol{A}$ 满足 $\boldsymbol{A}^2-2\boldsymbol{A}-4\boldsymbol{E}=\boldsymbol{O}$,试证明 $\boldsymbol{A}+\boldsymbol{E}$ 可逆,并求 $(\boldsymbol{A}+\boldsymbol{E})^{-1}$;

(2)若 n 阶矩阵 $\boldsymbol{A}$ 满足 $\boldsymbol{A}^3-2\boldsymbol{A}+3\boldsymbol{E}=\boldsymbol{O}$,试证明 $\boldsymbol{A}+\boldsymbol{E}$ 可逆,并求 $(\boldsymbol{A}+\boldsymbol{E})^{-1}$.

2.4 分块矩阵及其运算

对于行数和列数较高的矩阵 $\boldsymbol{A}$,为了运算与运用的方便,我们常采用分块法,使大矩阵的复杂运算化成小矩阵的简单运算. 以此为目的,将矩阵 $\boldsymbol{A}$ 用若干条贯穿所有行或列直线段划分为许多个小矩阵,每一个小矩阵称为 $\boldsymbol{A}$ 的子块,以子块为元素的形式上的矩阵称为**分块矩阵**.

下面用例题进行说明.

例 2.21　设 $\boldsymbol{A}=\left(\begin{array}{cc:cc}1&0&2&2\\0&1&1&4\\ \hdashline 0&0&-1&0\\0&0&0&-1\end{array}\right)$，$\boldsymbol{B}=\left(\begin{array}{cc:cc}0&3&0&0\\3&0&0&0\\ \hdashline 1&4&1&0\\0&2&0&1\end{array}\right)$，计算 $\boldsymbol{A}+3\boldsymbol{B}$，$\boldsymbol{AB}$ 及 $\boldsymbol{B}^{\mathrm{T}}$.

解　先将 $\boldsymbol{A}$，$\boldsymbol{B}$ 分块如下

$$\boldsymbol{A}=\left(\begin{array}{cc:cc}1&0&2&2\\0&1&1&4\\ \hdashline 0&0&-1&0\\0&0&0&-1\end{array}\right)=\begin{pmatrix}\boldsymbol{E}&\boldsymbol{A}_1\\\boldsymbol{O}&-\boldsymbol{E}\end{pmatrix},\quad \boldsymbol{B}=\left(\begin{array}{cc:cc}0&3&0&0\\3&0&0&0\\ \hdashline 1&4&1&0\\0&2&0&1\end{array}\right)=\begin{pmatrix}3\boldsymbol{H}&\boldsymbol{O}\\\boldsymbol{B}_1&\boldsymbol{E}\end{pmatrix},$$

则

$$\boldsymbol{A}+3\boldsymbol{B}=\begin{pmatrix}\boldsymbol{E}&\boldsymbol{A}_1\\\boldsymbol{O}&-\boldsymbol{E}\end{pmatrix}+3\begin{pmatrix}3\boldsymbol{H}&\boldsymbol{O}\\\boldsymbol{B}_1&\boldsymbol{E}\end{pmatrix}=\begin{pmatrix}\boldsymbol{E}&\boldsymbol{A}_1\\\boldsymbol{O}&-\boldsymbol{E}\end{pmatrix}+\begin{pmatrix}9\boldsymbol{H}&\boldsymbol{O}\\3\boldsymbol{B}_1&3\boldsymbol{E}\end{pmatrix}=\begin{pmatrix}1&9&2&2\\9&1&1&4\\3&12&2&0\\0&6&0&2\end{pmatrix},$$

$$\boldsymbol{AB}=\begin{pmatrix}\boldsymbol{E}&\boldsymbol{A}_1\\\boldsymbol{O}&-\boldsymbol{E}\end{pmatrix}\begin{pmatrix}3\boldsymbol{H}&\boldsymbol{O}\\\boldsymbol{B}_1&\boldsymbol{E}\end{pmatrix}=\begin{pmatrix}3\boldsymbol{H}+\boldsymbol{A}_1\boldsymbol{B}_1&\boldsymbol{A}_1\\-\boldsymbol{B}_1&-\boldsymbol{E}\end{pmatrix}=\begin{pmatrix}2&15&2&2\\4&12&1&4\\-1&-4&-1&0\\0&-2&0&-1\end{pmatrix},$$

$$\boldsymbol{B}^{\mathrm{T}}=\begin{pmatrix}3\boldsymbol{H}&\boldsymbol{O}\\\boldsymbol{B}_1&\boldsymbol{E}\end{pmatrix}^{\mathrm{T}}=\begin{pmatrix}(3\boldsymbol{H})^{\mathrm{T}}&\boldsymbol{B}_1^{\mathrm{T}}\\\boldsymbol{O}^{\mathrm{T}}&\boldsymbol{E}^{\mathrm{T}}\end{pmatrix}=\begin{pmatrix}3\boldsymbol{H}&\boldsymbol{B}_1^{\mathrm{T}}\\\boldsymbol{O}&\boldsymbol{E}\end{pmatrix}=\begin{pmatrix}0&3&1&0\\3&0&4&2\\0&0&1&0\\0&0&0&1\end{pmatrix}.$$

通过以上例题的讨论可以看出，分块矩阵的运算分两个步骤：第一步，对(抽象的)子块元素的分块矩阵进行计算；第二步，再对子块内的(实际的)元素进行计算. 因此，对参与计算的矩阵进行分块时，须使这些分块矩阵相互之间满足两步骤运算的所有前提条件.

显然，分块矩阵可以进行加、减、数乘、乘法、乘方、转置运算，其中转置是先对分块矩阵转置，再对每一个子块转置. 但是，不能分两步骤进行取行列式、求伴随、求逆；这三种运算一般时不能进行分块运算，但对于特殊的分块阵，这三种运算也有相应的简便计算公式.

下面以例题的形式讨论一些特殊分块矩阵进行取行列式、求伴随、求逆运算的简便计算公式.

例 2.22 求准对角分块阵

$$\boldsymbol{D}=\begin{pmatrix}\boldsymbol{A}_1 & & & \\ & \boldsymbol{A}_2 & & \\ & & \ddots & \\ & & & \boldsymbol{A}_s\end{pmatrix},\quad \boldsymbol{A}_i \text{ 为 } n_i \text{ 阶方阵},1\leqslant i\leqslant s$$

的行列式、伴随矩阵、逆矩阵.

解 利用第 1 章例 1.11 进行归纳就得 $|\boldsymbol{D}|=|\boldsymbol{A}_1||\boldsymbol{A}_2|\cdots|\boldsymbol{A}_s|$,直接验证就知

$$\boldsymbol{D}^{-1}=\begin{pmatrix}\boldsymbol{A}_1^{-1} & & & \\ & \boldsymbol{A}_2^{-1} & & \\ & & \ddots & \\ & & & \boldsymbol{A}_s^{-1}\end{pmatrix},$$

故

$$\begin{aligned}\boldsymbol{D}^*&=|\boldsymbol{D}|\boldsymbol{D}^{-1}\\ &=|\boldsymbol{A}_1||\boldsymbol{A}_2|\cdots|\boldsymbol{A}_s|\begin{pmatrix}\boldsymbol{A}_1^{-1} & & & \\ & \boldsymbol{A}_2^{-1} & & \\ & & \ddots & \\ & & & \boldsymbol{A}_s^{-1}\end{pmatrix}\\ &=\begin{pmatrix}\boldsymbol{A}_1^*|\boldsymbol{A}_2|\cdots|\boldsymbol{A}_s| & & & \\ & |\boldsymbol{A}_1|\boldsymbol{A}_2^*\cdots|\boldsymbol{A}_s| & & \\ & & \ddots & \\ & & & |\boldsymbol{A}_1||\boldsymbol{A}_2|\cdots\boldsymbol{A}_s^*\end{pmatrix}.\end{aligned}$$

例 2.23 求 2×2 型准上三角形矩阵 $\boldsymbol{D}=\begin{pmatrix}\boldsymbol{A} & \boldsymbol{C}\\ \boldsymbol{O} & \boldsymbol{B}\end{pmatrix}$ 的行列式、伴随、逆矩阵. 其中 $\boldsymbol{A},\boldsymbol{B}$ 都是可逆方阵但可以不同阶.

解 同样由第 1 章例 1.11 知 $|\boldsymbol{D}|=|\boldsymbol{A}||\boldsymbol{B}|$,其次设 $\boldsymbol{D}^{-1}=\begin{pmatrix}\boldsymbol{X} & \boldsymbol{Y}\\ \boldsymbol{Z} & \boldsymbol{W}\end{pmatrix}$,由

$$\boldsymbol{D}\boldsymbol{D}^{-1}=\boldsymbol{E}=\begin{pmatrix}\boldsymbol{E} & \boldsymbol{O}\\ \boldsymbol{O} & \boldsymbol{E}\end{pmatrix}$$

知

$$\begin{cases}\boldsymbol{AX}+\boldsymbol{CZ}=\boldsymbol{E};\\ \boldsymbol{AY}+\boldsymbol{CW}=\boldsymbol{O};\\ \boldsymbol{BZ}=\boldsymbol{O};\\ \boldsymbol{BW}=\boldsymbol{E},\end{cases}$$

从而 $\boldsymbol{W}=\boldsymbol{B}^{-1},\quad \boldsymbol{Z}=\boldsymbol{O},\boldsymbol{X}=\boldsymbol{A}^{-1},\quad \boldsymbol{Y}=-\boldsymbol{A}^{-1}\boldsymbol{C}\boldsymbol{B}^{-1}$,

所以
$$D^{-1}=\begin{pmatrix}A^{-1} & -A^{-1}CB^{-1}\\ O & B^{-1}\end{pmatrix},$$
故
$$D^{*}=|D|D^{-1}=|A|\,|B|\begin{pmatrix}A^{-1} & -A^{-1}CB^{-1}\\ O & B^{-1}\end{pmatrix}$$
$$=\begin{pmatrix}A^{*}|B| & -A^{*}CB^{*}\\ O & |A|B^{*}\end{pmatrix}.$$

上例 2.23 中的方法通常称为**待定元素法**,利用待定元素法还可以求如下特殊分块阵的逆矩阵公式:
$$\begin{pmatrix}A & O\\ C & B\end{pmatrix},\quad \begin{pmatrix}C & A\\ B & O\end{pmatrix},\quad \begin{pmatrix}O & A\\ B & C\end{pmatrix},$$
请读者自己求解.

本节最后再讨论两种特殊矩阵分块法,即行分块法与列分块法.

设 $A=(a_{ij})_{m\times n}$ 为 $m\times n$ 型矩阵,则

(1) A 按照行分块(每一行是一块)得到
$$A=\begin{pmatrix}\beta_1\\ \beta_2\\ \vdots\\ \beta_m\end{pmatrix},$$
其中 $\beta_i=(a_{i1},a_{i2},\cdots,a_{in})$, $i=1,2,\cdots,m$ 为 A 的 m 个行向量;

(2) A 按照列分块(每一列是一块)得到
$$A=(\alpha_1,\alpha_2,\cdots,\alpha_n),$$
其中,$\alpha_j=\begin{pmatrix}a_{1j}\\ a_{2j}\\ \vdots\\ a_{mj}\end{pmatrix}$, $j=1,2,\cdots,n$ 为 A 的 n 个列向量.

容易证明哈达码矩阵
$$H=\begin{pmatrix} & & & 1\\ & & 1 & \\ & \iddots & & \\ 1 & & & \end{pmatrix}$$
满足:(1)设 $A=(\alpha_1,\alpha_2,\cdots,\alpha_n)$ 为列分块阵,则 $AH=(\alpha_n,\alpha_{n-1},\cdots,\alpha_1)$,即 AH 等于将列分块阵 $A=(\alpha_1,\alpha_2,\cdots,\alpha_n)$ 中的各块掉头排列;

(2) 设$\boldsymbol{A}=\begin{pmatrix}\boldsymbol{\beta}_1\\\boldsymbol{\beta}_2\\\vdots\\\boldsymbol{\beta}_m\end{pmatrix}$为行分块阵,则$\boldsymbol{HA}=\begin{pmatrix}\boldsymbol{\beta}_m\\\boldsymbol{\beta}_{m-1}\\\vdots\\\boldsymbol{\beta}_1\end{pmatrix}$,即$\boldsymbol{HA}$等于将行分块阵$\boldsymbol{A}=\begin{pmatrix}\boldsymbol{\beta}_1\\\boldsymbol{\beta}_2\\\vdots\\\boldsymbol{\beta}_m\end{pmatrix}$中的各块掉头排列.

例 2.24 设三阶方阵$\boldsymbol{A}_{3\times3}=(\boldsymbol{\alpha}_1,\boldsymbol{\alpha}_2,\boldsymbol{\alpha}_3)$,$|\boldsymbol{A}|=-3$,求$|\boldsymbol{\alpha}_3-3\boldsymbol{\alpha}_2,2\boldsymbol{\alpha}_2+\boldsymbol{\alpha}_1,2\boldsymbol{\alpha}_1|$.

解 由于是列分块阵,故对行列式$|\boldsymbol{\alpha}_3-3\boldsymbol{\alpha}_2,2\boldsymbol{\alpha}_2+\boldsymbol{\alpha}_1,2\boldsymbol{\alpha}_1|$进行列变换有

$$
\begin{aligned}
|\boldsymbol{\alpha}_3-3\boldsymbol{\alpha}_2,2\boldsymbol{\alpha}_2+\boldsymbol{\alpha}_1,2\boldsymbol{\alpha}_1| &\xlongequal{\text{第 3 列提公因式 2}} 2|\boldsymbol{\alpha}_3-3\boldsymbol{\alpha}_2,2\boldsymbol{\alpha}_2+\boldsymbol{\alpha}_1,\boldsymbol{\alpha}_1|\\
&\xlongequal{c_2-c_3} 2|\boldsymbol{\alpha}_3-3\boldsymbol{\alpha}_2,2\boldsymbol{\alpha}_2,\boldsymbol{\alpha}_1|\\
&\xlongequal{\text{第 2 列提公因式 2}} 4|\boldsymbol{\alpha}_3-3\boldsymbol{\alpha}_2,\boldsymbol{\alpha}_2,\boldsymbol{\alpha}_1|\\
&\xlongequal{c_1+3c_2} 4|\boldsymbol{\alpha}_3,\boldsymbol{\alpha}_2,\boldsymbol{\alpha}_1| \xlongequal{c_1\leftrightarrow c_3} -4|\boldsymbol{\alpha}_1,\boldsymbol{\alpha}_2,\boldsymbol{\alpha}_3|\\
&=-4|\boldsymbol{A}|=(-4)\times(-3)=12.
\end{aligned}
$$

练　习　2.4

1. 利用分块方法化简计算 AB. 其中,

$$
\boldsymbol{A}=\left(\begin{array}{cc:cc}1&0&0&1\\0&1&0&2\\\hdashline-1&2&0&1\\1&1&1&0\end{array}\right),\quad
\boldsymbol{B}=\left(\begin{array}{cc:cc}2&0&0&0\\0&2&0&0\\\hdashline-1&-3&0&-1\\1&1&-1&0\end{array}\right).
$$

2. 设$\boldsymbol{A}=\begin{pmatrix}5&0&0\\0&3&1\\0&2&1\end{pmatrix}$,求$\boldsymbol{A}^{-1}$.

3. 设$\boldsymbol{A}=\left(\begin{array}{cc:cc}2&3&0&0\\1&2&0&0\\\hdashline0&0&1&0\\0&0&0&2\end{array}\right)=\begin{pmatrix}\boldsymbol{A}_1&\boldsymbol{O}\\\boldsymbol{O}&\boldsymbol{A}_2\end{pmatrix}$,求$\boldsymbol{A}^2$,$|\boldsymbol{A}^8|$,$\boldsymbol{A}^{-1}$.

4. 按下列分块的方法求下列矩阵的逆矩阵:

(1) $\boldsymbol{A}=\left(\begin{array}{cc:cc}1&2&3&4\\0&1&2&3\\\hdashline0&0&1&2\\0&0&0&1\end{array}\right)$;　　(2) $\boldsymbol{A}=\left(\begin{array}{cc:cc}0&-\frac{1}{2}&0&0\\-\frac{1}{4}&0&0&0\\\hdashline0&0&\frac{1}{3}&0\\0&0&0&1\end{array}\right)$.

5. 运用待定元素法求分块矩阵 $\boldsymbol{D}=\begin{pmatrix}\boldsymbol{C} & \boldsymbol{A}\\ \boldsymbol{B} & \boldsymbol{O}\end{pmatrix}$的逆矩阵. 其中子块 $\boldsymbol{A}$,$\boldsymbol{B}$ 分别是 m 阶和 n 阶的可逆方阵.

6. 设三阶方阵 $\boldsymbol{A}_{3\times 3}=(\boldsymbol{\alpha}_1,\boldsymbol{\alpha}_2,\boldsymbol{\alpha}_3)$, $|\boldsymbol{A}|=-2$,求 $|\boldsymbol{\alpha}_3-2\boldsymbol{\alpha}_2,3\boldsymbol{\alpha}_2,\boldsymbol{\alpha}_1|$.

7. 设三阶方阵 $\boldsymbol{A}_{3\times 3}=(\boldsymbol{\alpha}_1,\boldsymbol{\alpha}_2,\boldsymbol{\alpha}_3)$, $\boldsymbol{B}_{3\times 3}=(\boldsymbol{\alpha}_1,4\boldsymbol{\alpha}_2,\boldsymbol{\alpha}_4)$且 $|\boldsymbol{A}|=2$, $|\boldsymbol{B}|=4$,求 $|\boldsymbol{A}+\boldsymbol{B}|$.

2.5 矩阵的初等变换与等价标准型

矩阵的初等变换是矩阵的一种很重要的运算. 矩阵的初等变换也分为初等行变换(换行、倍行、倍行加)和初等列变换(换列、倍列、倍列加),变形的方法与行列式的初等变换一样,但不再也不会有像行列式的初等变换一样的性质.

定义 2.12　单位矩阵 $\boldsymbol{E}$ 只经过一次初等变换所得的矩阵称为**初等矩阵**.

初等矩阵有下列三种类型,分别对应三种初等变换:

(1) 第 1 类型.

$$\boldsymbol{E}(i,j)=\begin{pmatrix}1 &&&&&&&&& \\ & \ddots &&&&&&&& \\ && 1 &&&&&&& \\ &&& 0 & \cdots & \cdots & \cdots & 1 &&& \\ &&& \vdots & 1 &&& \vdots &&& \\ &&& \vdots && \ddots && \vdots &&& \\ &&& \vdots &&& 1 & \vdots &&& \\ &&& 1 & \cdots & \cdots & \cdots & 0 &&& \\ &&&&&&&& 1 && \\ &&&&&&&&& \ddots & \\ &&&&&&&&&& 1\end{pmatrix}\begin{matrix} \\ \\ \\ \leftarrow 第\, i\, 行 \\ \\ \\ \\ \leftarrow 第\, j\, 行 \\ \\ \\ \\ \end{matrix},$$

对应换行,第 i 行与第 j 行交换,即 $r_i \leftrightarrow r_j$;或换列,第 i 列与第 j 列交换,即 $c_i \leftrightarrow c_j$.

(2) 第 2 类型.

$$\boldsymbol{E}(i(k))=\begin{pmatrix}1 &&&&&& \\ & \ddots &&&&& \\ && 1 &&&& \\ &&& k &&& \\ &&&& 1 && \\ &&&&& \ddots & \\ &&&&&& 1\end{pmatrix}\begin{matrix} \\ \\ \\ \leftarrow 第\, i\, 行, \\ \\ \\ \\ \end{matrix}$$

对应倍行,第 i 行 k 倍,即 kr_i;或倍列,第 i 列 k 倍,即 kc_i.

(3) 第 3 类型.

$$E[i,j(l)]=\begin{pmatrix}1 & & & & & & \\ & \ddots & & & & & \\ & & 1 & \cdots & l & & \\ & & & \ddots & \vdots & & \\ & & & & 1 & & \\ & & & & & \ddots & \\ & & & & & & 1\end{pmatrix}\begin{matrix} \\ \\ \leftarrow 第\ i\ 行 \\ \\ \leftarrow 第\ j\ 行 \\ \\ \\ \end{matrix},$$

对应倍行加,第 j 行 l 倍加到第 i 行上去,即 r_i+lr_j;或倍列加,第 i 列 l 倍加到第 j 列上去,即 c_j+lc_i.

注意:这里第 3 类型的初等矩阵对应的初等变换的行号和列号是有差别的.

直接验证可得如下矩阵的初等变换的初等矩阵表示"行左列右乘"定理.

定理 2.3 设 $\boldsymbol{A}$ 是 $m\times n$ 型矩阵,$\boldsymbol{A}$ 经过一次初等行变换所得的矩阵等于在 $\boldsymbol{A}$ 的左端乘以对应的 m 阶初等矩阵,$\boldsymbol{A}$ 经过一次初等列变换所得的矩阵等于在 $\boldsymbol{A}$ 的右端乘以对应的 n 阶初等矩阵.

初等矩阵也是特殊矩阵,它们的运算性质显然有

(1) $[\boldsymbol{E}(i,j)]^2=\boldsymbol{E}$, $[\boldsymbol{E}(i(k))]^l=\boldsymbol{E}[i(k^l)]$, $[\boldsymbol{E}[i,j(l)]]^k=\boldsymbol{E}[i,j(kl)]$;

(2) $|\boldsymbol{E}(i,j)|=-1$, $|\boldsymbol{E}[i(k)]|=k$, $|\boldsymbol{E}[i,j(l)]|=1$;

(3) $[\boldsymbol{E}(i,j)]^{-1}=\boldsymbol{E}(i,j)$, $[\boldsymbol{E}[i(k)]]^{-1}=\boldsymbol{E}[i(k^{-1})]$,
$[\boldsymbol{E}[i,j(l)]]^{-1}=\boldsymbol{E}[i,j(-l)]$;

(4) $[\boldsymbol{E}(i,j)]^{\mathrm{T}}=\boldsymbol{E}(i,j)$, $[\boldsymbol{E}[i(k)]]^{\mathrm{T}}=\boldsymbol{E}[i(k)]$,
$[\boldsymbol{E}[i,j(l)]]^{\mathrm{T}}=\boldsymbol{E}[j,i(l)]$;

(5) $\boldsymbol{E}(i,j)=\boldsymbol{E}(j,i)$.

其中,性质(3)说明初等矩阵的逆矩阵是同样类型的初等矩阵,因此,若对某个把 $\boldsymbol{A}$ 变成 $\boldsymbol{B}$ 的初等变换,定义把 $\boldsymbol{B}$ 变成 $\boldsymbol{A}$ 的变换为该初等变换的**逆变换**,则知其逆变换就对应该初等变换的初等矩阵的逆矩阵,从而是同类型的初等变换,即由上述性质(3)知

$$r_i\leftrightarrow r_j\ 的逆变换为\ r_j\leftrightarrow r_i;$$
$$c_i\leftrightarrow c_j\ 的逆变换为\ c_j\leftrightarrow c_i;$$
$$kr_i\ 的逆变换为\ \frac{1}{k}r_i;$$
$$kc_i\ 的逆变换为\ \frac{1}{k}c_i;$$
$$r_i+lr_j\ 的逆变换为\ r_i-lr_j;$$
$$c_j+lc_i\ 的逆变换为\ c_j-lc_i.$$

定义 2.13　若矩阵 $\boldsymbol{A}$ 可经有限次初等变换变成矩阵 $\boldsymbol{B}$，则称 $\boldsymbol{A}$ 与 $\boldsymbol{B}$ **等价**，记作 $\boldsymbol{A}\sim\boldsymbol{B}$，但当要说明所用的初等变换时，就用 $\boldsymbol{A}\to\boldsymbol{B}$.

显然，矩阵之间的等价具有如下的所谓"**等价性质**"：

(1) **自反性**，$\boldsymbol{A}\sim\boldsymbol{A}$；

(2) **对称性**，若 $\boldsymbol{A}\sim\boldsymbol{B}$，则 $\boldsymbol{B}\sim\boldsymbol{A}$；

(3) **传递性**，若 $\boldsymbol{A}\sim\boldsymbol{B}$ 且 $\boldsymbol{B}\sim\boldsymbol{C}$，则 $\boldsymbol{A}\sim\boldsymbol{C}$.

矩阵经过初等变换能化简成什么样的简单形状呢？先看初等行变换，从一个例子开始，譬如

$$\boldsymbol{A}=\begin{pmatrix}2&4&1&3&4\\1&2&2&1&2\\0&0&1&2&0\\1&2&-1&2&2\end{pmatrix}\xrightarrow[r_4-r_1]{\substack{r_1-r_2\\r_2-r_1}}\begin{pmatrix}1&2&-1&2&2\\0&0&3&-1&0\\0&0&1&2&0\\0&0&0&0&0\end{pmatrix}\xrightarrow[r_3-r_2]{r_2-2r_3}\begin{pmatrix}1&2&-1&2&2\\0&0&1&-5&0\\0&0&0&7&0\\0&0&0&0&0\end{pmatrix}$$

$=\boldsymbol{A}_1$.

像 $\boldsymbol{A}_1$ 这种矩阵，称为**行阶梯形矩阵**，其特点是可画一条阶梯线，线的下方全为 0，每个台阶只有一行，阶梯线的竖线(每段竖线对应一个台阶)后面的第一个元素为非零元，称为**非零首元**. 在 $\boldsymbol{A}_1$ 中 1，1，7 为非零首元.

一般化 $\boldsymbol{A}$ 为行阶梯形矩阵的方法是，在 $\boldsymbol{A}$ 中先找到第一个非零列，经过初等行变换，将其上方元素(非零首元位置)化成非零元，而下方所有元素都化成 0，除去这个非零首元所在列及其前面所有列和所在行及其上面所有行外；在剩下的子块中，再找到第一个非零列，经过初等行变换，将其上方元素(非零首元位置)化成非零元，下方所有元素化成 0；再除去这个非零首元所在列及其前面所有列和所在行及其上面所有行之外，考虑剩下的子块；这样一直做下去，直到剩下的子块元素全为 0 或没有剩下的子块元素为止.

再对行阶梯形矩阵化简，譬如上面的 $\boldsymbol{A}_1$，有

$$\boldsymbol{A}_1\xrightarrow[r_1-2r_3]{\substack{\frac{1}{7}r_3\\r_2+5r_3}}\begin{pmatrix}1&2&-1&0&2\\0&0&1&0&0\\0&0&0&1&0\\0&0&0&0&0\end{pmatrix}\xrightarrow{r_1+r_2}\begin{pmatrix}1&2&0&0&2\\0&0&1&0&0\\0&0&0&1&0\\0&0&0&0&0\end{pmatrix}=\boldsymbol{A}_2.$$

像 $\boldsymbol{A}_2$ 这种矩阵，称为**行最简形矩阵**，其特点是，首先它是阶梯形矩阵，其次它的每个非零首元为 1 且其列的其他元素都为 0.

因此，一般化 $\boldsymbol{A}$ 为行最简形矩阵的方法是，先化 $\boldsymbol{A}$ 为行阶梯形矩阵，再经过初等行变换，化每个非零首元为 1 且其上方都为 0(这应该是从下面的非零首元开始，计算量会少).

最后对行最简形再化简，譬如上面的 $\boldsymbol{A}_2$，有

$$A_2 \xrightarrow[c_5-2c_1]{c_2-2c_1} \begin{pmatrix} 1 & 0 & 0 & 0 & 0 \\ 0 & 0 & 1 & 0 & 0 \\ 0 & 0 & 0 & 1 & 0 \\ 0 & 0 & 0 & 0 & 0 \end{pmatrix} \xrightarrow[c_3\leftrightarrow c_4]{c_2\leftrightarrow c_3} \begin{pmatrix} 1 & 0 & 0 & 0 & 0 \\ 0 & 1 & 0 & 0 & 0 \\ 0 & 0 & 1 & 0 & 0 \\ 0 & 0 & 0 & 0 & 0 \end{pmatrix} = \begin{pmatrix} E_r & O \\ O & O \end{pmatrix} = D.$$

像 $D=\begin{pmatrix} E_r & O \\ O & O \end{pmatrix}$(或$(E_r,O)$或$\begin{pmatrix} E_r \\ O \end{pmatrix}$或$E_r$)这种矩阵,称为**等价标准型**. 其特点是左上角为单位矩阵,其余元素全为 0.

因此,一般化 A 为等价标准型的方法是,第一步化为行阶梯形矩阵,接着第二步化为行最简形矩阵,最后第三步,经过初等列变换,化每个非零首元所在行后面全为 0,再将非零首元换到左上角.

矩阵化简到上述三种形式,各有用途.

利用行最简形,极易证明可逆矩阵的如下性质:

性质 2.1 (1) 矩阵 A 可逆的充分必要条件是 A 的行最简形为单位矩阵;

(2) 矩阵 A 可逆的充分必要条件是 A 可分解为有限个初等矩阵的乘积.

证 (1) A 可逆$\Leftrightarrow A$ 为方阵且$|A|\neq 0\Leftrightarrow A$ 的等价行最简形为 E.

(2) A 可逆$\Rightarrow$由(1)知 A 的行最简形为 E,从而由定理 2.3 知存在有限个初等矩阵 $L_1,\cdots,L_s$,使 $L_s\cdots L_1A=E$,即 $A=L_1^{-1}\cdots L_s^{-1}$,由初等矩阵的性质(3)知 $L_1^{-1},\cdots,L_s^{-1}$ 都是初等矩阵;反过来,当 A 可分解为有限个初等矩阵的乘积时,由初等矩阵是可逆的,再由逆矩阵的性质(2),可逆矩阵的乘积仍是可逆的,就得 A 是可逆矩阵.

由定理 2.3 和性质 2.1 易得如下推论:

推论 2.1 $m\times n$ 型矩阵 A 与 B 等价的充分必要条件是存在 m 阶可逆矩阵 P 和 n 阶可逆矩阵 Q,使 $PAQ=B$.

利用性质 2.1 可以设计一种求逆矩阵的方法.

首先,当 A 可逆时,由定理 2.3 及性质 2.1 可知,存在初等矩阵 $L_1,\cdots,L_s$,使 $L_s\cdots L_1A=E$,故 $A^{-1}=L_s\cdots L_1$,于是

$$L_s\cdots L_1(A,E)=(L_s\cdots L_1A,L_s\cdots L_1E)=(E,A^{-1}).$$

由于上式中的初等矩阵 $L_s,\cdots,L_1$ 都在(A,E)的左边,由定理 2.3 知(A,E)经过初等行变换成(E,A^{-1}).

这时初等行变换的方法就是,对(A,E)进行初等行变换,把 A 化成行最简形就行了,后面的 E 就变成了 A^{-1}.

例 2.25 用初等行变换方法求 A^{-1},其中

$$A=\begin{pmatrix} 2 & 1 & 0 \\ 3 & 1 & -1 \\ 3 & 2 & 2 \end{pmatrix}.$$

解 $(\boldsymbol{A},\boldsymbol{E})=\begin{pmatrix}2&1&0&1&0&0\\3&1&-1&0&1&0\\3&2&2&0&0&1\end{pmatrix}\xrightarrow[r_3+3r_1]{\substack{r_1-r_2\\r_2+3r_1}}\begin{pmatrix}-1&0&1&1&-1&0\\0&1&2&3&-2&0\\0&2&5&3&-3&1\end{pmatrix}$

$$\xrightarrow{r_3-2r_2}\begin{pmatrix}-1&0&1&1&-1&0\\0&1&2&3&-2&0\\0&0&1&-3&1&1\end{pmatrix}$$

$$\xrightarrow[r_1-r_3]{r_2-2r_3}\begin{pmatrix}-1&0&0&4&-2&-1\\0&1&0&9&-4&-2\\0&0&1&-3&1&1\end{pmatrix}$$

$$\xrightarrow{-r_1}\begin{pmatrix}1&0&0&-4&2&1\\0&1&0&9&-4&-2\\0&0&1&-3&1&1\end{pmatrix},$$

故

$$\boldsymbol{A}^{-1}=\begin{pmatrix}-4&2&1\\9&-4&-2\\-3&1&1\end{pmatrix}.$$

这个方法在不知 $\boldsymbol{A}$ 是否可逆时，对 $(\boldsymbol{A},\boldsymbol{E})$ 进行初等行变换，当不能把 $\boldsymbol{A}$ 化成以 $\boldsymbol{E}$ 为行最简形时，即在化行阶梯形时，某个剩下的子块（以及开始的 $\boldsymbol{A}$）中前面有零列，这时的非零首元不能在对角线上，这时就已经说明 $\boldsymbol{A}$ 不可逆了.

练 习 2.5

1. 求矩阵 $\boldsymbol{A}=\begin{pmatrix}2&-1&-1&1&2\\1&1&-2&1&-4\\4&-6&2&-2&4\\3&3&-6&3&-12\end{pmatrix}$ 的行阶梯矩阵、行最简形矩阵以及等价标准型矩阵.

2. 利用矩阵的初等行变换法求 $\boldsymbol{A}^{-1}$：

(1) $\boldsymbol{A}=\begin{pmatrix}1&-1&1\\1&1&0\\3&2&1\end{pmatrix}$；　　(2) $\boldsymbol{A}=\begin{pmatrix}2&2&3\\1&-1&0\\-1&2&1\end{pmatrix}$；

(3) $\boldsymbol{A}=\begin{pmatrix}1&1&1&1\\1&1&-1&-1\\1&-1&1&-1\\1&-1&-1&1\end{pmatrix}$.

3. 利用初等矩阵的性质解矩阵方程$\begin{pmatrix}0&1&0\\1&0&0\\0&0&1\end{pmatrix}\boldsymbol{X}\begin{pmatrix}1&0&0\\0&0&1\\0&1&0\end{pmatrix}=\begin{pmatrix}1&-4&3\\2&0&-1\\1&-2&0\end{pmatrix}$.

2.6 矩阵的秩与秩子式

在1.5节中,我们定义了行列式的子式,在矩阵中,有同样的子式概念.

定义 2.14 在$m\times n$型矩阵$\boldsymbol{A}$中,任取k行与k列($k\leqslant m,k\leqslant n$),这些行列交叉位置的元素按原来在$\boldsymbol{A}$中的相对位置排成的$k$阶行列式称为$\boldsymbol{A}$的一个$k$阶子式.

$m\times n$型矩阵的k阶子式共有$\mathrm{C}_m^k\mathrm{C}_n^k$个.

定义 2.15 非零矩阵$\boldsymbol{A}$中,不等于0的最高阶子式称为$\boldsymbol{A}$的**秩子式**.秩子式的阶数称为$\boldsymbol{A}$的**秩**,记作$r(\boldsymbol{A})$,也记作$R(\boldsymbol{A})$,$r_{\boldsymbol{A}}$,$rank(\boldsymbol{A})$等,并规定,零矩阵的秩$r(\boldsymbol{O})=0$,零矩阵没有秩子式.

显然$\boldsymbol{A}$的秩就是$\boldsymbol{A}$中不等于0的子式的最高阶数,从而是由矩阵$\boldsymbol{A}$确定的唯一的一个非负整数;而非零矩阵的秩子式却不一定是唯一的.

因此,若$\boldsymbol{A}$中有k阶非零子式,则$r(\boldsymbol{A})\geqslant k$;反之,若$\boldsymbol{A}$中所有$k$阶子式全都等于0,从而$r(\boldsymbol{A})<k$.于是,$\boldsymbol{A}$的秩$r(\boldsymbol{A})=r(>0)$的充分必要条件是,$\boldsymbol{A}$中至少有一个$r$阶子式不等于0,且所有$r+1$阶子式(如果存在的话)全都等于0.

矩阵的秩显然有如下三个直观易见的性质:

(1) $r(\boldsymbol{A}^{\mathrm{T}})=r(\boldsymbol{A})$;

(2) $k\neq 0$时,$r(k\boldsymbol{A})=r(\boldsymbol{A})$;

(3) $r(\overline{\boldsymbol{A}})=r(\boldsymbol{A})$.

很显然,$m\times n$型矩阵$\boldsymbol{A}$的秩满足$0\leqslant r(\boldsymbol{A})\leqslant\min(m,n)$.

对于n阶方阵,$r(\boldsymbol{A})=n$即$\boldsymbol{A}$为可逆矩阵;而$r(\boldsymbol{A})<n$,就意味着$\boldsymbol{A}$不可逆.

例 2.26 按定义求矩阵$\boldsymbol{A}=\begin{pmatrix}1&0&0\\0&2&4\\3&0&0\end{pmatrix}$的秩和秩子式.

解 $\boldsymbol{A}$为3×3型,3阶子式

$$|\boldsymbol{A}|=\begin{vmatrix}1&0&0\\0&2&4\\3&0&0\end{vmatrix}=0,$$

2阶子式$\begin{vmatrix}1&0\\0&2\end{vmatrix}=2\neq 0$,$\begin{vmatrix}1&0\\0&4\end{vmatrix}=4\neq 0$,$\begin{vmatrix}0&2\\3&0\end{vmatrix}=-6\neq 0$,$\begin{vmatrix}0&4\\3&0\end{vmatrix}=-12\neq 0$都是$\boldsymbol{A}$的秩子式,$r(\boldsymbol{A})=2$,此外,$\boldsymbol{A}$中还有$\mathrm{C}_3^2\mathrm{C}_3^2-4=5$个2阶子式全都等于0.

对于行数和列数较大的矩阵,像上例这样按定义求秩和秩子式是很不方便的.下面研究用初等变换求矩阵的秩和秩子式的方法.

定理 2.4　(1) 矩阵经初等变换后,其秩不变;

(2) 非零矩阵经初等行变换后,其秩子式的列位置不变;非零矩阵经初等列变换后,其秩子式的行位置不变.

证　首先证明矩阵 $\boldsymbol{A}$ 经一次初等行变换变成 $\boldsymbol{B}$ 后,$r(\boldsymbol{A})\leqslant r(\boldsymbol{B})$. 设 $r(\boldsymbol{A})=k$,且 $\boldsymbol{A}$ 中有一个秩子式 D.

当初等行变换发生在 D 的行内或 D 的行外,或用 D 内的行改变 D 外面的行时,$\boldsymbol{B}$ 中有与 D 同位置的子式 D_1,由于 $D_1=D$ 或 $D_1=kD$,$k\neq 0$,从而 $D_1\neq 0$,因此 $r(\boldsymbol{B})\geqslant k$.

当初等行变换是用 D 外的行改变 D 内的行,即 D 外的第 i 行与 D 内的第 j 行交换($r_i\leftrightarrow r_j$)或 D 外的第 i 行的 l 倍加到 D 内的第 j 行上去(r_j+lr_i)时,则在 $\boldsymbol{B}$ 中选取这样一个子式 D_1,D_1 与 D 列位置相同. 当 $r_i\leftrightarrow r_j$ 时,D_1 的位置为在 D 的行位置中去掉第 j 行,换为第 i 行,这时 $D_1=\pm D\neq 0$,当 r_j+lr_i 时,$\boldsymbol{B}$ 中与 D 同位置的子式

$$\begin{aligned} D_2 &= |r_j+lr_i| = l|r_i| + |r_j| \text{(这里只写出了“第 } j \text{ 行”)} \\ &= lC+D. \end{aligned}$$

当 $C=0$ 时,取 D_1 为 D_2,即与 D 同位置,且这时 $D_1=D_2=D\neq 0$;当 $C\neq 0$ 时,取 D_1 的行位置为在 D 的行位置中去掉第 j 行,换为第 i 行,这时 $D_1=\pm C\neq 0$. 因此,$\boldsymbol{B}$ 中总有与 D 列位置相同的 k 阶子式 $D_1\neq 0$,从而 $r(\boldsymbol{B})\geqslant k$.

以上证明了 $\boldsymbol{A}$ 经一次初等行变换变成 $\boldsymbol{B}$ 时,$r(\boldsymbol{A})\leqslant r(\boldsymbol{B})$ 且 $\boldsymbol{B}$ 中有与 $\boldsymbol{A}$ 的秩子式的列位置相同的非零 k 阶子式. 由于 $\boldsymbol{B}$ 亦可经一次初等行变换变成 $\boldsymbol{A}$(即逆变换),有 $r(\boldsymbol{B})\leqslant r(\boldsymbol{A})$,因此 $r(\boldsymbol{A})=r(\boldsymbol{B})$,且上面的 D_1 就是 $\boldsymbol{B}$ 的一个秩子式. 所以一次初等行变换也不改变秩子式的列位置. 有限次初等行变换也有同样的结论.

其次,$\boldsymbol{A}$ 经过初等列变换变成 $\boldsymbol{B}$ 时,$\boldsymbol{A}^{\mathrm{T}}$ 就经过初等行变换变成 $\boldsymbol{B}^{\mathrm{T}}$,从而 $r(\boldsymbol{A}^{\mathrm{T}})=r(\boldsymbol{B}^{\mathrm{T}})$ 且 $\boldsymbol{A}^{\mathrm{T}}$ 与 $\boldsymbol{B}^{\mathrm{T}}$ 的秩子式可以有相同的列位置,所以

$$r(\boldsymbol{A})=r(\boldsymbol{A}^{\mathrm{T}})=r(\boldsymbol{B}^{\mathrm{T}})=r(\boldsymbol{B}),$$

且 $\boldsymbol{A}$ 与 $\boldsymbol{B}$ 的秩子式也可以有相同的行位置.

由于行阶梯形矩阵中非零首元所在位置确定的子式就是一个秩子式,那么由定理 2.4,我们就得到了求 $\boldsymbol{A}$ 的秩的方法:化 $\boldsymbol{A}$ 为行阶梯形,非零首元的个数就是 $\boldsymbol{A}$ 的秩.

于是,由秩的唯一性,我们就得到了矩阵的等价标准型是唯一的且其中单位矩阵的阶数 r 就是 $\boldsymbol{A}$ 的秩.

进一步,我们还得到了求 $\boldsymbol{A}$ 的一个秩子式的方法:化 $\boldsymbol{A}$ 为行阶梯形,非零首元的列号对应的 $\boldsymbol{A}$ 的列按原来次序排成矩阵 $\boldsymbol{A}_t$,再化 $\boldsymbol{A}_t^{\mathrm{T}}$ 为行阶梯形,这时非零首元的列号在 $\boldsymbol{A}_t$ 中对应的行号确定的子式就是 $\boldsymbol{A}$ 的一个秩子式.

例 2.27 求 $A=\begin{pmatrix}-2&0&3&6&2\\0&4&1&1&0\\-2&8&4&2&0\\0&0&2&12&7\end{pmatrix}$ 的秩和一个秩子式.

解 $A\xrightarrow{r_3-r_1}\begin{pmatrix}-2&0&3&6&2\\0&4&1&1&0\\0&8&1&-4&-2\\0&0&2&12&7\end{pmatrix}\xrightarrow{r_3-2r_2}\begin{pmatrix}-2&0&3&6&2\\0&4&1&1&0\\0&0&-1&-6&-2\\0&0&2&12&7\end{pmatrix}$

$$\xrightarrow{r_4+2r_3}\begin{pmatrix}-2&0&3&6&2\\0&4&1&1&0\\0&0&-1&-6&-2\\0&0&0&0&3\end{pmatrix}.$$

其中各行的非零首元为$-2,4,-1,3$,共 4 个,故 $r(A)=4$. 非零首元$-2,4,-1,3$位于第 1,2,3,5 列,故 A 中第 1,2,3,5 列与第 1,2,3,4 行排成矩阵

$$A_t=\begin{pmatrix}-2&0&3&2\\0&4&1&0\\-2&8&4&0\\0&0&2&7\end{pmatrix},$$

$$A_t^{\mathrm{T}}=\begin{pmatrix}-2&0&-2&0\\0&4&8&0\\3&1&4&2\\2&0&0&7\end{pmatrix}\xrightarrow[\substack{r_3-3r_1\\r_4-2r_1}]{r_1+r_3}\begin{pmatrix}1&1&2&2\\0&4&8&0\\0&-2&-2&-4\\0&-2&-4&3\end{pmatrix}$$

$$\xrightarrow[\substack{r_3+r_2\\r_4+r_2}]{r_2+r_3}\begin{pmatrix}1&1&2&2\\0&2&6&-4\\0&0&4&-8\\0&0&2&-1\end{pmatrix}\xrightarrow[r_4-r_3]{r_3-r_4}\begin{pmatrix}1&1&2&2\\0&2&6&-4\\0&0&2&-7\\0&0&0&6\end{pmatrix},$$

非零首元 1,2,2,6 位于第 1,2,3,4 列,故 A_t 中第 1,2,3,4 行的子式 $\begin{vmatrix}-2&0&3&2\\0&4&1&0\\-2&8&4&0\\0&0&2&7\end{vmatrix}$ 为 A 的一个秩子式.

由定理 2.3、定理 2.4 和可逆矩阵的性质 2.1 易得如下推论:

推论 2.2 当 P,Q 为可逆矩阵时,$r(PA)=r(AQ)=r(PAQ)=r(A)$.

下面再来研究矩阵秩的分块性质和运算性质,基本上是应用等价标准型来证明的.

性质 2.2 分块矩阵秩的性质

$$\max\{r(\boldsymbol{A}),r(\boldsymbol{B})\}\leqslant r(\boldsymbol{A},\boldsymbol{B}),\quad r\begin{pmatrix}\boldsymbol{A}\\ \boldsymbol{B}\end{pmatrix}\leqslant r(\boldsymbol{A})+r(\boldsymbol{B}).$$

注意:这里共有 6 个不等式.

证 设 $\boldsymbol{A}$ 的等价标准型为 $\begin{pmatrix}\boldsymbol{E}_r & \boldsymbol{O}\\ \boldsymbol{O} & \boldsymbol{O}\end{pmatrix}$,$r=r(\boldsymbol{A})$,则有可逆矩阵 $\boldsymbol{P}$ 和 $\boldsymbol{Q}$,使 $\boldsymbol{PAQ}=\begin{pmatrix}\boldsymbol{E}_r & \boldsymbol{O}\\ \boldsymbol{O} & \boldsymbol{O}\end{pmatrix}$,从而

$$\boldsymbol{P}(\boldsymbol{A},\boldsymbol{B})\begin{pmatrix}\boldsymbol{Q} & \boldsymbol{O}\\ \boldsymbol{O} & \boldsymbol{E}\end{pmatrix}=(\boldsymbol{PA},\boldsymbol{PB})\begin{pmatrix}\boldsymbol{Q} & \boldsymbol{O}\\ \boldsymbol{O} & \boldsymbol{E}\end{pmatrix}=(\boldsymbol{PAQ},\boldsymbol{PB})=\begin{pmatrix}\boldsymbol{E}_r & \boldsymbol{O} & \boldsymbol{B}_1\\ \boldsymbol{O} & \boldsymbol{O} & \boldsymbol{B}_2\end{pmatrix}.$$

其中,$\begin{pmatrix}\boldsymbol{B}_1\\ \boldsymbol{B}_2\end{pmatrix}=\boldsymbol{PB}$.

$\begin{pmatrix}\boldsymbol{E}_r & \boldsymbol{O} & \boldsymbol{B}_1\\ \boldsymbol{O} & \boldsymbol{O} & \boldsymbol{B}_2\end{pmatrix}$已有 r 个非零首元,故$\begin{pmatrix}\boldsymbol{E}_r & \boldsymbol{O} & \boldsymbol{B}_1\\ \boldsymbol{O} & \boldsymbol{O} & \boldsymbol{B}_2\end{pmatrix}$的秩$\geqslant r$. 由于$\begin{pmatrix}\boldsymbol{Q} & \boldsymbol{O}\\ \boldsymbol{O} & \boldsymbol{E}\end{pmatrix}$也是可逆矩阵,根据推论 2.1 知 $r(\boldsymbol{A},\boldsymbol{B})\geqslant r=r(\boldsymbol{A})$,即$(\boldsymbol{A},\boldsymbol{B})$的秩$\geqslant$左边子块 $\boldsymbol{A}$ 的秩.

又由$(\boldsymbol{A},\boldsymbol{B})\begin{pmatrix}\boldsymbol{O} & \boldsymbol{E}_1\\ \boldsymbol{E}_2 & \boldsymbol{O}\end{pmatrix}=(\boldsymbol{B},\boldsymbol{A})$及$\begin{pmatrix}\boldsymbol{O} & \boldsymbol{E}_1\\ \boldsymbol{E}_2 & \boldsymbol{O}\end{pmatrix}$为可逆矩阵知

$$r(\boldsymbol{A},\boldsymbol{B})=r(\boldsymbol{B},\boldsymbol{A})\geqslant r(\boldsymbol{B}),$$

$\boldsymbol{B}$ 为$(\boldsymbol{B},\boldsymbol{A})$的左边子块. 再由

$$r\begin{pmatrix}\boldsymbol{A}\\ \boldsymbol{B}\end{pmatrix}=r\begin{pmatrix}\boldsymbol{A}\\ \boldsymbol{B}\end{pmatrix}^{\mathrm{T}}=r(\boldsymbol{A}^{\mathrm{T}},\boldsymbol{B}^{\mathrm{T}})\geqslant r(\boldsymbol{A}^{\mathrm{T}})=r(\boldsymbol{A}),\quad r(\boldsymbol{B}^{\mathrm{T}})=r(\boldsymbol{B}).$$

最后再根据$\begin{pmatrix}\boldsymbol{E}_r & \boldsymbol{O} & \boldsymbol{B}_1\\ \boldsymbol{O} & \boldsymbol{O} & \boldsymbol{B}_2\end{pmatrix}$的秩为前面 $\boldsymbol{E}_r$ 中非零首元个数 r+后面 $\boldsymbol{B}_2$ 中非零首元个数$=r+r(\boldsymbol{B}_2)$,及 $r(\boldsymbol{B})=r(\boldsymbol{PB})=r\begin{pmatrix}\boldsymbol{B}_1\\ \boldsymbol{B}_2\end{pmatrix}\geqslant r(\boldsymbol{B}_2)$,就得到

$$r(\boldsymbol{A},\boldsymbol{B})=r(\boldsymbol{A})+r(\boldsymbol{B}_2)\leqslant r(\boldsymbol{A})+r(\boldsymbol{B}),$$

$$r\begin{pmatrix}\boldsymbol{A}\\ \boldsymbol{B}\end{pmatrix}=r(\boldsymbol{A}^{\mathrm{T}},\boldsymbol{B}^{\mathrm{T}})\leqslant r(\boldsymbol{A}^{\mathrm{T}})+r(\boldsymbol{B}^{\mathrm{T}})=r(\boldsymbol{A})+r(\boldsymbol{B}).$$

性质 2.3 矩阵秩的运算性质:

(1) $r(\boldsymbol{A}^{\mathrm{T}})=r(\boldsymbol{A})$;

(2) $k\neq 0$ 时,$r(k\boldsymbol{A})=r(\boldsymbol{A})$;

(3) $r(\overline{\boldsymbol{A}})=r(\boldsymbol{A})$;

(4) $r(\boldsymbol{A}\pm\boldsymbol{B})\leqslant r(\boldsymbol{A})+r(\boldsymbol{B})$;

(5) $\boldsymbol{A}$ 为 $m\times n$ 型,$\boldsymbol{B}$ 为 $n\times s$ 型时,

$$r(\boldsymbol{A})+r(\boldsymbol{B})-n\leqslant r(\boldsymbol{AB})\leqslant\min\{r(\boldsymbol{A}),r(\boldsymbol{B})\};$$

(6) $r(\boldsymbol{A}_{n\times n}^*)=\begin{cases}n, & r(\boldsymbol{A})=n;\\ 1, & r(\boldsymbol{A})=n-1;\\ 0, & r(\boldsymbol{A})<n-1.\end{cases}$

证 (1)~(3)前面已说明是显然.

(4)由$(\boldsymbol{A}\pm\boldsymbol{B},\boldsymbol{B})\begin{pmatrix}\boldsymbol{E} & \boldsymbol{O}\\ \mp\boldsymbol{E} & \boldsymbol{E}\end{pmatrix}=(\boldsymbol{A},\boldsymbol{B})$及$\begin{pmatrix}\boldsymbol{E} & \boldsymbol{O}\\ -\boldsymbol{E} & \boldsymbol{E}\end{pmatrix}$为可逆矩阵,由推论 2.1 及性质 2.2 就得

$$r(\boldsymbol{A}\pm\boldsymbol{B})\leqslant r(\boldsymbol{A}\pm\boldsymbol{B},\boldsymbol{B})=r(\boldsymbol{A},\boldsymbol{B})\leqslant r(\boldsymbol{A})+r(\boldsymbol{B}).$$

(5) 仿性质 2.2 的证明,设 $\boldsymbol{PAQ}=\begin{pmatrix}\boldsymbol{E}_r & \boldsymbol{O}\\ \boldsymbol{O} & \boldsymbol{O}\end{pmatrix}$,$r=r(\boldsymbol{A})$,从而

$$\boldsymbol{PAB}=\begin{pmatrix}\boldsymbol{E}_r & \boldsymbol{O}\\ \boldsymbol{O} & \boldsymbol{O}\end{pmatrix}\boldsymbol{Q}^{-1}\boldsymbol{B}=\begin{pmatrix}\boldsymbol{E}_r & \boldsymbol{O}\\ \boldsymbol{O} & \boldsymbol{O}\end{pmatrix}\begin{pmatrix}\boldsymbol{B}_1\\ \boldsymbol{B}_2\end{pmatrix}=\begin{pmatrix}\boldsymbol{B}_1\\ \boldsymbol{O}\end{pmatrix},\quad \boldsymbol{Q}^{-1}\boldsymbol{B}=\begin{pmatrix}\boldsymbol{B}_1\\ \boldsymbol{B}_2\end{pmatrix},$$

$\boldsymbol{B}_1$ 为 r 行,于是

$$r(\boldsymbol{AB})=r(\boldsymbol{PAB})=r\begin{pmatrix}\boldsymbol{B}_1\\ \boldsymbol{O}\end{pmatrix}=r(\boldsymbol{B}_1)\leqslant r=r(\boldsymbol{A}),$$

而 $r(\boldsymbol{AB})=r\,(\boldsymbol{AB})^{\mathrm{T}}=r(\boldsymbol{B}^{\mathrm{T}}\boldsymbol{A}^{\mathrm{T}})\leqslant r(\boldsymbol{B}^{\mathrm{T}})=r(\boldsymbol{B})$. 由 $\boldsymbol{B}_2$ 为 $n-r(\boldsymbol{A})$行知

$$r(\boldsymbol{B}_1)\geqslant r\begin{pmatrix}\boldsymbol{B}_1\\ \boldsymbol{B}_2\end{pmatrix}-(n-r(\boldsymbol{A})).$$

再由 $r(\boldsymbol{B})=r(\boldsymbol{Q}^{-1}\boldsymbol{B})=r\begin{pmatrix}\boldsymbol{B}_1\\ \boldsymbol{B}_2\end{pmatrix}$就得到

$$r(\boldsymbol{A})+r(\boldsymbol{B})-n=r\begin{pmatrix}\boldsymbol{B}_1\\ \boldsymbol{B}_2\end{pmatrix}-[n-r(\boldsymbol{A})]\leqslant r(\boldsymbol{B}_1)=r(\boldsymbol{AB}).$$

(6) 当 $r(\boldsymbol{A})<n-1$ 时,$\boldsymbol{A}^*=\boldsymbol{O}$,故 $r(\boldsymbol{A}^*)=0$;

当 $r(\boldsymbol{A})=n$ 时,$|\boldsymbol{A}|\neq0$,$\boldsymbol{A}$ 可逆,$r(\boldsymbol{A}^{-1})=n$,由 $\boldsymbol{A}^*=|\boldsymbol{A}|\boldsymbol{A}^{-1}$得 $r(\boldsymbol{A}^*)=n$;

当 $r(\boldsymbol{A})=n-1$ 时,一方面,$\boldsymbol{A}$ 有元素的代数余子式不等于 0,从而 $\boldsymbol{A}^*\neq\boldsymbol{O}$,即 $r(\boldsymbol{A}^*)\geqslant1$;另一方面,$|\boldsymbol{A}|=0$,$\boldsymbol{AA}^*=|\boldsymbol{A}|\boldsymbol{E}=\boldsymbol{O}$,由上面已证的(4)得

$$0=r(\boldsymbol{O})=r(\boldsymbol{AA}^*)\geqslant r(\boldsymbol{A})+r(\boldsymbol{A}^*)-n=(n-1)+r(\boldsymbol{A}^*)-n=r(\boldsymbol{A}^*)-1,$$

即 $r(\boldsymbol{A}^*)\leqslant1$,所以 $r(\boldsymbol{A}^*)=1$.

练 习 2.6

1. 设 $\boldsymbol{A}=\begin{pmatrix}3 & 2 & 0 & 5 & 0\\ 3 & -2 & 3 & 6 & -1\\ 2 & 0 & 1 & 5 & -3\\ 1 & 6 & -4 & -1 & 4\end{pmatrix}$,求 $r(\boldsymbol{A})$,并求 $\boldsymbol{A}$ 的一个秩子式.

2. 设 $\boldsymbol{A}=\begin{pmatrix} 1 & -2 & 3k \\ -1 & 2k & -3 \\ k & -2 & 3 \end{pmatrix}$，问 k 为何值，可使

(1) $r(\boldsymbol{A})=1$；　　(2) $r(\boldsymbol{A})=2$；

(3) $r(\boldsymbol{A})=3$.

3. 讨论参数 k 的取值，求矩阵 $\boldsymbol{A}=\begin{pmatrix} 1 & -2 & 3 & k \\ 2 & k+1 & 3 & 2 \\ -1 & 1 & k & 0 \end{pmatrix}$ 的秩.

4. 设 $\boldsymbol{A}=\begin{pmatrix} 1 & -1 & 1 & 2 \\ 3 & \lambda & -1 & 2 \\ 5 & 3 & \mu & 6 \end{pmatrix}$，已知 $r(\boldsymbol{A})=2$，求 λ 与 μ 的值.

5. 设 $\boldsymbol{A}_{4\times 3}$ 且 $r(\boldsymbol{A})=2$，又 $\boldsymbol{B}=\begin{pmatrix} 1 & 0 & 0 \\ 0 & 2 & 0 \\ -1 & 0 & 3 \end{pmatrix}$，求 $r(\boldsymbol{AB})$.

6. 设矩阵 $\boldsymbol{A}$ 为 $m\times n$ 型矩阵，并且 $r(\boldsymbol{A})=n$，$\boldsymbol{B}$ 为 n 阶方阵，求证：若 $\boldsymbol{AB}=\boldsymbol{A}$，则 $\boldsymbol{B}=\boldsymbol{E}$.

7. 设 $\boldsymbol{\alpha}=\begin{pmatrix} 1 \\ 2 \\ 3 \end{pmatrix}$，$\boldsymbol{\beta}=(1,2,3)$，$\boldsymbol{A}=\boldsymbol{\alpha}\boldsymbol{\beta}$，求 $r(\boldsymbol{A})$.

2.7　消元法解线性方程组

在 1.6 节中我们介绍了克拉默法则求解线性方程组的解. 其前提为 n 个方程 n 个未知量的线性方程组，而且要求系数行列式不等于 0. 若当系数行列式等于 0 或方程的个数不等于未知量的个数时，克拉默法则是无能为力的. 在这样的情况下应怎样求解这类线性方程组呢？这一节我们讨论利用消元法解一般的线性方程组.

一般的线性方程组

$$\begin{cases} a_{11}x_1+a_{12}x_2+\cdots+a_{1n}x_n=b_1; \\ a_{21}x_1+a_{22}x_2+\cdots+a_{2n}x_n=b_2; \\ \quad\cdots\cdots \\ a_{m1}x_1+a_{m2}x_2+\cdots+a_{mn}x_n=b_m. \end{cases} \tag{2.1}$$

由矩阵乘法可知方程组(2.1)的矩阵形式为

$$\boldsymbol{Ax}=\boldsymbol{b}. \tag{2.2}$$

其中，$A=\begin{pmatrix}a_{11} & a_{12} & \cdots & a_{1n}\\ a_{21} & a_{22} & \cdots & a_{2n}\\ \vdots & \vdots & & \vdots\\ a_{m1} & a_{m2} & \cdots & a_{mn}\end{pmatrix}$称为**系数矩阵**；$x=\begin{pmatrix}x_1\\ x_2\\ \vdots\\ x_n\end{pmatrix}$称为**未知量矩阵**；$b=\begin{pmatrix}b_1\\ b_2\\ \vdots\\ b_m\end{pmatrix}$称为**常量矩阵**；$(A,b)$称为方程组(2.1)的**增广矩阵**，有时增广矩阵也记作为 $B=(A,b)$.

当 $b=0$，即 $b_i=0, i=1,2,\cdots,m$ 时，方程组(4.1)称为 **n 元齐次线性方程组**，其矩阵形式为 $Ax=0$；相反称为**非齐次线性方程组**，即 $Ax=b\neq 0$.

在 1.4 节引进初等变换时，我们将消元法对方程组的变形，归结为如下三种：

(1) 换方程，对换方程组中两方程的位置；

(2) 倍方程，对某一方程两边同时乘以一个非零数；

(3) 倍方程加，对某一方程两边同时乘以一个数加到另一个方程上.

我们称这三种变形为**方程组的初等变换**.

下面我们通过一个例子来进一步加以说明.

引例 利用消元法解线性方程组

$$\begin{cases}x_1+2x_2+x_3=4;\\ 2x_1+5x_2+x_3=8;\\ 3x_1+x_2-x_3=3.\end{cases}$$

解 为观察消元过程，将消元过程中每个步骤与其对应的矩阵一并列出

$$\begin{cases}x_1+2x_2+x_3=4\\ 2x_1+5x_2+x_3=8\\ 3x_1+x_2-x_3=3\end{cases} \quad ① \quad \leftrightarrow \quad \begin{pmatrix}1 & 2 & 1 & 4\\ 2 & 5 & 1 & 8\\ 3 & 1 & -1 & 3\end{pmatrix} \quad ①$$

$$\rightarrow\begin{cases}x_1+2x_2+x_3=4\\ x_2-x_3=0\\ -5x_2-4x_3=-9\end{cases} \quad ② \quad \leftrightarrow \quad \begin{pmatrix}1 & 2 & 1 & 4\\ 0 & 1 & -1 & 0\\ 0 & -5 & -4 & -9\end{pmatrix} \quad ②$$

$$\rightarrow\begin{cases}x_1+2x_2+x_3=4\\ x_2-x_3=0\\ -9x_3=-9\end{cases} \quad ③ \quad \leftrightarrow \quad \begin{pmatrix}1 & 2 & 1 & 4\\ 0 & 1 & -1 & 0\\ 0 & 0 & -9 & -9\end{pmatrix} \quad ③$$

$$\rightarrow\begin{cases}x_1+2x_2+x_3=4\\ x_2-x_3=0\\ x_3=1\end{cases} \quad ④ \quad \leftrightarrow \quad \begin{pmatrix}1 & 2 & 1 & 4\\ 0 & 1 & -1 & 0\\ 0 & 0 & 1 & 1\end{pmatrix} \quad ④$$

$$\rightarrow\begin{cases}x_1+2x_2=3\\ x_2=1\\ x_3=1\end{cases} \quad ⑤ \quad \leftrightarrow \quad \begin{pmatrix}1 & 2 & 0 & 3\\ 0 & 1 & 0 & 1\\ 0 & 0 & 1 & 1\end{pmatrix} \quad ⑤$$

$$\to\begin{cases}x_1 & & =1\\ & x_2 & =1\\ & & x_3=1\end{cases} \quad ⑥ \quad \leftrightarrow \quad \begin{pmatrix}1&0&0&1\\0&1&0&1\\0&0&1&1\end{pmatrix} \quad ⑥$$

故原方程组的解为

$$x_1=x_2=x_3=1.$$

通常将过程①～④称为**消元过程**,而将过程⑤～⑥称为**回代过程**;与矩阵①～⑥对应的方程组都称为原方程组的**等价方程组**.

从以上求解过程可以看出,消元法对方程组的变形确实就是方程组的三种初等变换.即消元法解线性方程组的过程就是对其增广矩阵实施初等行变换的过程.对线性方程组利用消元法消元为阶梯形方程组,就相当于对增广矩阵$(\boldsymbol{A},\boldsymbol{b})$进行初等行变换化成行阶梯形矩阵.判断有解后,再对阶梯形方程组进行回代求解,就相当于再对$(\boldsymbol{A},\boldsymbol{b})$的行阶梯形矩阵进行初等行变换化成行最简形矩阵.

注意:消元过程的步骤显然不是唯一的,从而与原方程组等价的一系列方程组也不是唯一的.

关于一般的线性方程组的解我们有以下判定定理.

定理 2.5　n 元线性方程组 $\boldsymbol{Ax}=\boldsymbol{b},\boldsymbol{A}=(a_{ij})_{m\times n}$:

(1) 无解的充分必要条件是 $r(\boldsymbol{A})\neq r(\boldsymbol{A},\boldsymbol{b})$,即 $r(\boldsymbol{A})<r(\boldsymbol{A},\boldsymbol{b})$;

(2) 有唯一解的充分必要条件是 $r(\boldsymbol{A})=r(\boldsymbol{A},\boldsymbol{b})=n$;

(3) 有无穷多解的充分必要条件是 $r(\boldsymbol{A})=r(\boldsymbol{A},\boldsymbol{b})<n$.

证　只证明充分性,因为(1)～(3)的必要性分别是(2)(3),(1)(3),(1)(2)的充分性的逆否命题.

设 $r(\boldsymbol{A})=r$,不失一般性,不妨设$(\boldsymbol{A},\boldsymbol{b})$的行最简形式为

$$(\boldsymbol{A},\boldsymbol{b})\to\begin{pmatrix}1&0&\cdots&0&b_{11}&\cdots&b_{1,n-r}&d_1\\0&1&\cdots&0&b_{21}&\cdots&b_{2,n-r}&d_2\\\vdots&\vdots&&\vdots&\vdots&&\vdots&\vdots\\0&0&\cdots&1&b_{r1}&\cdots&b_{r,n-r}&d_r\\0&0&\cdots&0&0&\cdots&0&d_{r+1}\\0&0&\cdots&0&0&\cdots&0&0\\\vdots&\vdots&&\vdots&\vdots&&\vdots&\vdots\\0&0&\cdots&0&0&\cdots&0&0\end{pmatrix}_{m\times(n+1)},$$

(1) 若 $r(\boldsymbol{A})<r(\boldsymbol{A},\boldsymbol{b})$,则 $d_{r+1}=1$,故第 $r+1$ 行对应的方程为 $0=1$(矛盾),故方程组 $\boldsymbol{Ax}=\boldsymbol{b}$ 无解;

(2) 若 $r(\boldsymbol{A})=r(\boldsymbol{A},\boldsymbol{b})=r=n$,则 $d_{r+1}=0$ 且所有的 b_{ij} 不出现,此时的等价方程组为

$$\begin{cases} x_1 = d_1; \\ x_2 = d_2; \\ \quad \cdots\cdots \\ x_n = d_n. \end{cases}$$

故方程组 $\boldsymbol{Ax}=\boldsymbol{b}$ 有唯一解；

(3) 若 $r(\boldsymbol{A})=r(\boldsymbol{A},\boldsymbol{b})=r<n$，则 $d_{r+1}=0$ 且对应的等价方程组为

$$\begin{cases} x_1 + b_{11}x_{r+1} + \cdots + b_{1,n-r}x_n = d_1; \\ x_2 + b_{21}x_{r+1} + \cdots + b_{2,n-r}x_n = d_2; \\ \quad \cdots\cdots \\ x_r + b_{r1}x_{r+1} + \cdots + b_{r,n-r}x_n = d_r. \end{cases} \tag{2.3}$$

即有

$$\begin{cases} x_1 = -b_{11}x_{r+1} - \cdots - b_{1,n-r}x_n + d_1; \\ x_2 = -b_{21}x_{r+1} - \cdots - b_{2,n-r}x_n + d_2; \\ \quad \cdots\cdots \\ x_r = -b_{r1}x_{r+1} - \cdots - b_{r,n-r}x_n + d_r. \end{cases} \tag{2.4}$$

显然，方程组(2.4)包含 r 个方程，n 个未知量. 由于 $r<n$，故称为**不定方程组**，并称 $x_{r+1},x_{r+2},\cdots,x_n$ 为**自由未知量**. 令自由未知量 $x_{r+1}=c_1,x_{r+2}=c_2,\cdots,x_n=c_{n-r}$ 可得解

$$\boldsymbol{x}=\begin{pmatrix} x_1 \\ x_2 \\ \vdots \\ x_n \end{pmatrix}=\begin{pmatrix} -b_{11}c_1-b_{12}c_2\cdots-b_{1,n-r}c_{n-r}+d_1 \\ -b_{21}c_1-b_{22}c_2\cdots-b_{2,n-r}c_{n-r}+d_2 \\ \vdots \\ -b_{r1}c_1-b_{r2}c_2\cdots-b_{r,n-r}c_{n-r}+d_r \\ c_1 \\ \vdots \\ c_{n-r} \end{pmatrix}.$$

以自由未知量的取值 $c_j,j=1,2,\cdots,n-r$ 为系数写成如下列矩阵之和：

$$\boldsymbol{x}=\begin{pmatrix} x_1 \\ x_2 \\ \vdots \\ x_n \end{pmatrix}=c_1\begin{pmatrix} -b_{11} \\ -b_{21} \\ \vdots \\ -b_{r1} \\ 1 \\ 0 \\ \vdots \\ 0 \end{pmatrix}+c_2\begin{pmatrix} -b_{12} \\ -b_{22} \\ \vdots \\ -b_{r2} \\ 0 \\ 1 \\ \vdots \\ 0 \end{pmatrix}+\cdots+c_{n-r}\begin{pmatrix} -b_{1,n-r} \\ -b_{2,n-r} \\ \vdots \\ -b_{r,n-r} \\ 0 \\ 0 \\ \vdots \\ 1 \end{pmatrix}+\begin{pmatrix} d_1 \\ d_2 \\ \vdots \\ d_r \\ 0 \\ 0 \\ \vdots \\ 0 \end{pmatrix}. \tag{2.5}$$

以上形式也称为 $\boldsymbol{Ax}=\boldsymbol{b}$ 的通解的向量组合形式(在第 4 章再作详细讨论).

由于常数 $c_1,c_2,\cdots,c_{n-r}$ 可以任意取值,故方程组 $\boldsymbol{Ax}=\boldsymbol{b}$ 有无穷多解.

对于方程组 $\boldsymbol{Ax}=\boldsymbol{b}$ 而言,当 $r(\boldsymbol{A})=r(\boldsymbol{A},\boldsymbol{b})=r<n$ 时,其解表达式(2.5)中取定任意常数 $c_1,c_2,\cdots,c_{n-r}$ 的一组值,就得到 $\boldsymbol{Ax}=\boldsymbol{b}$ 的一个解;而 $\boldsymbol{Ax}=\boldsymbol{b}$ 的任一解都可以由(2.5)式通过任意常数的取值来表示,通常称这种表达式为线性方程组 **$\boldsymbol{Ax}=\boldsymbol{b}$ 的通解**.

根据定理 2.5 以及齐次线性方程组总有零解可以得到如下推论:

推论　(1) $r(\boldsymbol{A})=r=n\Leftrightarrow n$ 元齐次线性方程组 $\boldsymbol{Ax}=\boldsymbol{0}$ 只有零解;

(2) $r(\boldsymbol{A})=r<n\Leftrightarrow n$ 元齐次线性方程组 $\boldsymbol{Ax}=\boldsymbol{0}$ 有非零解.

由定理 2.5 的证明还可以看出线性方程组(2.1)式的求解方法:先对增广矩阵 $(\boldsymbol{A},\boldsymbol{b})$ 进行初等行变换化成行阶梯形矩阵,判断 $r(\boldsymbol{A},\boldsymbol{b})$ 与 $r(\boldsymbol{A})$ 的关系,如 $r(\boldsymbol{A},\boldsymbol{b})=r(\boldsymbol{A})$,则有解,再进一步化成行最简形矩阵,令所有非零首元 1 之外的 $\boldsymbol{A}$ 中列所对应的 $n-r$ 个未知量为自由未知量,分别取值为任意常数,而所有非零首元 1 所在列对应的未知量就是非自由未知量,其值分别就是其所在行中最右边的元素减去其他非零首元 1 之外的每个元素与相应自由未知量所取任意常数的乘积,就得到通解,而由推论可知,对于齐次线性方程组就只需对系数矩阵 $\boldsymbol{A}$ 进行初等行变换.

例 2.28　解齐次线性方程组

$$\begin{cases} x_1+2x_2+2x_3+x_4=0; \\ 2x_1+x_2-2x_3-2x_4=0; \\ x_1-x_2-4x_3-3x_4=0. \end{cases}$$

解　对系数矩阵 $\boldsymbol{A}$ 进行初等行变换化成行最简形式

$$\boldsymbol{A}=\begin{pmatrix} 1 & 2 & 2 & 1 \\ 2 & 1 & -2 & -2 \\ 1 & -1 & -4 & -3 \end{pmatrix} \xrightarrow[r_3-r_1]{r_2-2r_1} \begin{pmatrix} 1 & 2 & 2 & 1 \\ 0 & -3 & -6 & -4 \\ 0 & -3 & -6 & -4 \end{pmatrix}$$

$$\xrightarrow{r_3-r_2} \begin{pmatrix} 1 & 2 & 2 & 1 \\ 0 & -3 & -6 & -4 \\ 0 & 0 & 0 & 0 \end{pmatrix} \xrightarrow{\left(-\frac{1}{3}\right)\times r_2} \begin{pmatrix} 1 & 2 & 2 & 1 \\ 0 & 1 & 2 & \frac{4}{3} \\ 0 & 0 & 0 & 0 \end{pmatrix}$$

$$\xrightarrow{r_1-2r_2} \begin{pmatrix} 1 & 0 & -2 & -\frac{5}{3} \\ 0 & 1 & 2 & \frac{4}{3} \\ 0 & 0 & 0 & 0 \end{pmatrix},$$

故 $r(\boldsymbol{A})=r=2<4=n\Rightarrow n-r=4-2=2$,令 $x_3=c_1,x_4=c_2$,即得

$$x_1=2c_1+\frac{5}{3}c_2,\quad x_2=-2c_1-\frac{4}{3}c_2.$$

故原方程组的通解为

$$\begin{cases}x_1=2c_1+\frac{5}{3}c_2;\\x_2=-2c_1-\frac{4}{3}c_2;\\x_3=c_1;\\x_4=c_2.\end{cases}$$

写成矩阵形式为

$$\begin{pmatrix}x_1\\x_2\\x_3\\x_4\end{pmatrix}=\begin{pmatrix}2c_1+\frac{5}{3}c_2\\-2c_1-\frac{4}{3}c_2\\c_1\\c_2\end{pmatrix}=c_1\begin{pmatrix}2\\-2\\1\\0\end{pmatrix}+c_2\begin{pmatrix}\frac{5}{3}\\-\frac{4}{3}\\0\\1\end{pmatrix},\quad c_1,c_2\text{ 为任意常数}.$$

例 2.29 解非齐次线性方程组

$$\begin{cases}x_1+x_2+x_3=3;\\2x_1+x_2-x_3=2;\\4x_1+3x_2+x_3=7.\end{cases}$$

解 对增广矩阵$(\boldsymbol{A},\boldsymbol{b})$进行初等行变换

$$(\boldsymbol{A},\boldsymbol{b})=\begin{pmatrix}1&1&1&3\\2&1&-1&2\\4&3&1&7\end{pmatrix}\xrightarrow[r_3-4r_1]{r_2-2r_1}\begin{pmatrix}1&1&1&3\\0&-1&-3&-4\\0&-1&-3&-5\end{pmatrix}\xrightarrow{r_3-r_2}\begin{pmatrix}1&1&1&3\\0&-1&-3&-4\\0&0&0&-1\end{pmatrix},$$

故 $r(\boldsymbol{A})=2\neq3=r(\boldsymbol{A},\boldsymbol{b})$,即原方程组无解.

例 2.30 解非齐次线性方程组

$$\begin{cases}x_1+x_2-3x_3-x_4=-2;\\2x_1+x_2-x_3+x_4=3;\\3x_1+x_2+x_3+3x_4=8.\end{cases}$$

解

$$(\boldsymbol{A},\boldsymbol{b})=\begin{pmatrix}1&1&-3&-1&-2\\2&1&-1&1&3\\3&1&1&3&8\end{pmatrix}\xrightarrow[r_3-3r_1]{r_2-2r_1}\begin{pmatrix}1&1&-3&-1&-2\\0&-1&5&3&7\\0&-2&10&6&14\end{pmatrix}$$

$$\xrightarrow[r_3-2r_2]{r_1+r_2}\begin{pmatrix}1&0&2&2&5\\0&-1&5&3&7\\0&0&0&0&0\end{pmatrix}\xrightarrow{(-1)\times r_2}\begin{pmatrix}1&0&2&2&5\\0&1&-5&-3&-7\\0&0&0&0&0\end{pmatrix},$$

故 $r(\boldsymbol{A})=r(\boldsymbol{A},\boldsymbol{b})=r=2<4=n\Rightarrow n-r=2$,令 $x_3=c_1,x_4=c_2$,即得

$$x_1=-2c_1-2c_2+5,\quad x_2=5c_1+3c_2-7.$$

故原方程组的通解为

$$\begin{pmatrix}x_1\\x_2\\x_3\\x_4\end{pmatrix}=\begin{pmatrix}-2c_1-2c_2+5\\5c_1+3c_2-7\\c_1\\c_2\end{pmatrix}=c_1\begin{pmatrix}-2\\5\\1\\0\end{pmatrix}+c_2\begin{pmatrix}-2\\3\\0\\1\end{pmatrix}+\begin{pmatrix}5\\-7\\0\\0\end{pmatrix},\quad c_1,c_2\text{ 为任意常数}.$$

例 2.31　讨论线性方程组

$$\begin{cases}x_1+x_2+2x_3+3x_4=1;\\x_1+3x_2+6x_3+x_4=3;\\3x_1-x_2-px_3+15x_4=3;\\x_1-5x_2-10x_3+12x_4=t\end{cases}$$

解的情况,并在有无穷多解的情况下求出全部解.

解

$$(\boldsymbol{A},\boldsymbol{b})=\begin{pmatrix}1&1&2&3&1\\1&3&6&1&3\\3&-1&-p&15&3\\1&-5&-10&12&t\end{pmatrix}\xrightarrow[r_4-r_1]{\substack{r_2-r_1\\r_3-3r_1}}\begin{pmatrix}1&1&2&3&1\\0&2&4&-2&2\\0&-4&-p-6&6&0\\0&-6&-12&9&t-1\end{pmatrix}$$

$$\xrightarrow{\substack{r_3+2r_2\\r_4+3r_2\\r_2\times\frac{1}{2}}}\begin{pmatrix}1&1&2&3&1\\0&1&2&-1&1\\0&0&2-p&2&4\\0&0&0&3&t+5\end{pmatrix}.$$

(1) 当 $p\neq2$ 时,有 $r(\boldsymbol{A})=r(\boldsymbol{A},\boldsymbol{b})=r=4=n$,此时原方程组有唯一解.

(2) 当 $p=2$ 时,

$$(\boldsymbol{A},\boldsymbol{b})\to\begin{pmatrix}1&1&2&3&1\\0&1&2&-1&1\\0&0&0&2&4\\0&0&0&3&t+5\end{pmatrix}\xrightarrow[r_3\times\frac{1}{2}]{r_4-\frac{3}{2}r_3}\begin{pmatrix}1&1&2&3&1\\0&1&2&-1&1\\0&0&0&1&2\\0&0&0&0&t-1\end{pmatrix},$$

若 $t\neq1$,则 $r(\boldsymbol{A})=3\neq4=r(\boldsymbol{A},\boldsymbol{b})$,此时原方程组无解;若 $t=1$,则 $r(\boldsymbol{A})=r(\boldsymbol{A},\boldsymbol{b})=r=3<4=n$,故原方程组有无穷多解,此时

$$(\boldsymbol{A},\boldsymbol{b})\to\begin{pmatrix}1&1&2&3&1\\0&1&2&-1&1\\0&0&0&1&2\\0&0&0&0&0\end{pmatrix}\xrightarrow{r_1-r_2}\begin{pmatrix}1&0&0&4&0\\0&1&2&-1&1\\0&0&0&1&2\\0&0&0&0&0\end{pmatrix}\xrightarrow[r_2+r_3]{r_1-4r_3}\begin{pmatrix}1&0&0&0&-8\\0&1&2&0&3\\0&0&0&1&2\\0&0&0&0&0\end{pmatrix}.$$

令 $x_3=c$,得原方程组 $\boldsymbol{Ax}=\boldsymbol{b}$ 的通解为

$$\begin{pmatrix}x_1\\x_2\\x_3\\x_4\end{pmatrix}=c\begin{pmatrix}0\\-2\\1\\0\end{pmatrix}+\begin{pmatrix}-8\\3\\0\\2\end{pmatrix},\quad c\text{ 为任意常数}.$$

练　习　2.7

1. 不解方程组,利用方程组的秩判断下列方程组的解的情况:

(1) $\begin{cases}3x_1+2x_2-4x_4+2x_5+3x_6=0;\\3x_1-3x_2-3x_4+2x_5+x_6=0;\\2x_1+2x_2-4x_4-7x_5+2x_6=0;\end{cases}$ (2) $\begin{cases}x_1-2x_2+3x_3-x_4=1;\\3x_1-x_2+5x_3-3x_4=2;\\2x_1+x_2+2x_3-2x_4=1;\end{cases}$

(3) $\begin{cases}3x_1+2x_2-x_3=2;\\x_1+2x_2-3x_3=2;\\x_1-2x_2+5x_3=1.\end{cases}$

2. 利用初等变换判断方程组解的情况,并求解下列线性方程组:

(1) $\begin{cases}x_1-x_2-x_3=2;\\2x_1-x_2-3x_3=1;\\3x_1+2x_2-5x_3=0;\end{cases}$ (2) $\begin{cases}x_1-2x_2+3x_3-x_4=1;\\3x_1-x_2+5x_3-3x_4=2;\\2x_1+x_2+2x_3-2x_4=3;\end{cases}$

(3) $\begin{cases}x_1+x_2-3x_3-x_4=1;\\3x_1-x_2-3x_3+4x_4=4;\\x_1+5x_2-9x_3-8x_4=0.\end{cases}$

3. λ 为何值时,方程组

$$\begin{cases}\lambda x_1+x_2+x_3=1;\\x_1+\lambda x_2+x_3=\lambda;\\x_1+x_2+\lambda x_3=\lambda^2\end{cases}$$

有唯一解、无穷多解、无解?

历年考研试题选讲 2

本章最后再讲解若干个近年来的线性代数考研题,以供读者体会考研线性代数题的难度、深度与广度,从而对线性代数的深入学习起到一个很好的参考作用.

例 2.32 (2004 年,数一) 设矩阵 $\boldsymbol{A}=\begin{pmatrix}2&1&0\\1&2&0\\0&0&1\end{pmatrix}$,矩阵 $\boldsymbol{B}$ 满足 $\boldsymbol{ABA}^*=2\boldsymbol{BA}^*+\boldsymbol{E}$,

其中 A^* 为 A 的伴随矩阵，E 是单位矩阵，则 $|B|=$ ________.

解　由 $|A|=3$ 得

$$AA^*=A^*A=|A|E=3E,$$

再对 $ABA^*=2BA^*+E$，两边同时右乘 A，得

$$ABA^*A=2BA^*A+A,$$

即
$$AB(3E)=2B(3E)+A,$$

即
$$3AB=6B+A,$$

移项化简得
$$3(A-2E)B=A,$$

两边取行列式得
$$|3(A-2E)B|=|A|,$$

即有
$$3^3\cdot|A-2E|\cdot|B|=|A|=3.$$

再由 $|A-2E|=\begin{vmatrix}0&1&0\\1&0&0\\0&0&-1\end{vmatrix}=1$ 代入上式计算得

$$|B|=\frac{1}{9}.$$

例 2.33　**(2000 年，数一)** 设矩阵 A 的伴随矩阵

$$A^*=\begin{pmatrix}1&0&0&0\\0&1&0&0\\1&0&1&0\\0&-3&0&8\end{pmatrix},$$

且 $ABA^{-1}=BA^{-1}+3E$，其中 E 为 4 阶单位矩阵，求矩阵 B.

解　由 $|A^*|=|A|^{n-1}$ 得

$$|A|^3=|A^*|=8\Rightarrow|A|=2,$$

对 $ABA^{-1}=BA^{-1}+3E$ 两边同时右乘 A 并移项整理得

$$(A-E)B=3A.$$

上式两边同时左乘 A^*，由于 $AA^*=A^*A=|A|E=2E$，故有

$$(2E-A^*)B=6E,$$

于是
$$B=6(2E-A^*)^{-1}.$$

因为
$$2E-A^*=\begin{pmatrix}1&0&0&0\\0&1&0&0\\-1&0&1&0\\0&3&0&-6\end{pmatrix},$$

所以
$$(2E-A^*)^{-1}=\begin{pmatrix}1&0&0&0\\0&1&0&0\\1&0&1&0\\0&\frac{1}{2}&0&-\frac{1}{6}\end{pmatrix},$$

则有
$$B=\begin{pmatrix}6&0&0&0\\0&6&0&0\\6&0&6&0\\0&3&0&-1\end{pmatrix}.$$

例 2.34 (**2000 年,数二**)设 $A=\begin{pmatrix}1&0&0&0\\-2&3&0&0\\0&-4&5&0\\0&0&-6&7\end{pmatrix}$,$B=(E+A)^{-1}(E-A)$,其中 E 为 4 阶单位矩阵,求 $(E+B)^{-1}$.

解 先由 A 求得 $(E+A)^{-1}$,再计算得到 B,再计算 $(E+B)^{-1}$,虽然可行,但计算量太大. 利用单位矩阵的变形技巧计算更可取.

解法 1 由于
$$\begin{aligned}E+B&=E+(E+A)^{-1}(E-A)\\&=(E+A)^{-1}(E+A)+(E+A)^{-1}(E-A)\\&=(E+A)^{-1}[(E+A)+(E-A)]\\&=(E+A)^{-1}(2E)\\&=2(E+A)^{-1},\end{aligned}$$
所以
$$(E+B)^{-1}=[2(E+A)^{-1}]^{-1}=\frac{1}{2}(E+A)=\begin{pmatrix}1&0&0&0\\-1&2&0&0\\0&-2&3&0\\0&0&-3&4\end{pmatrix}.$$

解法 2 对 $B=(E+A)^{-1}(E-A)$,两边同时左乘 $E+A$ 得
$$\begin{aligned}&(E+A)B=E-A\\&\Rightarrow(E+A)B+(E+A)=E-A+E+A\\&\Rightarrow(E+A)(E+B)=2E\\&\Rightarrow\left[\frac{1}{2}(E+A)\right](E-B)=E\\&\Rightarrow(E-B)^{-1}=\frac{1}{2}(E+A)\quad(\text{下同方法 1}).\end{aligned}$$

例 2.35 (**2015 年,数学二、三**)设矩阵 $A=\begin{pmatrix}a&1&0\\1&a&-1\\0&1&a\end{pmatrix}$ 且 $A^3=O$.

(1) 求 a 的值;

(2) 若矩阵 X 满足 $X-XA^2-AX+AXA^2=E$,其中 E 为 3 阶单位矩阵,求 X.

解 (1) 因为 $A^3=O$,所以 A 的特征值 λ 都满足 $\lambda^3=0$,因此 A 的特征值全为

0，于是 $\mathrm{tr}(\boldsymbol{A})=0$，而 $\mathrm{tr}(\boldsymbol{A})=3a$，故 $a=0$.［注：(1)理论在第 5 章中讨论］

(2) 由于

$$\boldsymbol{X}-\boldsymbol{X}\boldsymbol{A}^2-\boldsymbol{A}\boldsymbol{X}+\boldsymbol{A}\boldsymbol{X}\boldsymbol{A}^2=\boldsymbol{E}$$
$$\Rightarrow(\boldsymbol{E}-\boldsymbol{A})X(\boldsymbol{E}-\boldsymbol{A}^2)=\boldsymbol{E},$$

所以

$$\boldsymbol{X}=(\boldsymbol{E}-\boldsymbol{A})^{-1}(\boldsymbol{E}-\boldsymbol{A}^2)^{-1}.$$

由 $\boldsymbol{A}^3=\boldsymbol{O}$ 得

$$(\boldsymbol{E}-\boldsymbol{A})(\boldsymbol{E}+\boldsymbol{A}+\boldsymbol{A}^2)=\boldsymbol{E}-\boldsymbol{A}^3=\boldsymbol{E},$$

即

$$(\boldsymbol{E}-\boldsymbol{A})^{-1}=\boldsymbol{E}+\boldsymbol{A}+\boldsymbol{A}^2.$$

又 $\boldsymbol{A}^3=\boldsymbol{O}\Rightarrow\boldsymbol{A}^4=\boldsymbol{O}$，于是

$$(\boldsymbol{E}-\boldsymbol{A}^2)(\boldsymbol{E}+\boldsymbol{A}^2)=\boldsymbol{E}-\boldsymbol{A}^4=\boldsymbol{E},$$

得

$$(\boldsymbol{E}-\boldsymbol{A}^2)^{-1}=\boldsymbol{E}+\boldsymbol{A}^2.$$

于是

$$\begin{aligned}\boldsymbol{X}&=(\boldsymbol{E}-\boldsymbol{A})^{-1}(\boldsymbol{E}-\boldsymbol{A}^2)^{-1}\\&=(\boldsymbol{E}+\boldsymbol{A}+\boldsymbol{A}^2)(\boldsymbol{E}+\boldsymbol{A}^2)\\&=\boldsymbol{E}+\boldsymbol{A}+2\boldsymbol{A}^2+\boldsymbol{A}^3+\boldsymbol{A}^4\\&=\boldsymbol{E}+\boldsymbol{A}+2\boldsymbol{A}^2\\&=\begin{pmatrix}1&0&0\\0&1&0\\0&0&1\end{pmatrix}+\begin{pmatrix}0&1&0\\1&0&-1\\0&1&0\end{pmatrix}+\begin{pmatrix}2&0&-2\\0&0&0\\2&0&-2\end{pmatrix}=\begin{pmatrix}3&1&-2\\1&1&-1\\2&1&-1\end{pmatrix}.\end{aligned}$$

例 2.36(2014 年，数学一、二、三)　若 $\boldsymbol{A}=(a_{ij})$ 是 3 阶非零矩阵，$|\boldsymbol{A}|$ 是 $\boldsymbol{A}$ 的行列式，$\boldsymbol{A}_{ij}$ 是 a_{ij} 的代数余子式. $\boldsymbol{A}_{ij}+a_{ij}=0\ (i,j=1,2,3)$，则 $|\boldsymbol{A}|=$________.

解　由伴随矩阵的定义及相关结论得

$$\begin{aligned}\boldsymbol{A}^*=(\boldsymbol{A}_{ij})^{\mathrm{T}}=(-a_{ij})^{\mathrm{T}}=-\boldsymbol{A}^{\mathrm{T}}&\Rightarrow|\boldsymbol{A}^*|=|-\boldsymbol{A}^{\mathrm{T}}|\\&\Rightarrow|\boldsymbol{A}|^2=(-1)^3|\boldsymbol{A}^{\mathrm{T}}|=-|\boldsymbol{A}|\\&\Rightarrow|\boldsymbol{A}|=-1\text{ 或 }0\end{aligned}$$

若 $|\boldsymbol{A}|=0$，则

$$\boldsymbol{A}^*\boldsymbol{A}=|\boldsymbol{A}|\boldsymbol{E}=\boldsymbol{O}\Rightarrow-\boldsymbol{A}^{\mathrm{T}}\boldsymbol{A}=\boldsymbol{O}\Rightarrow\boldsymbol{A}=\boldsymbol{O},$$

与已知 $\boldsymbol{A}$ 是非零矩阵矛盾，所以 $|\boldsymbol{A}|=-1$.

另一种思路：$\boldsymbol{A}^*=-\boldsymbol{A}^{\mathrm{T}}\Rightarrow r(\boldsymbol{A}^*)=r(-\boldsymbol{A}^{\mathrm{T}})=r(\boldsymbol{A})$

$$\Rightarrow r(\boldsymbol{A}^*)=r(\boldsymbol{A})=3\text{ 或 }0,$$

已知 $\boldsymbol{A}$ 是非零矩阵，所以 $r(\boldsymbol{A})=3$，$|\boldsymbol{A}|=-1$.

例 2.37(2011 年，数一)　设 $\boldsymbol{A}$ 为 3 阶矩阵，将 $\boldsymbol{A}$ 的第 2 列加到第 1 列得到 $\boldsymbol{B}$，再交换 $\boldsymbol{B}$ 的第 2 行与第 3 行得到单位矩阵，记 $\boldsymbol{P}_1=\begin{pmatrix}1&0&0\\1&1&0\\0&0&1\end{pmatrix}$，$\boldsymbol{P}_2=\begin{pmatrix}1&0&0\\0&0&1\\0&1&0\end{pmatrix}$，则 $\boldsymbol{A}=$(　　).

A. $\boldsymbol{P}_1\boldsymbol{P}_2$　　B. $\boldsymbol{P}_1^{-1}\boldsymbol{P}_2$　　C. $\boldsymbol{P}_2\boldsymbol{P}_1$　　D. $\boldsymbol{P}_2\boldsymbol{P}_1^{-1}$

解 由题意知

$$\boldsymbol{A}\begin{pmatrix}1&0&0\\1&1&0\\0&0&1\end{pmatrix}=\boldsymbol{B},\quad \begin{pmatrix}1&0&0\\0&0&1\\0&1&0\end{pmatrix}\boldsymbol{B}=\boldsymbol{E},$$

即 $$\boldsymbol{A}\boldsymbol{P}_1=\boldsymbol{B},\quad \boldsymbol{P}_2\boldsymbol{B}=\boldsymbol{E},$$

从而 $$\boldsymbol{P}_2\boldsymbol{A}\boldsymbol{P}_1=\boldsymbol{E}\Rightarrow\boldsymbol{A}=\boldsymbol{P}_2^{-1}\boldsymbol{P}_1^{-1},$$

再注意到 $\boldsymbol{P}_2^{-1}=\boldsymbol{P}_2$,故 $\boldsymbol{A}=\boldsymbol{P}_2\boldsymbol{P}_1^{-1}$,因此应选 D.

例 2.38(2005 年,数一) 设 $\boldsymbol{A}$ 为 $n(n\geqslant 2)$ 阶方阵,交换 $\boldsymbol{A}$ 的第 1 行与第 2 行得到 $\boldsymbol{B}$,$\boldsymbol{A}^*$,$\boldsymbol{B}^*$ 分别为 $\boldsymbol{A}$,$\boldsymbol{B}$ 的伴随矩阵,则(　　).

A. 交换 $\boldsymbol{A}^*$ 的第 1 列与第 2 列得到 $\boldsymbol{B}^*$

B. 交换 $\boldsymbol{A}^*$ 的第 1 行与第 2 行得到 $\boldsymbol{B}^*$

C. 交换 $\boldsymbol{A}^*$ 的第 1 列与第 2 列得到 $-\boldsymbol{B}^*$

D. 交换 $\boldsymbol{A}^*$ 的第 1 行与第 2 行得到 $-\boldsymbol{B}^*$

解 以三阶矩阵为例进行讨论,由题意知

$$\begin{pmatrix}0&1&0\\1&0&0\\0&0&1\end{pmatrix}\boldsymbol{A}=\boldsymbol{B}\Rightarrow\boldsymbol{B}^{-1}=\boldsymbol{A}^{-1}\begin{pmatrix}0&1&0\\1&0&0\\0&0&1\end{pmatrix}^{-1}=\boldsymbol{A}^{-1}\begin{pmatrix}0&1&0\\1&0&0\\0&0&1\end{pmatrix},$$

从而 $$\frac{\boldsymbol{B}^*}{|\boldsymbol{B}|}=\frac{\boldsymbol{A}^*}{|\boldsymbol{A}|}\begin{bmatrix}0&1&0\\1&0&0\\0&0&1\end{bmatrix},$$

又因为 $$|\boldsymbol{A}|=-|\boldsymbol{B}|,$$

所以

$$\boldsymbol{A}^*\begin{bmatrix}0&1&0\\1&0&0\\0&0&1\end{bmatrix}=-\boldsymbol{B}^*,$$

因此应选 C.

习　题　2

第一部分　客观题

1. 若 $\boldsymbol{A}$ 是(　　),则必有 $\boldsymbol{A}=\boldsymbol{A}^{\mathrm{T}}$.

A. 对角矩阵　　B. 三角矩阵　　C. 可逆矩阵　　D. 反对称矩阵

2. 设 $\boldsymbol{A}$,$\boldsymbol{B}$,$\boldsymbol{C}$,$\boldsymbol{D}$,$\boldsymbol{E}$ 为同阶方阵,$\boldsymbol{E}$ 为单位矩阵且 $\boldsymbol{ABCD}=\boldsymbol{E}$,则下列结论正确的是(　　).

A. $BCAD=E$　　B. $ACBD=E$

C. $CABD=E$　　D. $BCDA=E$

3. 设 A,B 为 n 阶对称矩阵且 B 可逆，则下列矩阵中对称矩阵的是(　　).

A. $AB^{-1}-B^{-1}A$　　B. $AB^{-1}+B^{-1}A$

C. $B^{-1}AB$　　D. $(AB)^2$

4. 矩阵(　　)不是初等矩阵.

A. $\begin{pmatrix}1&0&-7\\0&1&0\\0&0&1\end{pmatrix}$　　B. $\begin{pmatrix}1&0&0\\0&1&0\\0&0&8\end{pmatrix}$

C. $\begin{pmatrix}0&0&1\\-1&1&0\\1&0&0\end{pmatrix}$　　D. $\begin{pmatrix}1&0&0\\0&0&1\\0&1&0\end{pmatrix}$

5. 设矩阵 $A_{4\times3}, B_{3\times5}, C_{5\times4}$，则下列矩阵运算的式子中，有意义的是(　　).

A. A^TB+C　　B. $BC+A^T$

C. $A+B^TC$　　D. $A+BC$

6. 设 $abc\neq0$，则 $\begin{pmatrix}0&0&c\\0&b&0\\a&0&0\end{pmatrix}^{-1}=$(　　).

A. $\begin{pmatrix}0&0&c^{-1}\\0&b^{-1}&0\\a^{-1}&0&0\end{pmatrix}$　　B. $\begin{pmatrix}a^{-1}&0&0\\0&b^{-1}&0\\0&0&c^{-1}\end{pmatrix}$

C. $\begin{pmatrix}0&0&a^{-1}\\0&b^{-1}&0\\c^{-1}&0&0\end{pmatrix}$　　D. $\begin{pmatrix}0&0&b^{-1}\\0&c^{-1}&0\\a^{-1}&0&0\end{pmatrix}$

7. 设 A,B 为 n 阶方阵，则下列结论一定成立的是(　　).

A. 若 $A\neq O$，则 $|A|\neq0$　　B. 若 $AB=AC$，则 $B=C$

C. 若 $AB=O$，则 $A=O$ 或 $B=O$　　D. 若 $|A|\neq0$，则 $A\neq O$

8. 设 A,B 是同阶方阵，则下列结论一定成立的是(　　).

A. $(AB)^2=A^2B^2$　　B. $(AB)^T=A^TB^T$

C. $|A+B|=|A|+|B|$　　D. $|AB|=|BA|$

9. 设 A,B 均为二阶方阵，$|A|=2$，$|B|=3$，则分块矩阵 $\begin{pmatrix}O&A\\B&O\end{pmatrix}$ 的伴随矩阵为(　　).

A. $\begin{pmatrix}O&3B^*\\2A^*&O\end{pmatrix}$　B. $\begin{pmatrix}O&2B^*\\3A^*&O\end{pmatrix}$　C. $\begin{pmatrix}O&3A^*\\2B^*&O\end{pmatrix}$　D. $\begin{pmatrix}O&2A^*\\3B^*&O\end{pmatrix}$

第二部分　解答题

1. 设$\boldsymbol{A}=\begin{pmatrix}\lambda & 1 & 0\\ 0 & \lambda & 1\\ 0 & 0 & \lambda\end{pmatrix}$,求$\boldsymbol{A}^k$.

2. 设$\boldsymbol{A}=\begin{pmatrix}1 & 0 & 1\\ 0 & 2 & 0\\ 1 & 0 & 1\end{pmatrix}$,$n\geqslant 2$为正整数,求$\boldsymbol{A}^n-2\boldsymbol{A}^{n-1}$.

3. 设$\boldsymbol{A}=\begin{pmatrix}3 & 0 & 0\\ 1 & 4 & 0\\ 0 & 0 & 3\end{pmatrix}$,$\boldsymbol{E}=\begin{pmatrix}1 & & \\ & 1 & \\ & & 1\end{pmatrix}$,求$(\boldsymbol{A}-2\boldsymbol{E})^{-1}$.

4. 已知矩阵$\boldsymbol{A}=\begin{pmatrix}3 & 0 & 5\\ 1 & -2 & 1\\ 0 & 0 & 3\end{pmatrix}$,计算矩阵$\boldsymbol{B}=[3(\boldsymbol{A}-2\boldsymbol{E})^*]^*$.

5. 设$\boldsymbol{AP}=\boldsymbol{P\Lambda}$,其中$\boldsymbol{P}=\begin{pmatrix}1 & 1 & 1\\ 1 & 0 & -2\\ 1 & -1 & 1\end{pmatrix}$,$\boldsymbol{\Lambda}=\begin{pmatrix}-1 & 0 & 0\\ 0 & 1 & 0\\ 0 & 0 & 5\end{pmatrix}$,求$\varphi(\boldsymbol{A})=\boldsymbol{A}^8(5\boldsymbol{E}-6\boldsymbol{A}+\boldsymbol{A}^2)$.

6. 设矩阵$\boldsymbol{A}$可逆,证明其伴随矩阵$\boldsymbol{A}^*$也可逆,且$(\boldsymbol{A}^*)^{-1}=(\boldsymbol{A}^{-1})^*$.

7. 设n阶矩阵$(n\geqslant 2)\boldsymbol{A}$的伴随矩阵为$\boldsymbol{A}^*$,证明:

(1) 若$|\boldsymbol{A}|=0$,则$|\boldsymbol{A}^*|=0$;　　(2) $|\boldsymbol{A}^*|=|\boldsymbol{A}|^{n-1}$.

8. (1) n阶矩阵$\boldsymbol{A}$满足$\boldsymbol{A}^3-2\boldsymbol{A}^2-570\boldsymbol{E}=\boldsymbol{O}$,试证明$\boldsymbol{A}-9\boldsymbol{E}$可逆,并求$(\boldsymbol{A}-9\boldsymbol{E})^{-1}$;

(2) 方阵$\boldsymbol{A}$满足$\boldsymbol{A}^3+2\boldsymbol{A}^2-3\boldsymbol{A}+5\boldsymbol{E}=\boldsymbol{O}$,试证明$\boldsymbol{A}+2\boldsymbol{E}$可逆,并求$(\boldsymbol{A}+2\boldsymbol{E})^{-1}$.

9. 设n阶方阵$(n\geqslant 2)\boldsymbol{A}$为非零实矩阵,试证明若$\boldsymbol{A}^*=\boldsymbol{A}^{\mathrm{T}}$,则$\boldsymbol{A}$为可逆矩阵.

10. 设$n>2$,n阶非零矩阵$\boldsymbol{A}=(a_{ij})$的行列式$|\boldsymbol{A}|$中的元素a_{ij}都是实数,且a_{ij}与其代数余子式A_{ij}相等,试证明$|\boldsymbol{A}|=1$.

11. 设$\boldsymbol{A}_{m\times n}\boldsymbol{B}=\boldsymbol{C}$且$r(\boldsymbol{A})=n$,试证明$r(\boldsymbol{B})=r(\boldsymbol{C})$.

12. 设$\boldsymbol{A}_{m\times n}\boldsymbol{B}=\boldsymbol{O}$且$r(\boldsymbol{A})=n$,试证明$\boldsymbol{B}=\boldsymbol{O}$.

13. 设$\boldsymbol{A}$为$m\times n$型矩阵,$\boldsymbol{B}$为$n\times m$型矩阵,且$m>n$,试证明$|\boldsymbol{AB}|=0$.

14. 设$\boldsymbol{A},\boldsymbol{B}$均为$n$阶矩阵,且$\boldsymbol{ABA}=\boldsymbol{B}^{-1}$,试证明$r(\boldsymbol{E}-\boldsymbol{AB})+r(\boldsymbol{E}+\boldsymbol{AB})=n$.

第 3 章 向量组的线性相关性

向量组是线性代数中的又一个重要概念.一方面,向量组的线性相关性与齐次线性方程组是否有非零解相联系,向量组的线性表示与非齐次线性方程组是否有解及解的个数相联系;另一方面,向量组的理论方法指导线性方程组解的结构和向量空间的基的建立.向量组理论是线性代数中比较难以理解的内容,本章重点建立线性相关性、线性表示、极大无关组等概念和性质,以及有关判别法,而将其中一些有关计算问题留到下一章的线性方程组求解计算中一并解决.

3.1 向量组及其线性相关性

通常把 $1\times n$ 型的矩阵称为 **n 维行向量**,$n\times 1$ 型的矩阵称为 **n 维列向量**,行向量和列向量统称为**向量**.向量中的$(1,j)$元或$(j,1)$元又称为**第 j 个分量**.行向量的转置就是列向量,因此,在本章中我们只对列向量进行讨论,从而简写列向量为向量,所有概念和结论都可以经转置得到行向量的概念和结论.

定义 3.1 若干个同维同型向量 $\boldsymbol{\alpha}_1,\boldsymbol{\alpha}_2,\cdots,\boldsymbol{\alpha}_n$, $n\geqslant 1$ 的集合称为一个**向量组**.

对于一个向量组

$$\boldsymbol{\alpha}_1=\begin{pmatrix}a_{11}\\a_{21}\\\vdots\\a_{m1}\end{pmatrix},\quad \boldsymbol{\alpha}_2=\begin{pmatrix}a_{12}\\a_{22}\\\vdots\\a_{m2}\end{pmatrix},\cdots,\quad \boldsymbol{\alpha}_n=\begin{pmatrix}a_{1n}\\a_{2n}\\\vdots\\a_{mn}\end{pmatrix},\tag{3.1}$$

称 $\boldsymbol{A}=(\boldsymbol{\alpha}_1,\boldsymbol{\alpha}_2,\cdots,\boldsymbol{\alpha}_n)=\begin{pmatrix}a_{11}&a_{12}&\cdots&a_{1n}\\a_{21}&a_{22}&\cdots&a_{2n}\\\vdots&\vdots&&\vdots\\a_{m1}&a_{m2}&\cdots&a_{mn}\end{pmatrix}$ 为向量组(3.1)的矩阵.

记 $\boldsymbol{x}=\begin{pmatrix}x_1\\x_2\\\vdots\\x_n\end{pmatrix}$ 为未知列向量,则齐次线性方程组

$$\begin{cases}a_{11}x_1+a_{12}x_2+\cdots+a_{1n}x_n=0;\\a_{21}x_1+a_{22}x_2+\cdots+a_{2n}x_n=0;\\\quad\cdots\cdots\\a_{m1}x_1+a_{m2}x_2+\cdots+a_{mn}x_n=0\end{cases}\tag{3.2}$$

有矩阵形式

$$\boldsymbol{A}\boldsymbol{x}=\boldsymbol{0}\tag{3.3}$$

和向量形式

$$x_1\boldsymbol{\alpha}_1+x_2\boldsymbol{\alpha}_2+\cdots+x_n\boldsymbol{\alpha}_n=\boldsymbol{0}.\tag{3.4}$$

利用向量形式(3.4)定义向量组的线性相关性:

定义 3.2 对于向量组(3.1),如果向量形式(3.4)有非零解,则称(3.1)为**线性相关的向量组**;如果(3.4)仅有零解,则称(3.1)为**线性无关的向量组**.

换句话说,如果有不全为 0 的数 $k_1,k_2,\cdots,k_n$,使 $k_1\boldsymbol{\alpha}_1+k_2\boldsymbol{\alpha}_2+\cdots+k_n\boldsymbol{\alpha}_n=\boldsymbol{0}$,则 $\boldsymbol{\alpha}_1,\boldsymbol{\alpha}_2,\cdots,\boldsymbol{\alpha}_n$ 线性相关;如果像这样的数 $k_1,k_2,\cdots,k_n$ 不存在,即由 $k_1\boldsymbol{\alpha}_1+k_2\boldsymbol{\alpha}_2+\cdots+k_n\boldsymbol{\alpha}_n=\boldsymbol{0}$ 当且仅当 $k_1=k_2=\cdots=k_n=0$,则 $\boldsymbol{\alpha}_1,\boldsymbol{\alpha}_2,\cdots,\boldsymbol{\alpha}_n$ 线性无关.

譬如,向量组 $\boldsymbol{\alpha}_1^{\mathrm{T}}=(1,2,-1,3)$,$\boldsymbol{\alpha}_2^{\mathrm{T}}=(3,1,2,0)$,$\boldsymbol{\alpha}_3^{\mathrm{T}}=(7,4,3,3)$是线性相关的,因为 $\boldsymbol{\alpha}_1+2\boldsymbol{\alpha}_2-\boldsymbol{\alpha}_3=\boldsymbol{0}$;但向量组 $\boldsymbol{\alpha}_1^{\mathrm{T}}=(2,1)$,$\boldsymbol{\alpha}_2^{\mathrm{T}}=(2,3)$是线性无关的,因为 $k_1\boldsymbol{\alpha}_1+k_2\boldsymbol{\alpha}_2=(2k_1+2k_2,k_1+3k_2)=\boldsymbol{0}$ 推出 $2k_1+2k_2=0$,$k_1+3k_2=0$,从而 $k_1=k_2=0$.

从定义 3.2 可知,向量组(3.1)线性相关性与它对应的齐次线性方程组(3.2)有无非零解是一致的,因此,根据上一章定理 2.5 的推论就得到向量组线性相关性的如下判别法:

性质 3.1 (1) 向量组(3.1)线性相关的充分必要条件是向量组(3.1)的矩阵 $\boldsymbol{A}$ 的秩小于向量组(3.1)所含向量的个数,即 $r(\boldsymbol{A})<n$;

(2) 向量组(3.1)线性无关的充分必要条件是矩阵 $\boldsymbol{A}$ 的秩等于向量组(3.1)所含向量的个数,即 $r(\boldsymbol{A})=n$.

由于当 $m<n$ 时,$m\times n$ 型矩阵 $\boldsymbol{A}$ 的秩 $r(\boldsymbol{A})\leqslant m<n$,由此利用性质 3.1(1)立即得到:当 $m<n$ 时,n 个 m 维向量的向量组一定是线性相关的.

单位矩阵的列向量组通常称为单位坐标向量组.

由于单位矩阵的秩等于其阶数,也就是列数,由此利用性质 3.1(2)立即得到:单位坐标向量组是线性无关的.

利用这个判别法去判断向量组(3.1)的线性相关性就只需要计算相应矩阵 $\boldsymbol{A}$ 的秩了.

例 3.1 判别下列向量组的线性相关性:

(1) $\boldsymbol{\alpha}_1=\begin{pmatrix}1\\-1\\2\end{pmatrix},\boldsymbol{\alpha}_2=\begin{pmatrix}2\\1\\3\end{pmatrix},\boldsymbol{\alpha}_3=\begin{pmatrix}1\\1\\4\end{pmatrix}$;　　(2) $\boldsymbol{\alpha}_1=\begin{pmatrix}1\\1\\3\end{pmatrix},\boldsymbol{\alpha}_2=\begin{pmatrix}2\\3\\1\end{pmatrix},\boldsymbol{\alpha}_3=\begin{pmatrix}1\\4\\-12\end{pmatrix}$.

解　(1)

$$A=(\boldsymbol{\alpha}_1,\boldsymbol{\alpha}_2,\boldsymbol{\alpha}_3)=\begin{pmatrix}1&2&1\\-1&1&1\\2&3&-4\end{pmatrix}\xrightarrow[r_3-2r_1]{r_2+r_1}\begin{pmatrix}1&2&1\\0&3&2\\0&-1&-6\end{pmatrix}\xrightarrow[r_3+r_2]{r_2+2r_3}\begin{pmatrix}1&2&1\\0&1&-10\\0&0&-16\end{pmatrix},$$

$r(\boldsymbol{A})=3$，所以 $\boldsymbol{\alpha}_1,\boldsymbol{\alpha}_2,\boldsymbol{\alpha}_3$ 线性无关；

(2)

$$A=(\boldsymbol{\alpha}_1,\boldsymbol{\alpha}_2,\boldsymbol{\alpha}_3)=\begin{pmatrix}1&2&1\\1&3&4\\3&1&-12\end{pmatrix}\xrightarrow[r_3-3r_1]{r_2-r_1}\begin{pmatrix}1&2&1\\0&1&3\\0&-5&-15\end{pmatrix}\xrightarrow{r_3+5r_2}\begin{pmatrix}1&2&1\\0&1&3\\0&0&0\end{pmatrix},$$

$r(\boldsymbol{A})=2$，所以 $\boldsymbol{\alpha}_1,\boldsymbol{\alpha}_2,\boldsymbol{\alpha}_3$ 线性相关.

对于线性相关的向量组(3.1)，使式(3.4)成立的任意一组非零解 $(x_1,x_2,\cdots,x_n)=(k_1,k_2,\cdots,k_n)\neq\mathbf{0}$，代入式(3.4)得到的关系式

$$k_1\boldsymbol{\alpha}_1+k_2\boldsymbol{\alpha}_2+\cdots+k_n\boldsymbol{\alpha}_n=\mathbf{0}$$

称为线性相关的向量组(3.1)的一个**线性关系**.

向量组中有向量的"个数"和"维数"两个参数，它们的变化带来与原向量组有关的许多新向量组：

由含 n 个向量的向量组中的 k 个向量构成的向量组，其中 $1\leqslant k\leqslant n$，称为原向量组的一个**部分向量组**，这样的部分向量组共有 $\sum\limits_{k=1}^{n}\mathrm{C}_n^k$ 个，同时，也称原向量组为**整体向量组**.

由含 m 个分量的向量组中的每个向量都取 k 个相同的位置分量按原来相对次序排成的新向量构成的向量组，称为原向量组的一个**部分分量组**，这样的部分分量组共有 $\sum\limits_{k=1}^{m}\mathrm{C}_m^k$ 个，同时，也称原向量组为**全体分量组**.

譬如，当 $\boldsymbol{\alpha}_1=\begin{pmatrix}1\\-1\\2\\4\end{pmatrix},\boldsymbol{\alpha}_2=\begin{pmatrix}1\\3\\-1\\0\end{pmatrix},\boldsymbol{\alpha}_3=\begin{pmatrix}2\\4\\1\\3\end{pmatrix}$ 时，有

$$\boldsymbol{\beta}_1=\begin{pmatrix}1\\2\end{pmatrix},\quad \boldsymbol{\beta}_2=\begin{pmatrix}1\\-1\end{pmatrix},\quad \boldsymbol{\beta}_3=\begin{pmatrix}2\\1\end{pmatrix}$$

就是 $\boldsymbol{\alpha}_1,\boldsymbol{\alpha}_2,\boldsymbol{\alpha}_3$，的一个部分分量组，它是在 $\boldsymbol{\alpha}_1,\boldsymbol{\alpha}_2,\boldsymbol{\alpha}_3$ 中的每个都取第 1，第 3 分量排成的新向量组.

这些部分向量组和部分分量组与原向量组有如下线性相关性的关系：

性质 3.2　(1) 某个部分向量组线性相关则整体向量组也线性相关；反之，整体向量组线性无关则任一个部分向量组都线性无关；

(2) 某个部分分量组线性无关可推出全体分量组线性无关;反之,全体分量组线性相关时可推出任一个部分分量组也都线性相关.

证 (1) 向量组 $\boldsymbol{\alpha}_1,\boldsymbol{\alpha}_2,\cdots,\boldsymbol{\alpha}_n$ 的某个部分向量组 $\boldsymbol{\alpha}_{i_1},\boldsymbol{\alpha}_{i_2},\cdots,\boldsymbol{\alpha}_{i_s}$ 线性相关时,有不全为 0 的 $x_{i_1}=k_{i_1},x_{i_2}=k_{i_2},\cdots,x_{i_s}=k_{i_s}$,使

$$x_{i_1}\boldsymbol{\alpha}_{i_1}+x_{i_2}\boldsymbol{\alpha}_{i_2}+\cdots+x_{i_s}\boldsymbol{\alpha}_{i_s}=\mathbf{0},$$

在上式左边补上一些零项 $x_i\boldsymbol{\alpha}_i,x_i=0,i\neq i_1,i_2,\cdots,i_s$,就得到

$$x_1\boldsymbol{\alpha}_1+x_2\boldsymbol{\alpha}_2+\cdots+x_n\boldsymbol{\alpha}_n=\mathbf{0}.$$

这时 $x_1,x_2,\cdots,x_n$ 也是不全为 0 的,这就证明整体向量组 $\boldsymbol{\alpha}_1,\boldsymbol{\alpha}_2,\cdots,\boldsymbol{\alpha}_n$ 也线性相关.

(2) 全体分量组线性相关时,对应的齐次线性方程组(3.2)有非零解,这些非零解也是其任一部分方程构成的方程组的解,即任一个部分分量组也线性相关.

练 习 3.1

1. 以下说法是否正确:

(1) 3 个 2 维向量一定线性相关; (2) 2 个 3 维向量一定线性相关.

2. (1) 当 $a=$________时,向量组 $\boldsymbol{\alpha}_1=\begin{pmatrix}2\\a\\4\end{pmatrix},\boldsymbol{\alpha}_2=\begin{pmatrix}2\\0\\4\end{pmatrix},\boldsymbol{\alpha}_3=\begin{pmatrix}1\\1\\1\end{pmatrix}$线性相关;

(2) 当 $a\neq$________时,向量组 $\boldsymbol{\alpha}_1=\begin{pmatrix}1\\4\\2\\a\end{pmatrix},\boldsymbol{\alpha}_2=\begin{pmatrix}0\\0\\1\\4\end{pmatrix},\boldsymbol{\alpha}_3=\begin{pmatrix}2\\8\\a\\0\end{pmatrix}$线性无关.

3. 已知 $\boldsymbol{\alpha}_1=\begin{pmatrix}1\\1\\1\end{pmatrix},\boldsymbol{\alpha}_2=\begin{pmatrix}0\\2\\5\end{pmatrix},\boldsymbol{\alpha}_3=\begin{pmatrix}2\\4\\7\end{pmatrix}$,试讨论 $\boldsymbol{\alpha}_1,\boldsymbol{\alpha}_2,\boldsymbol{\alpha}_3$ 及 $\boldsymbol{\alpha}_1,\boldsymbol{\alpha}_2$ 的线性相关性.

4. 判断下列向量组的线性相关性:

$$\boldsymbol{\alpha}_1=\begin{pmatrix}1\\0\\0\\1\\1\end{pmatrix},\quad \boldsymbol{\alpha}_2=\begin{pmatrix}-1\\1\\2\\0\\2\end{pmatrix},\quad \boldsymbol{\alpha}_3=\begin{pmatrix}0\\-1\\2\\-1\\-3\end{pmatrix},\quad \boldsymbol{\alpha}_4=\begin{pmatrix}1\\1\\-2\\2\\4\end{pmatrix},\quad \boldsymbol{\alpha}_5=\begin{pmatrix}2\\1\\-2\\3\\5\end{pmatrix}.$$

5. 讨论参数 k 的取值,确定向量组 $\boldsymbol{\alpha}_1=(1,k,1,4,4),\boldsymbol{\alpha}_2=(2,1,2,3,k),\boldsymbol{\alpha}_3=(-1,0,-1,k,0)$的线性相关性.

6. 设 $\boldsymbol{\alpha}_1=(2,-1,0,5)$，$\boldsymbol{\alpha}_2=(-4,-2,3,0)$，$\boldsymbol{\alpha}_3=(-1,0,1,k)$，$\boldsymbol{\alpha}_4=(-1,0,2,1)$，则 k 取何值时，向量组线性相关？

7. $\boldsymbol{\alpha}_1=(2,-1,3,0)$，$\boldsymbol{\alpha}_2=(1,2,0,-2)$，$\boldsymbol{\alpha}_3=(0,-5,3,4)$，$\boldsymbol{\alpha}_4=(-1,3,k,0)$，则 $k=$________时，向量组线性相关.

8. 设 $\boldsymbol{\alpha}_1=(t,2,1)$，$\boldsymbol{\alpha}_2=(2,t,0)$，$\boldsymbol{\alpha}_3=(1,-1,1)$，试讨论该向量组的线性相关性.

3.2　向量组的线性表示

定义 3.3　(1) 对于向量组(3.1)，称表示式 $x_1\boldsymbol{\alpha}_1+x_2\boldsymbol{\alpha}_2+\cdots+x_n\boldsymbol{\alpha}_n$ 为向量组(3.1)的一个**线性组合**，其中 $x_1,x_2,\cdots,x_n$ 可以是未知量，也可以是已知数，都称为这个线性组合的**系数**.

(2) 对于向量 $\boldsymbol{b}$ 和向量组(3.1)，如果存在一组数 $k_1,k_2,\cdots,k_n$ 使

$$k_1\boldsymbol{\alpha}_1+k_2\boldsymbol{\alpha}_2+\cdots+k_n\boldsymbol{\alpha}_n=\boldsymbol{b},$$

则称向量 $\boldsymbol{b}$ 是向量组(3.1)的线性组合，这时也称向量 $\boldsymbol{b}$ 能由向量组(3.1)线性表示.

(3) 对于向量组

$$\boldsymbol{\beta}_1=\begin{pmatrix}b_{11}\\b_{21}\\\vdots\\b_{m1}\end{pmatrix},\quad \boldsymbol{\beta}_2=\begin{pmatrix}b_{12}\\b_{22}\\\vdots\\b_{m2}\end{pmatrix},\ \cdots,\quad \boldsymbol{\beta}_l=\begin{pmatrix}b_{1l}\\b_{2l}\\\vdots\\b_{ml}\end{pmatrix} \tag{3.5}$$

和向量组(3.1)，如果每个向量 $\boldsymbol{\beta}_j$ 都能由向量组(3.1)线性表示，即存在一组数 $k_{1j},k_{2j},\cdots,k_{nj}$，使

$$k_{1j}\boldsymbol{\alpha}_1+k_{2j}\boldsymbol{\alpha}_2+\cdots+k_{nj}\boldsymbol{\alpha}_n=\boldsymbol{\beta}_j,\quad j=1,2,\cdots,l, \tag{3.6}$$

则称向量组(3.5)能由向量组(3.1)线性表示.

记 $\boldsymbol{K}=\begin{pmatrix}k_{11}&k_{12}&\cdots&k_{1l}\\k_{21}&k_{22}&\cdots&k_{2l}\\\vdots&\vdots&&\vdots\\k_{n1}&k_{n2}&\cdots&k_{nl}\end{pmatrix}$，称 $\boldsymbol{K}$ 为向量组(3.5)由向量组(3.1)线性表示的表示矩阵，则式(3.6)即为

$$\boldsymbol{AX}=(\boldsymbol{\beta}_1,\boldsymbol{\beta}_2,\cdots,\boldsymbol{\beta}_l)=\boldsymbol{B}, \tag{3.7}$$

有解 $\boldsymbol{X}=\boldsymbol{K}$. 因此，根据上一章定理 2.5 知向量组之间能否线性表示有如下判别法：

性质 3.3　向量组(3.5)能由向量组(3.1)线性表示的充分必要条件是，增广矩阵 $(\boldsymbol{A},\boldsymbol{B})$ 的秩等于向量组(3.1)的矩阵 $\boldsymbol{A}$ 的秩，即 $r(\boldsymbol{A},\boldsymbol{B})=r(\boldsymbol{A})$；进一步，有唯

一个表示式的充分必要条件是 $r(\mathbf{A},\mathbf{B})=r(\mathbf{A})=n$,而有无穷多个表示式的充分必要条件是 $r(\mathbf{A},\mathbf{B})=r(\mathbf{A})<n$.

例 3.2 设向量组

$$\boldsymbol{\alpha}_1=\begin{pmatrix}1\\1\\2\end{pmatrix},\quad \boldsymbol{\alpha}_2=\begin{pmatrix}1\\\lambda\\2\end{pmatrix},\quad \boldsymbol{\alpha}_3=\begin{pmatrix}1\\3\\\lambda\end{pmatrix}$$

和向量组

$$\boldsymbol{\beta}_1=\begin{pmatrix}0\\1\\\lambda-2\end{pmatrix},\quad \boldsymbol{\beta}_2=\begin{pmatrix}2\\1\\4\end{pmatrix},$$

试判断 λ 为何值时:

(1) $\boldsymbol{\beta}_1,\boldsymbol{\beta}_2$ 不能由 $\boldsymbol{\alpha}_1,\boldsymbol{\alpha}_2,\boldsymbol{\alpha}_3$ 线性表示;

(2) $\boldsymbol{\beta}_1,\boldsymbol{\beta}_2$ 能由 $\boldsymbol{\alpha}_1,\boldsymbol{\alpha}_2,\boldsymbol{\alpha}_3$ 线性表示且表示式唯一;

(3) $\boldsymbol{\beta}_1,\boldsymbol{\beta}_2$ 能由 $\boldsymbol{\alpha}_1,\boldsymbol{\alpha}_2,\boldsymbol{\alpha}_3$ 线性表示且有无穷多个表示式.

解 设 $\mathbf{A}=(\boldsymbol{\alpha}_1,\boldsymbol{\alpha}_2,\boldsymbol{\alpha}_3)=\begin{pmatrix}1&1&1\\1&\lambda&3\\2&2&\lambda\end{pmatrix}$,$\mathbf{B}=(\boldsymbol{\beta}_1,\boldsymbol{\beta}_2)=\begin{pmatrix}0&2\\1&1\\\lambda-2&4\end{pmatrix}$,则

$$(\mathbf{A},\mathbf{B})=\begin{pmatrix}1&1&1&0&2\\1&\lambda&3&1&1\\2&2&\lambda&\lambda-2&4\end{pmatrix}\xrightarrow[r_3-2r_1]{r_2-r_1}\begin{pmatrix}1&1&1&0&2\\0&\lambda-1&2&1&-1\\0&0&\lambda-2&\lambda-2&0\end{pmatrix}=\mathbf{C}.$$

于是

(1) $\lambda=1$ 时,$\mathbf{C}=\begin{pmatrix}1&1&1&0&2\\0&0&2&1&-1\\0&0&-1&-1&0\end{pmatrix}\xrightarrow[r_3+r_2]{r_2+r_3}\begin{pmatrix}1&1&1&0&2\\0&0&1&0&-1\\0&0&0&-1&-1\end{pmatrix}$,

$r(\mathbf{A},\mathbf{B})=3\neq2=r(\mathbf{A})$,由性质 3.3 知,$\boldsymbol{\beta}_1,\boldsymbol{\beta}_2$ 不能由 $\boldsymbol{\alpha}_1,\boldsymbol{\alpha}_2,\boldsymbol{\alpha}_3$ 线性表示;

(2) $\lambda\neq1$ 且 $\lambda\neq2$ 时,$r(\mathbf{A},\mathbf{B})=r(\mathbf{A})=3$,由性质 3.3 知,$\boldsymbol{\beta}_1,\boldsymbol{\beta}_2$ 能由 $\boldsymbol{\alpha}_1,\boldsymbol{\alpha}_2,\boldsymbol{\alpha}_3$ 线性表示且表示式唯一;

(3) $\lambda=2$ 时,$\mathbf{C}=\begin{pmatrix}1&1&1&0&2\\0&1&2&1&-1\\0&0&0&0&0\end{pmatrix}$,$r(\mathbf{A},\mathbf{B})=r(\mathbf{A})=2<3$,由性质 3.3 知,$\boldsymbol{\beta}_1,\boldsymbol{\beta}_2$ 能由 $\boldsymbol{\alpha}_1,\boldsymbol{\alpha}_2,\boldsymbol{\alpha}_3$ 线性表示且有无穷多个表示式.

向量组的线性相关性与向量组的线性表示有如下关系:

定理 3.1 设 $n\geqslant2$,则向量组(3.1)线性相关的充分必要条件是向量组(3.1)中至少有一个向量 $\boldsymbol{\alpha}_r$, $1\leqslant r\leqslant n$ 能由其余的 $n-1$ 个向量 $\boldsymbol{\alpha}_1,\cdots,\boldsymbol{\alpha}_{r-1},\boldsymbol{\alpha}_{r+1},\cdots,\boldsymbol{\alpha}_n$ 线性表示.

证　必要性. 向量组(3.1)线性相关时,有一组不全为 0 的数 $k_1,k_2,\cdots,k_n$ 使 $k_1\boldsymbol{\alpha}_1+k_2\boldsymbol{\alpha}_2+\cdots+k_n\boldsymbol{\alpha}_n=\mathbf{0}$. 设 $k_r\neq0,1\leqslant r\leqslant n$,则有

$$\boldsymbol{\alpha}_r=\left(-\frac{k_1}{k_r}\right)\boldsymbol{\alpha}_1+\cdots+\left(-\frac{k_{r-1}}{k_r}\right)\boldsymbol{\alpha}_{r-1}+\left(-\frac{k_{r+1}}{k_r}\right)\boldsymbol{\alpha}_{r+1}+\cdots+\left(-\frac{k_n}{k_r}\right)\boldsymbol{\alpha}_n,$$

即 $\boldsymbol{\alpha}_r$ 能由 $\boldsymbol{\alpha}_1,\cdots,\boldsymbol{\alpha}_{r-1},\boldsymbol{\alpha}_{r+1},\cdots,\boldsymbol{\alpha}_n$ 线性表示.

充分性. $\boldsymbol{\alpha}_r$ 能由 $\boldsymbol{\alpha}_1,\cdots,\boldsymbol{\alpha}_{r-1},\boldsymbol{\alpha}_{r+1},\cdots,\boldsymbol{\alpha}_n$ 线性表示时,有数 $k_1,\cdots,k_{r-1},k_{r+1},\cdots,k_n$ 使 $\boldsymbol{\alpha}_r=k_1\boldsymbol{\alpha}_1+\cdots+k_{r-1}\boldsymbol{\alpha}_{r-1}+k_{r+1}\boldsymbol{\alpha}_{r+1}+\cdots+k_n\boldsymbol{\alpha}_n$,从而

$$k_1\boldsymbol{\alpha}_1+\cdots+k_{r-1}\boldsymbol{\alpha}_{r-1}+(-1)\boldsymbol{\alpha}_r+k_{r+1}\boldsymbol{\alpha}_{r+1}+\cdots+k_n\boldsymbol{\alpha}_n=\mathbf{0},$$

其中 $k_1,\cdots,k_{r-1},-1,k_{r+1},\cdots,k_n$ 是一组不全为 0 的数,因此 $\boldsymbol{\alpha}_1,\cdots,\boldsymbol{\alpha}_{r-1},\boldsymbol{\alpha}_r,\boldsymbol{\alpha}_{r+1},\cdots,\boldsymbol{\alpha}_n$ 线性相关.

定理 3.1 中这个被表示出来的向量 $\boldsymbol{\alpha}_r$ 有时称为**多余向量**,而定理 3.1 就称为"多余向量定理".

定理 3.2　设向量组 $\boldsymbol{\alpha}_1,\boldsymbol{\alpha}_2,\cdots,\boldsymbol{\alpha}_n$ 线性无关,向量组 $\boldsymbol{\alpha}_1,\boldsymbol{\alpha}_2,\cdots,\boldsymbol{\alpha}_n,\boldsymbol{\beta}$ 线性相关,则 $\boldsymbol{\beta}$ 能由 $\boldsymbol{\alpha}_1,\boldsymbol{\alpha}_2,\cdots,\boldsymbol{\alpha}_n$ 线性表示且表示式唯一.

证　由 $\boldsymbol{\alpha}_1,\boldsymbol{\alpha}_2,\cdots,\boldsymbol{\alpha}_n$ 线性无关,$\boldsymbol{\alpha}_1,\boldsymbol{\alpha}_2,\cdots,\boldsymbol{\alpha}_n,\boldsymbol{\beta}$ 线性相关,根据性质 3.1 知矩阵 $\boldsymbol{A}=(\boldsymbol{\alpha}_1,\boldsymbol{\alpha}_2,\cdots,\boldsymbol{\alpha}_n)$ 的秩 $r(\boldsymbol{A})=n$,矩阵 $(\boldsymbol{A},\boldsymbol{\beta})$ 的秩 $r(\boldsymbol{A},\boldsymbol{\beta})<n+1$,再根据上一章矩阵秩的分块性质 2.2 有 $r(\boldsymbol{A},\boldsymbol{\beta})\geqslant r(\boldsymbol{A})$,就得到 $r(\boldsymbol{A},\boldsymbol{\beta})=r(\boldsymbol{A})=n$. 最后根据性质 3.3 知 $\boldsymbol{\beta}$ 能由 $\boldsymbol{\alpha}_1,\boldsymbol{\alpha}_2,\cdots,\boldsymbol{\alpha}_n$ 线性表示,且表示式唯一.

例 3.3　设向量组 $\boldsymbol{\alpha}_1,\boldsymbol{\alpha}_2,\boldsymbol{\alpha}_3$ 线性相关,向量组 $\boldsymbol{\alpha}_2,\boldsymbol{\alpha}_3,\boldsymbol{\alpha}_4$ 线性无关,证明:(1) $\boldsymbol{\alpha}_1$ 能由 $\boldsymbol{\alpha}_2,\boldsymbol{\alpha}_3$ 线性表示;(2) $\boldsymbol{\alpha}_4$ 不能由 $\boldsymbol{\alpha}_1,\boldsymbol{\alpha}_2,\boldsymbol{\alpha}_3$ 线性表示.

证　(1) 由 $\boldsymbol{\alpha}_2,\boldsymbol{\alpha}_3,\boldsymbol{\alpha}_4$ 线性无关,根据部分向量组性质 3.2(2)知 $\boldsymbol{\alpha}_2,\boldsymbol{\alpha}_3$ 线性无关,又由 $\boldsymbol{\alpha}_1,\boldsymbol{\alpha}_2,\boldsymbol{\alpha}_3$ 线性相关,根据定理 3.2 知,$\boldsymbol{\alpha}_1$ 能由 $\boldsymbol{\alpha}_2,\boldsymbol{\alpha}_3$ 线性表示.

(2) 记 $\boldsymbol{A}=(\boldsymbol{\alpha}_1,\boldsymbol{\alpha}_2,\boldsymbol{\alpha}_3),\boldsymbol{B}=(\boldsymbol{\alpha}_4),\boldsymbol{C}=(\boldsymbol{\alpha}_2,\boldsymbol{\alpha}_3,\boldsymbol{\alpha}_4)$,根据线性相关性判别法性质 3.1,由 $\boldsymbol{\alpha}_1,\boldsymbol{\alpha}_2,\boldsymbol{\alpha}_3$ 线性相关知 $r(\boldsymbol{A})<3$,而由 $\boldsymbol{\alpha}_2,\boldsymbol{\alpha}_3,\boldsymbol{\alpha}_4$ 线性无关知 $r(\boldsymbol{C})=3$.

根据上一章矩阵秩的分块性质 2.2 知

$$r(\boldsymbol{A},\boldsymbol{B})=r(\boldsymbol{\alpha}_1,\boldsymbol{\alpha}_2,\boldsymbol{\alpha}_3,\boldsymbol{\alpha}_4)=r(\boldsymbol{\alpha}_1,\boldsymbol{C})\geqslant r(\boldsymbol{C}),$$

从而 $r(\boldsymbol{A},\boldsymbol{B})\neq r(\boldsymbol{A})$,再根据向量组之间线性表示判别法性质 3.3 知 $\boldsymbol{\alpha}_4$ 不能由 $\boldsymbol{\alpha}_1,\boldsymbol{\alpha}_2,\boldsymbol{\alpha}_3$ 线性表示.

向量组的线性相关性与向量组之间线性表示的表示矩阵有如下关系:

定理 3.3　设向量组(3.5)由向量组(3.1)线性表示的表示矩阵 $\boldsymbol{K}$ 的秩小于向量组(3.5)所含向量的个数 l,即 $r(\boldsymbol{K})<l$,则向量组(3.5)线性相关.

证　由于向量组(3.1)的矩阵为 $\boldsymbol{A}$,向量组(3.5)的矩阵为 $\boldsymbol{B}$,且 $\boldsymbol{AK}=\boldsymbol{B}$. 由矩阵秩的运算性质 2.3(5)知

$$r(\boldsymbol{B})=r(\boldsymbol{AK})\leqslant r(\boldsymbol{K}).$$

再由 $r(\boldsymbol{K})<l$ 知 $r(\boldsymbol{B})<l$. 最后根据线性相关性判别法性质 3.1(1)知向量组(3.5)

线性相关.

定理 3.4 设向量组(3.5)由向量组(3.1)线性表示的表示矩阵为 $\boldsymbol{K}$,且向量组(3.1)线性无关,则向量组(3.5)线性无关的充分必要条件是 $\boldsymbol{K}$ 的秩等于向量组(3.5)所含向量的个数 l,即 $r(\boldsymbol{K})=l$.

证 首先,向量组(3.5)由向量组(3.1)线性表示的表示矩阵为 $\boldsymbol{K}$,即 $\boldsymbol{AK}=\boldsymbol{B}$,而向量组(3.1)线性无关,根据线性相关性判别法性质 3.1(2)知 $r(\boldsymbol{A})=n$. 再由矩阵秩运算性质 2.3(5)知

$$r(\boldsymbol{K})\geqslant r(\boldsymbol{AK})=r(\boldsymbol{B})=r(\boldsymbol{AK})\geqslant r(\boldsymbol{A})+r(\boldsymbol{K})-n=r(\boldsymbol{K}),$$

从而 $r(\boldsymbol{B})=r(\boldsymbol{K})$. 再根据线性相关性判别法性质 3.1(2)知,向量组(3.5)线性无关的充分必要条件为 $r(\boldsymbol{B})=l$,即 $r(\boldsymbol{K})=l$.

例 3.4 已知向量组 $\boldsymbol{\beta}_1,\boldsymbol{\beta}_2,\boldsymbol{\beta}_3,\boldsymbol{\beta}_4$ 由向量组 $\boldsymbol{\alpha}_1,\boldsymbol{\alpha}_2,\boldsymbol{\alpha}_3,\boldsymbol{\alpha}_4$ 线性表示如下:

$$\begin{cases}\boldsymbol{\beta}_1=\boldsymbol{\alpha}_1+\boldsymbol{\alpha}_2;\\ \boldsymbol{\beta}_2=\boldsymbol{\alpha}_2+\boldsymbol{\alpha}_3;\\ \boldsymbol{\beta}_3=\boldsymbol{\alpha}_3+\boldsymbol{\alpha}_4;\\ \boldsymbol{\beta}_4=\boldsymbol{\alpha}_1+\boldsymbol{\alpha}_4.\end{cases}$$

证明 $\boldsymbol{\beta}_1,\boldsymbol{\beta}_2,\boldsymbol{\beta}_3,\boldsymbol{\beta}_4$ 线性相关.

证 由于

$$\boldsymbol{AK}=(\boldsymbol{\alpha}_1,\boldsymbol{\alpha}_2,\boldsymbol{\alpha}_3,\boldsymbol{\alpha}_4)\begin{pmatrix}1&0&0&1\\1&1&0&0\\0&1&1&0\\0&0&1&1\end{pmatrix}=(\boldsymbol{\beta}_1,\boldsymbol{\beta}_2,\boldsymbol{\beta}_3,\boldsymbol{\beta}_4)=\boldsymbol{B},$$

$$\boldsymbol{K}=\begin{pmatrix}1&0&0&1\\1&1&0&0\\0&1&1&0\\0&0&1&1\end{pmatrix}\xrightarrow[r_4-r_3]{\substack{r_2-r_1\\r_3-r_2}}\begin{pmatrix}1&0&0&1\\0&1&0&-1\\0&0&1&1\\0&0&0&0\end{pmatrix},$$

且 $r(\boldsymbol{K})=3<4$,$r(\boldsymbol{B})=r(\boldsymbol{AK})\leqslant r(\boldsymbol{K})<4$,知 $\boldsymbol{\beta}_1,\boldsymbol{\beta}_2,\boldsymbol{\beta}_3,\boldsymbol{\beta}_4$ 线性相关.

例 3.5 设向量组 $\boldsymbol{\alpha}_1,\boldsymbol{\alpha}_2,\boldsymbol{\alpha}_3$ 线性无关,证明 $\boldsymbol{\alpha}_1+\boldsymbol{\alpha}_2,\boldsymbol{\alpha}_2+\boldsymbol{\alpha}_3,\boldsymbol{\alpha}_1+\boldsymbol{\alpha}_3$ 也线性无关.

证 由

$$\boldsymbol{AK}=(\boldsymbol{\alpha}_1,\boldsymbol{\alpha}_2,\boldsymbol{\alpha}_3)\begin{pmatrix}1&0&1\\1&1&0\\0&1&1\end{pmatrix}=(\boldsymbol{\alpha}_1+\boldsymbol{\alpha}_2,\boldsymbol{\alpha}_2+\boldsymbol{\alpha}_3,\boldsymbol{\alpha}_1+\boldsymbol{\alpha}_3)=\boldsymbol{B}$$

及

$$\boldsymbol{K}=\begin{pmatrix}1&0&1\\1&1&0\\0&1&1\end{pmatrix}\xrightarrow{\substack{r_2-r_1\\r_3-r_2}}\begin{pmatrix}1&0&1\\0&1&-1\\0&0&2\end{pmatrix},$$

$r(\boldsymbol{K})=3$，且 $\boldsymbol{\alpha}_1,\boldsymbol{\alpha}_2,\boldsymbol{\alpha}_3$ 线性无关，根据定理 3.4 知，$\boldsymbol{\alpha}_1+\boldsymbol{\alpha}_2,\boldsymbol{\alpha}_2+\boldsymbol{\alpha}_3,\boldsymbol{\alpha}_1+\boldsymbol{\alpha}_3$ 也线性无关.

向量组之间的线性表示显然有如下性质：

(1) 反身性：$\boldsymbol{\alpha}_1,\boldsymbol{\alpha}_2,\cdots,\boldsymbol{\alpha}_n$ 能由 $\boldsymbol{\alpha}_1,\boldsymbol{\alpha}_2,\cdots,\boldsymbol{\alpha}_n$ 线性表示；

(2) 传递性：$\boldsymbol{\alpha}_1,\boldsymbol{\alpha}_2,\cdots,\boldsymbol{\alpha}_n$ 能由 $\boldsymbol{\beta}_1,\boldsymbol{\beta}_2,\cdots,\boldsymbol{\beta}_l$ 线性表示，且 $\boldsymbol{\beta}_1,\boldsymbol{\beta}_2,\cdots,\boldsymbol{\beta}_l$ 能由 $\boldsymbol{\gamma}_1,\boldsymbol{\gamma}_2,\cdots,\boldsymbol{\gamma}_k$ 线性表示，可推出 $\boldsymbol{\alpha}_1,\boldsymbol{\alpha}_2,\cdots,\boldsymbol{\alpha}_n$ 能由 $\boldsymbol{\gamma}_1,\boldsymbol{\gamma}_2,\cdots,\boldsymbol{\gamma}_k$ 线性表示.

利用上述性质，我们可以给出例 3.3 中(2)的另一个证明：用反证法. 假设 $\boldsymbol{\alpha}_4$ 能由 $\boldsymbol{\alpha}_1,\boldsymbol{\alpha}_2,\boldsymbol{\alpha}_3$ 线性表示. 而由该题(1)知 $\boldsymbol{\alpha}_1$ 能由 $\boldsymbol{\alpha}_2,\boldsymbol{\alpha}_3$ 线性表示，利用反身性，$\boldsymbol{\alpha}_2,\boldsymbol{\alpha}_3$ 也能由 $\boldsymbol{\alpha}_2,\boldsymbol{\alpha}_3$ 线性表示，即有 $\boldsymbol{\alpha}_1,\boldsymbol{\alpha}_2,\boldsymbol{\alpha}_3$ 能由 $\boldsymbol{\alpha}_2,\boldsymbol{\alpha}_3$ 线性表示. 再利用传递性有 $\boldsymbol{\alpha}_4$ 能由 $\boldsymbol{\alpha}_2,\boldsymbol{\alpha}_3$ 线性表示. 由定理 3.1 知 $\boldsymbol{\alpha}_2,\boldsymbol{\alpha}_3,\boldsymbol{\alpha}_4$ 线性相关，这与 $\boldsymbol{\alpha}_2,\boldsymbol{\alpha}_3,\boldsymbol{\alpha}_4$ 线性无关矛盾.

当向量组 $\boldsymbol{\alpha}_1,\boldsymbol{\alpha}_2,\cdots,\boldsymbol{\alpha}_n$ 与向量组 $\boldsymbol{\beta}_1,\boldsymbol{\beta}_2,\cdots,\boldsymbol{\beta}_l$ 能相互线性表示，即 $\boldsymbol{\alpha}_1,\boldsymbol{\alpha}_2,\cdots,\boldsymbol{\alpha}_n$ 能由 $\boldsymbol{\beta}_1,\boldsymbol{\beta}_2,\cdots,\boldsymbol{\beta}_l$ 线性表示且 $\boldsymbol{\beta}_1,\boldsymbol{\beta}_2,\cdots,\boldsymbol{\beta}_l$ 能由 $\boldsymbol{\alpha}_1,\boldsymbol{\alpha}_2,\cdots,\boldsymbol{\alpha}_n$ 线性表示时，称这两个向量组**等价**.

由性质 3.3 立即得到向量组之间等价的如下判别法：

性质 3.4　向量组 $\boldsymbol{\alpha}_1,\boldsymbol{\alpha}_2,\cdots,\boldsymbol{\alpha}_n$(设其矩阵为 $\boldsymbol{A}$)与向量组 $\boldsymbol{\beta}_1,\boldsymbol{\beta}_2,\cdots,\boldsymbol{\beta}_l$(设其矩阵为 $\boldsymbol{B}$)等价的充分必要条件是 $r(\boldsymbol{A})=r(\boldsymbol{A},\boldsymbol{B})=r(\boldsymbol{B})$.

例 3.6　设两个向量组

$$\boldsymbol{\alpha}_1=\begin{pmatrix}1\\-1\\0\\1\end{pmatrix},\quad \boldsymbol{\alpha}_2=\begin{pmatrix}0\\1\\2\\0\end{pmatrix},\quad \boldsymbol{\alpha}_3=\begin{pmatrix}1\\-1\\1\\4\end{pmatrix};\quad \boldsymbol{\beta}_1=\begin{pmatrix}2\\1\\1\\-13\end{pmatrix},\quad \boldsymbol{\beta}_2=\begin{pmatrix}1\\-1\\2\\7\end{pmatrix}.$$

试判断这两个向量组是否等价.

解

$$(\boldsymbol{A},\boldsymbol{B})=(\boldsymbol{\alpha}_1,\boldsymbol{\alpha}_2,\boldsymbol{\alpha}_3,\boldsymbol{\beta}_1,\boldsymbol{\beta}_2)=\begin{pmatrix}1&0&1&2&1\\-1&1&-1&1&-1\\0&2&1&1&2\\1&0&4&-13&7\end{pmatrix}$$

$$\xrightarrow[r_4-r_1]{r_2+r_1}\begin{pmatrix}1&0&1&2&1\\0&1&0&3&0\\0&2&1&1&2\\0&0&3&-15&6\end{pmatrix}\xrightarrow[r_4-3r_3]{r_3-2r_2}\begin{pmatrix}1&0&1&2&1\\0&1&0&3&0\\0&0&1&-5&2\\0&0&0&0&0\end{pmatrix},$$

故 $r(\boldsymbol{A})=3=r(\boldsymbol{A},\boldsymbol{B})$，即 $\boldsymbol{\beta}_1,\boldsymbol{\beta}_2$ 能由 $\boldsymbol{\alpha}_1,\boldsymbol{\alpha}_2,\boldsymbol{\alpha}_3$ 线性表示；而

$$\boldsymbol{B}=(\boldsymbol{\beta}_1,\boldsymbol{\beta}_2)=\begin{pmatrix}2&1\\1&-1\\1&2\\-13&7\end{pmatrix}\xrightarrow[\substack{r_3-r_1\\r_4+13r_1}]{\substack{r_1-r_2\\r_2-r_1}}\begin{pmatrix}1&2\\0&-3\\0&0\\0&33\end{pmatrix}\xrightarrow{r_4+11r_2}\begin{pmatrix}1&2\\0&-3\\0&0\\0&0\end{pmatrix},$$

故 $r(\boldsymbol{B})=2$. 其实,由 $\boldsymbol{B}$ 只有 2 列知 $r(\boldsymbol{B})\leqslant 2)<3=r(\boldsymbol{B},\boldsymbol{A})=r(\boldsymbol{A},\boldsymbol{B})$,即 $\boldsymbol{\alpha}_1,\boldsymbol{\alpha}_2,\boldsymbol{\alpha}_3$ 不能由 $\boldsymbol{\beta}_1,\boldsymbol{\beta}_2$ 线性表示.

因此,$\boldsymbol{\alpha}_1,\boldsymbol{\alpha}_2,\boldsymbol{\alpha}_3$ 与 $\boldsymbol{\beta}_1,\boldsymbol{\beta}_2$ 不等价.

向量组的等价显然具有如下性质:

(1) 反身性:$\boldsymbol{\alpha}_1,\boldsymbol{\alpha}_2,\cdots,\boldsymbol{\alpha}_n$ 与 $\boldsymbol{\alpha}_1,\boldsymbol{\alpha}_2,\cdots,\boldsymbol{\alpha}_n$ 等价;

(2) 对称性:$\boldsymbol{\alpha}_1,\boldsymbol{\alpha}_2,\cdots,\boldsymbol{\alpha}_n$ 与 $\boldsymbol{\beta}_1,\boldsymbol{\beta}_2,\cdots,\boldsymbol{\beta}_l$ 等价可推出 $\boldsymbol{\beta}_1,\boldsymbol{\beta}_2,\cdots,\boldsymbol{\beta}_l$ 与 $\boldsymbol{\alpha}_1,\boldsymbol{\alpha}_2,\cdots,\boldsymbol{\alpha}_n$ 等价;

(3) 传递性:$\boldsymbol{\alpha}_1,\boldsymbol{\alpha}_2,\cdots,\boldsymbol{\alpha}_n$ 与 $\boldsymbol{\beta}_1,\boldsymbol{\beta}_2,\cdots,\boldsymbol{\beta}_l$ 等价,且 $\boldsymbol{\beta}_1,\boldsymbol{\beta}_2,\cdots,\boldsymbol{\beta}_l$ 与 $\boldsymbol{\gamma}_1,\boldsymbol{\gamma}_2,\cdots,\boldsymbol{\gamma}_k$ 等价,可推出 $\boldsymbol{\alpha}_1,\boldsymbol{\alpha}_2,\cdots,\boldsymbol{\alpha}_n$ 与 $\boldsymbol{\gamma}_1,\boldsymbol{\gamma}_2,\cdots,\boldsymbol{\gamma}_k$ 等价.

本节最后,我们来证明“等价无关组等长”性质:

性质 3.5 设 $\boldsymbol{\alpha}_1,\boldsymbol{\alpha}_2,\cdots,\boldsymbol{\alpha}_n$ 与 $\boldsymbol{\beta}_1,\boldsymbol{\beta}_2,\cdots,\boldsymbol{\beta}_l$ 等价,且 $\boldsymbol{\alpha}_1,\boldsymbol{\alpha}_2,\cdots,\boldsymbol{\alpha}_n$ 与 $\boldsymbol{\beta}_1,\boldsymbol{\beta}_2,\cdots,\boldsymbol{\beta}_l$ 都线性无关,则 $n=l$.

证 由 $\boldsymbol{\alpha}_1,\boldsymbol{\alpha}_2,\cdots,\boldsymbol{\alpha}_n$ 与 $\boldsymbol{\beta}_1,\boldsymbol{\beta}_2,\cdots,\boldsymbol{\beta}_l$ 等价,根据等价判别法性质 3.4 知

$$r(\boldsymbol{\alpha}_1,\boldsymbol{\alpha}_2,\cdots,\boldsymbol{\alpha}_n)=r(\boldsymbol{\beta}_1,\boldsymbol{\beta}_2,\cdots,\boldsymbol{\beta}_l).$$

又由 $\boldsymbol{\alpha}_1,\boldsymbol{\alpha}_2,\cdots,\boldsymbol{\alpha}_n$ 与 $\boldsymbol{\beta}_1,\boldsymbol{\beta}_2,\cdots,\boldsymbol{\beta}_l$ 都线性无关,根据线性相关性判别法性质 3.1(2) 知 $r(\boldsymbol{\alpha}_1,\boldsymbol{\alpha}_2,\cdots,\boldsymbol{\alpha}_n)=n$,$r(\boldsymbol{\beta}_1,\boldsymbol{\beta}_2,\cdots,\boldsymbol{\beta}_l)=l$,所以 $n=l$.

练 习 3.2

1. 分别判断 $\boldsymbol{b}_1=\begin{pmatrix}1\\-2\\3\end{pmatrix}$,$\boldsymbol{b}_2=\begin{pmatrix}0\\2\\-\frac{1}{2}\end{pmatrix}$是否能由向量组 $\boldsymbol{e}_1=\begin{pmatrix}1\\0\\0\end{pmatrix}$,$\boldsymbol{e}_2=\begin{pmatrix}0\\1\\0\end{pmatrix}$,$\boldsymbol{e}_3=\begin{pmatrix}0\\0\\1\end{pmatrix}$ 线性表示,并判断两组向量是否等价.

2. 试判断向量 $\boldsymbol{b}=\begin{pmatrix}5\\-1\\3\end{pmatrix}$是否为 $\boldsymbol{a}_1=\begin{pmatrix}0\\1\\3\end{pmatrix}$,$\boldsymbol{a}_2=\begin{pmatrix}1\\5\\1\end{pmatrix}$,$\boldsymbol{a}_3=\begin{pmatrix}2\\3\\0\end{pmatrix}$的线性组合.

3. 若已知 $\boldsymbol{\alpha}=\begin{pmatrix}3\\2\\-1\\0\end{pmatrix}$,$\boldsymbol{\beta}=\begin{pmatrix}-1\\5\\2\\0\end{pmatrix}$,且 $2\boldsymbol{\alpha}+\boldsymbol{\gamma}=\boldsymbol{\beta}$,则 $\boldsymbol{\gamma}=$________.

4. 设向量组 $\boldsymbol{\alpha}_1,\boldsymbol{\alpha}_2,\boldsymbol{\alpha}_3$ 线性无关,且 $\boldsymbol{\beta}_1=\boldsymbol{\alpha}_1-\boldsymbol{\alpha}_2$,$\boldsymbol{\beta}_2=\boldsymbol{\alpha}_2+\boldsymbol{\alpha}_3$,$\boldsymbol{\beta}_3=\boldsymbol{\alpha}_3-\boldsymbol{\alpha}_1$,试

用三种以上的方法证明 $\boldsymbol{\beta}_1,\boldsymbol{\beta}_2,\boldsymbol{\beta}_3$ 也线性无关.

5. 设 $\boldsymbol{\alpha}_1,\boldsymbol{\alpha}_2,\boldsymbol{\alpha}_3$ 线性无关，且 $\boldsymbol{\beta}_1=\boldsymbol{\alpha}_1,\boldsymbol{\beta}_2=\boldsymbol{\alpha}_1+\boldsymbol{\alpha}_2,\boldsymbol{\beta}_3=\boldsymbol{\alpha}_1+\boldsymbol{\alpha}_2+3\boldsymbol{\alpha}_3$，试证明 $\boldsymbol{\beta}_1,\boldsymbol{\beta}_2,\boldsymbol{\beta}_3$ 也线性无关，并证明向量组 $\boldsymbol{\alpha}_1,\boldsymbol{\alpha}_2,\boldsymbol{\alpha}_3$ 与 $\boldsymbol{\beta}_1,\boldsymbol{\beta}_2,\boldsymbol{\beta}_3$ 等价.

6. 设 $\boldsymbol{\beta}=\begin{pmatrix}-1\\1\\2\end{pmatrix},\boldsymbol{\alpha}_1=\begin{pmatrix}1\\1\\1\end{pmatrix},\boldsymbol{\alpha}_2=\begin{pmatrix}\lambda\\1\\1\end{pmatrix},\boldsymbol{\alpha}_3=\begin{pmatrix}5\\5\\6\end{pmatrix}$，求参数 λ 的取值范围，使 $\boldsymbol{\beta}$ 可由 $\boldsymbol{\alpha}_1,\boldsymbol{\alpha}_2,\boldsymbol{\alpha}_3$ 线性表示，并求表示式.

3.3　向量组的极大无关组与秩

根据定理 3.1，对于线性相关的向量组，可以通过逐步去掉“多余向量”的办法而简化成为一个线性无关的(最后剩下的部分)向量组(除非原来这个向量组全由零向量构成). 显然这个最后剩下的向量组可以表示出原向量组，这就是下面要定义的向量组的极大无关组.

定义 3.4　在向量组 $\boldsymbol{\alpha}_1,\boldsymbol{\alpha}_2,\cdots,\boldsymbol{\alpha}_n$ 中，如果存在一个部分向量组 $\boldsymbol{\alpha}_{i_1},\boldsymbol{\alpha}_{i_2},\cdots,\boldsymbol{\alpha}_{i_r}$ 满足条件：

(1) $\boldsymbol{\alpha}_{i_1},\boldsymbol{\alpha}_{i_2},\cdots,\boldsymbol{\alpha}_{i_r}$ 线性无关；

(2) $\boldsymbol{\alpha}_1,\boldsymbol{\alpha}_2,\cdots,\boldsymbol{\alpha}_n$ 能由 $\boldsymbol{\alpha}_{i_1},\boldsymbol{\alpha}_{i_2},\cdots,\boldsymbol{\alpha}_{i_r}$ 线性表示.

则称这个部分向量组为原向量组的一个极大线性无关部分向量组，简称为**极大无关组**.

由前面的讨论知，全由零向量构成的向量组没有极大无关组；而由不全为零的向量构成的向量组一定存在极大无关组.

又由向量组之间线性表示的定义及反身性可知，极大无关组定义中的条件(2)又可叙述为 $\boldsymbol{\alpha}_i$，$1\leqslant i\leqslant n$ 且 $i\neq i_1,i_2,\cdots,i_r$，都能由 $\boldsymbol{\alpha}_{i_1},\boldsymbol{\alpha}_{i_2},\cdots,\boldsymbol{\alpha}_{i_r}$ 线性表示. 再由定理 3.1，定义 3.4 条件(2)还可叙述为 $\boldsymbol{\alpha}_{i_1},\boldsymbol{\alpha}_{i_2},\cdots,\boldsymbol{\alpha}_{i_r},\boldsymbol{\alpha}_i$，$1\leqslant i\leqslant n$ 且 $i\neq i_1,i_2,\cdots,i_r$，都线性相关.

向量组的极大无关组一般不是唯一的. 譬如

$$(\boldsymbol{\alpha}_1,\boldsymbol{\alpha}_2,\boldsymbol{\alpha}_3)=\begin{pmatrix}1&0&2\\0&1&1\\1&0&2\end{pmatrix}\xrightarrow{r_3-r_1}\begin{pmatrix}1&0&2\\0&1&1\\0&0&0\end{pmatrix}.$$

由 $r(\boldsymbol{\alpha}_1,\boldsymbol{\alpha}_2)=r(\boldsymbol{\alpha}_1,\boldsymbol{\alpha}_2,\boldsymbol{\alpha}_3)=2$ 知，$\boldsymbol{\alpha}_1,\boldsymbol{\alpha}_2$ 是向量组 $\boldsymbol{\alpha}_1,\boldsymbol{\alpha}_2,\boldsymbol{\alpha}_3$ 的一个极大无关组.

同理，由 $r(\boldsymbol{\alpha}_1,\boldsymbol{\alpha}_3)=r(\boldsymbol{\alpha}_2,\boldsymbol{\alpha}_3)=2$ 知，$\boldsymbol{\alpha}_1,\boldsymbol{\alpha}_3$ 和 $\boldsymbol{\alpha}_2,\boldsymbol{\alpha}_3$ 都是向量组 $\boldsymbol{\alpha}_1,\boldsymbol{\alpha}_2,\boldsymbol{\alpha}_3$ 的极大无关组.

向量组的极大无关组具有如下性质：

(1) 极大无关组和原向量组是等价的；

(2) 同一向量组的极大无关组之间是等价的；

(3) 同一向量组的极大无关组所含向量的个数相同.

这是由于每个部分向量组是可由整体向量组线性表示的，再由极大无关组定义的条件(2)就得到(1). 利用(1)和等价的传递性就得到(2). 最后由等价无关组等长性质 3.5 就得到(3).

由这个性质(3)，对于不全由零向量构成的向量组 $\boldsymbol{\alpha}_1,\boldsymbol{\alpha}_2,\cdots,\boldsymbol{\alpha}_n$，称其极大无关组所含向量的个数为**向量组 $\boldsymbol{\alpha}_1,\boldsymbol{\alpha}_2,\cdots,\boldsymbol{\alpha}_n$ 的秩**，记为 $r(\boldsymbol{\alpha}_1,\boldsymbol{\alpha}_2,\cdots,\boldsymbol{\alpha}_n)$，并规定全由零向量构成的向量组的秩为 0.

于是，矩阵的行向量组有秩，称为矩阵的**行秩**；矩阵的列向量组有秩，称为矩阵的**列秩**. 而上一章定义的矩阵的秩，可以称为**矩阵的子式秩**. 这三个秩是相等的，即有所谓“三秩定理”.

定理 3.5 矩阵的秩＝矩阵子式秩＝矩阵的行秩＝矩阵的列秩.

证 记矩阵 $\boldsymbol{A}=(\boldsymbol{\alpha}_1,\boldsymbol{\alpha}_2,\cdots,\boldsymbol{\alpha}_n)$ 的子式秩为 r，并设 $\boldsymbol{A}$ 的一个秩子式所在列为 $\boldsymbol{\alpha}_{i_1},\boldsymbol{\alpha}_{i_2},\cdots,\boldsymbol{\alpha}_{i_r}$，$i_1<i_2<\cdots<i_r$. 记 $\boldsymbol{A}_0=(\boldsymbol{\alpha}_{i_1},\boldsymbol{\alpha}_{i_2},\cdots,\boldsymbol{\alpha}_{i_r})$，根据线性相关性判别法性质 3.1(2)知，$\boldsymbol{\alpha}_{i_1},\boldsymbol{\alpha}_{i_2},\cdots,\boldsymbol{\alpha}_{i_r}$ 线性无关. 再任取 $\boldsymbol{A}$ 中另一列为 $\boldsymbol{\alpha}_i$($1\leqslant i\leqslant n$ 且 $i\neq i_1,i_2,\cdots,i_r$)，令 $\boldsymbol{B}=(\boldsymbol{A}_0,\boldsymbol{\alpha}_i)$，根据矩阵秩的分块性质 2.2 有

$$r=r(\boldsymbol{A}_0)\leqslant r(\boldsymbol{B})\leqslant r(\boldsymbol{A})=r.$$

从而 $r(\boldsymbol{B})=r\leqslant r+1$，于是根据线性相关性判别法性质 3.1(1)知 $\boldsymbol{B}$ 的列向量 $\boldsymbol{\alpha}_{i_1},\boldsymbol{\alpha}_{i_2},\cdots,\boldsymbol{\alpha}_{i_r},\boldsymbol{\alpha}_i$ 线性相关. 按照极大无关组的定义知，$\boldsymbol{\alpha}_{i_1},\boldsymbol{\alpha}_{i_2},\cdots,\boldsymbol{\alpha}_{i_r}$ 为 $\boldsymbol{A}$ 的列向量组的一个极大无关组. 这就证明了 $\boldsymbol{A}$ 的列秩也是 r.

再由 $\boldsymbol{A}$ 的行秩＝$\boldsymbol{A}^{\mathrm{T}}$ 的列秩＝$r(\boldsymbol{A}^{\mathrm{T}})=r(\boldsymbol{A})$就知定理成立.

由上述证明即得

推论 3.1 (1) 矩阵的秩子式所在列为矩阵的列向量组的一个极大无关组；

(2) 矩阵的秩子式所在行为矩阵的行向量组的一个极大无关组.

利用上一章求矩阵的秩和秩子式的方法即得到求列向量组的秩和一个极大无关组的方法：化列向量组的矩阵为行阶梯形，则非零首元的个数即为列向量组的秩；非零首元所在列号对应的部分列向量组即为一个极大无关组.

由三秩定理还能得到如下两个推论：

推论 3.2 设向量组 $\boldsymbol{\alpha}_1,\boldsymbol{\alpha}_2,\cdots,\boldsymbol{\alpha}_n$ 的秩为 r，则 $\boldsymbol{\alpha}_1,\boldsymbol{\alpha}_2,\cdots,\boldsymbol{\alpha}_n$ 中任何含 r 个向量的线性无关部分向量组都是 $\boldsymbol{\alpha}_1,\boldsymbol{\alpha}_2,\cdots,\boldsymbol{\alpha}_n$ 的一个极大无关组.

证 设 $\boldsymbol{A}=(\boldsymbol{\alpha}_1,\boldsymbol{\alpha}_2,\cdots,\boldsymbol{\alpha}_n)$，因为 $\boldsymbol{\alpha}_1,\boldsymbol{\alpha}_2,\cdots,\boldsymbol{\alpha}_n$ 的秩为 r，由三秩定理得 $r(\boldsymbol{A})=r$. 设 $\boldsymbol{\alpha}_1,\boldsymbol{\alpha}_2,\cdots,\boldsymbol{\alpha}_n$ 中任何含 r 个向量的线性无关部分向量组构成矩阵 $\boldsymbol{A}_0$，根据线性相关性判别法性质 3.1(2)知 $r(\boldsymbol{A}_0)=r$，即 $\boldsymbol{A}_0$ 中有 r 阶子式不等于 0，这个 r 阶非零子式就是 $\boldsymbol{A}$ 的一个秩子式，从而由推论 3.1 知这个部分向量组就是一个极大

无关组.

推论 3.3　设矩阵 $\mathbf{A}$ 中有某个 r 阶子式 D_r 不等于 0，且 $\mathbf{A}$ 中任何包含 D_r（即 D_r 中全部元素为其一部分）的 $r+1$ 阶子式（如果存在的话）都等于 0，则 $r(\mathbf{A})=r$.

证　记 $\mathbf{A}$ 中 D_r 所在列构成的矩阵为 $\mathbf{A}_0=(\boldsymbol{\alpha}_{i_1},\boldsymbol{\alpha}_{i_2},\cdots,\boldsymbol{\alpha}_{i_r})$. 由 $D_r\neq 0$ 知 $r(\mathbf{A}_0)=r$. 再根据线性相关性判别法性质 3.1(2)知 $\boldsymbol{\alpha}_{i_1},\boldsymbol{\alpha}_{i_2},\cdots,\boldsymbol{\alpha}_{i_r}$ 线性无关.

再记 $\mathbf{A}$ 中任一其他列为 $\boldsymbol{\alpha}_i$，$i\neq i_1,i_2,\cdots,i_r$，而 $\boldsymbol{\alpha}_{i_1},\boldsymbol{\alpha}_{i_2},\cdots,\boldsymbol{\alpha}_{i_r}$ 和 $\boldsymbol{\alpha}_i$ 一起构成的矩阵记为 $\mathbf{A}_i$. 下证 $\mathbf{A}_i$ 的行秩为 r.

首先 $\mathbf{A}_i$ 中 D_r 所在行是线性无关的；其次，由于 $\mathbf{A}_i$ 中任何包含 D_r 的 $r+1$ 阶子式全都等于 0，所以 $\mathbf{A}_i$ 中 D_r 所在行与其他任何一行一起线性相关. 这就证明了 $\mathbf{A}_i$ 中 D_r 所在行是一个极大无关组，即 $\mathbf{A}_i$ 的行秩为 r. 从而 $\mathbf{A}_i$ 的秩为 r，于是 $\mathbf{A}_i$ 的 $r+1$ 列线性相关.

至此，证明了 $\boldsymbol{\alpha}_{i_1},\boldsymbol{\alpha}_{i_2},\cdots,\boldsymbol{\alpha}_{i_r}$ 为 $\mathbf{A}$ 的列向量组的一个极大无关组，即 $\mathbf{A}$ 的列秩为 r，从而 $\mathbf{A}$ 的秩为 r.

练　习　3.3

1. 设$(\boldsymbol{a}_1,\boldsymbol{a}_2,\boldsymbol{a}_3)=\begin{pmatrix}1&0&2\\1&2&4\\1&5&7\end{pmatrix}$，求向量组 $\boldsymbol{a}_1,\boldsymbol{a}_2,\boldsymbol{a}_3$ 的一个极大无关组，并判断向量组 $\boldsymbol{a}_1,\boldsymbol{a}_2,\boldsymbol{a}_3$ 的线性相关性.

2. 求向量组 $\boldsymbol{\alpha}_1=(1,2,3,4)$，$\boldsymbol{\alpha}_2=(2,3,4,5)$，$\boldsymbol{\alpha}_3=(3,4,5,6)$，$\boldsymbol{\alpha}_4=(4,5,6,7)$ 的秩与一个极大无关组.

3. 设矩阵 $\mathbf{A}=\begin{pmatrix}2&-1&-1&1&2\\1&1&-2&1&4\\4&-6&2&-2&4\\3&6&-9&7&9\end{pmatrix}$：

(1) 求 $\mathbf{A}$ 的列向量组的秩；

(2) 求一个极大无关组，并把不属于这个极大无关组的列向量用极大无关组表示出来.

4. (1) 设向量组 $\boldsymbol{\beta}_1,\boldsymbol{\beta}_2,\cdots,\boldsymbol{\beta}_t$ 的秩为 s，且 $\boldsymbol{\beta}_1,\boldsymbol{\beta}_2,\cdots,\boldsymbol{\beta}_t$ 可由向量组 $\boldsymbol{\alpha}_1,\boldsymbol{\alpha}_2,\cdots,\boldsymbol{\alpha}_s$ 线性表示，试证明 $\boldsymbol{\alpha}_1,\boldsymbol{\alpha}_2,\cdots,\boldsymbol{\alpha}_s$ 线性无关；

(2) 向量组 $\boldsymbol{\alpha}_1,\boldsymbol{\alpha}_2,\boldsymbol{\alpha}_3$ 与向量组 $\boldsymbol{\beta}_1,\boldsymbol{\beta}_2,\boldsymbol{\beta}_3$ 的秩相等，且向量组 $\boldsymbol{\beta}_1,\boldsymbol{\beta}_2,\boldsymbol{\beta}_3$ 可由向量 $\boldsymbol{\alpha}_1,\boldsymbol{\alpha}_2,\boldsymbol{\alpha}_3$ 线性表示，试证明向量组 $\boldsymbol{\alpha}_1,\boldsymbol{\alpha}_2,\boldsymbol{\alpha}_3$ 与 $\boldsymbol{\beta}_1,\boldsymbol{\beta}_2,\boldsymbol{\beta}_3$ 等价.

5. 求作一个秩为 4 的方阵，使它的两个列向量是$(2,0,0,1,0)^{\mathrm{T}}$，$(1,3,-2,0,0)^{\mathrm{T}}$.

6. 设向量组$\begin{pmatrix}a\\3\\1\end{pmatrix}$,$\begin{pmatrix}2\\b\\3\end{pmatrix}$,$\begin{pmatrix}1\\2\\1\end{pmatrix}$,$\begin{pmatrix}2\\3\\1\end{pmatrix}$的秩为 2,求 a,b.

3.4 向量空间

我们熟知,二维向量与通常的平面(二维空间)上的起点在原点的向量是一一对应的,因而二维空间又叫二维向量空间并满足:平面上任意两个过原点的向量之和以及数与向量之积,仍是过原点的向量.同样也可以把三维空间解释为三维向量空间,在它里面向量可以相加并且也可以与数相乘.把这些概念推广就得到:

定义 3.5 设 $\boldsymbol{V}$ 是一些 n 维向量的非空集合,且对于向量的加法和数乘两种运算封闭,则称 $\boldsymbol{V}$ 为**向量空间**.

所谓 $\boldsymbol{V}$ 对于向量空间的加法和数乘两种运算封闭,即

(1) $\forall \boldsymbol{\alpha},\boldsymbol{\beta}\in\boldsymbol{V}$,有 $\boldsymbol{\alpha}+\boldsymbol{\beta}\in\boldsymbol{V}$;

(2) $\forall \boldsymbol{\alpha}\in\boldsymbol{V}$,$\forall$ 数 k,有 $k\boldsymbol{\alpha}\in\boldsymbol{V}$.

于是,全体 n 维向量构成的集合是一个向量空间.

例 3.7 判别下列向量的集合是否为向量空间:

$$\boldsymbol{V}_1=\{\boldsymbol{\alpha}=(0,x_2,\cdots,x_n)^{\mathrm{T}}\mid x_2,\cdots,x_n\in\mathbf{R}\};$$

$$\boldsymbol{V}_2=\{\boldsymbol{\alpha}=(1,x_2,\cdots,x_n)^{\mathrm{T}}\mid x_2,\cdots,x_n\in\mathbf{R}\}.$$

解 在 $\boldsymbol{V}_1$ 中,首先 $\boldsymbol{\alpha}=(0,0,\cdots,0)^{\mathrm{T}}\in\boldsymbol{V}_1$,故 $\boldsymbol{V}_1$ 非空.其次,对任意 $\boldsymbol{V}_1$ 中两个向量 $\boldsymbol{\alpha}=(0,x_2,\cdots,x_n)^{\mathrm{T}}$,$\boldsymbol{\beta}=(0,y_2,\cdots,y_n)^{\mathrm{T}}$,其中 $x_2,\cdots,x_n$ 和 $y_2,\cdots,y_n$ 都为实数,则

$$\boldsymbol{\alpha}+\boldsymbol{\beta}=(0,x_2+y_2,\cdots,x_n+y_n)^{\mathrm{T}},$$

而 $x_2+y_2,\cdots,x_n+y_n$ 还都是实数,因而 $\boldsymbol{\alpha}+\boldsymbol{\beta}\in\boldsymbol{V}_1$.

又对任意 $\boldsymbol{V}_1$ 中向量 $\boldsymbol{\alpha}=(0,x_2,\cdots,x_n)^{\mathrm{T}}$,$x_2,\cdots,x_n,k$ 都为实数,则

$$k\boldsymbol{\alpha}=(0,k\boldsymbol{\alpha}_2,\cdots,k\boldsymbol{\alpha}_n)^{\mathrm{T}},$$

而 $k\boldsymbol{\alpha}_2,\cdots,k\boldsymbol{\alpha}_n$ 还都是实数,因而 $k\boldsymbol{\alpha}\in\boldsymbol{V}_1$.所以 $\boldsymbol{V}_1$ 是一个向量空间.

在 $\boldsymbol{V}_2$ 中,由于 $\boldsymbol{\alpha}=(1,0,\cdots,0)^{\mathrm{T}}\in\boldsymbol{V}_2$,$\boldsymbol{\beta}=(1,1,\cdots,1)^{\mathrm{T}}\in\boldsymbol{V}_2$,而

$$\boldsymbol{\alpha}+\boldsymbol{\beta}=(2,1,\cdots,1)^{\mathrm{T}}\notin\boldsymbol{V}_2,$$

从而 $\boldsymbol{V}_2$ 对向量加法不封闭,故 $\boldsymbol{V}_2$ 不是一个向量空间.

例 3.8 设 $\boldsymbol{\alpha}_1,\boldsymbol{\alpha}_2,\cdots,\boldsymbol{\alpha}_s$ 为实向量组,记 $\boldsymbol{\alpha}_1,\boldsymbol{\alpha}_2,\cdots,\boldsymbol{\alpha}_s$ 的全体线性组合为

$$\boldsymbol{L}(\boldsymbol{\alpha}_1,\boldsymbol{\alpha}_2,\cdots,\boldsymbol{\alpha}_s)=\{k_1\boldsymbol{\alpha}_1+k_2\boldsymbol{\alpha}_2+\cdots+k_s\boldsymbol{\alpha}_s\mid k_1,k_2,\cdots,k_s\in\mathbf{R}\},$$

证明 $\boldsymbol{L}(\boldsymbol{\alpha}_1,\boldsymbol{\alpha}_2,\cdots,\boldsymbol{\alpha}_s)$是一个向量空间.

证 首先,由 $\boldsymbol{\alpha}_i=0\boldsymbol{\alpha}_1+\cdots+0\boldsymbol{\alpha}_{i-1}+\boldsymbol{\alpha}_i+0\boldsymbol{\alpha}_{i+1}+\cdots+0\boldsymbol{\alpha}_s\in\boldsymbol{L}(\boldsymbol{\alpha}_1,\boldsymbol{\alpha}_2,\cdots,\boldsymbol{\alpha}_s)$知

$\boldsymbol{L}(\boldsymbol{\alpha}_1,\boldsymbol{\alpha}_2,\cdots,\boldsymbol{\alpha}_s)$非空.

其次,对任意 $\boldsymbol{\alpha}=k_1\boldsymbol{\alpha}_1+k_2\boldsymbol{\alpha}_2+\cdots+k_s\boldsymbol{\alpha}_s\in \boldsymbol{L}(\boldsymbol{\alpha}_1,\boldsymbol{\alpha}_2,\cdots,\boldsymbol{\alpha}_s)$,$k_1,k_2,\cdots,k_s$ 都为实数和任意 $\boldsymbol{\beta}=l_1\boldsymbol{\alpha}_1+l_2\boldsymbol{\alpha}_2+\cdots+l_s\boldsymbol{\alpha}_s\in \boldsymbol{L}(\boldsymbol{\alpha}_1,\boldsymbol{\alpha}_2,\cdots,\boldsymbol{\alpha}_s)$,$l_1,l_2,\cdots,l_s$ 都为实数,以及任意实数 λ,有

$$\boldsymbol{\alpha}+\boldsymbol{\beta}=(k_1+l_1)\boldsymbol{\alpha}_1+(k_2+l_2)\boldsymbol{\alpha}_2+\cdots+(k_s+l_s)\boldsymbol{\alpha}_s,$$

$$\lambda\boldsymbol{\alpha}=\lambda k_1\boldsymbol{\alpha}_1+\lambda k_2\boldsymbol{\alpha}_2+\cdots+\lambda k_s\boldsymbol{\alpha}_s,$$

$k_1+l_1,k_2+l_2,\cdots,k_s+l_s$ 都为实数,$\lambda k_1,\lambda k_2,\cdots,\lambda k_s$ 都为实数,故

$$\boldsymbol{\alpha}+\boldsymbol{\beta}\in \boldsymbol{L}(\boldsymbol{\alpha}_1,\boldsymbol{\alpha}_2,\cdots,\boldsymbol{\alpha}_s),\quad \lambda\boldsymbol{\alpha}\in \boldsymbol{L}(\boldsymbol{\alpha}_1,\boldsymbol{\alpha}_2,\cdots,\boldsymbol{\alpha}_s),$$

即 $\boldsymbol{L}(\boldsymbol{\alpha}_1,\boldsymbol{\alpha}_2,\cdots,\boldsymbol{\alpha}_s)$对向量的加法和数乘都是封闭的,所以 $\boldsymbol{L}(\boldsymbol{\alpha}_1,\boldsymbol{\alpha}_2,\cdots,\boldsymbol{\alpha}_s)$是一个向量空间.

通常称 $\boldsymbol{L}(\boldsymbol{\alpha}_1,\boldsymbol{\alpha}_2,\cdots,\boldsymbol{\alpha}_s)$为**向量组 $\boldsymbol{\alpha}_1,\boldsymbol{\alpha}_2,\cdots,\boldsymbol{\alpha}_s$ 生成的向量空间**.

例 3.9 设两个实向量组 $\boldsymbol{\alpha}_1,\boldsymbol{\alpha}_2,\cdots,\boldsymbol{\alpha}_s$ 与 $\boldsymbol{\beta}_1,\boldsymbol{\beta}_2,\cdots,\boldsymbol{\beta}_t$ 等价,它们分别生成的向量空间记为

$$\boldsymbol{L}_1=\boldsymbol{L}(\boldsymbol{\alpha}_1,\boldsymbol{\alpha}_2,\cdots,\boldsymbol{\alpha}_s)=\{\boldsymbol{\alpha}=k_1\boldsymbol{\alpha}_1+k_2\boldsymbol{\alpha}_2+\cdots+k_s\boldsymbol{\alpha}_s\mid k_1,k_2,\cdots,k_s\in\mathbf{R}\},$$

$$\boldsymbol{L}_2=\boldsymbol{L}(\boldsymbol{\beta}_1,\boldsymbol{\beta}_2,\cdots,\boldsymbol{\beta}_t)=\{\boldsymbol{\beta}=l_1\boldsymbol{\beta}_1+l_2\boldsymbol{\beta}_2+\cdots+l_t\boldsymbol{\beta}_t\mid l_1,l_2,\cdots,l_t\in\mathbf{R}\},$$

试证明 $\boldsymbol{L}_1=\boldsymbol{L}_2$.

证 这实际上是证明两个集合相等.

一方面,$\forall\,\boldsymbol{\alpha}\in \boldsymbol{L}_1$,即 $\boldsymbol{\alpha}$ 可由 $\boldsymbol{\alpha}_1,\boldsymbol{\alpha}_2,\cdots,\boldsymbol{\alpha}_s$ 线性表示,因 $\boldsymbol{\alpha}_1,\boldsymbol{\alpha}_2,\cdots,\boldsymbol{\alpha}_s$ 可由 $\boldsymbol{\beta}_1,\boldsymbol{\beta}_2,\cdots,\boldsymbol{\beta}_t$ 线性表示,由线性表示的传递性质知 $\boldsymbol{\alpha}$ 可由 $\boldsymbol{\beta}_1,\boldsymbol{\beta}_2,\cdots,\boldsymbol{\beta}_t$ 线性表示,即 $\boldsymbol{\alpha}\in \boldsymbol{L}_2$;

另一方面,$\forall\,\boldsymbol{\beta}\in \boldsymbol{L}_2$,即 $\boldsymbol{\beta}$ 可由 $\boldsymbol{\beta}_1,\boldsymbol{\beta}_2,\cdots,\boldsymbol{\beta}_t$ 线性表示,因 $\boldsymbol{\beta}_1,\boldsymbol{\beta}_2,\cdots,\boldsymbol{\beta}_t$ 可由 $\boldsymbol{\alpha}_1,\boldsymbol{\alpha}_2,\cdots,\boldsymbol{\alpha}_s$ 线性表示,由线性表示的传递性质知 $\boldsymbol{\beta}$ 可由 $\boldsymbol{\alpha}_1,\boldsymbol{\alpha}_2,\cdots,\boldsymbol{\alpha}_s$ 线性表示,即 $\boldsymbol{\beta}\in \boldsymbol{L}_1$.

所以有 $\boldsymbol{L}_1=\boldsymbol{L}_2$.

在平面直角坐标系中,通常记坐标单位向量为 $\boldsymbol{i}=(1,0)$,$\boldsymbol{j}=(0,1)$即两个坐标轴上的单位向量且方向与坐标轴正向一致,进而将平面上点向量 $\boldsymbol{\alpha}=(x,y)$用 $\boldsymbol{i},\boldsymbol{j}$ 的线性组合表示

$$\boldsymbol{\alpha}=x\boldsymbol{i}+y\boldsymbol{j},$$

并且这样的表示还是唯一的,称向量 $\boldsymbol{i},\boldsymbol{j}$ 为**平面(二维向量空间)的基**,称 x,y 为**向量 $\boldsymbol{\alpha}$ 在基 $\boldsymbol{i},\boldsymbol{j}$ 下的坐标**.

在空间直角坐标系中,通常记坐标单位向量为 $\boldsymbol{i}=(1,0,0)$,$\boldsymbol{j}=(0,1,0)$,$\boldsymbol{k}=(0,0,1)$即三个坐标轴上的单位向量且方向与坐标轴正向一致,进而将空间中点向量 $\boldsymbol{\alpha}=(x,y,z)$用 $\boldsymbol{i},\boldsymbol{j},\boldsymbol{k}$ 的线性组合表示

$$\boldsymbol{\alpha}=x\boldsymbol{i}+y\boldsymbol{j}+z\boldsymbol{k},$$

并且这种表示是唯一的,称向量 $\boldsymbol{i},\boldsymbol{j},\boldsymbol{k}$ 为**空间(三维向量空间)的基**,称 x,y,z 为向

量 $\boldsymbol{\alpha}$ 在基 $\boldsymbol{i},\boldsymbol{j},\boldsymbol{k}$ 下的坐标.

把这些概念推广,就得到

定义 3.6 设 $\mathbf{V}$ 是向量空间,如果 $\mathbf{V}$ 中有 r 个向量 $\boldsymbol{\alpha}_1,\boldsymbol{\alpha}_2,\cdots,\boldsymbol{\alpha}_r$ 满足

(1) $\boldsymbol{\alpha}_1,\boldsymbol{\alpha}_2,\cdots,\boldsymbol{\alpha}_r$ 线性无关;

(2) $\mathbf{V}$ 中任一向量都可由 $\boldsymbol{\alpha}_1,\boldsymbol{\alpha}_2,\cdots,\boldsymbol{\alpha}_r$ 线性表示,

则称向量组 $\boldsymbol{\alpha}_1,\boldsymbol{\alpha}_2,\cdots,\boldsymbol{\alpha}_r$ 为向量空间 $\mathbf{V}$ 的一组**基**,称 r 为向量空间 $\mathbf{V}$ 的**维数**,记为 $\dim\mathbf{V}=r$,并称 $\mathbf{V}$ 为 **r 维向量空间**.

显然,只有一个零向量的集合 $\{\mathbf{0}\}$ 也是向量空间,称为**零空间**,它没有基,并规定零空间的维数为 0.

由向量组的理论知,定义 3.6 的条件中的线性表示是唯一的,而且条件(2)还可以叙述为 $\mathbf{V}$ 中任一向量与 $\boldsymbol{\alpha}_1,\boldsymbol{\alpha}_2,\cdots,\boldsymbol{\alpha}_r$ 一起(构成的向量组)都线性相关.

例 3.10 求向量组 $\boldsymbol{\alpha}_1,\boldsymbol{\alpha}_2,\cdots,\boldsymbol{\alpha}_s$ 生成的向量空间 $\boldsymbol{L}(\boldsymbol{\alpha}_1,\boldsymbol{\alpha}_2,\cdots,\boldsymbol{\alpha}_s)$ 的一组基和维数.

解 取向量组 $\boldsymbol{\alpha}_1,\boldsymbol{\alpha}_2,\cdots,\boldsymbol{\alpha}_s$ 的一个极大无关组 $\boldsymbol{\alpha}_{i_1},\boldsymbol{\alpha}_{i_2},\cdots,\boldsymbol{\alpha}_{i_r}$,$1\leqslant i_1<\cdots<i_r\leqslant s$,则由于,一方面 $\boldsymbol{\alpha}_{i_1},\boldsymbol{\alpha}_{i_2},\cdots,\boldsymbol{\alpha}_{i_r}$ 线性无关;另一方面 $\boldsymbol{L}(\boldsymbol{\alpha}_1,\boldsymbol{\alpha}_2,\cdots,\boldsymbol{\alpha}_s)$ 中任一向量 $\boldsymbol{\alpha}$ 可由 $\boldsymbol{\alpha}_1,\boldsymbol{\alpha}_2,\cdots,\boldsymbol{\alpha}_s$ 线性表示. 再由 $\boldsymbol{\alpha}_1,\boldsymbol{\alpha}_2,\cdots,\boldsymbol{\alpha}_s$ 可由 $\boldsymbol{\alpha}_{i_1},\boldsymbol{\alpha}_{i_2},\cdots,\boldsymbol{\alpha}_{i_r}$ 线性表示,并由线性表示的传递性知,$\boldsymbol{\alpha}$ 可由 $\boldsymbol{\alpha}_{i_1},\boldsymbol{\alpha}_{i_2},\cdots,\boldsymbol{\alpha}_{i_r}$ 线性表示,所以 $\boldsymbol{\alpha}_{i_1},\boldsymbol{\alpha}_{i_2},\cdots,\boldsymbol{\alpha}_{i_r}$ 为 $\boldsymbol{L}(\boldsymbol{\alpha}_1,\boldsymbol{\alpha}_2,\cdots,\boldsymbol{\alpha}_s)$ 的一组基,从而向量组 $\boldsymbol{\alpha}_1,\boldsymbol{\alpha}_2,\cdots,\boldsymbol{\alpha}_s$ 的秩 r 为 $\boldsymbol{L}(\boldsymbol{\alpha}_1,\boldsymbol{\alpha}_2,\cdots,\boldsymbol{\alpha}_s)$ 的维数.

若已知向量空间 $\mathbf{V}$ 的一组基 $\boldsymbol{\alpha}_1,\boldsymbol{\alpha}_2,\cdots,\boldsymbol{\alpha}_r$,则

$$\mathbf{V}=\boldsymbol{L}(\boldsymbol{\alpha}_1,\boldsymbol{\alpha}_2,\cdots,\boldsymbol{\alpha}_r)=\{\boldsymbol{\alpha}=k_1\boldsymbol{\alpha}_1+k_2\boldsymbol{\alpha}_2+\cdots+k_r\boldsymbol{\alpha}_r \mid k_1,k_2,\cdots,k_r\in\mathbf{R}\}.$$

定义 3.7 设在向量空间 $\mathbf{V}$ 中取定一组基 $\boldsymbol{\alpha}_1,\boldsymbol{\alpha}_2,\cdots,\boldsymbol{\alpha}_r$ 后,$\mathbf{V}$ 中任一向量 $\boldsymbol{\alpha}$ 可由基 $\boldsymbol{\alpha}_1,\boldsymbol{\alpha}_2,\cdots,\boldsymbol{\alpha}_r$ 唯一线性表示的表达式为

$$\boldsymbol{\alpha}=x_1\boldsymbol{\alpha}_1+x_2\boldsymbol{\alpha}_2+\cdots+x_r\boldsymbol{\alpha}_r=(\boldsymbol{\alpha}_1,\boldsymbol{\alpha}_2,\cdots,\boldsymbol{\alpha}_r)\begin{pmatrix}x_1\\x_2\\\vdots\\x_r\end{pmatrix},$$

则称 $x_1,x_2,\cdots,x_r$ 为 **$\boldsymbol{\alpha}$ 在基 $\boldsymbol{\alpha}_1,\boldsymbol{\alpha}_2,\cdots,\boldsymbol{\alpha}_r$ 下的坐标**,称 $\boldsymbol{x}=\begin{pmatrix}x_1\\x_2\\\vdots\\x_r\end{pmatrix}$ 为 **$\boldsymbol{\alpha}$ 在基 $\boldsymbol{\alpha}_1,\boldsymbol{\alpha}_2,\cdots,\boldsymbol{\alpha}_r$ 下的坐标向量**.

例 3.11 在全体 n 维向量的向量空间中取坐标单位向量组 $\boldsymbol{e}_1,\boldsymbol{e}_2,\cdots,\boldsymbol{e}_n$,则向量 $\boldsymbol{x}=(x_1,x_2,\cdots,x_n)^{\mathrm{T}}$ 由 $\boldsymbol{e}_1,\boldsymbol{e}_2,\cdots,\boldsymbol{e}_n$ 线性表示的表达式为

$$\boldsymbol{x}=x_1\boldsymbol{e}_1+x_2\boldsymbol{e}_2+\cdots+x_n\boldsymbol{e}_n.$$

可见向量 $\boldsymbol{x}$ 在基 $\boldsymbol{e}_1,\boldsymbol{e}_2,\cdots,\boldsymbol{e}_n$ 下的坐标就是 $\boldsymbol{x}$ 的分量，因此 $\boldsymbol{e}_1,\boldsymbol{e}_2,\cdots,\boldsymbol{e}_n$ 称为**自然基**.

定义 3.8　取向量空间中的两组基

$$\boldsymbol{\alpha}_1,\boldsymbol{\alpha}_2,\cdots,\boldsymbol{\alpha}_r \quad \text{和} \quad \boldsymbol{\beta}_1,\boldsymbol{\beta}_2,\cdots,\boldsymbol{\beta}_r,$$

基 $\boldsymbol{\beta}_1,\boldsymbol{\beta}_2,\cdots,\boldsymbol{\beta}_r$ 由基 $\boldsymbol{\alpha}_1,\boldsymbol{\alpha}_2,\cdots,\boldsymbol{\alpha}_r$ 线性表示的表达式为

$$(\boldsymbol{\beta}_1,\boldsymbol{\beta}_2,\cdots,\boldsymbol{\beta}_r)=(\boldsymbol{\alpha}_1,\boldsymbol{\alpha}_2,\cdots,\boldsymbol{\alpha}_r)\boldsymbol{P},$$

则称 $\boldsymbol{P}$ 为从基 $\boldsymbol{\alpha}_1,\boldsymbol{\alpha}_2,\cdots,\boldsymbol{\alpha}_r$ 到基 $\boldsymbol{\beta}_1,\boldsymbol{\beta}_2,\cdots,\boldsymbol{\beta}_r$ 的**过渡矩阵**，而称

$$(\boldsymbol{\beta}_1,\boldsymbol{\beta}_2,\cdots,\boldsymbol{\beta}_r)=(\boldsymbol{\alpha}_1,\boldsymbol{\alpha}_2,\cdots,\boldsymbol{\alpha}_r)\boldsymbol{P}$$

为从基 $\boldsymbol{\alpha}_1,\boldsymbol{\alpha}_2,\cdots,\boldsymbol{\alpha}_r$ 到基 $\boldsymbol{\beta}_1,\boldsymbol{\beta}_2,\cdots,\boldsymbol{\beta}_r$ 的**基变换公式**.

例 3.12　求向量空间中的向量在两组基下的坐标之间的变换公式.

解　设向量空间 $\mathbf{V}$ 中从基 $\boldsymbol{\alpha}_1,\boldsymbol{\alpha}_2,\cdots,\boldsymbol{\alpha}_r$ 到基 $\boldsymbol{\beta}_1,\boldsymbol{\beta}_2,\cdots,\boldsymbol{\beta}_r$ 的基变换公式为

$$(\boldsymbol{\beta}_1,\boldsymbol{\beta}_2,\cdots,\boldsymbol{\beta}_r)=(\boldsymbol{\alpha}_1,\boldsymbol{\alpha}_2,\cdots,\boldsymbol{\alpha}_r)\boldsymbol{P},$$

再设 $\mathbf{V}$ 中向量 $\boldsymbol{\alpha}$ 在基 $\boldsymbol{\alpha}_1,\boldsymbol{\alpha}_2,\cdots,\boldsymbol{\alpha}_r$ 下的坐标向量为 $\boldsymbol{x}$，$\boldsymbol{\alpha}$ 在基 $\boldsymbol{\beta}_1,\boldsymbol{\beta}_2,\cdots,\boldsymbol{\beta}_r$ 下的坐标向量为 $\boldsymbol{y}$，即有

$$\boldsymbol{\alpha}=(\boldsymbol{\alpha}_1,\boldsymbol{\alpha}_2,\cdots,\boldsymbol{\alpha}_r)\boldsymbol{x}=(\boldsymbol{\beta}_1,\boldsymbol{\beta}_2,\cdots,\boldsymbol{\beta}_r)\boldsymbol{y},$$

从而 $(\boldsymbol{\alpha}_1,\boldsymbol{\alpha}_2,\cdots,\boldsymbol{\alpha}_r)\boldsymbol{x}=(\boldsymbol{\alpha}_1,\boldsymbol{\alpha}_2,\cdots,\boldsymbol{\alpha}_r)\boldsymbol{P}\boldsymbol{y}$，于是有 $\boldsymbol{x}=\boldsymbol{P}\boldsymbol{y}$，所以 $\boldsymbol{y}=\boldsymbol{P}^{-1}\boldsymbol{x}$ 是 $\boldsymbol{\alpha}$ 从基 $\boldsymbol{\alpha}_1,\boldsymbol{\alpha}_2,\cdots,\boldsymbol{\alpha}_r$ 下的坐标到基 $\boldsymbol{\beta}_1,\boldsymbol{\beta}_2,\cdots,\boldsymbol{\beta}_r$ 下的坐标之间的**坐标变换公式**.

练　习　3.4

1. 判断下列向量集合是否为向量空间. 若是空间，请写出该向量空间的维数：

(1) $\mathbf{V}_1=\{\boldsymbol{x}=(x_1,x_2,\cdots,x_{n-1},0)^{\mathrm{T}}\mid x_1,\cdots,x_{n-1}\in\mathbf{R}\}$；

(2) $\mathbf{V}_2=\{\boldsymbol{x}=(3,x_2,\cdots,x_n)^{\mathrm{T}}\mid x_2,\cdots,x_n\in\mathbf{R}\}$；

(3) $\mathbf{V}_3=\{(1,x)\mid x\in\mathbf{R}\}$；

(4) $\mathbf{V}_4=\{(x_1,x_2^2)\mid x_1,x_2\in\mathbf{R}\}$；

(5) $\mathbf{V}_5=\left\{k\begin{pmatrix}1\\0\end{pmatrix}+\begin{pmatrix}0\\1\end{pmatrix}\middle| k\in\mathbf{R}\right\}$；

(6) 设 $\boldsymbol{a},\boldsymbol{b}$ 为两个已知线性无关的 n 维向量，则集合 $\mathbf{V}_7=\{\boldsymbol{x}=\lambda\boldsymbol{a}+\mu\boldsymbol{b}\mid\lambda,\mu\in\mathbf{R}\}$；

(7) $\mathbf{V}_8=\{\boldsymbol{x}=\mathbf{0}\mid\boldsymbol{x}\in\mathbf{R}^n\}$；

(8) $\mathbf{V}_9=\{\boldsymbol{x}\mid\boldsymbol{x}\in\mathbf{R}^n,\boldsymbol{x}\neq\mathbf{0}\}$.

2. 设

$$\boldsymbol{A}=(\boldsymbol{a}_1,\boldsymbol{a}_2,\boldsymbol{a}_3)=\begin{pmatrix}2&2&-1\\2&-1&2\\-1&2&2\end{pmatrix},\quad \boldsymbol{B}=(\boldsymbol{b}_1,\boldsymbol{b}_2)=\begin{pmatrix}1&4\\0&3\\-4&2\end{pmatrix},$$

验证 $\boldsymbol{a}_1,\boldsymbol{a}_2,\boldsymbol{a}_3$ 是 $\mathbf{R}^3$ 的一组基,并求 $\boldsymbol{b}_1,\boldsymbol{b}_2$ 在这组基下的坐标.

3. 设

$$\boldsymbol{\alpha}_1=\begin{pmatrix}1\\-1\\1\\-1\end{pmatrix},\quad \boldsymbol{\alpha}_2=\begin{pmatrix}3\\1\\1\\3\end{pmatrix},\quad \boldsymbol{\beta}_1=\begin{pmatrix}2\\0\\1\\1\end{pmatrix},\quad \boldsymbol{\beta}_2=\begin{pmatrix}1\\1\\0\\2\end{pmatrix},\quad \boldsymbol{\beta}_3=\begin{pmatrix}3\\-1\\2\\0\end{pmatrix},$$

试证明分别由向量组 $\boldsymbol{\alpha}_1,\boldsymbol{\alpha}_2$ 与向量组 $\boldsymbol{\beta}_1,\boldsymbol{\beta}_2,\boldsymbol{\beta}_3$ 生成的向量空间相等.

提示:记 $\boldsymbol{A}=(\boldsymbol{\alpha}_1,\boldsymbol{\alpha}_2)$,$\boldsymbol{B}=(\boldsymbol{\beta}_1,\boldsymbol{\beta}_2,\boldsymbol{\beta}_3)$,推出 $r(\boldsymbol{A})=r(\boldsymbol{A},\boldsymbol{B})=r(\boldsymbol{B})=2$,向量组 $\boldsymbol{\alpha}_1,\boldsymbol{\alpha}_2$ 与向量组 $\boldsymbol{\beta}_1,\boldsymbol{\beta}_2,\boldsymbol{\beta}_3$ 等价,故 $\boldsymbol{L}(\boldsymbol{\alpha}_1,\boldsymbol{\alpha}_2)=\boldsymbol{L}(\boldsymbol{\beta}_1,\boldsymbol{\beta}_2,\boldsymbol{\beta}_3)$.

4. 已知 $\mathbf{R}^3$ 的两组基分别为

$$\boldsymbol{\alpha}_1=\begin{pmatrix}1\\1\\1\end{pmatrix},\boldsymbol{\alpha}_2=\begin{pmatrix}1\\0\\-1\end{pmatrix},\boldsymbol{\alpha}_3=\begin{pmatrix}1\\0\\1\end{pmatrix}\quad 及\quad \boldsymbol{\beta}_1=\begin{pmatrix}1\\2\\1\end{pmatrix},\boldsymbol{\beta}_2=\begin{pmatrix}2\\3\\4\end{pmatrix},\boldsymbol{\beta}_3=\begin{pmatrix}3\\4\\3\end{pmatrix},$$

求由基 $\boldsymbol{\alpha}_1,\boldsymbol{\alpha}_2,\boldsymbol{\alpha}_3$ 到基 $\boldsymbol{\beta}_1,\boldsymbol{\beta}_2,\boldsymbol{\beta}_3$ 的过渡矩阵 $\boldsymbol{P}$.

5. 已知 $\boldsymbol{\alpha}_1=(1,1,1,1)^{\mathrm{T}}$,$\boldsymbol{\alpha}_2=(1,2,3,4)^{\mathrm{T}}$,$\boldsymbol{\alpha}_3=(1,4,9,16)^{\mathrm{T}}$,$\boldsymbol{\alpha}_4=(1,1,-1,-5)^{\mathrm{T}}$,试证明 $\mathbf{V}=\{k_1\boldsymbol{\alpha}_1+k_2\boldsymbol{\alpha}_2+k_3\boldsymbol{\alpha}_3+k_4\boldsymbol{\alpha}_4\mid k_1,k_2,k_3,k_4\in\mathbf{R}\}$ 构成向量空间,并求该空间的维数.

历年考研试题选讲 3

本章最后再讲解若干个近年来的线性代数考研题,以供读者体会考研线性代数题的难度、深度与广度,从而对线性代数的深入学习起到一个很好的参考作用.

例 3.13(2011 年,数一) 设向量组 $\boldsymbol{\alpha}_1=(1,0,1)^{\mathrm{T}}$,$\boldsymbol{\alpha}_2=(0,1,1)^{\mathrm{T}}$,$\boldsymbol{\alpha}_3=(1,3,5)^{\mathrm{T}}$ 不能由向量组 $\boldsymbol{\beta}_1=(1,1,1)^{\mathrm{T}}$,$\boldsymbol{\beta}_2=(1,2,3)^{\mathrm{T}}$,$\boldsymbol{\beta}_3=(3,3,a)^{\mathrm{T}}$ 线性表示.

① 求 a 的值;

② 判断 $\boldsymbol{\beta}_1,\boldsymbol{\beta}_2,\boldsymbol{\beta}_3$ 能用 $\boldsymbol{\alpha}_1,\boldsymbol{\alpha}_2,\boldsymbol{\alpha}_3$ 线性表示,并求线性表示式.

解 ① 因为 $|\boldsymbol{\alpha}_1,\boldsymbol{\alpha}_2,\boldsymbol{\alpha}_3|=\begin{vmatrix}1&0&1\\0&1&3\\1&1&5\end{vmatrix}=1\neq 0$,所以 $\boldsymbol{\alpha}_1,\boldsymbol{\alpha}_2,\boldsymbol{\alpha}_3$ 线性无关. 那么 $\boldsymbol{\alpha}_1,\boldsymbol{\alpha}_2,\boldsymbol{\alpha}_3$ 不能由 $\boldsymbol{\beta}_1,\boldsymbol{\beta}_2,\boldsymbol{\beta}_3$ 线性表示$\Leftrightarrow\boldsymbol{\beta}_1,\boldsymbol{\beta}_2,\boldsymbol{\beta}_3$ 线性相关,即

$$|\boldsymbol{\beta}_1,\boldsymbol{\beta}_2,\boldsymbol{\beta}_3|=\begin{vmatrix}1&1&3\\1&2&4\\1&3&a\end{vmatrix}=\begin{vmatrix}1&1&3\\0&1&1\\0&2&a-3\end{vmatrix}=a-5=0,$$

所以 $a=5$.

② 对$(\boldsymbol{\alpha}_1,\boldsymbol{\alpha}_2,\boldsymbol{\alpha}_3,\boldsymbol{\beta}_1,\boldsymbol{\beta}_2,\boldsymbol{\beta}_3)$做初等行变换,有

$$(\boldsymbol{\alpha}_1,\boldsymbol{\alpha}_2,\boldsymbol{\alpha}_3,\boldsymbol{\beta}_1,\boldsymbol{\beta}_2,\boldsymbol{\beta}_3)=\begin{pmatrix}1&0&1&1&1&3\\0&1&3&1&2&4\\1&1&5&1&3&5\end{pmatrix}\to\begin{pmatrix}1&0&1&1&1&3\\0&1&3&1&2&4\\0&1&4&0&2&2\end{pmatrix}$$

$$\to\begin{pmatrix}1&0&1&1&1&3\\0&1&3&1&2&4\\0&0&1&-1&0&-2\end{pmatrix}\to\begin{pmatrix}1&0&0&2&1&5\\0&1&0&4&2&10\\0&0&1&-1&0&-2\end{pmatrix},$$

所以 $\boldsymbol{\beta}_1,\boldsymbol{\beta}_2,\boldsymbol{\beta}_3$ 可以由 $\boldsymbol{\alpha}_1,\boldsymbol{\alpha}_2,\boldsymbol{\alpha}_3$ 线性表示,且有 $\boldsymbol{\beta}_1=2\boldsymbol{\alpha}_1+4\boldsymbol{\alpha}_2-\boldsymbol{\alpha}_3$,$\boldsymbol{\beta}_2=\boldsymbol{\alpha}_1+2\boldsymbol{\alpha}_2$,$\boldsymbol{\beta}_3=5\boldsymbol{\alpha}_1+10\boldsymbol{\alpha}_2-2\boldsymbol{\alpha}_3$.

例 3.14(2003 年,数学三) 设向量组(I):

$$\boldsymbol{\alpha}_1=(1,0,2)^{\mathrm{T}},\quad \boldsymbol{\alpha}_2=(1,1,3)^{\mathrm{T}},\quad \boldsymbol{\alpha}_3=(1,-1,a+2)^{\mathrm{T}}$$

和向量组(II):

$$\boldsymbol{\beta}_1=(1,2,a+3)^{\mathrm{T}},\quad \boldsymbol{\beta}_2=(2,1,a+6)^{\mathrm{T}},\quad \boldsymbol{\beta}_3=(2,1,a+4)^{\mathrm{T}}.$$

试问:当 a 为何值时,向量组(I)与(II)等价?当 a 为何值时,向量组(I)与(II)不等价?

解 向量组(I)与向量组(II)等价的充分必要条件是 $r(\boldsymbol{A})=r(\boldsymbol{B})=r(\boldsymbol{A},\boldsymbol{B})$,其中记

$$\boldsymbol{A}=(\boldsymbol{\alpha}_1,\boldsymbol{\alpha}_2,\boldsymbol{\alpha}_3,),\quad \boldsymbol{B}=(\boldsymbol{\beta}_1,\boldsymbol{\beta}_2,\boldsymbol{\beta}_3),$$

下面分别求出 $r(\boldsymbol{A}),r(\boldsymbol{B}),r(\boldsymbol{A},\boldsymbol{B})$.

由

$$|\boldsymbol{B}|=\begin{vmatrix}1&2&2\\2&1&1\\a+3&a+6&a+4\end{vmatrix}=\begin{vmatrix}1&0&2\\2&0&1\\a+3&2&a+4\end{vmatrix}=6\Rightarrow r(\boldsymbol{B})=3,$$

再由 $$(\boldsymbol{A},\boldsymbol{B})=(\boldsymbol{\alpha}_1,\boldsymbol{\alpha}_2,\boldsymbol{\alpha}_3,\boldsymbol{\beta}_1,\boldsymbol{\beta}_2,\boldsymbol{\beta}_3)=\begin{pmatrix}1&1&1&1&2&2\\0&1&-1&2&1&1\\2&3&a+2&a+3&a+6&a+4\end{pmatrix}$$

$$\to\begin{pmatrix}1&1&1&1&2&2\\0&1&-1&2&1&1\\0&1&a&a+1&a+2&a\end{pmatrix}\to\begin{pmatrix}1&1&1&1&2&2\\0&1&-1&2&1&1\\0&0&a+1&a-1&a+1&a-1\end{pmatrix},$$

(1) 当 $a=-1$ 时,$r(\boldsymbol{A})=2,r(\boldsymbol{A},\boldsymbol{B})=3$;

(2) 当 $a\neq-1$ 时,$r(\boldsymbol{A})=r(\boldsymbol{A},\boldsymbol{B})=3$.

综上知,当 $a\neq-1$ 时,向量组(I)与(II)等价;当 $a=-1$ 时,向量组(I)与(II)不等价.

例 3.15(2005 年,数二) 确定常数 a,使向量组

$$\boldsymbol{\alpha}_1=(1,1,a)^{\mathrm{T}},\quad \boldsymbol{\alpha}_2=(1,a,1)^{\mathrm{T}},\quad \boldsymbol{\alpha}_3=(a,1,1)^{\mathrm{T}}$$

可由向量组

$$\boldsymbol{\beta}_1=(1,1,a)^{\mathrm{T}},\quad \boldsymbol{\beta}_2=(-2,a,4)^{\mathrm{T}},\quad \boldsymbol{\beta}_3=(-2,a,a)^{\mathrm{T}}$$

线性表示,但向量组 $\boldsymbol{\beta}_1,\boldsymbol{\beta}_2,\boldsymbol{\beta}_3$ 不能由向量组 $\boldsymbol{\alpha}_1,\boldsymbol{\alpha}_2,\boldsymbol{\alpha}_3$ 线性表示.

解 记 $\boldsymbol{A}=(\boldsymbol{\alpha}_1,\boldsymbol{\alpha}_2,\boldsymbol{\alpha}_3),\boldsymbol{B}=(\boldsymbol{\beta}_1,\boldsymbol{\beta}_2,\boldsymbol{\beta}_3)$. 向量组 $\boldsymbol{\alpha}_1,\boldsymbol{\alpha}_2,\boldsymbol{\alpha}_3$ 可由向量组 $\boldsymbol{\beta}_1,\boldsymbol{\beta}_2,\boldsymbol{\beta}_3$ 线性表示的充分必要条件是 $r(\boldsymbol{B})=r(\boldsymbol{B},\boldsymbol{A})$;向量组 $\boldsymbol{\beta}_1,\boldsymbol{\beta}_2,\boldsymbol{\beta}_3$ 不可由向量组 $\boldsymbol{\alpha}_1,\boldsymbol{\alpha}_2,\boldsymbol{\alpha}_3$ 线性表示的充分必要条件是 $r(\boldsymbol{A})\neq r(\boldsymbol{A},\boldsymbol{B})$

对 $(\boldsymbol{B},\boldsymbol{A})$ 做初等行变换,有

$$(\boldsymbol{B},\boldsymbol{A})=\begin{pmatrix}1&-2&-2&1&1&a\\1&a&a&1&a&1\\a&4&a&a&1&1\end{pmatrix}$$

$$\to\begin{pmatrix}1&-2&-2&1&1&a\\0&a+2&a+2&0&a-1&1-a\\0&2a+4&3a&0&1-a&1-a^2\end{pmatrix}$$

$$\to\begin{pmatrix}1&-2&-2&1&1&a\\0&a+2&a+2&0&a-1&1-a\\0&0&a-4&0&3(1-a)&-(a-1)^2\end{pmatrix},$$

当 $a\neq-2$ 且 $a\neq4$ 时,$r(\boldsymbol{B})=r(\boldsymbol{B},\boldsymbol{A})=3$,向量组 $\boldsymbol{\alpha}_1,\boldsymbol{\alpha}_2,\boldsymbol{\alpha}_3$ 可由向量组 $\boldsymbol{\beta}_1,\boldsymbol{\beta}_2,\boldsymbol{\beta}_3$ 线性表示.

对 $(\boldsymbol{A},\boldsymbol{B})$ 做初等行变换,有

$$(\boldsymbol{A},\boldsymbol{B})=\begin{pmatrix}1&1&a&1&-2&-2\\1&a&1&1&a&a\\a&1&1&a&4&a\end{pmatrix}\to\begin{pmatrix}1&1&a&1&-2&-2\\0&a-1&1-a&0&a+2&a+2\\0&1-a&1-a^2&0&2a+4&3a\end{pmatrix}$$

$$\to\begin{pmatrix}1&1&a&1&-2&-2\\0&a-1&1-a&0&a+2&a+2\\0&0&(1-a)(2+a)&0&3(a+2)&2(2a+1)\end{pmatrix},$$

当 $a=1$ 或 $a=-2$ 时,$r(\boldsymbol{A})\neq r(\boldsymbol{A},\boldsymbol{B})=3$,向量组 $\boldsymbol{\beta}_1,\boldsymbol{\beta}_2,\boldsymbol{\beta}_3$ 不可由向量组 $\boldsymbol{\alpha}_1,\boldsymbol{\alpha}_2,\boldsymbol{\alpha}_3$ 线性表示. 综上有 $a=1$.

例 3.16(2007 年,数一) 设向量组 $\boldsymbol{\alpha}_1,\boldsymbol{\alpha}_2,\boldsymbol{\alpha}_3$ 线性无关,则下列向量组线性相关的是( )

A. $\boldsymbol{\alpha}_1-\boldsymbol{\alpha}_2,\boldsymbol{\alpha}_2-\boldsymbol{\alpha}_3,\boldsymbol{\alpha}_3-\boldsymbol{\alpha}_1$ B. $\boldsymbol{\alpha}_1+\boldsymbol{\alpha}_2,\boldsymbol{\alpha}_2+\boldsymbol{\alpha}_3,\boldsymbol{\alpha}_3+\boldsymbol{\alpha}_1$

C. $\boldsymbol{\alpha}_1-2\boldsymbol{\alpha}_2,\boldsymbol{\alpha}_2-2\boldsymbol{\alpha}_3,\boldsymbol{\alpha}_3-2\boldsymbol{\alpha}_1$ D. $\boldsymbol{\alpha}_1+2\boldsymbol{\alpha}_2,\boldsymbol{\alpha}_2+2\boldsymbol{\alpha}_3,\boldsymbol{\alpha}_3+2\boldsymbol{\alpha}_1$

解 因为 $(\boldsymbol{\alpha}_1-\boldsymbol{\alpha}_2)+(\boldsymbol{\alpha}_2-\boldsymbol{\alpha}_3)+(\boldsymbol{\alpha}_3-\boldsymbol{\alpha}_1)=0$,所以 $\boldsymbol{\alpha}_1-2\boldsymbol{\alpha}_2,\boldsymbol{\alpha}_2-2\boldsymbol{\alpha}_3,\boldsymbol{\alpha}_3-2\boldsymbol{\alpha}_1$ 线性相关. 因此应选 A.

关于其他选项的线性无关性可以用以下方法来验证,以 B 为例.

$$(\boldsymbol{\alpha}_1+\boldsymbol{\alpha}_2,\boldsymbol{\alpha}_2+\boldsymbol{\alpha}_3,\boldsymbol{\alpha}_3+\boldsymbol{\alpha}_1)=(\boldsymbol{\alpha}_1,\boldsymbol{\alpha}_2,\boldsymbol{\alpha}_3)\begin{pmatrix}1&0&1\\1&1&0\\0&1&1\end{pmatrix},$$

由于 $\boldsymbol{\alpha}_1,\boldsymbol{\alpha}_2,\boldsymbol{\alpha}_3$ 线性无关,且 $\begin{vmatrix}1&0&1\\1&1&0\\0&1&1\end{vmatrix}=2\neq0$,所以 $\boldsymbol{\alpha}_1+\boldsymbol{\alpha}_2,\boldsymbol{\alpha}_2+\boldsymbol{\alpha}_3,\boldsymbol{\alpha}_3+\boldsymbol{\alpha}_1$ 线性无关.

例 3.17(2012 年,数一)　设 $\boldsymbol{\alpha}_1=\begin{pmatrix}0\\0\\c_1\end{pmatrix},\boldsymbol{\alpha}_2=\begin{pmatrix}0\\1\\c_2\end{pmatrix},\boldsymbol{\alpha}_3=\begin{pmatrix}1\\-1\\c_3\end{pmatrix},\boldsymbol{\alpha}_4=\begin{pmatrix}-1\\1\\c_4\end{pmatrix}$,其中 c_1,c_2,c_3,c_4 为任意常数,则下列向量组线性相关的为(　　).

A. $\boldsymbol{\alpha}_1,\boldsymbol{\alpha}_2,\boldsymbol{\alpha}_3$　　B. $\boldsymbol{\alpha}_1,\boldsymbol{\alpha}_2,\boldsymbol{\alpha}_4$　　C. $\boldsymbol{\alpha}_1,\boldsymbol{\alpha}_3,\boldsymbol{\alpha}_4$　　D. $\boldsymbol{\alpha}_2,\boldsymbol{\alpha}_3,\boldsymbol{\alpha}_4$

解　n 个 n 维向量 $\boldsymbol{\alpha}_1,\boldsymbol{\alpha}_2,\cdots,\boldsymbol{\alpha}_n$ 线性相关 $\Leftrightarrow|\boldsymbol{\alpha}_1,\boldsymbol{\alpha}_2,\cdots,\boldsymbol{\alpha}_n|=0$,显然

$$|\boldsymbol{\alpha}_1,\boldsymbol{\alpha}_3,\boldsymbol{\alpha}_4|=\begin{vmatrix}0&1&-1\\0&-1&1\\c_1&c_3&c_4\end{vmatrix}=0,$$

所以 $\boldsymbol{\alpha}_1,\boldsymbol{\alpha}_3,\boldsymbol{\alpha}_4$ 线性相关,故选 C.

例 3.18(2000 年,数二)　已知向量组

$$\boldsymbol{\beta}_1=\begin{pmatrix}0\\1\\-1\end{pmatrix},\quad \boldsymbol{\beta}_2=\begin{pmatrix}a\\2\\1\end{pmatrix},\quad \boldsymbol{\beta}_3=\begin{pmatrix}b\\1\\0\end{pmatrix}$$

与向量组

$$\boldsymbol{\alpha}_1=\begin{pmatrix}1\\2\\-3\end{pmatrix},\quad \boldsymbol{\alpha}_2=\begin{pmatrix}3\\0\\1\end{pmatrix},\quad \boldsymbol{\alpha}_3=\begin{pmatrix}9\\6\\-7\end{pmatrix}$$

具有相同的秩,且 $\boldsymbol{\beta}_3$ 可由 $\boldsymbol{\alpha}_1,\boldsymbol{\alpha}_2,\boldsymbol{\alpha}_3$ 线性表示,求 a,b 的值.

解　$\boldsymbol{\beta}_3$ 可由 $\boldsymbol{\alpha}_1,\boldsymbol{\alpha}_2,\boldsymbol{\alpha}_3$ 线性表示 $\Leftrightarrow r(\boldsymbol{\alpha}_1,\boldsymbol{\alpha}_2,\boldsymbol{\alpha}_3,\boldsymbol{\beta})=r(\boldsymbol{\alpha}_1,\boldsymbol{\alpha}_2,\boldsymbol{\alpha}_3)$,故对 $(\boldsymbol{\alpha}_1,\boldsymbol{\alpha}_2,\boldsymbol{\alpha}_3,\boldsymbol{\beta})$ 做初等行变换有

$$(\boldsymbol{\alpha}_1,\boldsymbol{\alpha}_2,\boldsymbol{\alpha}_3,\boldsymbol{\beta})=\begin{pmatrix}1&3&9&b\\2&0&6&1\\-3&1&-7&0\end{pmatrix}\to\begin{pmatrix}1&3&9&b\\0&-6&-12&1-2b\\0&10&20&3b\end{pmatrix}$$

$$\to\begin{pmatrix}1&3&9&b\\0&1&2&\dfrac{2b-1}{6}\\0&1&2&\dfrac{3b}{10}\end{pmatrix}\to\begin{pmatrix}1&3&9&b\\0&1&2&\dfrac{2b-1}{6}\\0&0&0&\dfrac{3b}{10}-\dfrac{2b-1}{6}\end{pmatrix},$$

当 $\dfrac{3b}{10}-\dfrac{2b-1}{6}=0$ 时,即当 $b=5$ 时,有

$$r(\boldsymbol{\alpha}_1,\boldsymbol{\alpha}_2,\boldsymbol{\alpha}_3,\boldsymbol{\beta})=r(\boldsymbol{\alpha}_1,\boldsymbol{\alpha}_2,\boldsymbol{\alpha}_3)=2.$$

再由 $r(\boldsymbol{\beta}_1,\boldsymbol{\beta}_2,\boldsymbol{\beta}_3)=r(\boldsymbol{\alpha}_1,\boldsymbol{\alpha}_2,\boldsymbol{\alpha}_3)=2$,得

$$|\boldsymbol{\beta}_1,\boldsymbol{\beta}_2,\boldsymbol{\beta}_3|=0,$$

从而

$$\begin{vmatrix} 0 & a & 5 \\ 1 & 2 & 1 \\ -1 & 1 & 0 \end{vmatrix}=0\Rightarrow a=15.$$

习　题　3

第一部分　客观题

1. k 为(　　)时,向量 $\boldsymbol{\beta}=\begin{pmatrix}5\\-3\\9\end{pmatrix}$可以被向量组 $\boldsymbol{\alpha}_1=\begin{pmatrix}-1\\1\\2\end{pmatrix}$,$\boldsymbol{\alpha}_2=\begin{pmatrix}-3\\4\\5\end{pmatrix}$,$\boldsymbol{\alpha}_3=\begin{pmatrix}4\\k\\-5\end{pmatrix}$线性表示,且表示式唯一.

A. -7　　B. 除 -7 以外的数

C. 7　　D. 除 7 以外的数

2. 设向量组 $\boldsymbol{a}_1,\boldsymbol{a}_2,\boldsymbol{a}_3,\boldsymbol{a}_4,\boldsymbol{a}_5$ 线性无关,向量组 $\boldsymbol{a}_2,\boldsymbol{a}_3,\boldsymbol{a}_4,\boldsymbol{a}_5,\boldsymbol{a}_6$ 线性相关,则如下结论中正确的是(　　).

A. $\boldsymbol{a}_2,\boldsymbol{a}_3,\boldsymbol{a}_4,\boldsymbol{a}_5$ 线性相关　　B. $\boldsymbol{a}_1$ 可由 $\boldsymbol{a}_2,\boldsymbol{a}_3,\boldsymbol{a}_4,\boldsymbol{a}_5$ 线性表示

C. $\boldsymbol{a}_6$ 可由 $\boldsymbol{a}_2,\boldsymbol{a}_3,\boldsymbol{a}_4,\boldsymbol{a}_5$ 线性表示　　D. $\boldsymbol{a}_5$ 可由 $\boldsymbol{a}_1,\boldsymbol{a}_2,\boldsymbol{a}_3,\boldsymbol{a}_4$ 线性表示

3. 已知向量组 $\boldsymbol{\alpha}_1,\boldsymbol{\alpha}_2,\boldsymbol{\alpha}_3$ 线性无关,则向量组(　　).

A. $\boldsymbol{\alpha}_1+\boldsymbol{\alpha}_2,\boldsymbol{\alpha}_2+\boldsymbol{\alpha}_3,\boldsymbol{\alpha}_3-\boldsymbol{\alpha}_1$ 线性无关

B. $\boldsymbol{\alpha}_1-\boldsymbol{\alpha}_2,\boldsymbol{\alpha}_2-\boldsymbol{\alpha}_3,\boldsymbol{\alpha}_1-2\boldsymbol{\alpha}_2+\boldsymbol{\alpha}_3$ 线性无关

C. $\boldsymbol{\alpha}_1+2\boldsymbol{\alpha}_2,2\boldsymbol{\alpha}_2+3\boldsymbol{\alpha}_3,3\boldsymbol{\alpha}_3-\boldsymbol{\alpha}_1$ 线性无关

D. $\boldsymbol{\alpha}_1+\boldsymbol{\alpha}_2+\boldsymbol{\alpha}_3,\boldsymbol{\alpha}_1-2\boldsymbol{\alpha}_2+\boldsymbol{\alpha}_3,2\boldsymbol{\alpha}_1-\boldsymbol{\alpha}_2+3\boldsymbol{\alpha}_3$ 线性无关

4. 设 $\boldsymbol{A}$ 为 $n(\geqslant 2)$阶矩阵且$|\boldsymbol{A}|=0$,则(　　).

A. $\boldsymbol{A}$ 的列秩等于 0

B. $\boldsymbol{A}$ 的任意列向量可以由其他列向量线性表示

C. $\boldsymbol{A}$ 的秩等于 0

D. $\boldsymbol{A}$ 中必有一个列向量可由其他列向量线性表示

5. 设 $\boldsymbol{\alpha}_1,\boldsymbol{\alpha}_2,\cdots,\boldsymbol{\alpha}_s$ 均为 n 维向量,则下列结论不正确的是(　　).

A. 若对于任意一组不全为 0 的数 $k_1,k_2,\cdots,k_s$,都有 $k_1\boldsymbol{\alpha}_1+k_2\boldsymbol{\alpha}_2+\cdots+k_s\boldsymbol{\alpha}_s\neq\boldsymbol{0}$,则 $\boldsymbol{\alpha}_1,\boldsymbol{\alpha}_2,\cdots,\boldsymbol{\alpha}_s$ 线性无关

B. 若 $\boldsymbol{\alpha}_1,\boldsymbol{\alpha}_2,\cdots,\boldsymbol{\alpha}_s$ 线性相关,则对于任意一组不全为 0 的数 $k_1,k_2,\cdots,k_s$,都有 $k_1\boldsymbol{\alpha}_1+k_2\boldsymbol{\alpha}_2+\cdots+k_s\boldsymbol{\alpha}_s=\boldsymbol{0}$

C. $\boldsymbol{\alpha}_1,\boldsymbol{\alpha}_2,\cdots,\boldsymbol{\alpha}_s$ 线性无关的充分必要条件是此向量组的秩为 s

D. $\boldsymbol{\alpha}_1,\boldsymbol{\alpha}_2,\cdots,\boldsymbol{\alpha}_s$ 线性无关的必要条件是其中任意两个向量线性无关

6. (x,y)取值(　　)时，向量组 $\boldsymbol{a}=(1,-1,x,6)$，$\boldsymbol{b}=(0,1,0,0)$，$\boldsymbol{c}=(0,2,1,4)$，$\boldsymbol{d}=(-4,0,4,y)$不是行向量空间 $\mathbf{R}^4$ 的一组基.

A. $(-1,-8)$　　　　B. $(-1,8)$

C. $(1,8)$　　　　D. ABC 都对

第二部分　解答题

1. 求参数 λ 的取值范围，使向量 $\boldsymbol{\beta}=\begin{pmatrix}1\\2\\1\end{pmatrix}$可由向量组

$$\boldsymbol{\alpha}_1=\begin{pmatrix}1\\\lambda\\3\end{pmatrix},\quad \boldsymbol{\alpha}_2=\begin{pmatrix}2\\1\\1\end{pmatrix},\quad \boldsymbol{\alpha}_3=\begin{pmatrix}0\\1\\4\end{pmatrix}$$

线性表示，并求出表示式.

2. 求向量组

$$\boldsymbol{\alpha}_1=\begin{pmatrix}1\\0\\0\\-1\\1\end{pmatrix},\quad \boldsymbol{\alpha}_2=\begin{pmatrix}-1\\1\\2\\0\\2\end{pmatrix},\quad \boldsymbol{\alpha}_3=\begin{pmatrix}0\\1\\2\\-1\\3\end{pmatrix},\quad \boldsymbol{\alpha}_4=\begin{pmatrix}1\\1\\2\\-2\\4\end{pmatrix},\quad \boldsymbol{\alpha}_5=\begin{pmatrix}2\\1\\2\\-3\\5\end{pmatrix}$$

的秩与一个极大无关组，并将其余向量用这个极大无关组表示出来.

3. 设 $\boldsymbol{\beta}_1=\boldsymbol{\alpha}_1+2\boldsymbol{\alpha}_2$，$\boldsymbol{\beta}_2=\boldsymbol{\alpha}_2+\boldsymbol{\alpha}_3$，$\boldsymbol{\beta}_3=2\boldsymbol{\alpha}_3+\boldsymbol{\alpha}_4$，$\boldsymbol{\beta}_4=\boldsymbol{\alpha}_4+\boldsymbol{\alpha}_1$，试证明向量组 $\boldsymbol{\beta}_1,\boldsymbol{\beta}_2,\boldsymbol{\beta}_3,\boldsymbol{\beta}_4$ 线性相关.

4. 讨论参数 k 的取值，确定向量组

$$\boldsymbol{\alpha}_1=(1,k,1,4,4),\quad \boldsymbol{\alpha}_2=(2,1,2,3,k),\quad \boldsymbol{\alpha}_3=(-1,0,-1,k,-1)$$

的线性相关性.

5. 设

$$\boldsymbol{\alpha}_1=\begin{pmatrix}1\\1\\2\\2\end{pmatrix},\quad \boldsymbol{\alpha}_2=\begin{pmatrix}1\\2\\1\\3\end{pmatrix},\quad \boldsymbol{\alpha}_3=\begin{pmatrix}1\\-1\\4\\0\end{pmatrix},\quad \boldsymbol{b}=\begin{pmatrix}1\\0\\3\\1\end{pmatrix},$$

试证明 $\boldsymbol{b}$ 可以由向量组 $\boldsymbol{\alpha}_1,\boldsymbol{\alpha}_2,\boldsymbol{\alpha}_3$ 线性表示，并求出表示式.

6. 若向量组 $\boldsymbol{\alpha}_1=(1,1,0,0)$，$\boldsymbol{\alpha}_2=(0,1,1,0)$，$\boldsymbol{\alpha}_3=(0,0,1,1)$与向量组 $\boldsymbol{\beta}_1=$

$(1,x,y,1)$,$\boldsymbol{\beta}_2=(2,1,1,2)$,$\boldsymbol{\beta}_3=(0,1,2,1)$等价,求 x,y 的值.

7. 设 $\mathbf{A}=\boldsymbol{\alpha}\boldsymbol{\alpha}^{\mathrm{T}}+\boldsymbol{\beta}\boldsymbol{\beta}^{\mathrm{T}}$,$\boldsymbol{\alpha},\boldsymbol{\beta}$ 是三维列向量,试证明:

(1) $r(\mathbf{A})\leqslant 2$;(2) 若 $\boldsymbol{\alpha},\boldsymbol{\beta}$ 线性相关,则 $r(\mathbf{A})<2$.

8. 设向量组 $\boldsymbol{b}_1,\boldsymbol{b}_2,\cdots,\boldsymbol{b}_r$ 能由向量组 $\boldsymbol{a}_1,\boldsymbol{a}_2,\cdots,\boldsymbol{a}_s$ 线性表示$(\boldsymbol{b}_1,\boldsymbol{b}_2,\cdots,\boldsymbol{b}_r)=(\boldsymbol{a}_1,\boldsymbol{a}_2,\cdots,\boldsymbol{a}_s)\mathbf{K}_{s\times r}$,且 $\boldsymbol{a}_1,\boldsymbol{a}_2,\cdots,\boldsymbol{a}_s$ 线性无关. 试证明 $\boldsymbol{b}_1,\boldsymbol{b}_2,\cdots,\boldsymbol{b}_r$ 线性无关的充要条件是 $r(\mathbf{K})=r$.

9. 设 $\boldsymbol{\alpha}_1,\boldsymbol{\alpha}_2,\cdots,\boldsymbol{\alpha}_n$ 是一组 n 维列向量,试证明它们线性无关的充要条件是,任一个 n 维列向量都可由它们线性表示.

10. 设 n 维列向量所组成的向量组 $\boldsymbol{a}_1,\boldsymbol{a}_2,\cdots,\boldsymbol{a}_m$ 构成 $n\times m$ 矩阵 $\mathbf{A}=(\boldsymbol{a}_1,\boldsymbol{a}_2,\cdots,\boldsymbol{a}_m)$. 试证明 n 维单位坐标向量组 $\boldsymbol{e}_1,\boldsymbol{e}_2,\cdots,\boldsymbol{e}_n$ 能由向量组 $\boldsymbol{a}_1,\boldsymbol{a}_2,\cdots,\boldsymbol{a}_m$ 线性表示的充要条件是 $r(\mathbf{A})=n$.

11. 已知矩阵 $\mathbf{A}_{3\times 3}$ 与三维列向量 $\boldsymbol{x}$ 满足 $\mathbf{A}^3\boldsymbol{x}=3\mathbf{A}\boldsymbol{x}-\mathbf{A}^2\boldsymbol{x}$,且向量组 $\boldsymbol{x},\mathbf{A}\boldsymbol{x},\mathbf{A}^2\boldsymbol{x}$ 线性无关:

(1) 记 $\boldsymbol{y}=\mathbf{A}\boldsymbol{x}$,$\boldsymbol{z}=\mathbf{A}\boldsymbol{y}$,$\boldsymbol{P}=(\boldsymbol{x},\boldsymbol{y},\boldsymbol{z})$,求矩阵 $\boldsymbol{B}$,使得 $\boldsymbol{A}\boldsymbol{P}=\boldsymbol{P}\boldsymbol{B}$;(2) 求 $|\mathbf{A}|$;(3) 求 $|\mathbf{A}+\mathbf{E}|$.

12. 试证明 $r(\mathbf{A})=1$ 的充分必要条件是存在非零列向量 $\boldsymbol{a}$ 及非零行向量 $\boldsymbol{b}^{\mathrm{T}}$,使得 $\mathbf{A}=\boldsymbol{a}\boldsymbol{b}^{\mathrm{T}}$.

13. 设向量组 $\boldsymbol{\alpha}_1,\boldsymbol{\alpha}_2,\cdots,\boldsymbol{\alpha}_s$ 是向量空间 $\mathbf{V}$ 的一组基,且

$$\begin{cases}\boldsymbol{\beta}_1=\boldsymbol{\alpha}_1;\\ \boldsymbol{\beta}_2=\boldsymbol{\alpha}_1+\boldsymbol{\alpha}_2;\\ \quad\cdots\cdots\\ \boldsymbol{\beta}_s=\boldsymbol{\alpha}_1+\boldsymbol{\alpha}_2+\cdots+\boldsymbol{\alpha}_s.\end{cases}$$

试证明 $\boldsymbol{\beta}_1,\boldsymbol{\beta}_2,\cdots,\boldsymbol{\beta}_s$ 也是向量空间 $\mathbf{V}$ 的一组基.

14. 设由 $\boldsymbol{\alpha}_1=(1,0,0)^{\mathrm{T}}$,$\boldsymbol{\alpha}_2=(1,1,0)^{\mathrm{T}}$,$\boldsymbol{\alpha}_3=(1,1,1)^{\mathrm{T}}$ 生成向量空间 $\mathbf{V}_1$,由 $\boldsymbol{\beta}_1=(1,1,1)^{\mathrm{T}}$,$\boldsymbol{\beta}_2=(1,a,3)^{\mathrm{T}}$,$\boldsymbol{\beta}_3=(b,4,9)^{\mathrm{T}}$ 生成向量空间 $\mathbf{V}_2$,若 $\mathbf{V}_1=\mathbf{V}_2$,则 a,b 满足的关系是什么?

15. 讨论参数 k 的取值,确定由向量组 $\boldsymbol{\alpha}_1,\boldsymbol{\alpha}_2,\boldsymbol{\alpha}_3$ 生成的向量空间的维数. 其中,

$$\boldsymbol{\alpha}_1=\begin{pmatrix}k-1\\2\\1\end{pmatrix},\quad \boldsymbol{\alpha}_2=\begin{pmatrix}2\\k-1\\1\end{pmatrix},\quad \boldsymbol{\alpha}_3=\begin{pmatrix}4\\4\\k-1\end{pmatrix}.$$

16. 验证 $\boldsymbol{\alpha}_1=(1,-1,0)^{\mathrm{T}}$,$\boldsymbol{\alpha}_2=(2,1,3)^{\mathrm{T}}$,$\boldsymbol{\alpha}_3=(3,1,2)^{\mathrm{T}}$ 为 $\mathbf{R}^3$ 的一组基,并将 $\boldsymbol{v}_1=(5,0,7)^{\mathrm{T}}$,$\boldsymbol{v}_2=(-9,-8,-13)^{\mathrm{T}}$ 用这组基线性表示.

第 4 章 线性方程组解的结构

线性方程组的求解问题是线性代数最主要的任务之一，此类问题在科学技术与经济管理领域有着相当广泛的应用. 本章我们利用向量组的知识讨论一般线性方程组的求解方法，线性方程组解的存在性和线性方程组解的结构，并以此解决向量组的有关计算问题.

4.1 齐次线性方程组解的结构

在 2.7 节中介绍了利用消元法求解线性方程组的方法，并建立了有无穷多解的判别方法，即

(1) n 元齐次线性方程组 $\boldsymbol{Ax}=\boldsymbol{0}$ 有无穷多解$\Leftrightarrow r(\boldsymbol{A})=r<n$;

(2) n 元非齐次线性方程组 $\boldsymbol{Ax}=\boldsymbol{b}\neq\boldsymbol{0}$ 有无穷多解$\Leftrightarrow r(\boldsymbol{A},\boldsymbol{b})=r(\boldsymbol{A})=r<n$.

本节及下一节将利用向量组的方法讨论以上两种情况下的方程组的解的结构. 本节讨论齐次线性方程组当 $r(\boldsymbol{A})=r<n$ 时解的结构.

一般齐次线性方程组为

$$\begin{cases}a_{11}x_1+a_{12}x_2+\cdots+a_{1n}x_n=0;\\ a_{21}x_1+a_{22}x_2+\cdots+a_{2n}x_n=0;\\ \qquad\cdots\cdots\\ a_{m1}x_1+a_{m2}x_2+\cdots+a_{mn}x_n=0.\end{cases}\tag{4.1}$$

式(4.1)可以写成

$$x_1\begin{pmatrix}a_{11}\\a_{21}\\\vdots\\a_{m1}\end{pmatrix}+x_2\begin{pmatrix}a_{12}\\a_{22}\\\vdots\\a_{m2}\end{pmatrix}+\cdots+x_n\begin{pmatrix}a_{1n}\\a_{2n}\\\vdots\\a_{mn}\end{pmatrix}=\begin{pmatrix}0\\0\\\vdots\\0\end{pmatrix},$$

记 $\boldsymbol{\alpha}_i=\begin{pmatrix}a_{1i}\\a_{2i}\\\vdots\\a_{mi}\end{pmatrix}(i=1,2,\cdots,n)$，则

$$x_1\boldsymbol{\alpha}_1+x_2\boldsymbol{\alpha}_2+\cdots+x_n\boldsymbol{\alpha}_n=\mathbf{0},\tag{4.2}$$

称式(4.2)为(4.1)的**向量形式**. 式(4.1)的矩阵形式为

$$\boldsymbol{A}\boldsymbol{x}=\mathbf{0}.$$

其中,$\boldsymbol{A}=(a_{ij})_{m\times n}$为**系数矩阵**.

如果$\boldsymbol{A}\boldsymbol{\xi}=\mathbf{0}$,就称$\boldsymbol{\xi}$为$\boldsymbol{A}\boldsymbol{x}=\mathbf{0}$的解向量,即为式(4.1)的解向量.

根据式(4.1)的矩阵形式,我们讨论齐次线性方程组的解的性质.

性质 4.1 若$\boldsymbol{\xi}_1,\boldsymbol{\xi}_2$为$\boldsymbol{A}\boldsymbol{x}=\mathbf{0}$的解,则$\boldsymbol{\xi}_1+\boldsymbol{\xi}_2$也为$\boldsymbol{A}\boldsymbol{x}=\mathbf{0}$的解,即齐次线性方程组的任意两个解之和仍为其解.

证 由于$\boldsymbol{\xi}_1,\boldsymbol{\xi}_2$为$\boldsymbol{A}\boldsymbol{x}=\mathbf{0}$的任意两个解,故$\boldsymbol{A}\boldsymbol{\xi}_1=\mathbf{0},\boldsymbol{A}\boldsymbol{\xi}_2=\mathbf{0}$. 因

$$\boldsymbol{A}(\boldsymbol{\xi}_1+\boldsymbol{\xi}_2)=\boldsymbol{A}\boldsymbol{\xi}_1+\boldsymbol{A}\boldsymbol{\xi}_2=\mathbf{0}+\mathbf{0}=\mathbf{0},$$

故$\boldsymbol{\xi}_1+\boldsymbol{\xi}_2$也为$\boldsymbol{A}\boldsymbol{x}=\mathbf{0}$的解.

性质 4.2 若$\boldsymbol{\xi}$为$\boldsymbol{A}\boldsymbol{x}=\mathbf{0}$的解,$k$为任意实数,则$k\boldsymbol{\xi}$也为$\boldsymbol{A}\boldsymbol{x}=\mathbf{0}$的解,即齐次线性方程组的任意一个解的任意$k$倍仍为其解.

证 由$\boldsymbol{A}\boldsymbol{\xi}=\mathbf{0}$得$\boldsymbol{A}(k\boldsymbol{\xi})=k(\boldsymbol{A}\boldsymbol{\xi})=k\cdot\mathbf{0}=\mathbf{0}$,故$k\boldsymbol{\xi}$也为$\boldsymbol{A}\boldsymbol{x}=\mathbf{0}$的解.

综合以上性质 4.1 和性质 4.2,我们有以下结论:

性质 4.3 若$\boldsymbol{\xi}_1,\boldsymbol{\xi}_2,\cdots,\boldsymbol{\xi}_t$为$\boldsymbol{A}\boldsymbol{x}=\mathbf{0}$的任意$t$个解,则$k_1\boldsymbol{\xi}_1+k_2\boldsymbol{\xi}_2+\cdots+k_t\boldsymbol{\xi}_t$也为$\boldsymbol{A}\boldsymbol{x}=\mathbf{0}$的解,其中$k_1,k_2,\cdots,k_t$为任意常数.

由于齐次线性方程组$\boldsymbol{A}\boldsymbol{x}=\mathbf{0}$有非零解就有无穷多解. 此时,我们将$\boldsymbol{A}\boldsymbol{x}=\mathbf{0}$的全体解组成的集合记作$\boldsymbol{S}$. 显然$\boldsymbol{S}$是一个向量空间,因此我们希望有一组基$\boldsymbol{S}_0:\boldsymbol{\xi}_1,\boldsymbol{\xi}_2,\cdots,\boldsymbol{\xi}_t$,使$\boldsymbol{A}\boldsymbol{x}=\mathbf{0}$的任一解都可以由基$\boldsymbol{S}_0$线性表示;同时,由性质 4.3 知,基$\boldsymbol{S}_0$的任意线性组合

$$\boldsymbol{x}=k_1\boldsymbol{\xi}_1+k_2\boldsymbol{\xi}_2+\cdots+k_t\boldsymbol{\xi}_t$$

都是$\boldsymbol{A}\boldsymbol{x}=\mathbf{0}$的解.

若$r(\boldsymbol{A})=r<n$,则$\boldsymbol{A}\boldsymbol{x}=\mathbf{0}$一定存在非零解,即存在无穷多解,此时$\boldsymbol{A}\boldsymbol{x}=\mathbf{0}$的解集$\boldsymbol{S}$的基是否存在呢?如果基存在,称基为该齐次线性方程组的**基础解系**. 亦即,如果$\boldsymbol{A}\boldsymbol{x}=\mathbf{0}$有解$\boldsymbol{\xi}_1,\boldsymbol{\xi}_2,\cdots,\boldsymbol{\xi}_t$满足:

(1) $\boldsymbol{\xi}_1,\boldsymbol{\xi}_2,\cdots,\boldsymbol{\xi}_t$线性无关;

(2) $\boldsymbol{A}\boldsymbol{x}=\mathbf{0}$的任一解$\boldsymbol{\xi}$都可由$\boldsymbol{\xi}_1,\boldsymbol{\xi}_2,\cdots,\boldsymbol{\xi}_t$线性表示,

则称$\boldsymbol{\xi}_1,\boldsymbol{\xi}_2,\cdots,\boldsymbol{\xi}_t$为$\boldsymbol{A}\boldsymbol{x}=\mathbf{0}$的一组基础解系.

基础解系是否存在?存在时又怎样去求呢?下面的定理 4.1 回答了这个问题.

定理 4.1 若$r(\boldsymbol{A})=r<n$,则齐次线性方程组$\boldsymbol{A}\boldsymbol{x}=\mathbf{0}$的基础解系一定存在,且每组基础解系中一定含有$n-r$个线性无关的解向量,其中$n$为方程组中未知量的个数,即系数矩阵$\boldsymbol{A}$的列数.

证 由$r(\boldsymbol{A})=r<n$,根据 2.7 节定理 2.3(此时$\boldsymbol{b}=\mathbf{0}$),对系数矩阵$\boldsymbol{A}$进行初

等行变换，一般可化为如下行最简形式：

$$
\boldsymbol{A}\xrightarrow{r}\begin{pmatrix}1&0&\cdots&0&b_{11}&b_{12}&\cdots&b_{1,n-r}\\0&1&\cdots&0&b_{21}&b_{22}&\cdots&b_{2,n-r}\\\vdots&\vdots&&\vdots&\vdots&\vdots&&\vdots\\0&0&\cdots&1&b_{r1}&b_{r2}&\cdots&b_{r,n-r}\\0&0&\cdots&0&0&0&\cdots&0\\\vdots&\vdots&&\vdots&\vdots&\vdots&&\vdots\\0&0&\cdots&0&0&0&\cdots&0\end{pmatrix},
$$

即齐次线性方程组 $\boldsymbol{Ax}=\boldsymbol{0}$ 与下面的方程组等价：

$$
\begin{cases}x_1=-b_{11}x_{r+1}-b_{12}x_{r+1}\cdots-b_{1,n-r}x_n;\\x_2=-b_{21}x_{r+1}-b_{22}x_{r+1}\cdots-b_{2,n-r}x_n;\\\quad\cdots\cdots\\x_r=-b_{r1}x_{r+1}-b_{r2}x_{r+1}\cdots-b_{r,n-r}x_n.\end{cases}\tag{4.3}
$$

由于方程组(4.3)中有 r 个方程，n 个未知量，且 $r<n$，故需令 $n-r$ 个未知量 $x_{r+1},x_{r+2},\cdots,x_n$ 为自由未知量，并分别取

$$
\begin{pmatrix}x_{r+1}\\x_{r+2}\\\vdots\\x_n\end{pmatrix}=\begin{pmatrix}1\\0\\\vdots\\0\end{pmatrix},\begin{pmatrix}0\\1\\\vdots\\0\end{pmatrix},\cdots,\begin{pmatrix}0\\0\\\vdots\\1\end{pmatrix},\tag{4.4}
$$

依次代入式(4.3)得

$$
\begin{pmatrix}x_1\\x_2\\\vdots\\x_r\end{pmatrix}=\begin{pmatrix}-b_{11}\\-b_{21}\\\vdots\\-b_{r1}\end{pmatrix},\begin{pmatrix}-b_{12}\\-b_{22}\\\vdots\\-b_{r2}\end{pmatrix},\cdots,\begin{pmatrix}-b_{1,n-r}\\-b_{2,n-r}\\\vdots\\-b_{r,n-r}\end{pmatrix}.\tag{4.5}
$$

将式(4.4)与式(4.5)合起来，便得到 $\boldsymbol{Ax}=\boldsymbol{0}$ 的 $n-r$ 个解

$$
\boldsymbol{\xi}_1=\begin{pmatrix}-b_{11}\\-b_{21}\\\vdots\\-b_{r1}\\1\\0\\\vdots\\0\end{pmatrix},\quad\boldsymbol{\xi}_2=\begin{pmatrix}-b_{12}\\-b_{22}\\\vdots\\-b_{r2}\\0\\1\\\vdots\\0\end{pmatrix},\quad\cdots,\quad\boldsymbol{\xi}_{n-r}=\begin{pmatrix}-b_{1,n-r}\\-b_{2,n-r}\\\vdots\\-b_{r,n-r}\\0\\0\\\vdots\\1\end{pmatrix}.
$$

下证 $\boldsymbol{\xi}_1,\boldsymbol{\xi}_2,\cdots,\boldsymbol{\xi}_{n-r}$ 就是 $\boldsymbol{Ax}=\boldsymbol{0}$ 的一组基础解系.

一方面，由于 $\boldsymbol{\xi}_1,\boldsymbol{\xi}_2,\cdots,\boldsymbol{\xi}_{n-r}$ 的秩为 $n-r$，故 $\boldsymbol{\xi}_1,\boldsymbol{\xi}_2,\cdots,\boldsymbol{\xi}_{n-r}$ 线性无关；

另一方面,只要证 $\boldsymbol{Ax}=\boldsymbol{0}$ 的任一个解都可以由 $\boldsymbol{\xi}_1,\boldsymbol{\xi}_2,\cdots,\boldsymbol{\xi}_{n-r}$ 线性表示即可.再回到方程组(4.3),令 $n-r$ 个自由未知量 $x_{r+1},x_{r+2},\cdots,x_n$ 分别取任意常数,即令 $x_{r+1}=c_1,x_{r+2}=c_2,\cdots,x_n=c_{n-r}$,得 $\boldsymbol{Ax}=\boldsymbol{0}$ 的通解

$$\boldsymbol{x}=\begin{pmatrix}x_1\\x_2\\\vdots\\x_n\end{pmatrix}=\begin{pmatrix}-b_{11}c_1-b_{12}c_2\cdots-b_{1,n-r}c_{n-r}\\-b_{21}c_1-b_{22}c_2\cdots-b_{2,n-r}c_{n-r}\\\vdots\\-b_{r1}c_1-b_{r2}c_2\cdots-b_{r,n-r}c_{n-r}\\c_1\\\vdots\\c_{n-r}\end{pmatrix}$$

$$=c_1\begin{pmatrix}-b_{11}\\-b_{21}\\\vdots\\-b_{r1}\\1\\0\\\vdots\\0\end{pmatrix}+c_2\begin{pmatrix}-b_{12}\\-b_{22}\\\vdots\\-b_{r2}\\0\\1\\\vdots\\0\end{pmatrix}+\cdots+c_{n-r}\begin{pmatrix}-b_{1,n-r}\\-b_{2,n-r}\\\vdots\\-b_{r,n-r}\\0\\0\\\vdots\\1\end{pmatrix}$$

$$=c_1\boldsymbol{\xi}_1+c_2\boldsymbol{\xi}_2+\cdots+c_{n-r}\boldsymbol{\xi}_{n-r},$$

即 $\boldsymbol{Ax}=\boldsymbol{0}$ 的任一解都可以写成 $\boldsymbol{\xi}_1,\boldsymbol{\xi}_2,\cdots,\boldsymbol{\xi}_{n-r}$ 的线性组合,亦即 $\boldsymbol{Ax}=\boldsymbol{0}$ 的任意一个解都可以由 $\boldsymbol{\xi}_1,\boldsymbol{\xi}_2,\cdots,\boldsymbol{\xi}_{n-r}$ 线性表示.

综合以上两方面就得 $\boldsymbol{\xi}_1,\boldsymbol{\xi}_2,\cdots,\boldsymbol{\xi}_{n-r}$ 是 $\boldsymbol{Ax}=\boldsymbol{0}$ 的一组基础解系.

于是 $\boldsymbol{Ax}=\boldsymbol{0}$ 的解集 $\boldsymbol{S}$ 是 $n-r$ 维向量空间,从而根据向量空间的性质可知 $\boldsymbol{Ax}=\boldsymbol{0}$的基础解系都含有一样多个解向量,即 $n-r$ 个线性无关的解向量.

如果 $\boldsymbol{\xi}_1,\boldsymbol{\xi}_2,\cdots,\boldsymbol{\xi}_{n-r}$ 为 $\boldsymbol{Ax}=\boldsymbol{0}$ 的一组基础解系,则 $\boldsymbol{x}=c_1\boldsymbol{\xi}_1+c_2\boldsymbol{\xi}_2+\cdots+c_{n-r}\boldsymbol{\xi}_{n-r}$ 为 $\boldsymbol{Ax}=\boldsymbol{0}$ 的通解,其中 $c_1,c_2,\cdots,c_{n-r}$ 为任意常数.

通过以上讨论可知,对于 $\boldsymbol{Ax}=\boldsymbol{0}$ 而言,当 $r(\boldsymbol{A})=r<n$ 时,一定存在基础解系;而求它的通解,只需求出它的一组基础解系.当 $r(\boldsymbol{A})=r=n$ 时,$\boldsymbol{Ax}=\boldsymbol{0}$ 只有零解,故它不存在基础解系.

最后,根据基础解系的定义和 3.4 节向量空间的性质(2)易得基础解系的一个性质:若 $r(\boldsymbol{A})=r<n$,则 $\boldsymbol{Ax}=\boldsymbol{0}$ 的任意 $n-r$ 个线性无关的解向量都可以作为其一组基础解系.从而求基础解系时,自由未知量分别取值式(4.4)的 $n-r$ 个向量就可以换成任意 $n-r$ 个线性无关的向量.

例 4.1 求以下齐次线性方程组的基础解系与通解:

$$\begin{cases} x_1+x_2+x_3+x_4=0; \\ 2x_1+3x_2-x_3+x_4=0; \\ 4x_1+5x_2+x_3+3x_4=0. \end{cases}$$

解 对系数矩阵 $\boldsymbol{A}$ 进行初等行变换化成行最简形式,

$$\boldsymbol{A}=\begin{pmatrix}1&1&1&1\\2&3&-1&1\\4&5&1&3\end{pmatrix}\xrightarrow[r_3-4r_1]{r_2-2r_1}\begin{pmatrix}1&1&1&1\\0&1&-3&-1\\0&1&-3&-1\end{pmatrix}\xrightarrow[r_3-r_2]{r_1-r_2}\begin{pmatrix}1&0&4&2\\0&1&-3&-1\\0&0&0&0\end{pmatrix},$$

故 $r(\boldsymbol{A})=r=2<n=4\Rightarrow n-r=4-2=2$.

令 $\begin{pmatrix}x_3\\x_4\end{pmatrix}=\begin{pmatrix}1\\0\end{pmatrix},\begin{pmatrix}0\\1\end{pmatrix}$,可得 $\boldsymbol{Ax}=\boldsymbol{0}$ 的一组基础解系

$$\boldsymbol{\xi}_1=\begin{pmatrix}-4\\3\\1\\0\end{pmatrix},\quad \boldsymbol{\xi}_2=\begin{pmatrix}-2\\1\\0\\1\end{pmatrix},$$

故 $\boldsymbol{Ax}=\boldsymbol{0}$ 的通解为

$$\boldsymbol{x}=c_1\boldsymbol{\xi}_1+c_2\boldsymbol{\xi}_2\quad(c_1,c_2\text{ 为任意常数}).$$

如果令 $\begin{pmatrix}x_3\\x_4\end{pmatrix}=\begin{pmatrix}1\\2\end{pmatrix},\begin{pmatrix}2\\1\end{pmatrix}$(左边两个向量是线性无关的),也得原方程组的一组基础解系

$$\boldsymbol{\eta}_1=\begin{pmatrix}-8\\5\\1\\2\end{pmatrix},\quad \boldsymbol{\eta}_2=\begin{pmatrix}-10\\7\\2\\1\end{pmatrix},$$

故通解又可表示为

$$\boldsymbol{x}=k_1\boldsymbol{\eta}_1+k_2\boldsymbol{\eta}_2\quad(k_1,k_2\text{ 为任意常数}).$$

以上说明基础解系不唯一,但是 $\boldsymbol{\xi}_1,\boldsymbol{\xi}_2$ 与 $\boldsymbol{\eta}_1,\boldsymbol{\eta}_2$ 是等价的.

下面两个例子是齐次线性方程组解的结构的应用.

例 4.2 设 $\boldsymbol{A}_{m\times n}\boldsymbol{B}_{n\times l}=\boldsymbol{O}$,证明 $r(\boldsymbol{A})+r(\boldsymbol{B})\leqslant n$.

证 记 $\boldsymbol{B}=(\boldsymbol{\beta}_1,\boldsymbol{\beta}_2,\cdots,\boldsymbol{\beta}_l)$(按列分块),则

$$\boldsymbol{AB}=\boldsymbol{O}\Leftrightarrow\boldsymbol{A}(\boldsymbol{\beta}_1,\boldsymbol{\beta}_2,\cdots,\boldsymbol{\beta}_l)=\boldsymbol{O}\Leftrightarrow(\boldsymbol{A\beta}_1,\boldsymbol{A\beta}_2,\cdots,\boldsymbol{A\beta}_l)=(\boldsymbol{0},\boldsymbol{0},\cdots,\boldsymbol{0})$$
$$\Leftrightarrow\boldsymbol{A\beta}_i=\boldsymbol{0},\ i=1,2,\cdots,l,$$

即矩阵 $\boldsymbol{B}$ 的 l 个列向量都为齐次线性方程组 $\boldsymbol{Ax}=\boldsymbol{0}$ 的解向量. 由 $\boldsymbol{Ax}=\boldsymbol{0}$ 的解向量组可记为 $\boldsymbol{S}$ 且 $\dim\boldsymbol{S}=n-r(\boldsymbol{A})$,同时由 $\boldsymbol{\beta}_i\in\boldsymbol{S},i=1,2,\cdots,l$,知

$$r(\boldsymbol{B})=r(\boldsymbol{\beta}_1,\boldsymbol{\beta}_2,\cdots,\boldsymbol{\beta}_l)\leqslant\dim\boldsymbol{S}=n-r(\boldsymbol{A}),$$

即

$$r(\mathbf{A})+r(\mathbf{B})\leqslant n.$$

例 4.3 对于实数矩阵 $\mathbf{A}$，证明 $r(\mathbf{A})=r(\mathbf{A}^{\mathrm{T}}\mathbf{A})$.

证 考虑齐次线性方程组 $\mathbf{A}\mathbf{x}=\mathbf{0}$ 与 $(\mathbf{A}^{\mathrm{T}}\mathbf{A})\mathbf{x}=\mathbf{0}$.

设 ξ 为 $\mathbf{A}\mathbf{x}=\mathbf{0}$ 的解，则

$$(\mathbf{A}^{\mathrm{T}}\mathbf{A})\boldsymbol{\xi}=\mathbf{A}^{\mathrm{T}}(\mathbf{A}\boldsymbol{\xi})=\mathbf{A}^{\mathrm{T}}\mathbf{0}=\mathbf{0},$$

故 $\mathbf{A}\mathbf{x}=\mathbf{0}$ 的解一定为 $(\mathbf{A}^{\mathrm{T}}\mathbf{A})\mathbf{x}=\mathbf{0}$ 的解.

再设 ξ 为 $(\mathbf{A}^{\mathrm{T}}\mathbf{A})\mathbf{x}=\mathbf{0}$ 的解，则

$\boldsymbol{\xi}^{\mathrm{T}}(\mathbf{A}^{\mathrm{T}}\mathbf{A})\boldsymbol{\xi}=\mathbf{0}$，$(\mathbf{A}\boldsymbol{\xi})^{\mathrm{T}}(\mathbf{A}\boldsymbol{\xi})=\mathbf{0}$，$\Rightarrow \mathbf{A}\boldsymbol{\xi}=\mathbf{0}$，故 $(\mathbf{A}^{\mathrm{T}}\mathbf{A})\mathbf{x}=\mathbf{0}$ 的解一定为 $\mathbf{A}\mathbf{x}=\mathbf{0}$ 的解.

综上所述得到 $\mathbf{A}\mathbf{x}=\mathbf{0}$ 与 $(\mathbf{A}^{\mathrm{T}}\mathbf{A})\mathbf{x}=\mathbf{0}$ 是同解方程组，故二者有相同的解集，设为 $\mathbf{S}$，故

$$r(\mathbf{A})=n-\dim\mathbf{S}=r(\mathbf{A}^{\mathrm{T}}\mathbf{A}).$$

注意：例 4.3 中有一般性结论 $\mathbf{A}\mathbf{x}=\mathbf{0}$ 与 $\mathbf{B}\mathbf{x}=\mathbf{0}$ 同解 $\Rightarrow r(\mathbf{A})=r(\mathbf{B})$，即同解的齐次线性方程组的系数矩阵有相同的秩.

练　习　4.1

1. 判断下列结论的正误：

(1) 设 $\mathbf{A}=\begin{pmatrix}1&2&3&4\\2&4&6&8\\3&6&9&12\\4&8&12&16\end{pmatrix}$，则线性方程组 $\mathbf{A}\mathbf{x}=\mathbf{0}$ 的基础解系中含有 4 个线性无关的解；

(2) 若 $\boldsymbol{v}_1,\boldsymbol{v}_2,\boldsymbol{v}_3$ 为齐次线性方程组 $\mathbf{A}\mathbf{x}=\mathbf{0}$ 的解，则 $\boldsymbol{v}_2+\boldsymbol{v}_3-2\boldsymbol{v}_1$ 也为 $\mathbf{A}\mathbf{x}=\mathbf{0}$ 的解；

(3) 如果向量组 $\boldsymbol{\xi}_1,\boldsymbol{\xi}_2$ 是线性方程组 $\mathbf{A}\mathbf{x}=\mathbf{0}$ 的一组基础解系，则向量组 $\boldsymbol{\eta}_1=-\boldsymbol{\xi}_1+2\boldsymbol{\xi}_2$，$\boldsymbol{\eta}_2=\boldsymbol{\xi}_1-\boldsymbol{\xi}_2$ 也是 $\mathbf{A}\mathbf{x}=\mathbf{0}$ 的一组基础解系；

(4) 如果向量组 $\boldsymbol{\xi}_1,\boldsymbol{\xi}_2$ 是线性方程组 $\mathbf{A}\mathbf{x}=\mathbf{0}$ 的一组基础解系，则向量组 $\boldsymbol{\eta}_1=-2\boldsymbol{\xi}_1-6\boldsymbol{\xi}_2$，$\boldsymbol{\eta}_2=\boldsymbol{\xi}_1+3\boldsymbol{\xi}_2$ 也是 $\mathbf{A}\mathbf{x}=\mathbf{0}$ 的一组基础解系.

2. 求下列齐次线性方程组的基础解系与通解：

(1) $\begin{cases}x_1+x_2-x_3-x_4=0;\\2x_1-5x_2+3x_3+2x_4=0;\\7x_1-7x_2+3x_3+x_4=0;\end{cases}$　　(2) $\begin{cases}x_1-2x_2+4x_3-7x_4=0;\\2x_1+x_2-2x_3+x_4=0;\\3x_1-x_2+2x_3-4x_4=0;\end{cases}$

(3) $\begin{cases}x_1+2x_2+2x_3+x_4=0;\\2x_1+x_2-2x_3-2x_4=0;\\x_1-x_2-4x_3-3x_4=0.\end{cases}$

3. 问 λ,μ 取何值时，齐次线性方程组

$$\begin{cases}\lambda x_1+\quad x_2+x_3=0;\\ x_1+\ \mu x_2+x_3=0;\\ x_1+2\mu x_2+x_3=0.\end{cases}$$

有非零解？

4. 设矩阵 $\boldsymbol{A}$ 为 $m\times n$ 型矩阵，且 $r(\boldsymbol{A})=n$，$\boldsymbol{B}$ 为 n 阶方阵，试证明：如果 $\boldsymbol{AB}=\boldsymbol{A}$，则 $\boldsymbol{B}=\boldsymbol{E}$（利用方程组的解结构证明）.

4.2　非齐次线性方程组解的结构

一般非齐次线性方程组为

$$\begin{cases}a_{11}x_1+a_{12}x_2+\cdots+a_{1n}x_n=b_1;\\ a_{21}x_1+a_{22}x_2+\cdots+a_{2n}x_n=b_2;\\ \quad\cdots\cdots\\ a_{m1}x_1+a_{m2}x_2+\cdots+a_{mn}x_n=b_m.\end{cases}\tag{4.6}$$

式(4.6)可以写成

$$x_1\begin{pmatrix}a_{11}\\a_{21}\\\vdots\\a_{m1}\end{pmatrix}+x_2\begin{pmatrix}a_{12}\\a_{22}\\\vdots\\a_{m2}\end{pmatrix}+\cdots+x_n\begin{pmatrix}a_{1n}\\a_{2n}\\\vdots\\a_{mn}\end{pmatrix}=\begin{pmatrix}b_1\\b_2\\\vdots\\b_m\end{pmatrix},$$

记 $\boldsymbol{\alpha}_i=\begin{pmatrix}a_{1i}\\a_{2i}\\\vdots\\a_{mi}\end{pmatrix}$，$i=1,2,\cdots,n$，$\boldsymbol{b}=\begin{pmatrix}b_1\\b_2\\\vdots\\b_m\end{pmatrix}$，则

$$x_1\boldsymbol{\alpha}_1+x_2\boldsymbol{\alpha}_2+\cdots+x_n\boldsymbol{\alpha}_n=\boldsymbol{b}\tag{4.7}$$

称式(4.7)为式(4.6)的**向量形式**. 式(4.6)的矩阵形式为

$$\boldsymbol{Ax}=\boldsymbol{b}.$$

其中，$\boldsymbol{A}=(a_{ij})_{m\times n}$ 为系数矩阵；$\boldsymbol{b}=\begin{pmatrix}b_1\\b_2\\\vdots\\b_m\end{pmatrix}$（$\neq\boldsymbol{0}$）为常数列向量.

同时，称 $\boldsymbol{Ax}=\boldsymbol{0}$ 为 $\boldsymbol{Ax}=\boldsymbol{b}$ 对应的齐次线性方程组，也称**导出组**.

性质 4.4　若 $\boldsymbol{\eta}_1,\boldsymbol{\eta}_2,\cdots,\boldsymbol{\eta}_t$ 为非齐次线性方程组 $\boldsymbol{Ax}=\boldsymbol{b}$ 的任意 t 个解，则当 $k_1+k_2+\cdots+k_t=1$ 时，$k_1\boldsymbol{\eta}_1+k_2\boldsymbol{\eta}_2+\cdots+k_t\boldsymbol{\eta}_t$ 为非齐次线性方程组 $\boldsymbol{Ax}=\boldsymbol{b}$ 的解；

当 $k_1+k_2+\cdots+k_t=0$ 时,$k_1\boldsymbol{\eta}_1+k_2\boldsymbol{\eta}_2+\cdots+k_t\boldsymbol{\eta}_t$ 为对应的齐次线性方程组 $\boldsymbol{Ax}=\boldsymbol{0}$ 的解.

证 已知 $\boldsymbol{\eta}_1,\boldsymbol{\eta}_2,\cdots,\boldsymbol{\eta}_t$ 为 $\boldsymbol{Ax}=\boldsymbol{b}$ 的 t 个解,即 $\boldsymbol{A\eta}_j=\boldsymbol{b},j=1,2,\cdots,t$,因此

$$\boldsymbol{A}(k_1\boldsymbol{\eta}_1+k_2\boldsymbol{\eta}_2+\cdots+k_t\boldsymbol{\eta}_t)=k_1\boldsymbol{A\eta}_1+k_2\boldsymbol{A\eta}_2+\cdots+k_t\boldsymbol{A\eta}_t=(k_1+k_2+\cdots+k_t)\boldsymbol{b},$$

所以,当 $k_1+k_2+\cdots+k_t=1$ 时,$\boldsymbol{A}(k_1\boldsymbol{\eta}_1+k_2\boldsymbol{\eta}_2+\cdots+k_t\boldsymbol{\eta}_t)=\boldsymbol{b}$,即 $k_1\boldsymbol{\eta}_1+k_2\boldsymbol{\eta}_2+\cdots+k_t\boldsymbol{\eta}_t$ 为非齐次线性方程组 $\boldsymbol{Ax}=\boldsymbol{b}$ 的解;当 $k_1+k_2+\cdots+k_t=0$ 时,$\boldsymbol{A}(k_1\boldsymbol{\eta}_1+k_2\boldsymbol{\eta}_2+\cdots+k_t\boldsymbol{\eta}_t)=0$,即 $k_1\boldsymbol{\eta}_1+k_2\boldsymbol{\eta}_2+\cdots+k_t\boldsymbol{\eta}_t$ 为对应的齐次线性方程组 $\boldsymbol{Ax}=\boldsymbol{0}$ 的解.

性质 4.5 若 $\boldsymbol{\eta}$ 为非齐次线性方程组 $\boldsymbol{Ax}=\boldsymbol{b}$ 的解,$\boldsymbol{\xi}$ 为其对应的齐次线性方程组 $\boldsymbol{Ax}=\boldsymbol{0}$ 的解,则 $\boldsymbol{\xi}+\boldsymbol{\eta}$ 仍为 $\boldsymbol{Ax}=\boldsymbol{b}$ 的解.

证
$$\boldsymbol{A}(\boldsymbol{\xi}+\boldsymbol{\eta})=\boldsymbol{A\xi}+\boldsymbol{A\eta}=\boldsymbol{0}+\boldsymbol{b}=\boldsymbol{b},$$
故 $\boldsymbol{\xi}+\boldsymbol{\eta}$ 为 $\boldsymbol{Ax}=\boldsymbol{b}$ 的解.

性质 4.6 若 $\boldsymbol{\eta}_1,\boldsymbol{\eta}_2$ 为非齐次线性方程组 $\boldsymbol{Ax}=\boldsymbol{b}$ 的解,则 $\boldsymbol{\eta}_1-\boldsymbol{\eta}_2$ 为对应齐次线性方程组 $\boldsymbol{Ax}=\boldsymbol{0}$ 的解.

证 $\because \boldsymbol{A\eta}_1=\boldsymbol{b},\boldsymbol{A\eta}_2=\boldsymbol{b},\therefore \boldsymbol{A}(\boldsymbol{\eta}_1-\boldsymbol{\eta}_2)=\boldsymbol{A\eta}_1-\boldsymbol{A\eta}_2=\boldsymbol{b}-\boldsymbol{b}=\boldsymbol{0}$ 即 $\boldsymbol{A}(\boldsymbol{\eta}_1-\boldsymbol{\eta}_2)=\boldsymbol{0}$,$\therefore \boldsymbol{\eta}_1-\boldsymbol{\eta}_2$ 为 $\boldsymbol{Ax}=\boldsymbol{0}$ 的解.

定理 4.2 设 $\boldsymbol{\eta}^*$ 为非齐次线性方程组 $\boldsymbol{Ax}=\boldsymbol{b}$ 的一个解(称为**特解**),$\boldsymbol{\xi}$ 为其对应的齐次线性方程组 $\boldsymbol{Ax}=\boldsymbol{0}$ 的通解,则 $\boldsymbol{x}=\boldsymbol{\xi}+\boldsymbol{\eta}^*$ 为非齐次线性方程组 $\boldsymbol{Ax}=\boldsymbol{b}$ 的通解.

证 根据 $\boldsymbol{Ax}=\boldsymbol{b}$ 与 $\boldsymbol{Ax}=\boldsymbol{0}$ 解之间的关系,只需证明 $\boldsymbol{Ax}=\boldsymbol{b}$ 的任意一个解 $\boldsymbol{\eta}$ 一定能表示为 $\boldsymbol{\eta}^*$ 与 $\boldsymbol{Ax}=\boldsymbol{0}$ 的某一解 $\boldsymbol{\xi}_1$ 的和即可. 为此,取 $\boldsymbol{\xi}_1=\boldsymbol{\eta}-\boldsymbol{\eta}^*$,由性质 4.4 和 $1+(-1)=0$ 知,$\boldsymbol{\xi}_1$ 为 $\boldsymbol{Ax}=\boldsymbol{0}$ 的一个解,故 $\boldsymbol{\eta}=\boldsymbol{\xi}_1+\boldsymbol{\eta}^*$,即非齐次线性方程组的任意一个解都能表示为该方程组的一个特解 $\boldsymbol{\eta}^*$ 与对应的齐次线性方程组某一个解的和.

由定理 4.2 可推得

定理 4.3 对于非齐次线性方程组 $\boldsymbol{Ax}=\boldsymbol{b}$,若 $r(\boldsymbol{A})=r(\boldsymbol{A},\boldsymbol{b})=r<n$,则其通解为 $\boldsymbol{x}=c_1\boldsymbol{\xi}_1+c_2\boldsymbol{\xi}_2+\cdots+c_{n-r}\boldsymbol{\xi}_{n-r}+\boldsymbol{\eta}^*$,其中 $\boldsymbol{\xi}_1,\boldsymbol{\xi}_2,\cdots,\boldsymbol{\xi}_{n-r}$ 为 $\boldsymbol{Ax}=\boldsymbol{0}$ 的一组基础解系,$\boldsymbol{\eta}^*$ 为 $\boldsymbol{Ax}=\boldsymbol{b}$ 的一个特解,$c_1,c_2,\cdots,c_{n-r}$ 为任意实数.

综上所述,对于非齐次线性方程组 $\boldsymbol{Ax}=\boldsymbol{b}$,系数矩阵 $\boldsymbol{A}=(a_{ij})_{m\times n}=(\boldsymbol{\alpha}_1,\boldsymbol{\alpha}_2,\cdots,\boldsymbol{\alpha}_n)$(按列分块),有以下相互等价的结论:

(1) 非齐次线性方程组 $\boldsymbol{Ax}=\boldsymbol{b}$ 有解;

(2) 向量 $\boldsymbol{b}$ 可由向量组 $\boldsymbol{\alpha}_1,\boldsymbol{\alpha}_2,\cdots,\boldsymbol{\alpha}_n$ 线性表示;

(3) 向量组 $\boldsymbol{\alpha}_1,\boldsymbol{\alpha}_2,\cdots,\boldsymbol{\alpha}_n$ 与向量组 $\boldsymbol{\alpha}_1,\boldsymbol{\alpha}_2,\cdots,\boldsymbol{\alpha}_n,\boldsymbol{b}$ 等价;

(4) $r(\boldsymbol{A})=r(\boldsymbol{A},\boldsymbol{b})$.

根据定理 4.3 得到求 $\boldsymbol{Ax}=\boldsymbol{b}$ 通解的步骤如下:

(1) 对 $(\boldsymbol{A},\boldsymbol{b})$ 进行初等行变换化成行阶梯形矩阵(或化为行最简形式)后进行判断;

(2) 求 $\boldsymbol{Ax}=\boldsymbol{0}$ 的一组基础解系 $\boldsymbol{\xi}_1,\boldsymbol{\xi}_2,\cdots,\boldsymbol{\xi}_{n-r}$；

(3) 求 $\boldsymbol{Ax}=\boldsymbol{b}$ 的任意一个特解 $\boldsymbol{\eta}^*$；

(4) $\boldsymbol{Ax}=\boldsymbol{b}$ 的通解为 $\boldsymbol{x}=c_1\boldsymbol{\xi}_1+c_2\boldsymbol{\xi}_2+\cdots+c_{n-r}\boldsymbol{\xi}_{n-r}+\boldsymbol{\eta}^*$，$c_1,c_2,\cdots,c_{n-r}$ 为任意常数.

例 4.4　求下列非齐次线性方程组的通解：

$$\begin{cases} x_1+x_2+x_3+x_4=4; \\ 2x_1+3x_2+4x_3+x_4=10; \\ 3x_1+5x_2+7x_3+x_4=16. \end{cases}$$

解　因

$$(\boldsymbol{A},\boldsymbol{b})=\begin{pmatrix} 1 & 1 & 1 & 1 & 4 \\ 2 & 3 & 4 & 1 & 10 \\ 3 & 5 & 7 & 1 & 16 \end{pmatrix} \xrightarrow[r_3-3r_1]{r_2-2r_1} \begin{pmatrix} 1 & 1 & 1 & 1 & 4 \\ 0 & 1 & 2 & -1 & 2 \\ 0 & 2 & 4 & -2 & 4 \end{pmatrix}$$

$$\xrightarrow[r_3-2r_2]{r_1-r_2} \begin{pmatrix} 1 & 0 & -1 & 2 & 2 \\ 0 & 1 & 2 & -1 & 2 \\ 0 & 0 & 0 & 0 & 0 \end{pmatrix},$$

所以 $r(\boldsymbol{A})=r(\boldsymbol{A},\boldsymbol{b})=r=2<4=n\Rightarrow n-r=4-2=2$.

令 $\begin{pmatrix} x_3 \\ x_4 \end{pmatrix}=\begin{pmatrix} 1 \\ 0 \end{pmatrix},\begin{pmatrix} 0 \\ 1 \end{pmatrix}$，得 $\boldsymbol{Ax}=\boldsymbol{0}$ 的一组基础解系

$$\boldsymbol{\xi}_1=\begin{pmatrix} 1 \\ -2 \\ 1 \\ 0 \end{pmatrix},\quad \boldsymbol{\xi}_2=\begin{pmatrix} -2 \\ 1 \\ 0 \\ 1 \end{pmatrix}.$$

令 $x_3=x_4=0$，得 $\boldsymbol{Ax}=\boldsymbol{b}$ 的一个特解

$$\boldsymbol{\eta}^*=\begin{pmatrix} 2 \\ 2 \\ 0 \\ 0 \end{pmatrix}.$$

故原非齐次线性方程组 $\boldsymbol{Ax}=\boldsymbol{b}$ 的通解为

$$\boldsymbol{x}=c_1\boldsymbol{\xi}_1+c_2\boldsymbol{\xi}_2+\boldsymbol{\eta}^*=c_1\begin{pmatrix} 1 \\ -2 \\ 1 \\ 0 \end{pmatrix}+c_2\begin{pmatrix} -2 \\ 1 \\ 0 \\ 1 \end{pmatrix}+\begin{pmatrix} 2 \\ 2 \\ 0 \\ 0 \end{pmatrix}\quad (c_1,c_2\ \text{为任意常数}).$$

例 4.5　设四元非齐次线性方程组 $\boldsymbol{Ax}=\boldsymbol{b}$ 的系数矩阵的秩为 2，已知它的 4 个解向量 $\boldsymbol{\eta}_1,\boldsymbol{\eta}_2,\boldsymbol{\eta}_3,\boldsymbol{\eta}_4$ 满足

$$2\boldsymbol{\eta}_1+\boldsymbol{\eta}_2=\begin{pmatrix}3\\0\\6\\9\end{pmatrix},\quad 2\boldsymbol{\eta}_2+\boldsymbol{\eta}_3=\begin{pmatrix}0\\3\\0\\9\end{pmatrix},\quad \boldsymbol{\eta}_3+\boldsymbol{\eta}_4=\begin{pmatrix}2\\4\\6\\8\end{pmatrix},$$

求该方程组的通解.

解 由题意知 $\boldsymbol{Ax}=\boldsymbol{b}$ 有无穷多解,且 $r(\boldsymbol{A})=r(\boldsymbol{A},\boldsymbol{b})=r=2<n=4$,故 $\boldsymbol{Ax}=\boldsymbol{b}$ 的导出组 $\boldsymbol{Ax}=\boldsymbol{0}$ 的基础解系应含有 $n-r=4-2=2$ 个线性无关的解向量.

再令

$$\boldsymbol{\eta}_5=\frac{1}{3}(2\boldsymbol{\eta}_1+\boldsymbol{\eta}_2)=\frac{1}{3}\begin{pmatrix}3\\0\\6\\9\end{pmatrix}=\begin{pmatrix}1\\0\\2\\3\end{pmatrix},$$

$$\boldsymbol{\eta}_6=\frac{1}{3}(2\boldsymbol{\eta}_2+\boldsymbol{\eta}_3)=\frac{1}{3}\begin{pmatrix}0\\3\\0\\9\end{pmatrix}=\begin{pmatrix}0\\1\\0\\3\end{pmatrix},$$

$$\boldsymbol{\eta}_7=\frac{1}{2}(\boldsymbol{\eta}_3+\boldsymbol{\eta}_4)=\frac{1}{2}\begin{pmatrix}2\\4\\6\\8\end{pmatrix}=\begin{pmatrix}1\\2\\3\\4\end{pmatrix},$$

则 $\boldsymbol{\eta}_5,\boldsymbol{\eta}_6,\boldsymbol{\eta}_7$ 为 $\boldsymbol{Ax}=\boldsymbol{b}$ 的三个已知解.

再由 $\boldsymbol{Ax}=\boldsymbol{b}$ 与 $\boldsymbol{Ax}=\boldsymbol{0}$ 解之间的关系,令

$$\boldsymbol{\xi}_1=\boldsymbol{\eta}_5-\boldsymbol{\eta}_6=\begin{pmatrix}1\\-1\\2\\0\end{pmatrix},\quad \boldsymbol{\xi}_2=\boldsymbol{\eta}_5-\boldsymbol{\eta}_7=\begin{pmatrix}0\\-2\\-1\\-1\end{pmatrix},$$

因为 $r(\boldsymbol{\xi}_1,\boldsymbol{\xi}_2)=2$,所以 $\boldsymbol{\xi}_1,\boldsymbol{\xi}_2$ 为 $\boldsymbol{Ax}=\boldsymbol{0}$ 的一组基础解系,故 $\boldsymbol{Ax}=\boldsymbol{b}$ 的通解为

$$\boldsymbol{x}=c_1\boldsymbol{\xi}_1+c_2\boldsymbol{\xi}_2+\boldsymbol{\eta}_5,\quad \forall\, c_1,c_2\in\mathbf{R}.$$

例 4.6 设 $\boldsymbol{A}=(\boldsymbol{\alpha}_1,\boldsymbol{\alpha}_2,\boldsymbol{\alpha}_3,\boldsymbol{\alpha}_4)$,且 $r(\boldsymbol{\alpha}_1,\boldsymbol{\alpha}_2,\boldsymbol{\alpha}_3,\boldsymbol{\alpha}_4)=2$,$\boldsymbol{\alpha}_1+\boldsymbol{\alpha}_2+\boldsymbol{\alpha}_3+\boldsymbol{\alpha}_4=\boldsymbol{0}$,$2\boldsymbol{\alpha}_1+\boldsymbol{\alpha}_2+\boldsymbol{\alpha}_3+2\boldsymbol{\alpha}_4=\boldsymbol{0}$,$\boldsymbol{b}=\boldsymbol{\alpha}_1-\boldsymbol{\alpha}_2+\boldsymbol{\alpha}_3-\boldsymbol{\alpha}_4$,求 $\boldsymbol{Ax}=\boldsymbol{b}$ 的通解.

解 由 $r(\boldsymbol{A})=r(\boldsymbol{\alpha}_1,\boldsymbol{\alpha}_2,\boldsymbol{\alpha}_3,\boldsymbol{\alpha}_4)=2=r<n=4$,故 $\boldsymbol{Ax}=\boldsymbol{0}$ 有无穷多解,且一组基础解系应含有 $n-r=4-2=2$ 个线性无关的解向量.

又 $\boldsymbol{\alpha}_1+\boldsymbol{\alpha}_2+\boldsymbol{\alpha}_3+\boldsymbol{\alpha}_4=\boldsymbol{0}\Rightarrow(\boldsymbol{\alpha}_1,\boldsymbol{\alpha}_2,\boldsymbol{\alpha}_3,\boldsymbol{\alpha}_4)\begin{pmatrix}1\\1\\1\\1\end{pmatrix}=\boldsymbol{0}$,即 $\boldsymbol{\xi}_1=\begin{pmatrix}1\\1\\1\\1\end{pmatrix}$ 为 $\boldsymbol{Ax}=\boldsymbol{0}$ 的一个

解. 类似地,由 $2\boldsymbol{\alpha}_1+\boldsymbol{\alpha}_2+\boldsymbol{\alpha}_3+2\boldsymbol{\alpha}_4=\mathbf{0}$ 可知,$\boldsymbol{\xi}_2=\begin{pmatrix}2\\1\\1\\2\end{pmatrix}$也为 $\boldsymbol{A}\boldsymbol{x}=\mathbf{0}$ 的一个解且 $r(\boldsymbol{\xi}_1,\boldsymbol{\xi}_2)=2$,故

$$\boldsymbol{\xi}_1=\begin{pmatrix}1\\1\\1\\1\end{pmatrix},\quad \boldsymbol{\xi}_2=\begin{pmatrix}2\\1\\1\\2\end{pmatrix}$$

为 $\boldsymbol{A}\boldsymbol{x}=\mathbf{0}$ 的一组基础解系.

再由 $\boldsymbol{b}=\boldsymbol{\alpha}_1-\boldsymbol{\alpha}_2+\boldsymbol{\alpha}_3-\boldsymbol{\alpha}_4$ 可知$(\boldsymbol{\alpha}_1,\boldsymbol{\alpha}_2,\boldsymbol{\alpha}_3,\boldsymbol{\alpha}_4)\begin{pmatrix}1\\-1\\1\\-1\end{pmatrix}=\boldsymbol{b}$,即 $\boldsymbol{\eta}^*=\begin{pmatrix}1\\-1\\1\\-1\end{pmatrix}$为 $\boldsymbol{A}\boldsymbol{x}=\boldsymbol{b}$的一个特解.

综上所述 $\boldsymbol{A}\boldsymbol{x}=\boldsymbol{b}$ 的通解为

$$\boldsymbol{x}=c_1\boldsymbol{\xi}_1+c_2\boldsymbol{\xi}_2+\boldsymbol{\eta}^*,\ c_1,c_2\ \text{为任意常数}.$$

例 4.7　设向量组 $\boldsymbol{\alpha}_1=(a,2,10)^{\mathrm{T}}$,$\boldsymbol{\alpha}_2=(-2,1,5)^{\mathrm{T}}$,$\boldsymbol{\alpha}_3=(-1,1,4)^{\mathrm{T}}$ 及向量 $\boldsymbol{\beta}=(1,b,-1)^{\mathrm{T}}$,问 a,b 为何值时:

(1) 向量 $\boldsymbol{\beta}$ 不能由向量组 $\boldsymbol{\alpha}_1,\boldsymbol{\alpha}_2,\boldsymbol{\alpha}_3$ 线性表示;

(2) 向量 $\boldsymbol{\beta}$ 能由向量组 $\boldsymbol{\alpha}_1,\boldsymbol{\alpha}_2,\boldsymbol{\alpha}_3$ 线性表示,且表示唯一;

(3) 向量 $\boldsymbol{\beta}$ 能由向量组 $\boldsymbol{\alpha}_1,\boldsymbol{\alpha}_2,\boldsymbol{\alpha}_3$ 线性表示,但表示不唯一,并求一般表达式.

解

$$(\boldsymbol{A},\boldsymbol{\beta})=(\boldsymbol{\alpha}_1,\boldsymbol{\alpha}_2,\boldsymbol{\alpha}_3,\boldsymbol{\beta})=\begin{pmatrix}a&-2&-1&1\\2&1&1&b\\10&5&4&-1\end{pmatrix}$$

$$\xrightarrow{r_1\leftrightarrow r_2}\begin{pmatrix}2&1&1&b\\a&-2&-1&1\\10&5&4&-1\end{pmatrix}\xrightarrow{-2r_2}\begin{pmatrix}2&1&1&b\\-2a&4&2&-2\\10&5&4&-1\end{pmatrix}$$

$$\xrightarrow[r_3-5r_1]{r_2+ar_1}\begin{pmatrix}2&1&1&b\\0&(a+4)&(a+2)&ab-2\\0&0&-1&-5b-1\end{pmatrix}.$$

1) 当 $a+4\neq0$ 即 $a\neq-4$ 时,有 $r(\boldsymbol{A})=r(\boldsymbol{A},\boldsymbol{\beta})=r=3=n$,故 $\boldsymbol{A}\boldsymbol{x}=\boldsymbol{\beta}$ 有唯一解,即向量 $\boldsymbol{\beta}$ 能由向量组 $\boldsymbol{\alpha}_1,\boldsymbol{\alpha}_2,\boldsymbol{\alpha}_3$ 线性表示,且表示唯一;

2) 当 $a=-4$ 时有

$$(\boldsymbol{A},\boldsymbol{\beta})=(\boldsymbol{\alpha}_1,\boldsymbol{\alpha}_2,\boldsymbol{\alpha}_3,\boldsymbol{\beta})\to\begin{pmatrix}2&1&1&b\\0&0&-2&-4b-2\\0&0&1&5b+1\end{pmatrix}\xrightarrow{r_3+\frac{1}{2}r_2}\begin{pmatrix}2&1&1&b\\0&0&-2&-4b-2\\0&0&0&3b\end{pmatrix}.$$

① 若 $b\neq0$,则有 $r(\boldsymbol{A})=2\neq3=r(\boldsymbol{A},\boldsymbol{\beta})$,故 $\boldsymbol{Ax}=\boldsymbol{\beta}$ 无解,即向量 $\boldsymbol{\beta}$ 不能由向量组 $\boldsymbol{\alpha}_1,\boldsymbol{\alpha}_2,\boldsymbol{\alpha}_3$ 线性表示;

② 若 $b=0$,则有 $r(\boldsymbol{A})=r(\boldsymbol{A},\boldsymbol{\beta})=2=r<n=3$,故 $\boldsymbol{Ax}=\boldsymbol{\beta}$ 有无穷多解,即向量 $\boldsymbol{\beta}$ 能由向量组 $\boldsymbol{\alpha}_1,\boldsymbol{\alpha}_2,\boldsymbol{\alpha}_3$ 线性表示,但表示式不唯一. 此时有

$$(\boldsymbol{A},\boldsymbol{\beta})=(\boldsymbol{\alpha}_1,\boldsymbol{\alpha}_2,\boldsymbol{\alpha}_3,\boldsymbol{\beta})\to\begin{pmatrix}2&1&1&0\\0&0&-2&-2\\0&0&0&0\end{pmatrix}\xrightarrow[r_1-r_2]{-\frac{1}{2}r_2}\begin{pmatrix}2&1&0&-1\\0&0&1&1\\0&0&0&0\end{pmatrix},$$

令 $x_1=c$,有 $x_2=-2c-1,x_3=1$,即有 $\boldsymbol{\beta}=c\boldsymbol{\alpha}_1+(-2c-1)\boldsymbol{\alpha}_2+\boldsymbol{\alpha}_3$,$c$ 为任意常数.

综上所述

(1) 当 $a=-4$ 且 $b\neq0$ 时,向量 $\boldsymbol{\beta}$ 不能由向量组 $\boldsymbol{\alpha}_1,\boldsymbol{\alpha}_2,\boldsymbol{\alpha}_3$ 线性表示;

(2) 当 $a\neq-4$ 时,向量 $\boldsymbol{\beta}$ 能由向量组 $\boldsymbol{\alpha}_1,\boldsymbol{\alpha}_2,\boldsymbol{\alpha}_3$ 线性表示,且表示唯一;

(3) 当 $a=-4$ 且 $b=0$ 时,向量 $\boldsymbol{\beta}$ 能由向量组 $\boldsymbol{\alpha}_1,\boldsymbol{\alpha}_2,\boldsymbol{\alpha}_3$ 线性表示,但表示式不唯一,此时的表达式为 $\boldsymbol{\beta}=c\boldsymbol{\alpha}_1+(-2c-1)\boldsymbol{\alpha}_2+\boldsymbol{\alpha}_3$,$c$ 为任意常数.

本节最后再给出几个注解:

(1) $\boldsymbol{Ax}=\boldsymbol{0}$ 有非零解$\Leftrightarrow\boldsymbol{Ax}=\boldsymbol{0}$ 有无穷多组解.

(2) $\boldsymbol{Ax}=\boldsymbol{0}$ 的所有的解向量集合构成一个**向量空间**,称为 $\boldsymbol{Ax}=\boldsymbol{0}$ 的**解空间**,且 $\boldsymbol{Ax}=\boldsymbol{0}$ 的解空间中最多有 $n-r(\boldsymbol{A})$ 个解向量线性无关,即解空间的维数为 $n-r(\boldsymbol{A})$,同时 $\boldsymbol{Ax}=\boldsymbol{0}$ 有非零解时,其任意一组基础解系均为**解空间**的一组基;

(3) $\boldsymbol{Ax}=\boldsymbol{b}\neq\boldsymbol{0}$ 若存在解,则其解集中最多有 $n-r(\boldsymbol{A})+1$ 个线性无关的解向量,但是非齐次线性方程组的解集不能构成向量空间;

(4) $\boldsymbol{AB}=\boldsymbol{O}\Leftrightarrow\boldsymbol{B}$ 的列向量为 $\boldsymbol{Ax}=\boldsymbol{0}$ 的解向量.

练　习　4.2

1. 判断正误:

(1) $\boldsymbol{v}_1,\boldsymbol{v}_2,\boldsymbol{v}_3$ 是非齐次线性方程组 $\boldsymbol{Ax}=\boldsymbol{b}$ 的解,则 $\boldsymbol{v}_2+\boldsymbol{v}_3-2\boldsymbol{v}_1$ 是对应 $\boldsymbol{Ax}=\boldsymbol{0}$ 的解;

(2) 8 个未知数,6 个方程的非齐次线性方程组 $\boldsymbol{Ax}=\boldsymbol{b}$ 有解,且 $r(\boldsymbol{A})=r(\boldsymbol{A},\boldsymbol{b})=4$,则对应 $\boldsymbol{Ax}=\boldsymbol{0}$ 的基础解系中含有 2 个解.

2. 求解方程组$\begin{cases}2x_1 - x_2 - x_3 + x_4 = 2; \\ x_1 + x_2 - 2x_3 + x_4 = 4; \\ 4x_1 - 6x_2 + 2x_3 - 2x_4 = 4; \\ 3x_1 + 6x_2 - 9x_3 + 7x_4 = 9.\end{cases}$

3. 试讨论 λ 为何值时，方程组

$$\begin{cases}\lambda x_1 - x_2 - x_3 = 1; \\ -x_1 + \lambda x_2 - x_3 = -\lambda; \\ -x_1 - x_2 + \lambda x_3 = \lambda^2\end{cases}$$

有唯一解、无穷解、无解？并在有解时求其解.

4. 试讨论 λ 为何值时，方程组

$$\begin{cases}(\lambda+1)x_1 + x_2 + x_3 = 0; \\ x_1 + (\lambda+1)x_2 + x_3 = 3; \\ x_1 + x_2 + (\lambda+1)x_3 = \lambda\end{cases}$$

有唯一解、无穷解、无解？并在有解时求其解.

5. 设 $\boldsymbol{A} = \begin{pmatrix} 2 & 1 & -3 \\ 1 & 2 & -2 \\ -1 & 3 & 2 \end{pmatrix}$，$\boldsymbol{b}_1 = \begin{pmatrix} 1 \\ 2 \\ -2 \end{pmatrix}$，$\boldsymbol{b}_2 = \begin{pmatrix} -1 \\ 0 \\ 5 \end{pmatrix}$，求线性方程组 $\boldsymbol{Ax} = \boldsymbol{b}_1$，$\boldsymbol{Ax} = \boldsymbol{b}_2$ 的解.

提示：设 $\boldsymbol{X} = (\boldsymbol{x}_1, \boldsymbol{x}_2)$，$\boldsymbol{B} = (\boldsymbol{b}_1, \boldsymbol{b}_2)$，则 $\boldsymbol{X} = \boldsymbol{A}^{-1}\boldsymbol{B}$.

6. 设 $\boldsymbol{A}$ 为 4×5 型矩阵，$r(\boldsymbol{A}) = 3$，已知非齐次线性方程组 $\boldsymbol{Ax} = \boldsymbol{b}$ 有解 $\boldsymbol{\xi}_1, \boldsymbol{\xi}_2, \boldsymbol{\xi}_3, \boldsymbol{\xi}_4$，且 $\boldsymbol{\xi}_1 = (1,2,3,4,5)^{\mathrm{T}}$，$\boldsymbol{\xi}_2 + \boldsymbol{\xi}_3 = (0,3,1,0,2)^{\mathrm{T}}$，$\boldsymbol{\xi}_2 + \boldsymbol{\xi}_4 = (0,0,0,1,1)^{\mathrm{T}}$，求 $\boldsymbol{Ax} = \boldsymbol{b}$ 的通解.

历年考研试题选讲 4

本章最后再讲解若干个近年来的线性代数考研题，以供读者体会考研线性代数题的难度、深度与广度，从而对线性代数的深入学习起到一个很好的参考作用.

例 4.8（2004 年，数一）　设有 n 元齐次线性方程组（$n\geqslant2$）

$$\begin{cases}(1+a)x_1 + x_2 + \cdots + x_n = 0; \\ 2x_1 + (2+a)x_2 + \cdots + 2x_n = 0; \\ \cdots\cdots \\ nx_1 + nx_2 + \cdots + (n+a)x_n = 0.\end{cases}$$

试问 a 为何值时，该方程组有非零解，并求此时的通解.

解　设该方程组的系数矩阵为 $\boldsymbol{A}$，则

$$|\boldsymbol{A}|=\begin{vmatrix}1+a & 1 & 1 & \cdots & 1\\ 2 & 2+a & 2 & \cdots & 2\\ 3 & 3 & 3+a & \cdots & 3\\ \vdots & \cdots & \cdots & & \vdots\\ n & n & n & \cdots & n+a\end{vmatrix}$$

$$\xlongequal{r_i+r_{i\times 1}(2\leqslant i\leqslant n)}\begin{vmatrix}\frac{n(n+1)}{2}+a & \frac{n(n+1)}{2}+a & \cdots & \cdots & \frac{n(n+1)}{2}+a\\ 2 & 2+a & 2 & \cdots & 2\\ 3 & 3 & 3+a & \cdots & 3\\ \vdots & \cdots & \cdots & & \vdots\\ n & n & n & \cdots & n+a\end{vmatrix}$$

$$\xlongequal{r_1\text{ 提取公因式}}\left(\frac{n(n+1)}{2}+a\right)\begin{vmatrix}1 & 1 & 1 & \cdots & 1\\ 2 & 2+a & 2 & \cdots & 2\\ 3 & 3 & 3+a & \cdots & 3\\ \vdots & \cdots & \cdots & & \vdots\\ n & n & n & \cdots & n+a\end{vmatrix}$$

$$\xlongequal{r_i-ir_1,(2\leqslant i\leqslant n)}\left(\frac{n(n+1)}{2}+a\right)\begin{vmatrix}1 & 1 & 1 & \cdots & 1\\ 0 & a & 0 & \cdots & 0\\ 0 & 0 & a & \cdots & 0\\ \vdots & \cdots & \cdots & & \vdots\\ 0 & 0 & 0 & \cdots & a\end{vmatrix}=\left[a+\frac{n(n+1)}{2}\right]a^{n-1}.$$

齐次线性方程组 $\boldsymbol{Ax}=\boldsymbol{0}$ 有非零解$\Leftrightarrow|\boldsymbol{A}|=0\Leftrightarrow a=0$ 或 $a=-\frac{n(n+1)}{2}$.

(1) 当 $a=0$ 时,对 $\boldsymbol{A}$ 做初等行变换,有

$$\boldsymbol{A}=\begin{pmatrix}1 & 1 & \cdots & 1\\ 2 & 2 & \cdots & 2\\ \vdots & \vdots & & \vdots\\ n & n & \cdots & n\end{pmatrix}\to\begin{pmatrix}1 & 1 & \cdots & 1\\ 0 & 0 & \cdots & 0\\ \vdots & \vdots & & \vdots\\ 0 & 0 & \cdots & 0\end{pmatrix}$$

故 $\boldsymbol{Ax}=\boldsymbol{0}$ 的等价方程组为 $x_1+x_2+\cdots+x_n=0$,由此可得基础解系为

$$\boldsymbol{\xi}_1=(-1,1,0,\cdots,0)^{\mathrm{T}},\boldsymbol{\xi}_2=(-1,0,1,\cdots,0)^{\mathrm{T}},\cdots,\boldsymbol{\xi}_{n-1}=(-1,0,\cdots,0,1)^{\mathrm{T}}$$

所以原方程组的通解为 $x=c_1\boldsymbol{\xi}_1+c_2\boldsymbol{\xi}_2\cdots+c_{n-1}\boldsymbol{\xi}_{n-1}$,其中 $c_1,c_2,\cdots,c_{n-1}$ 为任意实数.

(2) 当 $a=-\frac{n(n+1)}{2}$时,对 $\boldsymbol{A}$ 做初等行变换,有

$$\boldsymbol{A}=\begin{pmatrix}1+a & 1 & \cdots & 1\\ 2 & 2+a & \cdots & 2\\ \vdots & \vdots & & \vdots\\ n & n & \cdots & n+a\end{pmatrix}\to\begin{pmatrix}1+a & 1 & \cdots & 1\\ -2a & a & \cdots & 0\\ \vdots & \vdots & & \vdots\\ -na & 0 & \cdots & a\end{pmatrix}$$

$$\to\begin{pmatrix}1+a & 1 & \cdots & 1\\ -2 & 1 & \cdots & 0\\ \vdots & \vdots & & \vdots\\ -n & 0 & \cdots & 1\end{pmatrix}\to\begin{pmatrix}0 & 0 & \cdots & 0\\ -2 & 1 & \cdots & 0\\ \vdots & \vdots & & \vdots\\ -n & 0 & \cdots & 1\end{pmatrix}$$

故 $\boldsymbol{Ax}=\boldsymbol{0}$ 的等价方程组为

$$\begin{cases}-2x_1+x_2=0;\\ -3x_1+x_3=0;\\ \quad\cdots\cdots\\ -nx_1+x_n=0,\end{cases}$$

由此可得基础解系为

$$\boldsymbol{\xi}=(1,2,\cdots,n)^{\mathrm{T}},$$

所以原方程组的通解为 $x=c\boldsymbol{\xi}$，其中 c 为任意实数.

例 4.9(2005 年，数一)　已知 3 阶矩阵 $\boldsymbol{A}$ 的第一行是(a,b,c) (a,b,c 不全为零)，矩阵 $\boldsymbol{B}=\begin{pmatrix}1 & 2 & 3\\ 2 & 4 & 6\\ 3 & 6 & k\end{pmatrix}$($k$ 为常数)，且 $\boldsymbol{AB}=\boldsymbol{O}$，求线性方程组 $\boldsymbol{Ax}=\boldsymbol{0}$ 的通解.

解　(1) 若 $k\neq 9$，则 $r(\boldsymbol{B})=2$. 由 $\boldsymbol{AB}=\boldsymbol{O}$ 知，$r(\boldsymbol{A})+r(\boldsymbol{B})\leqslant 3$. 再考虑到 $r(\boldsymbol{B})=2$及 $\boldsymbol{A}\neq 0$，有 $r(\boldsymbol{A})=1$. 由 $\boldsymbol{B}$ 的列向量为 $\boldsymbol{Ax}=\boldsymbol{0}$ 的解向量可知，$\boldsymbol{B}$ 的第 1 列与第 3 列为 $\boldsymbol{Ax}=\boldsymbol{0}$ 的一个基础解系，所以 $\boldsymbol{Ax}=\boldsymbol{0}$ 的通解为 $x=c_1(1,2,3)^{\mathrm{T}}+c_2(3,6,k)^{\mathrm{T}}$，其中 c_1,c_2 为任意实数.

(2) 如果 $k=9$，则 $r(\boldsymbol{B})=1$，那么 $r(\boldsymbol{A})=1$ 或 2.

若 $r(\boldsymbol{A})=1$，对 $ax_1+bx_2+cx_3=0$，不妨设 $c\neq 0$，则可求得方程组的通解：

$$x=c_1(c,0,-a)^{\mathrm{T}}+c_2(0,c,-b)^{\mathrm{T}},$$

其中 c_1,c_2 为任意实数.

若 $r(\boldsymbol{A})=2$，由 $\boldsymbol{AB}=\boldsymbol{O}$ 可知 $\boldsymbol{B}$ 的任意一列都可作为 $\boldsymbol{Ax}=\boldsymbol{0}$ 的一个基础解系，故通解为

$$x=c_3(1,2,3)^{\mathrm{T}},$$

其中 c_3 为任意实数.

例 4.10(2006 年，数一)　已知非齐次线性方程组

$$\begin{cases}x_1+x_2+x_3+x_4=-1;\\ 4x_1+3x_2+5x_3-x_4=-1;\\ ax_1+x_2+3x_3+bx_4=1\end{cases}$$

有 3 个线性无关的解.

(1)证明方程组系数矩阵 $\boldsymbol{A}$ 的秩 $r(\boldsymbol{A})=2$；(2)求 a,b 的值及方程组的通解.

解　(1) 设 $\boldsymbol{\alpha}_1,\boldsymbol{\alpha}_2,\boldsymbol{\alpha}_3$ 是非齐次方程组的 3 个线性无关的解，那么 $\boldsymbol{\alpha}_1-\boldsymbol{\alpha}_2$，

$\boldsymbol{\alpha}_1-\boldsymbol{\alpha}_3$ 是 $\boldsymbol{Ax}=\boldsymbol{0}$ 的线性无关的解,所以 $4-r(\boldsymbol{A})\geqslant 2$,即 $r(\boldsymbol{A})\leqslant 2$.又 $\boldsymbol{A}$ 中有 2 阶子式不为零,所以 $r(\boldsymbol{A})\geqslant 2$,从而 $r(\boldsymbol{A})=2$.

(2) 对增广矩阵做初等行变换,有

$$(\boldsymbol{A},\boldsymbol{b})=\begin{pmatrix}1&1&1&1&-1\\4&3&5&-1&-1\\a&1&3&b&1\end{pmatrix}\to\begin{pmatrix}1&1&1&1&-1\\0&-1&1&-5&3\\0&1-a&3-a&b-a&a+1\end{pmatrix}$$

$$\to\begin{pmatrix}1&1&1&1&-1\\0&1&-1&5&-3\\0&0&4-2a&b+4a-5&4-2a\end{pmatrix},$$

由 $r(\boldsymbol{A},\boldsymbol{b})=r(\boldsymbol{A})=2$ 知 $\begin{cases}4-2a=0,\\b+4a-5=0,\end{cases}$ 解得

$$a=2,b=-3.$$

当 $a=2,b=-3$ 时,有

$$(\boldsymbol{A},\boldsymbol{b})\to\begin{pmatrix}1&1&1&1&-1\\0&1&-1&5&-3\\0&0&0&0&0\end{pmatrix}\to\begin{pmatrix}1&0&2&-4&2\\0&1&-1&5&-3\\0&0&0&0&0\end{pmatrix},$$

故 $\boldsymbol{\eta}^*=(2,-3,0,0)^{\mathrm{T}}$ 是原非齐次方程的一个特解,且 $\boldsymbol{\xi}_1=(-2,1,1,0)^{\mathrm{T}}$,$\boldsymbol{\xi}_2=(4,-5,0,1)^{\mathrm{T}}$ 是 $\boldsymbol{Ax}=\boldsymbol{0}$ 的基础解系,所以原方程组的通解为 $\boldsymbol{x}=c_1\boldsymbol{\xi}_1+c_2\boldsymbol{\xi}_2+\boldsymbol{\eta}^*$,其中 c_1,c_2 为任意常数.

例 4.11(2012 年,数一) 设 $\boldsymbol{A}=\begin{pmatrix}1&a&0&0\\0&1&a&0\\0&0&1&a\\a&0&0&1\end{pmatrix}$,$\boldsymbol{\beta}=\begin{pmatrix}1\\-1\\0\\0\end{pmatrix}$.

(1) 计算行列式 $|\boldsymbol{A}|$;

(2) 当实数 a 为何值时,方程组 $\boldsymbol{Ax}=\boldsymbol{\beta}$ 有无穷多解,并求通解.

解 (1) 按第一行展开得

$$|\boldsymbol{A}|=\begin{vmatrix}1&a&0&0\\0&1&a&0\\0&0&1&a\\a&0&0&1\end{vmatrix}=1\begin{vmatrix}1&a&0\\0&1&a\\0&0&1\end{vmatrix}-a\begin{vmatrix}0&a&0\\0&1&a\\a&0&1\end{vmatrix}=1-a^4.$$

(2) 由于原方程组 $\boldsymbol{Ax}=\boldsymbol{\beta}$ 有无穷多解,则

$$|\boldsymbol{A}|=0\Rightarrow a=\pm 1.$$

当 $a=1$ 时,

$$(\boldsymbol{A},\boldsymbol{\beta})=\begin{pmatrix}1&1&0&0&1\\0&1&1&0&-1\\0&0&1&1&0\\1&0&0&1&0\end{pmatrix}\to\begin{pmatrix}1&1&0&0&1\\0&1&1&0&-1\\0&0&1&1&0\\0&0&0&0&-2\end{pmatrix},$$

由于 $r(\boldsymbol{A})=3$ 而 $r(\boldsymbol{A},\boldsymbol{\beta})=4$，故方程组 $\boldsymbol{Ax}=\boldsymbol{\beta}$ 无解.

当 $a=-1$ 时，

$$(\boldsymbol{A},\boldsymbol{\beta})=\begin{pmatrix}1&-1&0&0&1\\0&1&-1&0&-1\\0&0&1&-1&0\\-1&0&0&1&0\end{pmatrix}\to\begin{pmatrix}1&-1&0&0&1\\0&1&-1&0&-1\\0&0&1&-1&0\\0&-1&0&1&1\end{pmatrix}$$

$$\to\begin{pmatrix}1&0&-1&0&0\\0&1&-1&0&-1\\0&0&1&-1&0\\0&0&-1&1&0\end{pmatrix}\to\begin{pmatrix}1&0&0&-1&0\\0&1&0&-1&-1\\0&0&1&-1&0\\0&0&0&0&0\end{pmatrix},$$

由于 $r(\boldsymbol{A},\boldsymbol{\beta})=r(\boldsymbol{A})=3$，故方程组 $\boldsymbol{Ax}=\boldsymbol{\beta}$ 有无穷多解. 且 $\boldsymbol{Ax}=\boldsymbol{0}$ 的基础解系可取为 $\boldsymbol{\xi}=(1,1,1,1)^{\mathrm{T}}$，$\boldsymbol{Ax}=\boldsymbol{\beta}$ 的一个特解可取为 $\boldsymbol{\eta}^*=(0,-1,0,0)^{\mathrm{T}}$，从而 $\boldsymbol{Ax}=\boldsymbol{\beta}$ 通解为 $\boldsymbol{x}=c\boldsymbol{\xi}+\boldsymbol{\eta}^*=c(1,1,1,1)^{\mathrm{T}}+(0,-1,0,0)^{\mathrm{T}}$，其中 c 为任意常数.

例 4.12（2011 年，数三） 设 $\boldsymbol{A}$ 为 4×3 矩阵，$\boldsymbol{\eta}_1,\boldsymbol{\eta}_2,\boldsymbol{\eta}_3$ 是非齐次线性方程组 $\boldsymbol{Ax}=\boldsymbol{\beta}$ 的 3 个线性无关的解，k_1,k_2 为任意常数，则 $\boldsymbol{Ax}=\boldsymbol{\beta}$ 的通解为（　　）.

A. $\dfrac{\boldsymbol{\eta}_2+\boldsymbol{\eta}_3}{2}+k_1(\boldsymbol{\eta}_2-\boldsymbol{\eta}_1)$　　B. $\dfrac{\boldsymbol{\eta}_2-\boldsymbol{\eta}_3}{2}+k_1(\boldsymbol{\eta}_2-\boldsymbol{\eta}_1)$

C. $\dfrac{\boldsymbol{\eta}_2+\boldsymbol{\eta}_3}{2}+k_1(\boldsymbol{\eta}_2-\boldsymbol{\eta}_1)+k_2(\boldsymbol{\eta}_3-\boldsymbol{\eta}_1)$　　D. $\dfrac{\boldsymbol{\eta}_2-\boldsymbol{\eta}_3}{2}+k_1(\boldsymbol{\eta}_2-\boldsymbol{\eta}_1)+k_2(\boldsymbol{\eta}_3-\boldsymbol{\eta}_1)$

解　要求 $\boldsymbol{Ax}=\boldsymbol{\beta}$ 的通解，首先确定 $\boldsymbol{Ax}=\boldsymbol{\beta}$ 的一个解，然后再确定对应的齐次方程组 $\boldsymbol{Ax}=\boldsymbol{0}$ 的一个基础解系. 显然 $\dfrac{\boldsymbol{\eta}_2-\boldsymbol{\eta}_3}{2}$ 不是 $\boldsymbol{Ax}=\boldsymbol{\beta}$ 的解，而 $\dfrac{\boldsymbol{\eta}_2+\boldsymbol{\eta}_3}{2}$ 是 $\boldsymbol{Ax}=\boldsymbol{\beta}$ 的解. 因此排除选项 B 和 D. 其次，确定齐次方程组 $\boldsymbol{Ax}=0$ 的基础解系所含解向量的个数即可. 由于 $\boldsymbol{\eta}_1,\boldsymbol{\eta}_2,\boldsymbol{\eta}_3$ 是非齐次线性方程组 $\boldsymbol{Ax}=\boldsymbol{\beta}$ 的 3 个线性无关的解，所以 $\boldsymbol{\eta}_2-\boldsymbol{\eta}_1,\boldsymbol{\eta}_3-\boldsymbol{\eta}_1$ 是 $\boldsymbol{Ax}=\boldsymbol{0}$ 的 2 个线性无关的解. 因此 $3-r(\boldsymbol{A})\geqslant2\Rightarrow r(\boldsymbol{A})\leqslant1$. 又显然 $r(\boldsymbol{A})\geqslant1$（否则 $\boldsymbol{A}$ 为零矩阵），因此 $r(\boldsymbol{A})=1\Rightarrow3-r(\boldsymbol{A})=2$，所以 $\boldsymbol{Ax}=\boldsymbol{0}$ 的基础解系包含 2 个解向量. 因此应选 C.

例 4.13（2014 年，数学一、二、三） 设矩阵 $\boldsymbol{A}=\begin{pmatrix}1&-2&3&-4\\0&1&-1&1\\1&2&0&-3\end{pmatrix}$，$\boldsymbol{E}$ 为 3 阶单位矩阵.

（1）求方程组 $\boldsymbol{Ax}=\boldsymbol{0}$ 的一个基础解系；

（2）求满足 $\boldsymbol{AB}=\boldsymbol{E}$ 的所有矩阵 $\boldsymbol{B}$.

解　（1）用初等行变换化 $\boldsymbol{A}$ 为行最简形矩阵：

$$A=\begin{pmatrix}1&-2&3&-4\\0&1&-1&1\\1&2&0&-3\end{pmatrix}\to\begin{pmatrix}1&0&0&1\\0&1&0&-2\\0&0&1&-3\end{pmatrix},$$

得 $r(A)=3<n=4$,故由 $Ax=0$ 的等价方程为

$$\begin{cases}x_1 & =-x_4\\ x_2 & =2x_4,\\ x_3 & =3x_4\end{cases}$$

求得 $Ax=0$ 一个基础解系为 $\alpha=(-1,2,3,1)^T$.

(2) 所求矩阵 B 应该是 4×3 矩阵,B 的 3 个列向量依次是线性方程组 $Ax=(1,0,0)^T$,$Ax=(0,1,0)^T$ 和 $Ax=(0,0,1)^T$ 的解.因此解这三个方程组可得到 B.这三个方程组的导出组都是 $Ax=O$,已求出其基础解系,只需再对它们各求一个特解,就可写出通解了.这三个方程组的系数矩阵都是 A,因此可一起用矩阵消元法求解.

$$(A,E)=\left(\begin{array}{cccc:ccc}1&-2&3&-4&1&0&0\\0&1&-1&1&0&1&0\\1&2&0&-3&0&0&1\end{array}\right)\xrightarrow{r}\left(\begin{array}{cccc:ccc}1&0&0&1&2&6&-1\\0&1&0&-2&-1&-3&1\\0&0&1&-3&-1&-4&1\end{array}\right),$$

于是这三个方程组的特解依次为$(2,-1,-1,0)^T$,$(6,-3,-4,0)^T$ 和$(-1,1,1,0)^T$,所以

$$B=\begin{pmatrix}2&6&-1\\-1&-3&1\\-1&-4&1\\0&0&0\end{pmatrix}+(c_1\alpha,c_2\alpha,c_3\alpha),\quad c_1,c_2,c_3\text{ 为任意常数.}$$

例 4.14(2013 年,数学一、二、三) 设矩阵 A,B,C 为 n 阶矩阵,若 $AB=C$,且 B 可逆,则(   ).

A. 矩阵 C 的行向量组与矩阵 A 的行向量组等价

B. 矩阵 C 的列向量组与矩阵 A 的列向量组等价

C. 矩阵 C 的行向量组与矩阵 B 的行向量组等价

D. 矩阵 C 的列向量组与矩阵 B 的列向量组等价

解 向量组 $\beta_1,\beta_2,\cdots,\beta_s$ 可由向量组 $\alpha_1,\alpha_2,\cdots,\alpha_n$ 线性表示$\Leftrightarrow$存在矩阵 $K_{n\times s}$,使得$(\beta_1,\beta_2,\cdots,\beta_s)=(\alpha_1,\alpha_2,\cdots,\alpha_n)K_{n\times s}$.

将矩阵 A 和 C 按列分块,记 $A=(\alpha_1,\alpha_2,\cdots,\alpha_n)$,$C=(\beta_1,\beta_2,\cdots,\beta_n)$.由 $AB=C$ 得$(\beta_1,\beta_2,\cdots,\beta_n)=(\alpha_1,\alpha_2,\cdots,\alpha_n)B$,因此向量组 $\beta_1,\beta_2,\cdots,\beta_n$ 可由向量组 $\alpha_1,\alpha_2,\cdots,\alpha_n$ 线性表示,即 C 的列向量组可由 A 的列向量组线性表示.

又 B 可逆及 $AB=C$ 得 $A=CB^{-1}$,即$(\alpha_1,\alpha_2,\cdots,\alpha_n)=(\beta_1,\beta_2,\cdots,\beta_n)B^{-1}$,因此向量组 $\alpha_1,\alpha_2,\cdots,\alpha_n$ 可由向量组 $\beta_1,\beta_2,\cdots,\beta_n$ 线性表示,即 A 的列向量组可由

$\boldsymbol{C}$ 的列向量组线性表示. 因此矩阵 $\boldsymbol{C}$ 的列向量组与矩阵 $\boldsymbol{A}$ 的列向量组等价，故选 B.

例 4.15（2013 年，数学一、二、三） 设 $\boldsymbol{A}=\begin{pmatrix}1 & a\\ 1 & 0\end{pmatrix}$，$\boldsymbol{B}=\begin{pmatrix}0 & 1\\ 1 & b\end{pmatrix}$，当 a,b 为何值时，存在矩阵 $\boldsymbol{C}$ 使得 $\boldsymbol{AC}-\boldsymbol{CA}=\boldsymbol{B}$，并求所有矩阵 $\boldsymbol{C}$.

解 设 $\boldsymbol{C}=\begin{pmatrix}x_1 & x_2\\ x_3 & x_4\end{pmatrix}$，则

$$\boldsymbol{AC}=\begin{pmatrix}x_1+ax_3 & x_2+ax_4\\ x_1 & x_2\end{pmatrix},\quad \boldsymbol{CA}=\begin{pmatrix}x_1+x_2 & ax_1\\ x_3+x_4 & ax_3\end{pmatrix}.$$

于是，由 $\boldsymbol{AC}-\boldsymbol{CA}=\boldsymbol{B}$ 得方程组

$$\begin{cases}-x_2+ax_3=0,\\ -ax_1+x_2+ax_4=1,\\ x_1-x_3-x_4=1,\\ x_2-ax_3=b.\end{cases}\tag{I}$$

存在矩阵 $\boldsymbol{C}$ 使得 $\boldsymbol{AC}-\boldsymbol{CA}=\boldsymbol{B}\Leftrightarrow$ 方程组(I)有解. 将方程组(I)的增广矩阵用初等行变换化为行阶梯形

$$\left(\begin{array}{cccc:c}0 & -1 & a & 0 & 0\\ -a & 1 & 0 & a & 1\\ 1 & 0 & -1 & -1 & 1\\ 0 & 1 & -a & 0 & b\end{array}\right)\to\left(\begin{array}{cccc:c}1 & 0 & -1 & -1 & 1\\ 0 & -1 & a & 0 & 0\\ 0 & 0 & 0 & 0 & 1+a\\ 0 & 0 & 0 & 0 & b\end{array}\right),$$

从而方程组(I)有解 $\Leftrightarrow a=-1,b=0$，则存在矩阵 $\boldsymbol{C}$ 使得 $\boldsymbol{AC}-\boldsymbol{CA}=\boldsymbol{B}\Leftrightarrow a=-1,b=0$.

将 $a=-1,b=0$ 代入上阶梯型矩阵可求得方程组的通解为

$$\begin{aligned}x&=(x_1,x_2,x_3,x_4)^{\mathrm T}\\ &=c_1(1,-1,1,0)^{\mathrm T}+c_2(1,0,0,1)^{\mathrm T}+(1,0,0,0)^{\mathrm T}\\ &=(c_1+c_2+1,-c_1,c_1,c_2)^{\mathrm T},\end{aligned}$$

即有

$$\begin{cases}x_1=c_1+c_2+1;\\ x_2=-c_1;\\ x_3=c_1;\\ x_4=c_2,\end{cases}$$

其中 c_1,c_2 为任意常数. 于是所有矩阵

$$\boldsymbol{C}=\begin{pmatrix}c_1+c_2+1 & -c_1\\ c_1 & c_2\end{pmatrix},$$

其中 c_1,c_2 为任意常数.

习　题　4

第一部分　客观题

1. (k,l)为(　　)时,方程组

$$\begin{cases} kx-\ \ y+4z=1; \\ 2x+2y+6z=0; \\ 4x+\ \ y+lz=3 \end{cases}$$

有唯一解.

A. $(-4,-4)$　　B. $(6,6)$

C. $(-22,2)$　　D. $(20,3)$

2. (k,l)为(　　)时,方程组

$$\begin{cases} kx-\ \ y+4z=0; \\ 2x+2y+6z=0; \\ 4x+\ \ y+lz=0 \end{cases}$$

仅有零解.

A. $(-4,-4)$　　B. $(6,6)$

C. $(20,7)$　　D. $(-22,2)$

3. 线性方程组

$$\begin{cases} x_1+2x_2-x_3=4; \\ x_2+2x_3=2; \\ (\lambda-1)(\lambda-2)x_3=(\lambda-3)(\lambda-4) \end{cases}$$

无解,则$\lambda=$(　　).

A. 4 或 3　　B. 1 或 3

C. 1 或 2　　D. 2 或 4

4. 线性方程组$\boldsymbol{Ax}=\boldsymbol{b}$对应的齐次线性方程组为$\boldsymbol{Ax}=\boldsymbol{0}$,下列结论正确的是(　　).

A. 若$\boldsymbol{Ax}=\boldsymbol{0}$仅有零解,则$\boldsymbol{Ax}=\boldsymbol{b}$有唯一解

B. 若$\boldsymbol{Ax}=\boldsymbol{0}$有非零解,则$\boldsymbol{Ax}=\boldsymbol{b}$有无穷多解

C. 若$\boldsymbol{Ax}=\boldsymbol{b}$有无穷多解,则$\boldsymbol{Ax}=\boldsymbol{0}$有非零解

D. 若$\boldsymbol{Ax}=\boldsymbol{b}$有无穷多解,则$\boldsymbol{Ax}=\boldsymbol{0}$仅有零解

5. 设齐次线性方程组$\boldsymbol{A}_{m\times n}\boldsymbol{x}=\boldsymbol{0}$的秩$r(\boldsymbol{A}_{m\times n})=n-3$,$\boldsymbol{\xi}_1,\boldsymbol{\xi}_2,\boldsymbol{\xi}_3$为$\boldsymbol{A}_{m\times n}\boldsymbol{x}=\boldsymbol{0}$的线性无关解向量,则$\boldsymbol{A}_{m\times n}\boldsymbol{x}=\boldsymbol{0}$的一组基础解系为(　　).

A. $\boldsymbol{\xi}_1,\boldsymbol{\xi}_2+\boldsymbol{\xi}_3$　　B. $\boldsymbol{\xi}_1,\boldsymbol{\xi}_1+\boldsymbol{\xi}_2,\boldsymbol{\xi}_1+\boldsymbol{\xi}_2+\boldsymbol{\xi}_3$

C. $\boldsymbol{\xi}_1-\boldsymbol{\xi}_2,\boldsymbol{\xi}_2-\boldsymbol{\xi}_3,\boldsymbol{\xi}_3-\boldsymbol{\xi}_1$　　D. $\boldsymbol{\xi}_3-\boldsymbol{\xi}_2-\boldsymbol{\xi}_1,\boldsymbol{\xi}_3+\boldsymbol{\xi}_2+\boldsymbol{\xi}_1,-2\boldsymbol{\xi}_3$

6．设 n 阶方阵 $\boldsymbol{A}$ 的伴随矩阵 $\boldsymbol{A}^* \neq \boldsymbol{0}$，若 $\boldsymbol{\xi}_1, \boldsymbol{\xi}_2, \boldsymbol{\xi}_3, \boldsymbol{\xi}_4$ 是非齐次线性方程组 $\boldsymbol{Ax}=\boldsymbol{b}$ 的互不相等的解，则对应的齐次线性方程组 $\boldsymbol{Ax}=\boldsymbol{0}$ 的基础解系（　　）.

A. 不存在　　B. 仅含一个非零解向量

C. 含有两个线性无关的解向量　　D. 含有三个线性无关的解向量

7．设有方程组

$$(a)\begin{cases} kx_1 + x_2 + x_3 = 1; \\ x_1 + kx_2 = 3; \\ 3x_1 + x_2 + x_3 = 1 \end{cases} \quad 及 \quad (b)\begin{cases} kx_1 + x_2 + x_3 = 0; \\ x_1 + kx_2 = 0; \\ 3x_1 + x_2 + x_3 = 0, \end{cases}$$

对于方程组(a)和(b)下列说法不正确的是（　　）.

A. 当 $k \neq 0$ 且 $k \neq 3$ 时，方程组(a)有唯一解

B. 当 $k \neq 0$ 且 $k \neq 3$ 时，方程组(b)仅有零解

C. 当 $k=0$ 或 $k=3$ 时，方程组(a)无解

D. $k=0$ 或 $k=3$ 时，方程组(b)有非零解

8．已知 $\boldsymbol{\xi}_1=\begin{pmatrix}1\\1\\1\end{pmatrix}, \boldsymbol{\xi}_2=\begin{pmatrix}1\\2\\3\end{pmatrix}$ 是方程组 $\boldsymbol{Ax}=\boldsymbol{0}$ 的一组基础解系，$\boldsymbol{\zeta}_1=\begin{pmatrix}1\\1\\1\\1\end{pmatrix}, \boldsymbol{\zeta}_2=\begin{pmatrix}0\\0\\1\\1\end{pmatrix}$ 是方程组 $\boldsymbol{By}=\boldsymbol{0}$ 的一组基础解系，则（　　）为方程组 $\begin{cases}\boldsymbol{Ax}=\boldsymbol{0}; \\ \boldsymbol{By}=\boldsymbol{0}\end{cases}$ 的一组基础解系.

A. $\boldsymbol{\xi}_1, \boldsymbol{\xi}_2, \boldsymbol{\zeta}_1, \boldsymbol{\zeta}_2$　　B. $\boldsymbol{\zeta}_1+\boldsymbol{\xi}_1, \boldsymbol{\zeta}_2+\boldsymbol{\xi}_2$

C. $\begin{pmatrix}\boldsymbol{\xi}_1\\0\end{pmatrix}, \begin{pmatrix}\boldsymbol{\xi}_2\\0\end{pmatrix}, \begin{pmatrix}0\\\boldsymbol{\zeta}_1\end{pmatrix}, \begin{pmatrix}0\\\boldsymbol{\zeta}_2\end{pmatrix}$　　D. $\begin{pmatrix}\boldsymbol{\xi}_1\\\boldsymbol{\zeta}_1\end{pmatrix}, \begin{pmatrix}\boldsymbol{\xi}_1\\\boldsymbol{\zeta}_2\end{pmatrix}, \begin{pmatrix}\boldsymbol{\xi}_2\\\boldsymbol{\zeta}_1\end{pmatrix}, \begin{pmatrix}\boldsymbol{\xi}_2\\\boldsymbol{\zeta}_2\end{pmatrix}$

第二部分　解答题

1．利用初等变换法求线性方程组的通解：

$$(1)\begin{cases} x_1 + 2x_2 + 3x_3 - x_4 = 1; \\ 3x_1 + 2x_2 + x_3 - x_4 = 1; \\ 2x_1 + 3x_2 + x_3 + x_4 = 1; \\ 2x_1 + 2x_2 + 2x_3 - x_4 = 1; \\ 5x_1 + 5x_2 + 2x_3 = 2; \end{cases} \quad (2)\begin{cases} x_1 + 3x_2 + 3x_3 - 2x_4 + x_5 = 3; \\ 2x_1 + 6x_2 + x_3 - 3x_4 = 2; \\ x_1 + 3x_2 - 2x_3 - x_4 - x_5 = -1; \\ 3x_1 + 9x_2 + 4x_3 - 5x_4 + x_5 = 5; \end{cases}$$

$$(3)\begin{cases} 3x_1 + x_2 - 6x_3 - 4x_4 + 2x_5 = 0; \\ 2x_1 + 2x_2 - 3x_3 - 5x_4 + 3x_5 = 0; \\ x_1 - 5x_2 - 6x_3 + 8x_4 - 6x_5 = 0. \end{cases}$$

2. a 为何值时,线性方程组

$$\begin{cases} x_1+x_2-x_3+x_4=0; \\ x_1+2x_2-x_3+2x_4=0; \\ x_1-x_2+ax_3-x_4=0; \\ -3x_1+2x_2+3x_3+ax_4=0 \end{cases}$$

有非零解,并求通解.

3. 设 $\boldsymbol{A}=\begin{pmatrix} 2 & 1 & -3 \\ 1 & 2 & -2 \\ -1 & 3 & 2 \end{pmatrix}$,$\boldsymbol{B}=\begin{pmatrix} 1 & 2 & -2 \\ -1 & 0 & 5 \end{pmatrix}$,解矩阵方程 $\boldsymbol{XA}=\boldsymbol{B}$.

4. 设矩阵 $\boldsymbol{A}=\begin{pmatrix} 1 & 1 & -1 \\ -1 & 1 & 1 \\ 1 & -1 & 1 \end{pmatrix}$,矩阵 $\boldsymbol{X}$ 满足 $\boldsymbol{A}^*\boldsymbol{X}=\boldsymbol{A}^{-1}+2\boldsymbol{X}$,求矩阵 $\boldsymbol{X}$.

5. 讨论线性方程组

$$\begin{cases} x_1+ax_2+x_3=3; \\ x_1+2ax_2+x_3=4; \\ x_1+x_2+bx_3=4 \end{cases}$$

的解,当 a,b 为何值时方程组有无穷多解,并求此时的通解.

6. 设矩阵 $\boldsymbol{A}=(\boldsymbol{a}_1,\boldsymbol{a}_2,\boldsymbol{a}_3,\boldsymbol{a}_4)$,其中 $\boldsymbol{a}_2,\boldsymbol{a}_3,\boldsymbol{a}_4$ 线性无关,$\boldsymbol{a}_1=2\boldsymbol{a}_2-\boldsymbol{a}_3$,向量 $\boldsymbol{b}=\boldsymbol{a}_1+\boldsymbol{a}_2+\boldsymbol{a}_3+\boldsymbol{a}_4$,求方程组 $\boldsymbol{Ax}=\boldsymbol{b}$ 的通解.

7. 设 $\boldsymbol{A}$ 为 $n(n\geqslant 2)$ 阶方阵,试证明

$$r(\boldsymbol{A}^*)=\begin{cases} n, & 当\ r(\boldsymbol{A})=n; \\ 1, & 当\ r(\boldsymbol{A})=n-1; \\ 0, & 当\ r(\boldsymbol{A})<n-1. \end{cases}$$

8. 设 $\boldsymbol{A},\boldsymbol{B}$ 都是 n 阶方阵,且 $r(\boldsymbol{B})\geqslant 2$. 如果 $\boldsymbol{BA}=\boldsymbol{O}$,试证明 $\boldsymbol{A}$ 的伴随矩阵 $\boldsymbol{A}^*$ 为零矩阵.

9. 设四阶矩阵 $\boldsymbol{A}$ 的秩为 $r(\boldsymbol{A})=3$,求 $r(\boldsymbol{A}^*)$.

10. 设 $\boldsymbol{A}_{n\times m},\boldsymbol{B}_{m\times n}$,其中 $n\leqslant m$,若 $\boldsymbol{AB}=\boldsymbol{E}$,试证明 $\boldsymbol{B}$ 的列向量组线性无关.

11. 设 $\boldsymbol{A}=\begin{pmatrix} 2 & -2 & 1 & 3 \\ 9 & -5 & 2 & 8 \end{pmatrix}$,求一个 4×2 矩阵 $\boldsymbol{B}$,使 $\boldsymbol{AB}=\boldsymbol{O}$,且 $r(\boldsymbol{B})=2$.

12. 设有四元齐次线性方程组

$$\text{I}:\begin{cases} x_1+x_2=0; \\ x_2-x_4=0, \end{cases}$$

又某四元齐次线性方程组 II 的通解为 $k_1\begin{pmatrix} 0 \\ 1 \\ 1 \\ 0 \end{pmatrix}+k_2\begin{pmatrix} -1 \\ 2 \\ 2 \\ 1 \end{pmatrix}$,$k_1,k_2$ 为任意常数,

(1) 求方程组 I 的基础解系；

(2) 问方程组 I 与 II 是否有非零公共解？若有，求出全部非零公共解；若没有，则说明理由.

13. 设 $\boldsymbol{a}=\begin{pmatrix}a_1\\a_2\\a_3\end{pmatrix},\boldsymbol{b}=\begin{pmatrix}b_1\\b_2\\b_3\end{pmatrix},\boldsymbol{c}=\begin{pmatrix}c_1\\c_2\\c_3\end{pmatrix}$，$a_i^2+b_i^2\neq0,i=1,2,3$，试证明三条直线

$$\begin{cases}l_1:a_1x+b_1y+c_1=0;\\l_2:a_2x+b_2y+c_2=0;\\l_3:a_3x+b_3y+c_3=0\end{cases}$$

相交于一点的充要条件是，向量组 $\boldsymbol{a},\boldsymbol{b}$ 线性无关，且向量组 $\boldsymbol{a},\boldsymbol{b},\boldsymbol{c}$ 线性相关.

14. 设 $\boldsymbol{a}_1=\begin{pmatrix}2-\lambda\\2\\-2\end{pmatrix},\boldsymbol{a}_2=\begin{pmatrix}2\\5-\lambda\\-4\end{pmatrix},\boldsymbol{a}_3=\begin{pmatrix}-2\\-4\\5-\lambda\end{pmatrix},\boldsymbol{b}=\begin{pmatrix}1\\2\\-\lambda-1\end{pmatrix}$，求 λ 为何值时，向量 $\boldsymbol{b}$ 可以由向量组 $\boldsymbol{a}_1,\boldsymbol{a}_2,\boldsymbol{a}_3$ 线性表示；在表达式唯一时，求其表达式.

15. 设 $\mathbf{A}=\begin{pmatrix}1&-1&-1\\-1&1&1\\0&-4&-2\end{pmatrix},\boldsymbol{\xi}_1=\begin{pmatrix}-1\\1\\-2\end{pmatrix}$，

(1) 求满足 $\mathbf{A}\boldsymbol{\xi}_2=\boldsymbol{\xi}_1,\mathbf{A}^2\boldsymbol{\xi}_3=\boldsymbol{\xi}_1$ 的所有向量 $\boldsymbol{\xi}_2,\boldsymbol{\xi}_3$；

(2) 对(1)中任意向量 $\boldsymbol{\xi}_2,\boldsymbol{\xi}_3$，试证明 $\boldsymbol{\xi}_1,\boldsymbol{\xi}_2,\boldsymbol{\xi}_3$ 线性无关.

16. 设 $\boldsymbol{\eta}^*$ 是非齐次线性方程组 $\mathbf{A}\boldsymbol{x}=\boldsymbol{b}$ 的一个解，$\boldsymbol{\xi}_1,\boldsymbol{\xi}_2,\cdots,\boldsymbol{\xi}_{n-r}$ 为对应齐次线性方程组 $\mathbf{A}\boldsymbol{x}=\mathbf{0}$ 的基础解系，试证明：

(1) $\boldsymbol{\eta}^*,\boldsymbol{\xi}_1,\boldsymbol{\xi}_2,\cdots,\boldsymbol{\xi}_{n-r}$ 线性无关；

(2) $\boldsymbol{\eta}^*,\boldsymbol{\eta}^*+\boldsymbol{\xi}_1,\boldsymbol{\eta}^*+\boldsymbol{\xi}_2,\cdots,\boldsymbol{\eta}^*+\boldsymbol{\xi}_{n-r}$ 线性无关.

17. 设 $\boldsymbol{\eta}_1,\boldsymbol{\eta}_2,\cdots,\boldsymbol{\eta}_s$ 是非齐次线性方程组 $\mathbf{A}\boldsymbol{x}=\boldsymbol{b}$ 的 s 个解，$k_1,k_2,\cdots,k_s$ 为实数，满足 $k_1+k_2+\cdots+k_s=1$，试证明 $\boldsymbol{x}=k_1\boldsymbol{\eta}_1+k_2\boldsymbol{\eta}_2+\cdots+k_s\boldsymbol{\eta}_s$ 仍为 $\mathbf{A}\boldsymbol{x}=\boldsymbol{b}$ 的解.

18. 设非齐次线性方程组 $\mathbf{A}\boldsymbol{x}=\boldsymbol{b}$ 的系数矩阵的秩为 $r(\mathbf{A})=r$，$\boldsymbol{\eta}_1,\boldsymbol{\eta}_2,\cdots,\boldsymbol{\eta}_{n-r+1}$ 是 $\mathbf{A}\boldsymbol{x}=\boldsymbol{b}$ 的 $n-r+1$ 线性无关的解，试证明 $\mathbf{A}\boldsymbol{x}=\boldsymbol{b}$ 的任意的解可以表示为

$$\boldsymbol{x}=k_1\boldsymbol{\eta}_1+k_2\boldsymbol{\eta}_2+\cdots+k_{n-r+1}\boldsymbol{\eta}_{n-r+1}，其中\ k_1+k_2+\cdots+k_{n-r+1}=1.$$

第5章 方阵的特征值与特征向量

方阵的特征值与特征向量是线性代数的重要内容之一，它在工程技术、经济管理领域，以及在图论中有着重要的应用. 本章主要讨论了方阵的特征值与特征向量以及方阵的相似对角化等问题. 其中涉及向量的内积、长度及正交性等知识，下面先介绍这些基本知识.

5.1 向量的内积、长度及正交性

定义 5.1 设有 n 维实列向量

$$\boldsymbol{\alpha}=\begin{pmatrix}a_1\\a_2\\\vdots\\a_n\end{pmatrix},\quad \boldsymbol{\beta}=\begin{pmatrix}b_1\\b_2\\\vdots\\b_n\end{pmatrix},$$

令

$$[\boldsymbol{\alpha},\boldsymbol{\beta}]\overset{\Delta}{=}\boldsymbol{\alpha}^{\mathrm{T}}\boldsymbol{\beta}=(a_1,a_2,\cdots,a_n)\begin{pmatrix}b_1\\b_2\\\vdots\\b_n\end{pmatrix}=a_1b_1+a_2b_2+\cdots+a_nb_n=\sum_{i=1}^{n}a_ib_i,$$

称$[\boldsymbol{\alpha},\boldsymbol{\beta}]$为向量 $\boldsymbol{\alpha}$ 与 $\boldsymbol{\beta}$ 的**内积**，也称**数量积**.

若 $\boldsymbol{\alpha}$ 与 $\boldsymbol{\beta}$ 都为 n 维实行向量，且 $\boldsymbol{\alpha}=(a_1,a_2,\cdots,a_n)$，$\boldsymbol{\beta}=(b_1,b_2,\cdots,b_n)$，则

$$[\boldsymbol{\alpha},\boldsymbol{\beta}]=\boldsymbol{\alpha}\boldsymbol{\beta}^{\mathrm{T}}=a_1b_1+a_2b_2+\cdots+a_nb_n=\sum_{i=1}^{n}a_ib_i.$$

由以上定义可以看出实向量内积是一个实数.

内积具有以下性质(其中 $\boldsymbol{\alpha},\boldsymbol{\beta},\boldsymbol{\gamma}$ 为 n 维实向量，k 为实数)：

(1) $[\boldsymbol{\alpha},\boldsymbol{\beta}]=[\boldsymbol{\beta},\boldsymbol{\alpha}]$；

(2) $[k\boldsymbol{\alpha},\boldsymbol{\beta}]=k[\boldsymbol{\alpha},\boldsymbol{\beta}]$；

(3) $[\boldsymbol{\alpha}+\boldsymbol{\beta},\boldsymbol{\gamma}]=[\boldsymbol{\alpha},\boldsymbol{\gamma}]+[\boldsymbol{\beta},\boldsymbol{\gamma}]$；

(4) $[\boldsymbol{\alpha},\boldsymbol{\alpha}]\geqslant 0$，当且仅当 $\boldsymbol{\alpha}=\boldsymbol{0}$ 时，$[\boldsymbol{\alpha},\boldsymbol{\alpha}]=0$；

(5) $[\boldsymbol{\alpha},\boldsymbol{\beta}]^2\leqslant[\boldsymbol{\alpha},\boldsymbol{\alpha}][\boldsymbol{\beta},\boldsymbol{\beta}]$ [称为**施瓦茨(Schwarz)不等式**].

证明略.

定义 5.2 令

$$\|\boldsymbol{\alpha}\| \stackrel{\Delta}{=} \sqrt{[\boldsymbol{\alpha},\boldsymbol{\alpha}]} = \sqrt{a_1^2+a_2^2+\cdots+a_n^2} = \sqrt{\sum_{i=1}^{n} a_i^2},$$

称 $\|\boldsymbol{\alpha}\|$ 为 n 维实向量 $\boldsymbol{\alpha}$ 的**长度**(或**范数**、**模**). 其中,$a_1,a_2,\cdots,a_n$ 为 n 维实向量 $\boldsymbol{\alpha}$ 的 n 个分量.

向量长度具有以下性质:

(1) **非负性**, $\|\boldsymbol{\alpha}\| \geqslant 0$,当且仅当 $\boldsymbol{\alpha}=\mathbf{0}$ 时, $\|\boldsymbol{\alpha}\|=0$;

(2) **齐次性**, $\|k\boldsymbol{\alpha}\| = |k|\,\|\boldsymbol{\alpha}\|, k\in\mathbf{R}$;

(3) **三角不等式**, $\|\boldsymbol{\alpha}+\boldsymbol{\beta}\| \leqslant \|\boldsymbol{\alpha}\|+\|\boldsymbol{\beta}\|$;

(4) 对于 n 维向量 $\boldsymbol{\alpha},\boldsymbol{\beta}$,有$[\boldsymbol{\alpha},\boldsymbol{\beta}] \leqslant \|\boldsymbol{\alpha}\|\,\|\boldsymbol{\beta}\|$.

证明略.

当 $\|\boldsymbol{\alpha}\|=1$ 时,称 $\boldsymbol{\alpha}$ 为**单位向量**.

对于 $\mathbf{R}^n$ 中的任一非零向量 $\boldsymbol{\alpha}$,有 $\frac{1}{\|\boldsymbol{\alpha}\|}\boldsymbol{\alpha}$ 是一个单位向量,因为

$$\left\|\frac{1}{\|\boldsymbol{\alpha}\|}\boldsymbol{\alpha}\right\| = \frac{1}{\|\boldsymbol{\alpha}\|}\|\boldsymbol{\alpha}\| = 1,$$

故称 $\frac{1}{\|\boldsymbol{\alpha}\|}\boldsymbol{\alpha}$ 为**非零向量单位化公式**,即任一非零实向量 $\boldsymbol{\alpha}$ 都可以利用 $\frac{1}{\|\boldsymbol{\alpha}\|}\boldsymbol{\alpha}$ 化为一个单位向量.

定义 5.3 当 $\boldsymbol{\alpha}\neq\mathbf{0},\boldsymbol{\beta}\neq\mathbf{0}$ 时,令

$$\theta \stackrel{\Delta}{=} \arccos\frac{[\boldsymbol{\alpha},\boldsymbol{\beta}]}{\|\boldsymbol{\alpha}\|\,\|\boldsymbol{\beta}\|},\ 0\leqslant\theta\leqslant\pi,$$

称 θ 为 n 维非零实向量 $\boldsymbol{\alpha}$ 与 $\boldsymbol{\beta}$ 的**夹角**.

例 5.1 设 $\boldsymbol{\alpha}=(3,2,2,1)^{\mathrm{T}},\boldsymbol{\beta}=(1,5,1,3)^{\mathrm{T}}$,求 $\boldsymbol{\alpha}$ 与 $\boldsymbol{\beta}$ 的夹角 θ.

解 由 $\|\boldsymbol{\alpha}\|=\sqrt{[\boldsymbol{\alpha},\boldsymbol{\alpha}]}=3\sqrt{2}$, $\|\beta\|=\sqrt{[\boldsymbol{\beta},\boldsymbol{\beta}]}=6$, $[\boldsymbol{\alpha},\boldsymbol{\beta}]=18$,得

$$\theta=\arccos\frac{[\boldsymbol{\alpha},\boldsymbol{\beta}]}{\|\boldsymbol{\alpha}\|\,\|\boldsymbol{\beta}\|}=\arccos\frac{18}{3\sqrt{2}\times 6}=\arccos\frac{\sqrt{2}}{2}=\frac{\pi}{4}.$$

定义 5.4 若两实向量 $\boldsymbol{\alpha}$ 与 $\boldsymbol{\beta}$ 的内积是0,即$[\boldsymbol{\alpha},\boldsymbol{\beta}]=0$,则称 $\boldsymbol{\alpha}$ 与 $\boldsymbol{\beta}$ **正交**.

显然,零向量与任意实向量都正交.

定义 5.5 若 n 维实向量组 $\boldsymbol{\alpha}_1,\boldsymbol{\alpha}_2,\cdots,\boldsymbol{\alpha}_r$ 都是非零向量且两两正交,即

$$\boldsymbol{\alpha}_i\neq\mathbf{0}, i=1,2,\cdots,r, \text{且}\ \forall i\neq j, i,j=1,2,\cdots,r, \text{有}[\boldsymbol{\alpha}_i,\boldsymbol{\alpha}_j]=0,$$

则称 $\boldsymbol{\alpha}_1,\boldsymbol{\alpha}_2,\cdots,\boldsymbol{\alpha}_r$ 为**正交向量组**.

例如,$\mathbf{R}^n$ 中的 $\boldsymbol{\varepsilon}_1=\begin{pmatrix}1\\0\\0\\\vdots\\0\end{pmatrix},\boldsymbol{\varepsilon}_2=\begin{pmatrix}0\\1\\0\\\vdots\\0\end{pmatrix},\cdots,\boldsymbol{\varepsilon}_n=\begin{pmatrix}0\\0\\\vdots\\0\\1\end{pmatrix}$ 是一个正交向量组.

下面讨论正交向量组的性质.

定理 5.1 若 n 维向量组 $\boldsymbol{\alpha}_1,\boldsymbol{\alpha}_2,\cdots,\boldsymbol{\alpha}_r$ 是一个正交向量组,则 $\boldsymbol{\alpha}_1,\boldsymbol{\alpha}_2,\cdots,\boldsymbol{\alpha}_r$ 线性无关.

证 设有 $k_1,k_2,\cdots,k_r\in\mathbf{R}$ 使得

$$k_1\boldsymbol{\alpha}_1+k_2\boldsymbol{\alpha}_2+\cdots+k_r\boldsymbol{\alpha}_r=\mathbf{0},$$

用 $\boldsymbol{\alpha}_1^{\mathrm{T}}$ 左乘上式两端,得

$$k_1\boldsymbol{\alpha}_1^{\mathrm{T}}\boldsymbol{\alpha}_1+k_2\boldsymbol{\alpha}_1^{\mathrm{T}}\boldsymbol{\alpha}_2+\cdots+k_r\boldsymbol{\alpha}_1^{\mathrm{T}}\boldsymbol{\alpha}_r=0.$$

由于 $\boldsymbol{\alpha}_1,\boldsymbol{\alpha}_2,\cdots,\boldsymbol{\alpha}_r$ 为正交向量组,故 $\boldsymbol{\alpha}_1^{\mathrm{T}}\boldsymbol{\alpha}_1\neq0,\boldsymbol{\alpha}_1^{\mathrm{T}}\boldsymbol{\alpha}_j=0(2\leqslant j\leqslant r)$. 即有

$$k_1\boldsymbol{\alpha}_1^{\mathrm{T}}\boldsymbol{\alpha}_1=0,$$

即得 $k_1=0$. 同理可证 $k_2=k_3=\cdots=k_r=0$. 于是 $\boldsymbol{\alpha}_1,\boldsymbol{\alpha}_2,\cdots,\boldsymbol{\alpha}_r$ 线性无关.

注意:(1) $\mathbf{R}^n$ 中任一正交向量组的向量个数不超过 n;

(2) 若向量组 $\boldsymbol{\alpha}_1,\boldsymbol{\alpha}_2,\cdots,\boldsymbol{\alpha}_r$ 两两正交且都为单位向量,则称这样的正交向量组为**规范正交向量组**.

例 5.2 已知 $\boldsymbol{R}^3$ 中的两个向量 $\boldsymbol{\alpha}_1=\begin{pmatrix}1\\2\\-1\end{pmatrix},\boldsymbol{\alpha}_2=\begin{pmatrix}2\\-1\\0\end{pmatrix}$ 正交,试求一个非零向量 $\boldsymbol{\alpha}_3$ 使 $\boldsymbol{\alpha}_1,\boldsymbol{\alpha}_2,\boldsymbol{\alpha}_3$ 为正交向量组.

解 由题意可知 $\boldsymbol{\alpha}_1^{\mathrm{T}}\boldsymbol{\alpha}_3=0,\boldsymbol{\alpha}_2^{\mathrm{T}}\boldsymbol{\alpha}_3=0$,即 $\begin{pmatrix}\boldsymbol{\alpha}_1^{\mathrm{T}}\\\boldsymbol{\alpha}_2^{\mathrm{T}}\end{pmatrix}\boldsymbol{\alpha}_3=\mathbf{0}$.

记

$$\boldsymbol{A}=\begin{pmatrix}\boldsymbol{\alpha}_1^{\mathrm{T}}\\\boldsymbol{\alpha}_2^{\mathrm{T}}\end{pmatrix}=\begin{pmatrix}1&2&-1\\2&-1&0\end{pmatrix},$$

则 $\boldsymbol{A}\boldsymbol{\alpha}_3=\mathbf{0}$,即可取齐次线性方程组 $\boldsymbol{A}\boldsymbol{x}=\mathbf{0}$ 的一个非零解作为 $\boldsymbol{\alpha}_3$.

由

$$\boldsymbol{A}=\begin{pmatrix}1&2&-1\\2&-1&0\end{pmatrix}\xrightarrow{r_2-2r_1}\begin{pmatrix}1&2&-1\\0&-5&2\end{pmatrix}\xrightarrow[r_1-2r_2]{-\frac{1}{5}r_2}\begin{pmatrix}1&0&-\frac{1}{5}\\0&1&-\frac{2}{5}\end{pmatrix},$$

得 $\boldsymbol{A}\boldsymbol{x}=\mathbf{0}$ 基础解系

$$\boldsymbol{\xi}_1=\begin{pmatrix}\frac{1}{5}\\\frac{2}{5}\\1\end{pmatrix},$$

取 $\boldsymbol{\alpha}_3=\boldsymbol{\xi}_1$ 即可.

定义 5.6　设 $\mathbf{V}(\subset \mathbf{R}^n)$是一个向量空间，

(1) 若 $\boldsymbol{\alpha}_1,\boldsymbol{\alpha}_2,\cdots,\boldsymbol{\alpha}_r$ 是**向量空间 V** 的一组**基**，且两两正交，则称 $\boldsymbol{\alpha}_1,\boldsymbol{\alpha}_2,\cdots,\boldsymbol{\alpha}_r$ 为**向量空间 V** 的一组**正交基**；

(2) 若$\boldsymbol{e}_1,\boldsymbol{e}_2,\cdots,\boldsymbol{e}_r$ 是**向量空间 V** 的一组基，同时满足$\boldsymbol{e}_1,\boldsymbol{e}_2,\cdots,\boldsymbol{e}_r$ 两两正交，且都是单位向量，则称$\boldsymbol{e}_1,\boldsymbol{e}_2,\cdots,\boldsymbol{e}_r$ 为 V 的一个**规范正交基**(或**标准正交基**).

例如，$\boldsymbol{e}_1=\begin{pmatrix}1\\0\\0\end{pmatrix},\boldsymbol{e}_2=\begin{pmatrix}0\\1\\0\end{pmatrix},\boldsymbol{e}_3=\begin{pmatrix}0\\0\\1\end{pmatrix}$为 $\mathbf{R}^3$ 的一个规范正交基.

同理 n 维单位向量组 $\boldsymbol{\varepsilon}_1=\begin{pmatrix}1\\0\\0\\\vdots\\0\end{pmatrix},\boldsymbol{\varepsilon}_2=\begin{pmatrix}0\\1\\0\\\vdots\\0\end{pmatrix},\cdots,\boldsymbol{\varepsilon}_n=\begin{pmatrix}0\\0\\\vdots\\0\\1\end{pmatrix}$为 $\mathbf{R}^n$ 的一个规范正交基.

若$\boldsymbol{e}_1,\boldsymbol{e}_2,\cdots,\boldsymbol{e}_r$ 为 V 的一个**规范正交基**，那么 V 中的任一向量$\boldsymbol{\alpha}$ 能由$\boldsymbol{e}_1,\boldsymbol{e}_2,\cdots,\boldsymbol{e}_r$ 唯一线性表示，即存在唯一的 $\lambda_1,\lambda_2,\cdots,\lambda_r$，使得

$$\boldsymbol{\alpha}=\lambda_1\boldsymbol{e}_1+\lambda_2\boldsymbol{e}_2+\cdots+\lambda_r\boldsymbol{e}_r,$$

则 $\lambda_1,\lambda_2,\cdots,\lambda_r$ 为向量$\boldsymbol{\alpha}$ 在规范正交基 $e_2,e_2,\cdots,e_r$ 下的**坐标**，且

$$\lambda_i=\boldsymbol{e}_i^{\mathrm{T}}\boldsymbol{\alpha}=[\boldsymbol{e}_i,\boldsymbol{\alpha}],\quad i=1,2,\cdots,r.$$

因此，在求向量空间的基时，往往求一个规范正交基.

下面给出**规范正交基**的求法.

设 $\boldsymbol{\alpha}_1,\boldsymbol{\alpha}_2,\cdots,\boldsymbol{\alpha}_r$ 是向量空间 V 的一组基，要求 V 的一个规范正交基，相当于求一组两两正交的单位向量$\boldsymbol{e}_1,\boldsymbol{e}_2,\cdots,\boldsymbol{e}_r$，使它与 $\boldsymbol{\alpha}_1,\boldsymbol{\alpha}_2,\cdots,\boldsymbol{\alpha}_r$ 等价. 我们将这样的一个问题称为线性无关向量组 $\boldsymbol{\alpha}_1,\boldsymbol{\alpha}_2,\cdots,\boldsymbol{\alpha}_r$ 的**规范正交化**.

规范正交化可由以下正交化和单位化两个步骤完成.

(1) 正交化，令

$$\boldsymbol{\beta}_1=\boldsymbol{\alpha}_1,$$

$$\boldsymbol{\beta}_2=\boldsymbol{\alpha}_2-\frac{[\boldsymbol{\beta}_1,\boldsymbol{\alpha}_2]}{[\boldsymbol{\beta}_1,\boldsymbol{\beta}_1]}\boldsymbol{\beta}_1,$$

……

$$\boldsymbol{\beta}_r=\boldsymbol{\alpha}_r-\frac{[\boldsymbol{\beta}_1,\boldsymbol{\alpha}_r]}{[\boldsymbol{\beta}_1,\boldsymbol{\beta}_1]}\boldsymbol{\beta}_1-\frac{[\boldsymbol{\beta}_2,\boldsymbol{\alpha}_r]}{[\boldsymbol{\beta}_2,\boldsymbol{\beta}_2]}\boldsymbol{\beta}_2-\cdots-\frac{[\boldsymbol{\beta}_{r-1},\boldsymbol{\alpha}_r]}{[\boldsymbol{\beta}_{r-1},\boldsymbol{\beta}_{r-1}]}\boldsymbol{\beta}_{r-1},$$

易验证 $\boldsymbol{\beta}_1,\boldsymbol{\beta}_2,\cdots,\boldsymbol{\beta}_r$ 两两正交，且 $\boldsymbol{\beta}_1,\boldsymbol{\beta}_2,\cdots,\boldsymbol{\beta}_r$ 与 $\boldsymbol{\alpha}_1,\boldsymbol{\alpha}_2,\cdots,\boldsymbol{\alpha}_r$ 等价. 这一过程称为**施密特正交化过程**，它可以将任一线性无关的向量组 $\boldsymbol{\alpha}_1,\boldsymbol{\alpha}_2,\cdots,\boldsymbol{\alpha}_r$ 化成与之等价的正交向量组 $\boldsymbol{\beta}_1,\boldsymbol{\beta}_2,\cdots,\boldsymbol{\beta}_r$.

(2) 单位化,令

$$\boldsymbol{e}_1=\frac{1}{\|\boldsymbol{\beta}_1\|}\boldsymbol{\beta}_1,\quad \boldsymbol{e}_2=\frac{1}{\|\boldsymbol{\beta}_2\|}\boldsymbol{\beta}_2,\quad \cdots,\quad \boldsymbol{e}_r=\frac{1}{\|\boldsymbol{\beta}_r\|}\boldsymbol{\beta}_r,$$

则 $\boldsymbol{e}_1,\boldsymbol{e}_2,\cdots,\boldsymbol{e}_r$ 为 V 的一个规范正交基.

由以上两步骤可以看出,施密特正交化过程可以将 $\mathbf{R}^n$ 中的任一线性无关的向量组 $\boldsymbol{\alpha}_1,\boldsymbol{\alpha}_2,\cdots,\boldsymbol{\alpha}_r$ 化为与之等价的正交组 $\boldsymbol{\beta}_1,\boldsymbol{\beta}_2,\cdots,\boldsymbol{\beta}_r$;再利用单位化公式,令 $\boldsymbol{e}_i=\frac{1}{\|\boldsymbol{\beta}_i\|}\boldsymbol{\beta}_i,i=1,2,\cdots,r$,得到与 $\boldsymbol{\alpha}_1,\boldsymbol{\alpha}_2,\cdots,\boldsymbol{\alpha}_r$ 等价的规范正交向量组 $\boldsymbol{e}_1,\boldsymbol{e}_2,\cdots,\boldsymbol{e}_r$. 我们将以上两步称为正交规范化过程. 在这一过程中,必须先正交化,再单位(规范)化.

注意:$\mathbf{R}^n$ 空间中任意 n 个线性无关的向量都可以作为 $\mathbf{R}^n$ 的一组基,且这组基一定可以通过正交规范化化成与之等价的 $\mathbf{R}^n$ 的一个规范正交基.

本节最后再介绍一下正交矩阵和正交变换的概念与性质.

定义 5.7 若 n 阶实方阵 $\boldsymbol{A}$ 满足 $\boldsymbol{A}^{\mathrm{T}}\boldsymbol{A}=\boldsymbol{E}$,则称 $\boldsymbol{A}$ 为**正交矩阵**,简称为**正交阵**.

例如

$$\boldsymbol{A}=\begin{pmatrix}\frac{\sqrt{2}}{2} & \frac{\sqrt{2}}{2}\\ -\frac{\sqrt{2}}{2} & \frac{\sqrt{2}}{2}\end{pmatrix},$$

因

$$\boldsymbol{A}^{\mathrm{T}}\boldsymbol{A}=\begin{pmatrix}\frac{\sqrt{2}}{2} & -\frac{\sqrt{2}}{2}\\ \frac{\sqrt{2}}{2} & \frac{\sqrt{2}}{2}\end{pmatrix}\begin{pmatrix}\frac{\sqrt{2}}{2} & \frac{\sqrt{2}}{2}\\ -\frac{\sqrt{2}}{2} & \frac{\sqrt{2}}{2}\end{pmatrix}=\begin{pmatrix}1 & 0\\ 0 & 1\end{pmatrix}=\boldsymbol{E},$$

故 $\boldsymbol{A}$ 为正交阵.

正交矩阵有以下重要性质:

(1) $\boldsymbol{A}$ 为正交阵$\Leftrightarrow\boldsymbol{A}$ 为 n 阶实方阵且 $\boldsymbol{A}\boldsymbol{A}^{\mathrm{T}}=\boldsymbol{E}\Leftrightarrow\boldsymbol{A}$ 为 n 阶实方阵且 $\boldsymbol{A}^{\mathrm{T}}=\boldsymbol{A}^{-1}$;

(2) 若 $\boldsymbol{A}$ 为正交阵,则 $\boldsymbol{A}^{\mathrm{T}},\boldsymbol{A}^{-1},\boldsymbol{A}^*,\boldsymbol{A}^k,-\boldsymbol{A}$ 也是正交阵;

(3) 两个正交阵的乘积仍为正交阵;

(4) 若 $\boldsymbol{A}$ 为正交阵,则 $|\boldsymbol{A}|=1$ 或 -1.

定理 5.2 $\boldsymbol{A}$ 为正交阵的充分必要条件是 $\boldsymbol{A}$ 的列(行)向量组是规范正交向量组.

证 将 $\boldsymbol{A}$ 按列分块,设 $\boldsymbol{A}=(\boldsymbol{\alpha}_1,\boldsymbol{\alpha}_2,\cdots,\boldsymbol{\alpha}_n)$. $\boldsymbol{A}$ 为正交阵等价于 $\boldsymbol{A}^{\mathrm{T}}\boldsymbol{A}=\boldsymbol{E}$,即等价于$(\boldsymbol{\alpha}_1,\boldsymbol{\alpha}_2,\cdots,\boldsymbol{\alpha}_n)^{\mathrm{T}}(\boldsymbol{\alpha}_1,\boldsymbol{\alpha}_2,\cdots,\boldsymbol{\alpha}_n)=\boldsymbol{E}$,即

$$\begin{pmatrix} \boldsymbol{\alpha}_1^{\mathrm{T}} \\ \boldsymbol{\alpha}_2^{\mathrm{T}} \\ \vdots \\ \boldsymbol{\alpha}_n^{\mathrm{T}} \end{pmatrix}(\boldsymbol{\alpha}_1,\boldsymbol{\alpha}_2,\cdots,\boldsymbol{\alpha}_n)=\boldsymbol{E}\Rightarrow\begin{pmatrix} \boldsymbol{\alpha}_1^{\mathrm{T}}\boldsymbol{\alpha}_1 & \boldsymbol{\alpha}_1^{\mathrm{T}}\boldsymbol{\alpha}_2 & \cdots & \boldsymbol{\alpha}_1^{\mathrm{T}}\boldsymbol{\alpha}_n \\ \boldsymbol{\alpha}_2^{\mathrm{T}}\boldsymbol{\alpha}_1 & \boldsymbol{\alpha}_2^{\mathrm{T}}\boldsymbol{\alpha}_2 & \cdots & \boldsymbol{\alpha}_2^{\mathrm{T}}\boldsymbol{\alpha}_n \\ \vdots & \vdots & & \vdots \\ \boldsymbol{\alpha}_n^{\mathrm{T}}\boldsymbol{\alpha}_1 & \boldsymbol{\alpha}_n^{\mathrm{T}}\boldsymbol{\alpha}_2 & \cdots & \boldsymbol{\alpha}_n^{\mathrm{T}}\boldsymbol{\alpha}_n \end{pmatrix}=\begin{pmatrix} 1 & 0 & \cdots & \cdots & 0 \\ 0 & 1 & \ddots & \ddots & \vdots \\ \vdots & \ddots & \ddots & \ddots & \vdots \\ \vdots & \ddots & \ddots & \ddots & 0 \\ 0 & \cdots & \cdots & 0 & 1 \end{pmatrix},$$

即

$$\begin{cases} \boldsymbol{\alpha}_i^{\mathrm{T}}\boldsymbol{\alpha}_i=1, & i=1,2,\cdots,n; \\ \boldsymbol{\alpha}_i^{\mathrm{T}}\boldsymbol{\alpha}_j=0, & i\neq j;i,j=1,2,\cdots,n, \end{cases}$$

故 $\boldsymbol{\alpha}_1,\boldsymbol{\alpha}_2,\cdots,\boldsymbol{\alpha}_n$ 为规范正交向量组. 行向量的情况利用 $\boldsymbol{A}\boldsymbol{A}^{\mathrm{T}}=\boldsymbol{E}$ 可以类似证明.

定义 5.8　设 $\boldsymbol{P}$ 为正交阵,称线性变换 $\boldsymbol{y}=\boldsymbol{P}\boldsymbol{x}$ 为**正交变换**.

设 $\boldsymbol{y}=\boldsymbol{P}\boldsymbol{x}$ 为正交变换,则有

$$\|\boldsymbol{y}\|=\sqrt{\boldsymbol{y}^{\mathrm{T}}\boldsymbol{y}}=\sqrt{(\boldsymbol{P}\boldsymbol{x})^{\mathrm{T}}(\boldsymbol{P}\boldsymbol{x})}=\sqrt{\boldsymbol{x}^{\mathrm{T}}\boldsymbol{P}^{\mathrm{T}}\boldsymbol{P}\boldsymbol{x}}=\sqrt{\boldsymbol{x}^{\mathrm{T}}(\boldsymbol{P}^{\mathrm{T}}\boldsymbol{P})\boldsymbol{x}}=\sqrt{\boldsymbol{x}^{\mathrm{T}}\boldsymbol{E}\boldsymbol{x}}$$
$$=\sqrt{\boldsymbol{x}^{\mathrm{T}}\boldsymbol{x}}=\|\boldsymbol{x}\|.$$

这说明正交变换不改变向量的长度,这是正交变换的优良特性所在.

例 5.3　验证如下矩阵 $\boldsymbol{P}$ 不是正交阵:

$$\boldsymbol{P}=\begin{pmatrix} 1 & -\frac{1}{2} & \frac{1}{3} \\ -\frac{1}{2} & 1 & -\frac{1}{2} \\ \frac{1}{3} & \frac{1}{2} & -1 \end{pmatrix}.$$

解　$\boldsymbol{P}$ 的行向量组的第一个向量为 $\boldsymbol{\alpha}_1=\left(1,-\frac{1}{2},\frac{1}{3}\right)$,其长度为 $\|\boldsymbol{\alpha}_1\|\neq 1$,故 $\boldsymbol{\alpha}_1$ 不是单位向量. 因此,$\boldsymbol{P}$ 的行向量组不是单位正交组,故 $\boldsymbol{P}$ 不是正交阵.

例 5.4　设 $\boldsymbol{\alpha}$ 为 n 维单位列向量,令 $\boldsymbol{H}=\boldsymbol{E}-2\boldsymbol{\alpha}\boldsymbol{\alpha}^{\mathrm{T}}$,证明 $\boldsymbol{H}$ 为对称的正交阵.

证　因为

$$\boldsymbol{H}^{\mathrm{T}}=(\boldsymbol{E}-2\boldsymbol{\alpha}\boldsymbol{\alpha}^{\mathrm{T}})^{\mathrm{T}}=\boldsymbol{E}^{\mathrm{T}}-(2\boldsymbol{\alpha}\boldsymbol{\alpha}^{\mathrm{T}})^{\mathrm{T}}=\boldsymbol{E}-2\boldsymbol{\alpha}\boldsymbol{\alpha}^{\mathrm{T}}=\boldsymbol{H},$$

故 $\boldsymbol{H}$ 为对称阵.

由 $\boldsymbol{\alpha}$ 为 n 维单位列向量,得 $\|\boldsymbol{\alpha}\|=\sqrt{\boldsymbol{\alpha}^{\mathrm{T}}\boldsymbol{\alpha}}=1$,即 $\boldsymbol{\alpha}^{\mathrm{T}}\boldsymbol{\alpha}=1$.

又

$$\begin{aligned} \boldsymbol{H}^{\mathrm{T}}\boldsymbol{H}&=\boldsymbol{H}^2=(\boldsymbol{E}-2\boldsymbol{\alpha}\boldsymbol{\alpha}^{\mathrm{T}})^2 \\ &=\boldsymbol{E}^2-4\boldsymbol{\alpha}\boldsymbol{\alpha}^{\mathrm{T}}+(2\boldsymbol{\alpha}\boldsymbol{\alpha}^{\mathrm{T}})^2 \\ &=\boldsymbol{E}-4\boldsymbol{\alpha}\boldsymbol{\alpha}^{\mathrm{T}}+4(\boldsymbol{\alpha}\boldsymbol{\alpha}^{\mathrm{T}})(\boldsymbol{\alpha}\boldsymbol{\alpha}^{\mathrm{T}}) \\ &=\boldsymbol{E}-4\boldsymbol{\alpha}\boldsymbol{\alpha}^{\mathrm{T}}+4\boldsymbol{\alpha}(\boldsymbol{\alpha}^{\mathrm{T}}\boldsymbol{\alpha})\boldsymbol{\alpha}^{\mathrm{T}} \\ &=\boldsymbol{E}-4\boldsymbol{\alpha}\boldsymbol{\alpha}^{\mathrm{T}}+4\boldsymbol{\alpha}\boldsymbol{\alpha}^{\mathrm{T}}=\boldsymbol{E}, \end{aligned}$$

故 $\boldsymbol{H}$ 为正交阵.

综上知,$\boldsymbol{H}$ 为对称的正交阵.

练　习　5.1

1. 已知三维向量空间 $\boldsymbol{R}^3$ 中的两个向量 $\boldsymbol{\alpha}_1=\begin{pmatrix}1\\1\\1\end{pmatrix}$,$\boldsymbol{\alpha}_2=\begin{pmatrix}1\\-2\\1\end{pmatrix}$正交,试求一个非零向量 $\boldsymbol{\alpha}_3$,使 $\boldsymbol{\alpha}_1,\boldsymbol{\alpha}_2,\boldsymbol{\alpha}_3$ 两两正交.

2. 已知 $\boldsymbol{\alpha}_1=\begin{pmatrix}1\\1\\1\end{pmatrix}$,求一组非零向量 $\boldsymbol{\alpha}_2,\boldsymbol{\alpha}_3$,使 $\boldsymbol{\alpha}_1,\boldsymbol{\alpha}_2,\boldsymbol{\alpha}_3$ 两两正交.

3. 已知 $\boldsymbol{\alpha}_1=\begin{pmatrix}1\\1\\1\end{pmatrix}$,$\boldsymbol{\alpha}_2=\begin{pmatrix}3\\4\\2\end{pmatrix}$,$\boldsymbol{\alpha}_3=\begin{pmatrix}-4\\0\\-2\end{pmatrix}$,试将其正交化,再单位化.

4. 判断以下矩阵的正交性:

$$\boldsymbol{A}=\begin{pmatrix}\frac{\sqrt{3}}{2} & \frac{1}{2}\\ -\frac{1}{2} & \frac{\sqrt{3}}{2}\end{pmatrix},\quad \boldsymbol{B}=\begin{pmatrix}\cos\theta & -\sin\theta\\ \sin\theta & \cos\theta\end{pmatrix},\quad \boldsymbol{C}=\begin{pmatrix}1 & -\frac{1}{2} & \frac{1}{4}\\ -\frac{1}{2} & 1 & \frac{1}{2}\\ \frac{1}{4} & \frac{1}{2} & -1\end{pmatrix}.$$

5. 已知 $\boldsymbol{A}$ 为正交矩阵,试求证:

(1) $|\boldsymbol{A}|=1$ 或 $|\boldsymbol{A}|=-1$;　　　　(2) $\boldsymbol{A}^*$ 也为正交矩阵.

6. 若 $\boldsymbol{A}$ 与 $\boldsymbol{B}$ 都是正交矩阵,试证明 $\boldsymbol{AB}$ 也是正交矩阵.

5.2　特征值与特征向量

定义 5.9　设 $\boldsymbol{A}$ 是 n 阶方阵,若存在数 λ 和 n 维非零列向量 $\boldsymbol{x}$,使得

$$\boldsymbol{Ax}=\lambda\boldsymbol{x},$$

则称 λ 为方阵 $\boldsymbol{A}$ 的**特征值**,非零列向量 $\boldsymbol{x}$ 为方阵 $\boldsymbol{A}$ 的对应于特征值 λ 的**特征向量**.

由 $\boldsymbol{Ax}=\lambda\boldsymbol{x}$,得 $(\lambda\boldsymbol{E}-\boldsymbol{A})\boldsymbol{x}=\boldsymbol{0}$. 这是一个以方阵 $\lambda\boldsymbol{E}-\boldsymbol{A}$ 为系数矩阵的齐次线性方程组,由定义知该方程组有非零解 $\boldsymbol{x}(\neq\boldsymbol{0})$. 而此齐次方程组有非零解的充要条件是 $|\lambda\boldsymbol{E}-\boldsymbol{A}|=0$. 故 $\boldsymbol{A}$ 的特征值必满足 $|\lambda\boldsymbol{E}-\boldsymbol{A}|=0$.

设 $\boldsymbol{A}=(a_{ij})_{n\times n}$,则

$$f(\lambda)=|\lambda\boldsymbol{E}-\boldsymbol{A}|=\begin{vmatrix}\lambda-a_{11} & -a_{12} & \cdots & -a_{1n}\\ -a_{21} & \lambda-a_{22} & \cdots & -a_{2n}\\ \vdots & \vdots & & \vdots\\ -a_{n1} & -a_{n2} & \cdots & \lambda-a_{nn}\end{vmatrix}$$

$$=\begin{vmatrix}\lambda & & & \\ & \lambda & & \\ & & \ddots & \\ & & & \lambda\end{vmatrix}+\left\{\begin{vmatrix}-a_{11} & & & \\ -a_{21} & \lambda & & \\ \vdots & & \ddots & \\ -a_{n1} & & & \lambda\end{vmatrix}+\begin{vmatrix}\lambda & -a_{12} & & \\ & -a_{22} & & \\ & \vdots & \ddots & \\ & -a_{n2} & & \lambda\end{vmatrix}+\cdots\right.$$

$$\left.+\begin{vmatrix}\lambda & & & -a_{1n}\\ & \ddots & & -a_{2n}\\ & & \lambda & \vdots\\ & & & -a_{nn}\end{vmatrix}\right\}+\cdots+\begin{vmatrix}-a_{11} & -a_{12} & \cdots & -a_{1n}\\ -a_{21} & -a_{22} & \cdots & -a_{2n}\\ \vdots & \vdots & & \vdots\\ -a_{n1} & -a_{n2} & \cdots & -a_{nn}\end{vmatrix}$$

$$=\lambda^n-(a_{11}+a_{22}+\cdots+a_{nn})\lambda^{n-1}+\cdots+(-1)^n|\boldsymbol{A}|$$

是一个关于 λ 的一元 n 次多项式.

称 $|\lambda\boldsymbol{E}-\boldsymbol{A}|$ 为 $\boldsymbol{A}$ 的**特征行列式**；称关于 λ 的一元 n 次多项式 $f(\lambda)=|\lambda\boldsymbol{E}-\boldsymbol{A}|$ 为 $\boldsymbol{A}$ 的**特征多项式**；称关于 λ 的一元 n 次方程 $|\lambda\boldsymbol{E}-\boldsymbol{A}|=0$ 为 $\boldsymbol{A}$ 的**特征(多项式)方程**；称 $\lambda\boldsymbol{E}-\boldsymbol{A}$ 为 $\boldsymbol{A}$ 关于 λ 的**特征矩阵**；称 $(\lambda\boldsymbol{E}-\boldsymbol{A})\boldsymbol{x}=\boldsymbol{0}$ 为 $\boldsymbol{A}$ 关于 λ 的**特征方程组**.

显然，$\boldsymbol{A}$ 的特征方程 $|\lambda\boldsymbol{E}-\boldsymbol{A}|=0$ 的根为 $\boldsymbol{A}$ 的特征值(或称特征根)，且以 $\lambda\boldsymbol{E}-\boldsymbol{A}$ 为系数矩阵的齐次线性方程组 $(\lambda\boldsymbol{E}-\boldsymbol{A})\boldsymbol{x}=\boldsymbol{0}$ 的全部非零解为 $\boldsymbol{A}$ 的相应于特征值 λ 的全部特征向量.

由以上讨论可以得出求方阵 $\boldsymbol{A}$ 的特征值与特征向量的方法：

(1) 写出 $|\lambda\boldsymbol{E}-\boldsymbol{A}|$；

(2) 令 $|\lambda\boldsymbol{E}-\boldsymbol{A}|=0$，求得 $\boldsymbol{A}$ 的全部特征值 $\lambda_1,\lambda_2,\cdots,\lambda_n$；

(3) 对 $\lambda=\lambda_i,i=1,2,\cdots,n$，求齐次线性方程组 $(\lambda_i\boldsymbol{E}-\boldsymbol{A})\boldsymbol{x}=\boldsymbol{0}$ 的一组基础解系 $\boldsymbol{p}_1,\boldsymbol{p}_2,\cdots,\boldsymbol{p}_{t_i}$，其中 $t_i=n-r(\lambda_i\boldsymbol{E}-\boldsymbol{A})$，则 $\boldsymbol{A}$ 的相应于特征值 $\lambda=\lambda_i$，$i=1,2,\cdots,n$ 的全部特征向量为

$$c_1\boldsymbol{p}_1+c_2\boldsymbol{p}_2+\cdots+c_{t_i}\boldsymbol{p}_{t_i}，\ c_1,c_2,\cdots,c_{t_i}\text{是任意不全为 0 的常数.}$$

由于特征向量是非零向量，故上式必须强调 $c_1,c_2,\cdots,c_{t_i}$ 不全为 0.

例 5.5　求二阶方阵 $\boldsymbol{A}=\begin{pmatrix}3 & 5\\ 1 & -1\end{pmatrix}$ 的特征值与特征向量.

解　$\boldsymbol{A}$ 的特征行列式为

$$|\lambda\boldsymbol{E}-\boldsymbol{A}|=\begin{vmatrix}\lambda-3 & -5\\ -1 & \lambda+1\end{vmatrix}=(\lambda-3)(\lambda+1)-5=(\lambda-4)(\lambda+2),$$

由$|\lambda\boldsymbol{E}-\boldsymbol{A}|=0$,得$\boldsymbol{A}$的特征值$\lambda_1=4,\lambda_2=-2$.

$\lambda_1=4$时,由于$\lambda_1\boldsymbol{E}-\boldsymbol{A}=\begin{pmatrix}1&-5\\-1&5\end{pmatrix}\xrightarrow{r}\begin{pmatrix}1&-5\\0&0\end{pmatrix}$,得$(\lambda_1\boldsymbol{E}-\boldsymbol{A})\boldsymbol{x}=\boldsymbol{0}$一组基础解系为

$$\boldsymbol{p}_1=\begin{pmatrix}5\\1\end{pmatrix},$$

故$\boldsymbol{A}$相应于$\lambda_1=4$的全部特征向量为$c_1\boldsymbol{p}_1$,c_1为任意非零常数.

$\lambda_2=-2$时,由于$\lambda_2\boldsymbol{E}-\boldsymbol{A}=\begin{pmatrix}-5&-5\\-1&-1\end{pmatrix}\xrightarrow{r}\begin{pmatrix}1&1\\0&0\end{pmatrix}$,得到$(\lambda_2\boldsymbol{E}-\boldsymbol{A})\boldsymbol{x}=\boldsymbol{0}$一组基础解系为

$$\boldsymbol{p}_2=\begin{pmatrix}1\\-1\end{pmatrix},$$

故$\boldsymbol{A}$相应于$\lambda_2=-2$的全部特征向量为$c_2\boldsymbol{p}_2$,c_2为任意非零常数.

例 5.6 求矩阵

$$\boldsymbol{A}=\begin{pmatrix}-2&1&1\\0&2&0\\-4&1&3\end{pmatrix}$$

的特征值和与最大特征值对应的特征向量.

解 $\boldsymbol{A}$的特征行列式为

$$|\lambda\boldsymbol{E}-\boldsymbol{A}|=\begin{vmatrix}\lambda+2&-1&-1\\0&\lambda-2&0\\4&-1&\lambda-3\end{vmatrix}=(\lambda+1)(\lambda-2)^2,$$

由$|\lambda\boldsymbol{E}-\boldsymbol{A}|=0$,得$\boldsymbol{A}$的特征值为$\lambda_1=-1,\lambda_2=\lambda_3=2$.

$\boldsymbol{A}$的最大特征值$\lambda_2=\lambda_3=2$,由

$$2\boldsymbol{E}-\boldsymbol{A}=\begin{pmatrix}4&-1&-1\\0&0&0\\4&-1&-1\end{pmatrix}\xrightarrow{r}\begin{pmatrix}4&-1&-1\\0&0&0\\0&0&0\end{pmatrix},$$

得$(2\boldsymbol{E}-\boldsymbol{A})\boldsymbol{x}=\boldsymbol{0}$的一组基础解系为

$$\boldsymbol{p}_1=\begin{pmatrix}1\\4\\0\end{pmatrix},\quad \boldsymbol{p}_2=\begin{pmatrix}1\\0\\4\end{pmatrix},$$

故$\boldsymbol{A}$相应于$\lambda_2=\lambda_3=2$的全部特征向量为

$$c_1\boldsymbol{p}_1+c_2\boldsymbol{p}_2,\quad c_1,c_2\text{ 是不同时为 0 的任意常数.}$$

以上我们讨论了方阵的特征值与特征向量的定义及求法,下面讨论它们的

性质.

性质 5.1 n 阶方阵 $\boldsymbol{A}$ 与它的转置矩阵 $\boldsymbol{A}^{\mathrm{T}}$ 有相同的特征值.

证 因为

$$|\lambda\boldsymbol{E}-\boldsymbol{A}^{\mathrm{T}}|=|(\lambda\boldsymbol{E})^{\mathrm{T}}-\boldsymbol{A}^{\mathrm{T}}|=|(\lambda\boldsymbol{E}-\boldsymbol{A})^{\mathrm{T}}|=|\lambda\boldsymbol{E}-\boldsymbol{A}|,$$

即 $\boldsymbol{A}$ 与 $\boldsymbol{A}^{\mathrm{T}}$ 有相同的特征多项式,故它们有相同的特征值.

性质 5.2 设 $\boldsymbol{A}=(a_{ij})_{n\times n}$ 为 n 阶方阵,则 $\boldsymbol{A}$ 一定有 n 个特征值 $\lambda_1,\lambda_2,\cdots,\lambda_n$,其中重根按重数计算,且 $\lambda_1,\lambda_2,\cdots,\lambda_n$ 满足:

(1) $\lambda_1+\lambda_2+\cdots+\lambda_n=a_{11}+a_{22}+\cdots+a_{nn}\triangleq \mathrm{tr}\boldsymbol{A}$ 且 $\mathrm{tr}\boldsymbol{A}$ 称为方阵 $\boldsymbol{A}$ 的**迹**;

(2) $\lambda_1\lambda_2\cdots\lambda_n=|\boldsymbol{A}|$.

性质 5.2 说明:n 阶方阵 $\boldsymbol{A}$ 的 n 个特征值之和恰好等于 $\boldsymbol{A}$ 的主对角线元素之和,n 个特征值之积恰好等于 $\boldsymbol{A}$ 的行列式. 这是方阵 $\boldsymbol{A}$ 的特征值最重要的性质之一,请读者牢记.

推论 5.1 若 n 阶方阵 $\boldsymbol{A}$ 是奇异方阵,即 $|\boldsymbol{A}|=0$ 的充分必要条件是 $\boldsymbol{A}$ 有一个特征值为 0.

注意:此结论也可以叙述为,对于 n 阶方阵 $\boldsymbol{A}$,$|\boldsymbol{A}|\neq0\Leftrightarrow0$ 不为 $\boldsymbol{A}$ 的特征值.

性质 5.3 (1) 设 λ 为可逆方阵 $\boldsymbol{A}$ 的特征值,则 $\lambda\neq0$ 且 $\dfrac{1}{\lambda}$ 为 $\boldsymbol{A}^{-1}$ 的特征值;

(2) 设 λ 为方阵 $\boldsymbol{A}$ 的特征值,则 $\varphi(\lambda)$ 为 $\varphi(\boldsymbol{A})$ 的特征值. 其中

$$\varphi(x)=a_0x^m+a_1x^{m-1}+\cdots+a_{m-1}x+a_m$$

为 x 的多项式.

证 (1) 由于 $\boldsymbol{A}$ 可逆,故 $\boldsymbol{A}$ 的特征值不为 0,即 $\lambda\neq0$. 再由 $\boldsymbol{Ap}=\lambda\boldsymbol{p}$ 有 $\boldsymbol{A}^{-1}(\boldsymbol{Ap})=\boldsymbol{A}^{-1}(\lambda\boldsymbol{p})$,即 $\boldsymbol{p}=\lambda\boldsymbol{A}^{-1}\boldsymbol{p}$,从而有 $\boldsymbol{A}^{-1}\boldsymbol{p}=\dfrac{1}{\lambda}\boldsymbol{p}$,因 $\boldsymbol{p}\neq\boldsymbol{0}$,故可知 $\dfrac{1}{\lambda}$ 为 $\boldsymbol{A}^{-1}$ 的特征值.

(2) 先证 λ^k 为 $\boldsymbol{A}^k$ 的特征值. 由 $\boldsymbol{Ap}=\lambda\boldsymbol{p}$,知 $\boldsymbol{A}(\boldsymbol{Ap})=\boldsymbol{A}(\lambda\boldsymbol{p})$,即

$$\boldsymbol{A}^2\boldsymbol{p}=\lambda(\boldsymbol{Ap})=\lambda(\lambda\boldsymbol{p})=\lambda^2\boldsymbol{p},$$

故 λ^2 为 $\boldsymbol{A}^2$ 的特征值,进而可以证明 $\boldsymbol{A}^k\boldsymbol{p}=\lambda^k\boldsymbol{p},\forall k\in\mathbf{N}$.

类似可知 $\varphi(\boldsymbol{A})\boldsymbol{p}=\varphi(\lambda)\boldsymbol{p}$,即 $\varphi(\lambda)$ 为 $\varphi(\boldsymbol{A})$ 的特征值.

例 5.7 设三阶方阵 $\boldsymbol{A}$ 的特征值为 $1,-1,2$,求 $|\boldsymbol{A}^*+3\boldsymbol{A}-2\boldsymbol{E}|$.

解 因 $\boldsymbol{A}$ 的特征值全不为 0,可知 $\boldsymbol{A}$ 可逆,故 $\boldsymbol{A}^*=|\boldsymbol{A}|\boldsymbol{A}^{-1}$,而

$$|\boldsymbol{A}|=\lambda_1\lambda_2\lambda_3=1\cdot(-1)\cdot2=-2,$$

所以

$$\boldsymbol{A}^*+3\boldsymbol{A}-2\boldsymbol{E}=-2\boldsymbol{A}^{-1}+3\boldsymbol{A}-2\boldsymbol{E}.$$

将上式记作 $\varphi(\boldsymbol{A})$,则有 $\varphi(x)=-2x^{-1}+3x-2$,从而 $\varphi(\lambda)$ 为 $\varphi(\boldsymbol{A})$ 的特征值,即 $\varphi(\boldsymbol{A})$ 的特征值为

$$\varphi(1)=-1,\quad \varphi(-1)=-3,\quad \varphi(2)=3,$$

于是

$$|\boldsymbol{A}^*+2\boldsymbol{A}-2\boldsymbol{E}|=|\varphi(\boldsymbol{A})|=\varphi(1)\cdot\varphi(-1)\cdot\varphi(2)=(-1)\cdot(-3)\cdot 3=9.$$

下面给出特征向量的性质:

定理 5.3 n 阶方阵 $\boldsymbol{A}$ 的互不相等的特征值 $\lambda_1,\lambda_2,\cdots,\lambda_m$ 对应的特征向量 $\boldsymbol{p}_1,\boldsymbol{p}_2,\cdots,\boldsymbol{p}_m$ 是线性无关的.

证 已知 $\boldsymbol{A}\boldsymbol{p}_i=\lambda_i\boldsymbol{p}_i,i=1,2,\cdots,m$,下面用数学归纳法证明.

当 $m=1$ 时,$\boldsymbol{p}_1\neq\boldsymbol{0}$,所以结论成立.

假设当 $m=k-1$ 时结论成立,下证当 $m=k$ 时,结论成立. 即设向量组 $\boldsymbol{p}_1,\boldsymbol{p}_2,\cdots,\boldsymbol{p}_{k-1}$ 线性无关,下证 $\boldsymbol{p}_1,\boldsymbol{p}_2,\cdots,\boldsymbol{p}_{k-1},\boldsymbol{p}_k$ 线性无关. 为此,令

$$x_1\boldsymbol{p}_1+x_2\boldsymbol{p}_2+\cdots+x_{k-1}\boldsymbol{p}_{k-1}+x_k\boldsymbol{p}_k=\boldsymbol{0},\tag{5.1}$$

用 $\boldsymbol{A}$ 左乘式(5.1),得

$$x_1\boldsymbol{A}\boldsymbol{p}_1+x_2\boldsymbol{A}\boldsymbol{p}_2+\cdots+x_{k-1}\boldsymbol{A}\boldsymbol{p}_{k-1}+x_k\boldsymbol{A}\boldsymbol{p}_k=\boldsymbol{0},$$

即

$$x_1\lambda_1\boldsymbol{p}_1+x_2\lambda_2\boldsymbol{p}_2+\cdots+x_{k-1}\lambda_{k-1}\boldsymbol{p}_{k-1}+x_k\lambda_k\boldsymbol{p}_k=\boldsymbol{0}.\tag{5.2}$$

由式(5.2)减去式(5.1)的 λ_k 倍,得

$$x_1(\lambda_1-\lambda_k)\boldsymbol{p}_1+x_2(\lambda_2-\lambda_k)\boldsymbol{p}_2+\cdots+x_{k-1}(\lambda_{k-1}-\lambda_k)\boldsymbol{p}_{k-1}=\boldsymbol{0}.$$

由归纳假设知 $\boldsymbol{p}_1,\boldsymbol{p}_2,\cdots,\boldsymbol{p}_{k-1}$ 线性无关,故 $x_i(\lambda_i-\lambda_k)=0,i=1,2,\cdots,k-1$,而 $\lambda_i\neq\lambda_k$,所以 $x_i=0,i=1,2,\cdots,k-1$,代入式(5.1)有 $x_k\boldsymbol{p}_k=\boldsymbol{0}$,而 $\boldsymbol{p}_k\neq\boldsymbol{0}$,即有 $x_k=0$,因此有

$$x_1=x_2=\cdots=x_k=0,$$

故 $\boldsymbol{p}_1,\boldsymbol{p}_2,\cdots,\boldsymbol{p}_k$ 线性无关.

例 5.8 设 λ_1 与 λ_2 是矩阵 $\boldsymbol{A}$ 的两个不同的特征值,其对应的特征向量依次为 $\boldsymbol{p}_1,\boldsymbol{p}_2$,证明 $\boldsymbol{p}_1+\boldsymbol{p}_2$ 不是矩阵 $\boldsymbol{A}$ 的特征向量.

证 由题意可知 $\boldsymbol{A}\boldsymbol{p}_1=\lambda_1\boldsymbol{p}_1,\boldsymbol{A}\boldsymbol{p}_2=\lambda_2\boldsymbol{p}_2$,故

$$\boldsymbol{A}(\boldsymbol{p}_1+\boldsymbol{p}_2)=\lambda_1\boldsymbol{p}_1+\lambda_2\boldsymbol{p}_2.$$

假设 $\boldsymbol{p}_1+\boldsymbol{p}_2$ 是矩阵 $\boldsymbol{A}$ 的特征向量,则应存在数 λ 使

$$\boldsymbol{A}(\boldsymbol{p}_1+\boldsymbol{p}_2)=\lambda(\boldsymbol{p}_1+\boldsymbol{p}_2),$$

于是

$$\lambda(\boldsymbol{p}_1+\boldsymbol{p}_2)=\lambda_1\boldsymbol{p}_1+\lambda_2\boldsymbol{p}_2,$$

即

$$(\lambda-\lambda_1)\boldsymbol{p}_1+(\lambda-\lambda_2)\boldsymbol{p}_2=\boldsymbol{0}.$$

由 $\lambda_1\neq\lambda_2$,据定理 5.3 可知 $\boldsymbol{p}_1,\boldsymbol{p}_2$ 线性无关,故 $\lambda-\lambda_1=\lambda-\lambda_2=0$,即 $\lambda_1=\lambda_2$. 此与题设 $\lambda_1\neq\lambda_2$ 矛盾,故原结论成立.

在本节最后再给出几个结论:

(1) 若 n 阶方阵 $\boldsymbol{A}$ 有 n 个不同的特征值,则 $\boldsymbol{A}$ 有 n 个线性无关的特征向量;

(2) 属于方阵 $\boldsymbol{A}$ 同一特征值的特征向量的线性组合不等于 0 时，仍是属于这个特征值的特征向量；

(3) 矩阵的特征向量是相对于特征值而言的，一个特征值可有不同的特征向量，但是一个特征向量不能属于不同的特征值；

(4) 正交阵的实特征值的绝对值为 1；

(5) 若方阵 $\boldsymbol{A}$ 满足 $f(x)=0$，则 $\boldsymbol{A}$ 的特征值也满足 $f(x)=0$，即若 $f(\boldsymbol{A})=\boldsymbol{O}$，则 $f(\lambda)=0$，其中 $f(x)$ 为 x 的多项式. 例如，若 $\boldsymbol{A}^2-3\boldsymbol{A}+2\boldsymbol{E}=\boldsymbol{0}$，即 $\boldsymbol{A}$ 满足 $f(x)=x^2-3x+2=0$，故 $\boldsymbol{A}$ 的特征值 λ 必满足 $f(\lambda)=0$，即 $\lambda^2-3\lambda+2=0$，从而 $\lambda=1$ 或 $\lambda=2$，故 $\boldsymbol{A}$ 的特征值只能取 1 或 2；

(6) $|\lambda\boldsymbol{E}-\boldsymbol{A}|=0$ 与 $|\boldsymbol{A}-\lambda\boldsymbol{E}|=0$ 等价，故既可以利用 $|\lambda\boldsymbol{E}-\boldsymbol{A}|=0$，也可以用 $|\boldsymbol{A}-\lambda\boldsymbol{E}|=0$ 求 λ 值，同时既可以用 $(\lambda\boldsymbol{E}-\boldsymbol{A})\boldsymbol{x}=\boldsymbol{0}$ 也可以用 $(\boldsymbol{A}-\lambda\boldsymbol{E})\boldsymbol{x}=\boldsymbol{0}$ 求方阵 $\boldsymbol{A}$ 的特征向量；

(7) 对角阵 $\boldsymbol{A}=\begin{pmatrix}\lambda_1 & & & \\ & \lambda_2 & & \\ & & \ddots & \\ & & & \lambda_n\end{pmatrix}$ 的对角元素，即为它的 n 个特征值.

练　习　5.2

1. 求矩阵 $\boldsymbol{A}$ 的特征值与对应于特征值的全部特征向量：

(1) $\boldsymbol{A}=\begin{pmatrix}3 & -1\\ -1 & 3\end{pmatrix}$；　　(2) $\boldsymbol{A}=\begin{pmatrix}1 & -2 & 2\\ -2 & -2 & 4\\ 2 & 4 & -2\end{pmatrix}$；

(3) $\boldsymbol{A}=\begin{pmatrix}-2 & 1 & -2\\ -5 & 3 & -3\\ 1 & 0 & 2\end{pmatrix}$.

2. 设 λ 为方阵 $\boldsymbol{A}$ 的特征值，试证明：

(1) λ^2 为 $\boldsymbol{A}^2$ 的特征值；　　(2) 当 $\boldsymbol{A}$ 可逆时，$\dfrac{|\boldsymbol{A}|}{\lambda}$ 为 $\boldsymbol{A}^*$ 的特征值.

3. (1) 已知 3 阶矩阵 $\boldsymbol{A}$ 的特征值为 $1,-1,2$，求 $|\boldsymbol{A}^3-5\boldsymbol{A}^2+7\boldsymbol{A}|$ 的值；

(2) 已知 3 阶矩阵 $\boldsymbol{A}$ 的特征值为 $1,2,-3$，求 $|\boldsymbol{A}^*+3\boldsymbol{A}+2\boldsymbol{E}|$ 的值.

4. 若 $\boldsymbol{A}\begin{pmatrix}-4\\ 2\\ 6\end{pmatrix}=-3\begin{pmatrix}-4\\ 2\\ 6\end{pmatrix}$，试求行列式 $|2\boldsymbol{A}^2+3\boldsymbol{A}-9\boldsymbol{E}|$ 的值.

5. 设 $\boldsymbol{A}$ 为正交矩阵，且 $|\boldsymbol{A}|=-1$，试证明 $\lambda=-1$ 是 $\boldsymbol{A}$ 的特征值.

6. 判断正误：

(1) -7 是 $\boldsymbol{A}=\begin{pmatrix}1&3&4&0\\4&4&0&0\\0&0&5&0\\3&3&9&-6\end{pmatrix}$ 的特征值;

(2) 矩阵 $\begin{pmatrix}5&1&2\\1&3&4\\1&3&5\end{pmatrix}$ 的特征值的乘积等于 14;

(3) 零矩阵的特征值是 0.

7. 设 $\lambda_1,\lambda_2,\lambda_3$ 是矩阵 $\boldsymbol{A}$ 的互异特征值, $\boldsymbol{p}_1,\boldsymbol{p}_2,\boldsymbol{p}_3$ 分别是 $\boldsymbol{A}$ 对应特征值 $\lambda_1,\lambda_2,\lambda_3$ 的特征向量,试证明 $\boldsymbol{p}_1+\boldsymbol{p}_2+\boldsymbol{p}_3$ 不是 $\boldsymbol{A}$ 的特征向量.

5.3 相似矩阵

定义 5.10 设 $\boldsymbol{A},\boldsymbol{B}$ 都是 n 阶方阵,若存在可逆矩阵 $\boldsymbol{P}$,使

$$\boldsymbol{P}^{-1}\boldsymbol{A}\boldsymbol{P}=\boldsymbol{B},$$

则称 $\boldsymbol{B}$ 是 $\boldsymbol{A}$ 的**相似矩阵**,并称矩阵 $\boldsymbol{A}$ 与 $\boldsymbol{B}$ **相似**.

对 $\boldsymbol{A}$ 进行 $\boldsymbol{P}^{-1}\boldsymbol{A}\boldsymbol{P}$ 运算称为对 $\boldsymbol{A}$ 进行**相似变换**,称可逆矩阵 $\boldsymbol{P}$ 为**相似变换矩阵**.

易证矩阵的相似关系满足:

(1) **自反性**,对于任意 n 阶方阵 $\boldsymbol{A}$,有 $\boldsymbol{A}$ 与 $\boldsymbol{A}$ 相似;

(2) **对称性**,若 $\boldsymbol{A}$ 与 $\boldsymbol{B}$ 相似,则 $\boldsymbol{B}$ 与 $\boldsymbol{A}$ 相似;

(3) **传递性**,若 $\boldsymbol{A}$ 与 $\boldsymbol{B}$ 相似, $\boldsymbol{B}$ 与 $\boldsymbol{C}$ 相似,则 $\boldsymbol{A}$ 与 $\boldsymbol{C}$ 相似.

两个常用运算式:

$$\boldsymbol{P}^{-1}\boldsymbol{A}\boldsymbol{B}\boldsymbol{P}=(\boldsymbol{P}^{-1}\boldsymbol{A}\boldsymbol{P})(\boldsymbol{P}^{-1}\boldsymbol{B}\boldsymbol{P}); \tag{5.3}$$

$$\boldsymbol{P}^{-1}(k\boldsymbol{A}+l\boldsymbol{B})\boldsymbol{P}=k\boldsymbol{P}^{-1}\boldsymbol{A}\boldsymbol{P}+l\boldsymbol{P}^{-1}\boldsymbol{B}\boldsymbol{P},\ \forall k,l\in\mathbf{R}. \tag{5.4}$$

定理 5.4 若 n 阶矩阵 $\boldsymbol{A}$ 与 $\boldsymbol{B}$ 相似,则 $\boldsymbol{A}$ 与 $\boldsymbol{B}$ 有相同的特征多项式,从而 $\boldsymbol{A}$ 与 $\boldsymbol{B}$ 有相同的特征值.

证 因为矩阵 $\boldsymbol{A}$ 与 $\boldsymbol{B}$ 相似,故存在可逆矩阵 $\boldsymbol{P}$ 使得 $\boldsymbol{P}^{-1}\boldsymbol{A}\boldsymbol{P}=\boldsymbol{B}$,则

$$\begin{aligned}|\lambda\boldsymbol{E}-\boldsymbol{B}|&=|\boldsymbol{P}^{-1}(\lambda\boldsymbol{E})\boldsymbol{P}-\boldsymbol{P}^{-1}\boldsymbol{A}\boldsymbol{P}|=|\boldsymbol{P}^{-1}(\lambda\boldsymbol{E}-\boldsymbol{A})\boldsymbol{P}|\\&=|\boldsymbol{P}^{-1}|\,|\lambda\boldsymbol{E}-\boldsymbol{A}|\,|\boldsymbol{P}|=|\lambda\boldsymbol{E}-\boldsymbol{A}|,\end{aligned}$$

即矩阵 $\boldsymbol{A}$ 与 $\boldsymbol{B}$ 有相同的特征多项式,从而有相同的特征值.

相似矩阵的其他常用性质:

(1) 相似矩阵有相同的行列式、相同的迹、相同的秩、相同的可逆性;

(2) 若矩阵 $\boldsymbol{A}$ 与 $\boldsymbol{B}$ 相似,则 $\boldsymbol{A}^{\mathrm{T}}$ 与 $\boldsymbol{B}^{\mathrm{T}}$ 相似、$\boldsymbol{A}^{*}$ 与 $\boldsymbol{B}^{*}$ 相似、$\boldsymbol{A}^{-1}$ 与 $\boldsymbol{B}^{-1}$ 相似(矩阵 $\boldsymbol{A}$ 与 $\boldsymbol{B}$ 可逆时)、$\boldsymbol{A}^{k}$ 与 $\boldsymbol{B}^{k}$ 相似、$\varphi(\boldsymbol{A})$ 与 $\varphi(\boldsymbol{B})$ 相似;

(3) 若 n 阶矩阵 $\boldsymbol{A}$ 与对角阵 $\boldsymbol{\Lambda}=\begin{pmatrix}\lambda_1 & & & \\ & \lambda_2 & & \\ & & \ddots & \\ & & & \lambda_n\end{pmatrix}$ 相似，则 $\lambda_1,\lambda_2,\cdots,\lambda_n$ 即为 $\boldsymbol{A}$ 的 $\boldsymbol{n}$ 个特征值.

定义 5.11　若 n 阶矩阵 $\boldsymbol{A}$ 与对角阵 $\boldsymbol{\Lambda}=\begin{pmatrix}\lambda_1 & & & \\ & \lambda_2 & & \\ & & \ddots & \\ & & & \lambda_n\end{pmatrix}$ 相似，则称 $\boldsymbol{A}$ 可以相似对角化，简称 $\boldsymbol{A}$ 可对角化.

并非任意的 n 阶方阵都可以相似对角化，那么 $\boldsymbol{A}$ 满足怎样的条件才能对角化呢？如果 $\boldsymbol{A}$ 可对角化，那么与之相似的对角阵 $\boldsymbol{\Lambda}$ 和所用的相似变换矩阵 $\boldsymbol{P}$ 是怎样的呢？下面就讨论这两个问题.

定理 5.5　n 阶矩阵 $\boldsymbol{A}$ 可以相似对角化的充分必要条件是方阵 $\boldsymbol{A}$ 有 n 个线性无关的特征向量.

证　必要性. 若 $\boldsymbol{A}$ 与对角阵 $\boldsymbol{\Lambda}$ 相似，则存在可逆方阵 $\boldsymbol{P}$ 使得 $\boldsymbol{P}^{-1}\boldsymbol{AP}=\boldsymbol{\Lambda}$，即 $\boldsymbol{AP}=\boldsymbol{P\Lambda}$，对 $\boldsymbol{P}$ 按列分块，记作 $\boldsymbol{P}=(\boldsymbol{\alpha}_1,\boldsymbol{\alpha}_2,\cdots,\boldsymbol{\alpha}_n)$，故

$$\boldsymbol{A}(\boldsymbol{\alpha}_1,\boldsymbol{\alpha}_2,\cdots,\boldsymbol{\alpha}_n)=(\boldsymbol{\alpha}_1,\boldsymbol{\alpha}_2,\cdots,\boldsymbol{\alpha}_n)\begin{pmatrix}\lambda_1 & & & \\ & \lambda_2 & & \\ & & \ddots & \\ & & & \lambda_n\end{pmatrix},$$

即

$$(\boldsymbol{A\alpha}_1,\boldsymbol{A\alpha}_2,\cdots,\boldsymbol{A\alpha}_n)=(\lambda_1\boldsymbol{\alpha}_1,\lambda_2\boldsymbol{\alpha}_2,\cdots,\lambda_n\boldsymbol{\alpha}_n),$$

于是

$$\boldsymbol{A\alpha}_i=\lambda_i\boldsymbol{\alpha}_i,\ i=1,2,\cdots,n.$$

再由 $\boldsymbol{P}$ 可逆知，$\boldsymbol{\alpha}_i\neq\boldsymbol{0}$ 且 $\boldsymbol{\alpha}_1,\boldsymbol{\alpha}_2,\cdots,\boldsymbol{\alpha}_n$ 线性无关，即 $\boldsymbol{\alpha}_1,\boldsymbol{\alpha}_2,\cdots,\boldsymbol{\alpha}_n$ 为 $\boldsymbol{A}$ 的 n 个线性无关的特征向量.

充分性. 设 $\boldsymbol{\alpha}_1,\boldsymbol{\alpha}_2,\cdots,\boldsymbol{\alpha}_n$ 为 $\boldsymbol{A}$ 的 n 个线性无关的特征向量，它们所对应的特征值为 $\lambda_1,\lambda_2,\cdots,\lambda_n$，故有

$$\boldsymbol{A\alpha}_i=\lambda_i\boldsymbol{\alpha}_i,\ i=1,2,\cdots,n,$$

即有

$$(\boldsymbol{A\alpha}_1,\boldsymbol{A\alpha}_2,\cdots,\boldsymbol{A\alpha}_n)=(\lambda_1\boldsymbol{\alpha}_1,\lambda_2\boldsymbol{\alpha}_2,\cdots,\lambda_n\boldsymbol{\alpha}_n),$$

即

$$A(\boldsymbol{\alpha}_1,\boldsymbol{\alpha}_2,\cdots,\boldsymbol{\alpha}_n)=(\boldsymbol{\alpha}_1,\boldsymbol{\alpha}_2,\cdots,\boldsymbol{\alpha}_n)\begin{pmatrix}\lambda_1 & & & \\ & \lambda_2 & & \\ & & \ddots & \\ & & & \lambda_n\end{pmatrix},$$

记

$$P=(\boldsymbol{\alpha}_1,\boldsymbol{\alpha}_2,\cdots,\boldsymbol{\alpha}_n),\quad \boldsymbol{\Lambda}=\begin{pmatrix}\lambda_1 & & & \\ & \lambda_2 & & \\ & & \ddots & \\ & & & \lambda_n\end{pmatrix},$$

则 $\boldsymbol{AP}=\boldsymbol{P\Lambda}$,且 $\boldsymbol{P}$ 可逆,即有

$$\boldsymbol{P}^{-1}\boldsymbol{AP}=\boldsymbol{\Lambda},$$

故 $\boldsymbol{A}$ 与对角阵 $\boldsymbol{\Lambda}$ 相似,即 $\boldsymbol{A}$ 可以相似对角化.

推论 5.2 如果 n 阶矩阵 $\boldsymbol{A}$ 有 n 个互异特征值 $\lambda_1,\lambda_2,\cdots,\lambda_n$,则 $\boldsymbol{A}$ 一定可以相似对角化,即 $\boldsymbol{A}$ 可以与对角阵 $\boldsymbol{\Lambda}=\begin{pmatrix}\lambda_1 & & & \\ & \lambda_2 & & \\ & & \ddots & \\ & & & \lambda_n\end{pmatrix}$ 相似.

例 5.9 判断 $\boldsymbol{A}=\begin{pmatrix}4 & 6 & 0\\ -3 & -5 & 0\\ -3 & -6 & 1\end{pmatrix}$ 能否相似对角化,若能,求所用的相似变换矩阵 $\boldsymbol{P}$ 及对角阵 $\boldsymbol{\Lambda}$.

解 由

$$|\lambda\boldsymbol{E}-\boldsymbol{A}|=\begin{vmatrix}\lambda-4 & -6 & 0\\ 3 & \lambda+5 & 0\\ 3 & 6 & \lambda-1\end{vmatrix}=(\lambda-1)(-1)^{3+3}\begin{vmatrix}\lambda-4 & -6\\ 3 & \lambda+5\end{vmatrix}$$
$$=(\lambda-1)^2(\lambda+2)=0,$$

得 $\boldsymbol{A}$ 的特征值

$$\lambda_1=\lambda_2=1,\quad \lambda_3=-2.$$

(1) $\lambda_1=\lambda_2=1$ 时,由于

$$\boldsymbol{E}-\boldsymbol{A}=\begin{pmatrix}-3 & -6 & 0\\ 3 & 6 & 0\\ 3 & 6 & 0\end{pmatrix}\xrightarrow{r}\begin{pmatrix}-3 & -6 & 0\\ 0 & 0 & 0\\ 0 & 0 & 0\end{pmatrix}\xrightarrow{r}\begin{pmatrix}1 & 2 & 0\\ 0 & 0 & 0\\ 0 & 0 & 0\end{pmatrix},$$

可取特征向量

$$\boldsymbol{\alpha}_1=\begin{pmatrix}-2\\ 1\\ 0\end{pmatrix},\quad \boldsymbol{\alpha}_2=\begin{pmatrix}0\\ 0\\ 1\end{pmatrix}.$$

(2) $\lambda_3=-2$ 时，由于

$$-2\boldsymbol{E}-\boldsymbol{A}=\begin{pmatrix}-6&-6&0\\3&3&0\\3&6&-3\end{pmatrix}\xrightarrow{r}\begin{pmatrix}1&1&0\\1&1&0\\1&2&-1\end{pmatrix}\xrightarrow{r}\begin{pmatrix}1&0&1\\0&1&-1\\0&0&0\end{pmatrix},$$

可取特征向量

$$\boldsymbol{\alpha}_3=\begin{pmatrix}-1\\1\\1\end{pmatrix}.$$

由于 $\boldsymbol{\alpha}_1,\boldsymbol{\alpha}_2,\boldsymbol{\alpha}_3$ 线性无关，故 $\boldsymbol{A}$ 可相似对角化，且可令

$$\boldsymbol{P}=(\boldsymbol{\alpha}_1,\boldsymbol{\alpha}_2,\boldsymbol{\alpha}_3)=\begin{pmatrix}-2&0&-1\\1&0&1\\0&1&1\end{pmatrix},$$

则有

$$\boldsymbol{P}^{-1}\boldsymbol{A}\boldsymbol{P}=\boldsymbol{\Lambda}=\begin{pmatrix}1&&\\&1&\\&&-2\end{pmatrix}.$$

定理 5.6　n 阶矩阵 $\boldsymbol{A}$ 可以相似对角化的充分必要条件是对应于 $\boldsymbol{A}$ 的每个特征值的线性无关的特征向量的个数恰好等于该特征值的重数. 即设 λ_i 是 $\boldsymbol{A}$ 的 n_i 重特征值，则 $\boldsymbol{A}$ 与对角阵 $\boldsymbol{\Lambda}$ 相似当且仅当 $n-r(\lambda_i\boldsymbol{E}-\boldsymbol{A})=n_i$，$i=1,2,\cdots,t$，其中 $\lambda_1,\lambda_2,\cdots,\lambda_t$ 为 $\boldsymbol{A}$ 的全部互异特征值，$n_1,n_2,\cdots,n_t$ 分别为 $\lambda_1,\lambda_2,\cdots,\lambda_t$ 的重数，$\sum_{i=1}^{t}n_i=n$.

证明略.

例 5.10　设 $\boldsymbol{A}=\begin{pmatrix}0&0&1\\1&1&x\\1&0&0\end{pmatrix}$，问 x 为何值时，矩阵 $\boldsymbol{A}$ 可以相似对角化.

解　由于

$$|\lambda\boldsymbol{E}-\boldsymbol{A}|=\begin{vmatrix}\lambda&0&-1\\-1&\lambda-1&-x\\-1&0&\lambda\end{vmatrix}=(\lambda-1)(-1)^{2+2}\begin{vmatrix}\lambda&-1\\-1&\lambda\end{vmatrix},$$
$$=(\lambda-1)^2(\lambda+1),$$

由 $|\lambda\boldsymbol{E}-\boldsymbol{A}|=0$ 得 $\lambda_1=1$(为二重根，$n_1=2$)，$\lambda_2=-1$(单根).

若 $\boldsymbol{A}$ 可以相似对角化，则对于二重特征根 $\lambda_1=1$ 而言必有

$$n-r(\lambda_1\boldsymbol{E}-\boldsymbol{A})=n_1,$$

即 $3-r(\boldsymbol{E}-\boldsymbol{A})=2$，得 $r(\boldsymbol{E}-\boldsymbol{A})=1$.

由于

$$\boldsymbol{E}-\boldsymbol{A}=\begin{pmatrix}1&0&-1\\-1&0&-x\\-1&0&1\end{pmatrix}\xrightarrow{r}\begin{pmatrix}1&0&-1\\0&0&-(x+1)\\0&0&0\end{pmatrix},$$

由 $r(\boldsymbol{E}-\boldsymbol{A})=1$,得 $-(x+1)=0$,于是 $x=-1$. 故当 $x=-1$ 时,$\boldsymbol{A}$ 可以相似对角化.

在本节最后给出几个结论：

(1) n 阶矩阵 $\boldsymbol{A}$ 可以相似对角化$\Leftrightarrow\boldsymbol{A}$ 有 n 个线性无关的特征向量$\Leftrightarrow$对于 $\boldsymbol{A}$ 的每个 n_i 重特征值 λ_i 有 $n-r(\lambda_i\boldsymbol{E}-\boldsymbol{A})=n_i$, $i=1,2,\cdots,t$;

(2) 矩阵 $\boldsymbol{A}$ 相似对角化矩阵 $\boldsymbol{\Lambda}$ 不唯一,但其对角线元素为 $\boldsymbol{A}$ 的 n 个特征值的一个排列;

(3) 若 $\boldsymbol{A}$ 的 n 个特征值是互异的,则 $\boldsymbol{A}$ 一定可以相似对角化;

(4) 若 $\boldsymbol{A}$ 与对角阵 $\boldsymbol{\Lambda}=\begin{pmatrix}\lambda_1&&&\\&\lambda_2&&\\&&\ddots&\\&&&\lambda_n\end{pmatrix}$ 相似,则 $\varphi(\boldsymbol{A})$ 与 $\varphi(\boldsymbol{\Lambda})=\begin{pmatrix}\varphi(\lambda_1)&&&\\&\varphi(\lambda_2)&&\\&&\ddots&\\&&&\varphi(\lambda_n)\end{pmatrix}$ 相似;

(5) 设 $f(\lambda)$ 是矩阵 $\boldsymbol{A}$ 的特征多项式,则 $f(\boldsymbol{A})=\boldsymbol{O}$.

练　习　5.3

1. 判断下列矩阵是否可以相似对角化：

(1) $\boldsymbol{A}=\begin{pmatrix}3&-1\\-1&3\end{pmatrix}$;　　(2) $\boldsymbol{A}=\begin{pmatrix}1&-2&1\\-2&-2&4\\2&4&-2\end{pmatrix}$;

(3) $\boldsymbol{A}=\begin{pmatrix}-2&1&-2\\-5&3&-3\\1&0&2\end{pmatrix}$.

2. 设矩阵 $\boldsymbol{A}=\begin{pmatrix}2&-1&2\\5&x&3\\-1&y&-2\end{pmatrix}$ 的一个特征向量为 $\boldsymbol{\alpha}=\begin{pmatrix}1\\1\\-1\end{pmatrix}$,求 $\boldsymbol{\alpha}$ 对应的特征值 λ,以及 x,y,并判断矩阵 $\boldsymbol{A}$ 是否可以相似对角化.

3. $|A_{3\times3}|=3$ 且 $|A^2+2A|=0$，$|2A^2+A|=0$，求 A^* 的全部特征值，判断 A^* 是否可以相似对角化.

4. 设 $A_{3\times3}$ 与 B 相似，且 $A_{3\times3}$ 的特征值为 1,2,3，试求 $|(2B)^*-E|$ 的值.

5.4　实对称矩阵的对角化

在上一节我们讨论了一般的 n 阶方阵 A 的相似对角化问题，并得出了一些有效的结论. 本节我们仅对 A 为实对称矩阵的情况进行讨论，实对称矩阵具有许多一般矩阵所没有的特殊性质.

定理 5.7　实对称矩阵的特征值都是实数.

证　设复数 λ 为实对称矩阵 $A_{n\times n}$ 特征值，复向量 x 为对应的特征向量，即

$$Ax=\lambda x,\ x\neq 0,$$

以 $\bar{\lambda}$ 表示 λ 的共轭复数，$\bar{x}$ 表示 x 的共轭复向量，则

$$A\bar{x}=\bar{A}\bar{x}=\overline{(Ax)}=\overline{\lambda x}=\bar{\lambda}\bar{x},$$

于是有 $\bar{x}^{\mathrm{T}}Ax=\bar{x}^{\mathrm{T}}(Ax)=\bar{x}\lambda x=\lambda\bar{x}^{\mathrm{T}}x$，及

$$\bar{x}^{\mathrm{T}}Ax=(\bar{x}^{\mathrm{T}}A^{\mathrm{T}})x=(A\bar{x})^{\mathrm{T}}x=(\bar{\lambda}\bar{x})^{\mathrm{T}}x=\bar{\lambda}\bar{x}^{\mathrm{T}}x.$$

以上两式相减，得

$$(\bar{\lambda}-\lambda)(\bar{x}^{\mathrm{T}}x)=0.$$

由假设 $x=(x_1,x_2,\cdots,x_n)^{\mathrm{T}}\neq 0$，所以有

$$\bar{x}^{\mathrm{T}}x=\sum_{i=1}^{n}\bar{x}_ix_i=\sum_{i=1}^{n}|x_i|^2\neq 0,$$

故 $\bar{\lambda}-\lambda=0$，即 $\bar{\lambda}=\lambda$，这说明 λ 为实数.

对于实对称阵 A，由于其特征值 λ_i，$i=1,2,\cdots,n$ 全为实数，故线性方程组

$$(\lambda_iE-A)x=0$$

是实系数齐次线性方程组，由其系数行列式 $|\lambda_iE-A|=0$ 知它必有实的基础解系，所以 A 的特征向量可以取实向量.

定理 5.8　设 λ_1,λ_2 是实对称矩阵 A 的两个特征值，p_1,p_2 是对应于 λ_1,λ_2 的特征向量，若 $\lambda_1\neq\lambda_2$，则 p_1 与 p_2 正交.

证　由题意可知

$$Ap_1=\lambda_1p_1,\quad Ap_2=\lambda_2p_2,\quad \lambda_1\neq\lambda_2,$$

因 A 为对称阵，故

$$\lambda_1p_1^{\mathrm{T}}=(\lambda_1p_1)^{\mathrm{T}}=(Ap_1)^{\mathrm{T}}=p_1^{\mathrm{T}}A^{\mathrm{T}}=p_1^{\mathrm{T}}A,$$

于是
$$\lambda_1p_1^{\mathrm{T}}\cdot p_2=(p_1^{\mathrm{T}}A)\cdot p_2=p_1^{\mathrm{T}}(Ap_2)=p_1^{\mathrm{T}}(\lambda_2p_2)=\lambda_2p_1^{\mathrm{T}}p_2,$$

即
$$(\lambda_1-\lambda_2)p_1^{\mathrm{T}}p_2=0,$$

由 $\lambda_1 \neq \lambda_2$,故 $\boldsymbol{p}_1^{\mathrm{T}}\boldsymbol{p}_2 = 0$,即 $\boldsymbol{p}_1$ 与 $\boldsymbol{p}_2$ 正交.

定理5.8说明实对称矩阵对应于不同的特征值的特征向量不但线性无关且是正交的.

定理 5.9 设 $\boldsymbol{A}$ 为 n 阶实对称阵,λ 是 $\boldsymbol{A}$ 的特征方程的 r 重特征根,则矩阵 $\lambda\boldsymbol{E}-\boldsymbol{A}$ 的秩 $r(\lambda\boldsymbol{E}-\boldsymbol{A}) = n-r$,从而对应于特征值 λ 恰有 r 个线性无关的特征向量.

证明略.

定理5.9说明实对称矩阵一定可以相似对角化.

定理 5.10 设 $\boldsymbol{A}$ 为 n 阶实对称矩阵,则必存在正交阵 $\boldsymbol{P}$,使 $\boldsymbol{P}^{-1}\boldsymbol{A}\boldsymbol{P} = \boldsymbol{\Lambda}$,即 $\boldsymbol{P}^{\mathrm{T}}\boldsymbol{A}\boldsymbol{P} = \boldsymbol{\Lambda}$. 其中,$\boldsymbol{\Lambda}$ 是以 $\boldsymbol{A}$ 的 n 个特征值为对角元素的对角阵.

证 设 $\boldsymbol{A}$ 的互不相等的特征值为 $\lambda_1,\lambda_2,\cdots,\lambda_t$,它们的重数分别为 $n_1,n_2,\cdots,n_t$,$n_1+n_2+\cdots+n_t=n$. 由定理5.7和定理5.9知,对应于特征值 $\lambda_i(i=1,2,\cdots,t)$ 的线性无关的特征向量共有 n_i 个,$i=1,2,\cdots,t$,将它们正交化,再单位化,即得 $\boldsymbol{A}$ 对应于 λ_i 的 n_i 个单位正交特征向量,由于 $\sum\limits_{i=1}^{t} n_i = n$,故 $\boldsymbol{A}$ 总体而言有 n 个特征向量,再由定理5.8知,这 n 个单位特征向量两两正交,以它们按列排列构成的 $\boldsymbol{P}$ 为正交矩阵,则

$$\boldsymbol{P}^{-1}\boldsymbol{A}\boldsymbol{P} = \boldsymbol{P}^{\mathrm{T}}\boldsymbol{A}\boldsymbol{P} = \boldsymbol{\Lambda}.$$

根据上述讨论,求正交阵 $\boldsymbol{P}$,将实对称矩阵 $\boldsymbol{A}$ 对角化,其步骤如下:

(1) 求出 $\boldsymbol{A}$ 的全部互异特征值 $\lambda_1,\lambda_2,\cdots,\lambda_t$;

(2) 对每个特征值 λ_i,$i=1,2,\cdots,t$,由 $(\lambda_i\boldsymbol{E}-\boldsymbol{A})\boldsymbol{x}=\boldsymbol{0}$ 求出一组基础解系;

(3) 将每组基础解系(特征向量)先正交化,再单位化;

(4) 以这些单位正交向量作为列向量构成正交阵 $\boldsymbol{P}$,则 $\boldsymbol{P}^{-1}\boldsymbol{A}\boldsymbol{P} = \boldsymbol{P}^{\mathrm{T}}\boldsymbol{A}\boldsymbol{P} = \boldsymbol{\Lambda}$. 其中,$\boldsymbol{P}$ 中的列向量的排列顺序与矩阵 $\boldsymbol{\Lambda}$ 的对角线上的特征值的排列顺序相对应.

我们将以上过程称为实对称矩阵的正交相似对角化过程.

例 5.11 设实对称阵 $\boldsymbol{A} = \begin{pmatrix} 1 & -2 & 0 \\ -2 & 2 & -2 \\ 0 & -2 & 3 \end{pmatrix}$,求正交阵 $\boldsymbol{P}$,使 $\boldsymbol{P}^{-1}\boldsymbol{A}\boldsymbol{P} = \boldsymbol{P}^{\mathrm{T}}\boldsymbol{A}\boldsymbol{P} = \boldsymbol{\Lambda}$ 为对角矩阵.

解

$$|\lambda\boldsymbol{E}-\boldsymbol{A}| = \begin{vmatrix} \lambda-1 & 2 & 0 \\ 2 & \lambda-2 & 2 \\ 0 & 2 & \lambda-3 \end{vmatrix} \xlongequal{r_1-2r_2} \begin{vmatrix} \lambda-5 & 6-2\lambda & -4 \\ 2 & \lambda-2 & 2 \\ 0 & 2 & \lambda-3 \end{vmatrix}$$

$$\xlongequal{r_1+2r_3}\begin{vmatrix}\lambda-5 & 10-2\lambda & 2\lambda-10\\ 2 & \lambda-2 & 2\\ 0 & 2 & \lambda-3\end{vmatrix}\xlongequal[c_3-2c_1]{c_2+2c_1}\begin{vmatrix}\lambda-5 & 0 & 0\\ 2 & \lambda+2 & -2\\ 0 & 2 & \lambda-3\end{vmatrix}$$

$$=(\lambda-5)(\lambda^2-\lambda-6+4)=(\lambda-5)(\lambda+1)(\lambda-2),$$

由 $|\lambda\boldsymbol{E}-\boldsymbol{A}|=0$ 得 $\boldsymbol{A}$ 的特征值为 $\lambda_1=-1,\lambda_2=2,\lambda_3=5$.

对 $\lambda_1=-1$，由

$$-\boldsymbol{E}-\boldsymbol{A}=\begin{pmatrix}-2 & 2 & 0\\ 2 & -3 & 2\\ 0 & 2 & -4\end{pmatrix}\xrightarrow{r_2+r_1}\begin{pmatrix}-2 & 2 & 0\\ 0 & -1 & 2\\ 0 & 2 & -4\end{pmatrix}$$

$$\xrightarrow[r_1-2r_2]{\substack{r_3+2r_2\\ -r_2}}\begin{pmatrix}-2 & 0 & 4\\ 0 & 1 & -2\\ 0 & 0 & 0\end{pmatrix}\xrightarrow{-\frac{1}{2}r_1}\begin{pmatrix}1 & 0 & -2\\ 0 & 1 & -2\\ 0 & 0 & 0\end{pmatrix},$$

得 $(-\boldsymbol{E}-\boldsymbol{A})\boldsymbol{x}=\boldsymbol{0}$ 的基础解系 $\boldsymbol{\xi}_1=(2,2,1)^{\mathrm{T}}$；

对 $\lambda_2=2$，由

$$2\boldsymbol{E}-\boldsymbol{A}=\begin{pmatrix}1 & 2 & 0\\ 2 & 0 & 2\\ 0 & 2 & -1\end{pmatrix}\xrightarrow{r_2-2r_1}\begin{pmatrix}1 & 2 & 0\\ 0 & -4 & 2\\ 0 & 2 & -1\end{pmatrix}\xrightarrow{\substack{r_1-r_3\\ r_3+\frac{1}{2}r_2\\ -\frac{1}{4}r_2}}\begin{pmatrix}1 & 0 & 1\\ 0 & 1 & -\frac{1}{2}\\ 0 & 0 & 0\end{pmatrix},$$

得 $(2\boldsymbol{E}-\boldsymbol{A})\boldsymbol{x}=\boldsymbol{0}$ 的基础解系 $\boldsymbol{\xi}_2=(-2,1,2)^{\mathrm{T}}$；

对 $\lambda_3=5$，由

$$5\boldsymbol{E}-\boldsymbol{A}=\begin{pmatrix}4 & 2 & 0\\ 2 & 3 & 2\\ 0 & 2 & 2\end{pmatrix}\xrightarrow[r_2-2r_1]{\frac{1}{4}r_1}\begin{pmatrix}1 & \frac{1}{2} & 0\\ 0 & 2 & 2\\ 0 & 2 & 2\end{pmatrix}\xrightarrow[r_1-\frac{1}{2}r_2]{\substack{r_3-r_2\\ \frac{1}{2}r_2}}\begin{pmatrix}1 & 0 & -\frac{1}{2}\\ 0 & 1 & 1\\ 0 & 0 & 0\end{pmatrix},$$

得 $(5\boldsymbol{E}-\boldsymbol{A})\boldsymbol{x}=\boldsymbol{0}$ 的基础解系 $\boldsymbol{\xi}_3=(1,-2,2)^{\mathrm{T}}$.

由 $\lambda_1,\lambda_2,\lambda_3$ 互异，知 $\boldsymbol{\xi}_1,\boldsymbol{\xi}_2,\boldsymbol{\xi}_3$ 正交，将它们单位化有

$$\boldsymbol{p}_1=\frac{\boldsymbol{\xi}_1}{\|\boldsymbol{\xi}_1\|}=\begin{pmatrix}\frac{2}{3}\\ \frac{2}{3}\\ \frac{1}{3}\end{pmatrix},\quad \boldsymbol{p}_2=\frac{\boldsymbol{\xi}_2}{\|\boldsymbol{\xi}_2\|}=\begin{pmatrix}-\frac{2}{3}\\ \frac{1}{3}\\ \frac{2}{3}\end{pmatrix},\quad \boldsymbol{p}_3=\frac{\boldsymbol{\xi}_3}{\|\boldsymbol{\xi}_3\|}=\begin{pmatrix}\frac{1}{3}\\ -\frac{2}{3}\\ \frac{2}{3}\end{pmatrix},$$

令 $\boldsymbol{P}=(\boldsymbol{p}_1,\boldsymbol{p}_2,\boldsymbol{p}_3)=\begin{pmatrix}\frac{2}{3} & -\frac{2}{3} & \frac{1}{3}\\ \frac{2}{3} & \frac{1}{3} & -\frac{2}{3}\\ \frac{1}{3} & \frac{2}{3} & \frac{2}{3}\end{pmatrix}$,则 $\boldsymbol{P}$ 为正交阵,且

$$\boldsymbol{P}^{\mathrm{T}}\boldsymbol{A}\boldsymbol{P}=\boldsymbol{P}^{-1}\boldsymbol{A}\boldsymbol{P}=\boldsymbol{\Lambda}=\begin{pmatrix}\lambda_1 & & \\ & \lambda_2 & \\ & & \lambda_3\end{pmatrix}=\begin{pmatrix}-1 & & \\ & 2 & \\ & & 5\end{pmatrix}.$$

注意:矩阵 $\boldsymbol{P}$ 的列向量的次序要与 $\boldsymbol{\Lambda}$ 的对角元素的次序相一致,若令 $\boldsymbol{P}=(\boldsymbol{p}_1,\boldsymbol{p}_3,\boldsymbol{p}_2)$,则对角阵

$$\boldsymbol{\Lambda}=\begin{pmatrix}\lambda_1 & & \\ & \lambda_3 & \\ & & \lambda_2\end{pmatrix}=\begin{pmatrix}-1 & & \\ & 5 & \\ & & 2\end{pmatrix};$$

若令 $\boldsymbol{P}=(\boldsymbol{p}_3,\boldsymbol{p}_2,\boldsymbol{p}_1)$,则对角阵

$$\boldsymbol{\Lambda}=\begin{pmatrix}\lambda_3 & & \\ & \lambda_2 & \\ & & \lambda_1\end{pmatrix}=\begin{pmatrix}5 & & \\ & 2 & \\ & & -1\end{pmatrix}.$$

例 5.12 设 $\boldsymbol{A}=\begin{pmatrix}0 & -1 & 1\\ -1 & 0 & 1\\ 1 & 1 & 0\end{pmatrix}$,求一个正交阵 $\boldsymbol{P}$,使 $\boldsymbol{P}^{-1}\boldsymbol{A}\boldsymbol{P}=\boldsymbol{P}^{\mathrm{T}}\boldsymbol{A}\boldsymbol{P}=\boldsymbol{\Lambda}$ 为对角阵.

解

$$|\lambda\boldsymbol{E}-\boldsymbol{A}|=\begin{vmatrix}\lambda & 1 & -1\\ 1 & \lambda & -1\\ -1 & -1 & \lambda\end{vmatrix}\xlongequal{r_2-r_1}\begin{vmatrix}\lambda & 1 & -1\\ 1-\lambda & \lambda-1 & 0\\ -1 & -1 & \lambda\end{vmatrix}$$

$$\xlongequal{c_1+c_2}\begin{vmatrix}\lambda+1 & 1 & -1\\ 0 & \lambda-1 & 0\\ -2 & -1 & \lambda\end{vmatrix}=(\lambda-1)(\lambda^2+\lambda-2)$$

$$=(\lambda-1)^2(\lambda+2).$$

由 $|\lambda\boldsymbol{E}-\boldsymbol{A}|=0$ 得 $\boldsymbol{A}$ 的特征值 $\lambda_1=-2,\lambda_2=1$(二重根).

对 $\lambda_1=-2$,由

$$-2\boldsymbol{E}-\boldsymbol{A}=\begin{pmatrix}-2 & 1 & -1\\ 1 & -2 & -1\\ -1 & -1 & -2\end{pmatrix}\xrightarrow[r_3-r_1]{\substack{r_1+r_2\\ r_2+r_1}}\begin{pmatrix}-1 & -1 & -2\\ 0 & -3 & -3\\ 0 & 0 & 0\end{pmatrix}$$

$$\xrightarrow[r_1+r_2]{-\frac{1}{3}r_2}\begin{pmatrix}-1 & 0 & -1\\ 0 & 1 & 1\\ 0 & 0 & 0\end{pmatrix}\xrightarrow{-r_1}\begin{pmatrix}1 & 0 & 1\\ 0 & 1 & 1\\ 0 & 0 & 0\end{pmatrix},$$

得$(-2\boldsymbol{E}-\boldsymbol{A})\boldsymbol{x}=\boldsymbol{0}$ 的基础解系 $\boldsymbol{\xi}_1=\begin{pmatrix}-1\\ -1\\ 1\end{pmatrix}$,将 $\boldsymbol{\xi}_1$ 单位化,得

$$\boldsymbol{p}_1=\begin{pmatrix}-\frac{\sqrt{3}}{3}\\ -\frac{\sqrt{3}}{3}\\ \frac{\sqrt{3}}{3}\end{pmatrix};$$

对 $\lambda_2=1$(二重根),由

$$\boldsymbol{E}-\boldsymbol{A}=\begin{pmatrix}1 & 1 & -1\\ 1 & 1 & -1\\ -1 & -1 & 1\end{pmatrix}\xrightarrow[r_3+r_1]{r_2-r_1}\begin{pmatrix}1 & 1 & -1\\ 0 & 0 & 0\\ 0 & 0 & 0\end{pmatrix},$$

得$(\boldsymbol{E}-\boldsymbol{A})\boldsymbol{x}=\boldsymbol{0}$ 的基础解系

$$\boldsymbol{\xi}_2=\begin{pmatrix}-1\\ 1\\ 0\end{pmatrix},\quad \boldsymbol{\xi}_3=\begin{pmatrix}1\\ 0\\ 1\end{pmatrix},$$

将 $\boldsymbol{\xi}_2,\boldsymbol{\xi}_3$ 正交化,令

$$\boldsymbol{\eta}_2=\boldsymbol{\xi}_2,\quad \boldsymbol{\eta}_3=\boldsymbol{\xi}_3-\frac{[\boldsymbol{\eta}_2,\boldsymbol{\xi}_3]}{\|\boldsymbol{\eta}_2\|^2}\boldsymbol{\eta}_2=\begin{pmatrix}1\\ 0\\ 1\end{pmatrix}+\frac{1}{2}\begin{pmatrix}-1\\ 1\\ 0\end{pmatrix}=\begin{pmatrix}\frac{1}{2}\\ \frac{1}{2}\\ 1\end{pmatrix},$$

再将 $\boldsymbol{\eta}_2,\boldsymbol{\eta}_3$ 单位化,得

$$\boldsymbol{p}_2=\frac{\boldsymbol{\eta}_2}{\|\boldsymbol{\eta}_2\|}=\begin{pmatrix}-\frac{\sqrt{2}}{2}\\ \frac{\sqrt{2}}{2}\\ 0\end{pmatrix},\quad \boldsymbol{p}_3=\frac{\boldsymbol{\eta}_3}{\|\boldsymbol{\eta}_3\|}=\begin{pmatrix}\frac{\sqrt{6}}{6}\\ \frac{\sqrt{6}}{6}\\ \frac{\sqrt{6}}{3}\end{pmatrix}.$$

又令 $\boldsymbol{P}=(\boldsymbol{p}_1,\boldsymbol{p}_2,\boldsymbol{p}_3)=\begin{pmatrix} -\frac{\sqrt{3}}{3} & -\frac{\sqrt{2}}{2} & \frac{\sqrt{6}}{6} \\ -\frac{\sqrt{3}}{3} & \frac{\sqrt{2}}{2} & \frac{\sqrt{6}}{6} \\ \frac{\sqrt{3}}{3} & 0 & \frac{\sqrt{6}}{3} \end{pmatrix}$,则 $\boldsymbol{P}$ 即为所求的矩阵,且有

$$\boldsymbol{P}^{-1}\boldsymbol{A}\boldsymbol{P}=\boldsymbol{P}^{\mathrm{T}}\boldsymbol{A}\boldsymbol{P}=\boldsymbol{\Lambda}=\begin{pmatrix} \lambda_1 & & \\ & \lambda_2 & \\ & & \lambda_2 \end{pmatrix}=\begin{pmatrix} -2 & & \\ & 1 & \\ & & 1 \end{pmatrix}.$$

练　习　5.4

1. 设 3 阶实对称矩阵 $\boldsymbol{A}$ 的特征值为 $\lambda_1=6,\lambda_2=\lambda_3=3$,与特征值 $\lambda_1=6$ 对应的特征向量为 $\boldsymbol{p}_1=(1,1,1)^{\mathrm{T}}$,求 $\boldsymbol{A}$.

2. 设 3 阶实对称矩阵 $\boldsymbol{A}$ 的特征值为 $\lambda_1=1,\lambda_2=-1,\lambda_3=0$,对应 λ_1,λ_2 的特征向量依次为 $\boldsymbol{p}_1=\begin{pmatrix}1\\2\\2\end{pmatrix},\boldsymbol{p}_2=\begin{pmatrix}2\\1\\-2\end{pmatrix}$,求 $\boldsymbol{A}$.

3. 设实对称矩阵 $\boldsymbol{A}=\begin{pmatrix} 1 & -2 & -4 \\ -2 & x & -2 \\ -4 & -2 & 1 \end{pmatrix}$ 与 $\boldsymbol{\Lambda}=\begin{pmatrix} 5 & 0 & 0 \\ 0 & y & 0 \\ 0 & 0 & -4 \end{pmatrix}$ 相似,求 x,y.

4. 已知 $\boldsymbol{A}=\begin{pmatrix} 2 & -1 \\ -1 & 2 \end{pmatrix}$,求 $\boldsymbol{A}^n$.

5. 设 $\boldsymbol{A}=\begin{pmatrix} 3 & -2 \\ -2 & 3 \end{pmatrix}$,计算 $\varphi(\boldsymbol{A})=\boldsymbol{A}^{10}-5\boldsymbol{A}^9$.

6. 设 $\boldsymbol{A}_{3\times 3}$ 为实对称矩阵,且满足 $\boldsymbol{A}^3+\boldsymbol{A}^2+\boldsymbol{A}=3\boldsymbol{E}$,求 $\boldsymbol{A}$.

7. 判断正误:

(1) 若 $\boldsymbol{A}$ 是正交矩阵,则 $2\boldsymbol{A}^3$ 也是正交矩阵;

(2) 若 $\boldsymbol{A}$ 是实对称矩阵,且 $\boldsymbol{A}\boldsymbol{\alpha}=3\boldsymbol{\alpha},\boldsymbol{A}\boldsymbol{\beta}=-5\boldsymbol{\beta},\boldsymbol{\alpha}\neq 0,\boldsymbol{\beta}\neq 0$,则 $\boldsymbol{\alpha}^{\mathrm{T}}\boldsymbol{\beta}=0$.

历年考研试题选讲 5

本章最后再讲解若干个近年来的线性代数考研题,以供读者体会考研线性代数题的难度、深度与广度,从而对线性代数的深入学习起到一个很好的参考作用.

例 5.13（**2015 年，数学一**）　设矩阵 $\boldsymbol{A}=\begin{pmatrix}0&2&-3\\-1&3&-3\\1&-2&a\end{pmatrix}$ 相似于矩阵 $\boldsymbol{B}=\begin{pmatrix}1&-2&0\\0&b&0\\0&3&1\end{pmatrix}$.

(1) 求 a,b 的值；

(2) 求可逆矩阵 $\boldsymbol{P}$，使得 $\boldsymbol{P}^{-1}\boldsymbol{A}\boldsymbol{P}$ 为对角矩阵.

解　(1) 因为 $\boldsymbol{A},\boldsymbol{B}$ 相似，所以 $\mathrm{tr}(\boldsymbol{A})=\mathrm{tr}(\boldsymbol{B})$，且 $|\boldsymbol{A}|=|\boldsymbol{B}|$，得

$$\begin{cases}3+a=2+b,\\2a-3=b,\end{cases}$$

解得 $a=4,b=5$.

(2)
$$\boldsymbol{A}=\begin{pmatrix}0&2&-3\\-1&3&-3\\1&-2&4\end{pmatrix},\boldsymbol{B}=\begin{pmatrix}1&-2&0\\0&5&0\\0&3&1\end{pmatrix},$$

由 $|\lambda\boldsymbol{E}-\boldsymbol{B}|=(\lambda-1)^2(\lambda-5)$ 知，$\boldsymbol{B}$ 的特征值为 1,1,5. 因为 $\boldsymbol{A},\boldsymbol{B}$ 相似，所以 $\boldsymbol{A}$ 的特征值也是 1,1,5.

先求 $\boldsymbol{A}$ 的属于特征值 1 的特征向量：

$$\boldsymbol{A}-\boldsymbol{E}=\begin{pmatrix}-1&2&-3\\-1&2&-3\\1&-2&3\end{pmatrix}\rightarrow\begin{pmatrix}1&-2&3\\0&0&0\\0&0&0\end{pmatrix},$$

由 $x_1-2x_2+3x_3=0$ 可求得两个线性无关的特征向量 $\boldsymbol{p}_1=(2,1,0)^{\mathrm{T}}$ 和 $\boldsymbol{p}_2=(3,0,-1)^{\mathrm{T}}$.

再求 $\boldsymbol{A}$ 的属于特征值 5 的特征向量：

$$\boldsymbol{A}-5\boldsymbol{E}=\begin{pmatrix}-5&2&-3\\-1&-2&-3\\1&-2&-1\end{pmatrix}\rightarrow\begin{pmatrix}1&0&1\\0&1&1\\0&0&0\end{pmatrix},$$

由 $\begin{cases}x_1+x_3=0\\x_2+x_3=0\end{cases}$，可求得一个特征向量 $\boldsymbol{p}_3=(1,1,-1)^{\mathrm{T}}$.

构造矩阵
$$\boldsymbol{P}=(\boldsymbol{p}_1,\boldsymbol{p}_2,\boldsymbol{p}_3)=\begin{pmatrix}2&3&1\\1&0&1\\0&-1&-1\end{pmatrix},$$

则
$$\boldsymbol{P}^{-1}\boldsymbol{A}\boldsymbol{P}=\begin{pmatrix}1&0&0\\0&1&0\\0&0&5\end{pmatrix}.$$

例 5.14(2015 年,数学二、三) 若 3 阶矩阵 $\boldsymbol{A}$ 的特征值为 $2,-2,1$,$\boldsymbol{B}=\boldsymbol{A}^2-\boldsymbol{A}+\boldsymbol{E}$,其中 $\boldsymbol{E}$ 为 3 阶单位矩阵,则行列式 $|\boldsymbol{B}|=$ ________.

解 若 $\boldsymbol{A}$ 的特征值为 λ,则 $f(\boldsymbol{A})$ 的特征值为 $f(\lambda)$. 由题设可令 $f(x)=x^2-x+1$,故

$$\boldsymbol{B}=\boldsymbol{A}^2-\boldsymbol{A}+\boldsymbol{E}=f(\boldsymbol{A}).$$

再由 $\boldsymbol{A}$ 的特征值为 $2,-2,1$,所以 $\boldsymbol{B}=f(\boldsymbol{A})=\boldsymbol{A}^2-\boldsymbol{A}+\boldsymbol{E}$ 的特征值为

$$f(2)=3,\quad f(-2)=7,\quad f(1)=1,$$

故

$$|\boldsymbol{B}|=|f(\boldsymbol{A})|=3\times7\times1=21.$$

例 5.15(2013 年,数学一、二、三) 矩阵 $A=\begin{pmatrix}1&a&1\\a&b&a\\1&a&1\end{pmatrix}$ 与 $\begin{pmatrix}2&0&0\\0&b&0\\0&0&0\end{pmatrix}$ 相似的充分必要条件是( ).

A. $a=0,b=2$ B. $a=0$,b 为任意常数

C. $a=2,b=0$ D. $a=2$,b 为任意常数

解 由于对称矩阵与对角阵相似的充分必要条件是其特征值等于对角阵的主对角元. 故 $\boldsymbol{A}=\begin{pmatrix}1&a&1\\a&b&a\\1&a&1\end{pmatrix}$ 与 $\begin{pmatrix}2&0&0\\0&b&0\\0&0&0\end{pmatrix}$ 相似的充分必要条件是 $\boldsymbol{A}$ 的特征值为 2,b,0. 再由

$$\begin{aligned}|\lambda\boldsymbol{E}-\boldsymbol{A}|&=\begin{vmatrix}\lambda-1&-a&-1\\-a&\lambda-b&-a\\-1&-a&\lambda-1\end{vmatrix}\\&=\begin{vmatrix}\lambda&0&-\lambda\\-a&\lambda-b&-a\\-1&-a&\lambda-1\end{vmatrix}=\begin{vmatrix}\lambda&0&0\\-a&\lambda-b&-2a\\-1&-a&\lambda-2\end{vmatrix}\\&=\lambda[(\lambda-b)(\lambda-2)-2a^2]=0,\end{aligned}$$

得

$$\lambda=0\text{ 或 }(\lambda-b)(\lambda-2)-2a^2=0,$$

再考虑到 $\lambda=2$ 为 $\boldsymbol{A}$ 的一个特征值,故有 $2a^2=0\Rightarrow a=0$,即选 B.

例 5.16(2006,数一) 设 3 阶实对称矩阵 $\boldsymbol{A}$ 的各行元素之和均为 3,向量 $\boldsymbol{\alpha}_1=(-1,2,-1)^{\mathrm{T}}$,$\boldsymbol{\alpha}_2=(0,-1,1)^{\mathrm{T}}$ 是线性方程组 $\boldsymbol{A}x=0$ 的两个解.

(1) 求 $\boldsymbol{A}$ 的特征值与特征向量;

(2) 求正交矩阵 $\boldsymbol{Q}$ 和对角矩阵 $\boldsymbol{\Lambda}$,使得 $\boldsymbol{Q}^{-1}\boldsymbol{A}\boldsymbol{Q}=\boldsymbol{\Lambda}$.

解 (1) 由 $\boldsymbol{A}$ 的各行元素之和等于 3 得

$$\boldsymbol{A}\begin{pmatrix}1\\1\\1\end{pmatrix}=\begin{pmatrix}3\\3\\3\end{pmatrix}=3\begin{pmatrix}1\\1\\1\end{pmatrix},$$

所以 3 是矩阵 $\boldsymbol{A}$ 的一个特征值，$\boldsymbol{\alpha}=(1,1,1)^{\mathrm{T}}$ 是 $\boldsymbol{A}$ 属于 3 的特征向量.

又 $\boldsymbol{A}\boldsymbol{\alpha}_1=0=0\boldsymbol{\alpha}_1,\boldsymbol{A}\boldsymbol{\alpha}_2=0=0\boldsymbol{\alpha}_2$，故 $\boldsymbol{\alpha}_1,\boldsymbol{\alpha}_2$ 是矩阵 $\boldsymbol{A}$ 属于特征值 $\lambda=0$ 的两个线性无关的特征向量. 因此矩阵 $\boldsymbol{A}$ 的特征值是 3,0,0.

$\boldsymbol{A}$ 相应于特征值 $\lambda=3$ 的全部特征向量是 $k(1,1,1)^{\mathrm{T}}$，其中，其中 $k\neq0$ 为常数；

$\boldsymbol{A}$ 相应于特征值 $\lambda=0$ 的全部特征向量是 $k_1(-1,2,-1)^{\mathrm{T}}+k_2(0,-1,1)^{\mathrm{T}}$，其中 k_1,k_2 是不全为 0 的常数.

(2) 因为 $\boldsymbol{\alpha}_1,\boldsymbol{\alpha}_2$ 不正交，故要施密特正交化.

$$\boldsymbol{\beta}_1=\boldsymbol{\alpha}_1=(-1,2,-1)^{\mathrm{T}},$$

$$\boldsymbol{\beta}_2=\boldsymbol{\alpha}_2-\frac{(\boldsymbol{\alpha}_2,\boldsymbol{\beta}_1)}{(\boldsymbol{\beta}_1,\boldsymbol{\beta}_1)}\boldsymbol{\beta}_1=\begin{pmatrix}0\\-1\\1\end{pmatrix}-\frac{-3}{6}\begin{pmatrix}-1\\2\\-1\end{pmatrix}=\frac{1}{2}\begin{pmatrix}-1\\0\\1\end{pmatrix},$$

再单位化

$$\gamma_1=\frac{\boldsymbol{\beta}_1}{\|\boldsymbol{\beta}_1\|}=\frac{1}{\sqrt6}\begin{pmatrix}-1\\2\\-1\end{pmatrix},\quad \gamma_2=\frac{\boldsymbol{\beta}_2}{\|\boldsymbol{\beta}_2\|}=\frac{1}{\sqrt2}\begin{pmatrix}-1\\0\\1\end{pmatrix},\quad \gamma_3=\frac{\boldsymbol{\alpha}}{\|\boldsymbol{\alpha}\|}=\frac{1}{\sqrt3}\begin{pmatrix}1\\1\\1\end{pmatrix}.$$

又可令

$$\boldsymbol{Q}=(\gamma_1,\gamma_2,\gamma_3)=\begin{pmatrix}-\frac{1}{\sqrt6} & -\frac{1}{\sqrt2} & \frac{1}{\sqrt3}\\ \frac{2}{\sqrt6} & 0 & \frac{1}{\sqrt3}\\ -\frac{1}{\sqrt6} & \frac{1}{\sqrt2} & \frac{1}{\sqrt3}\end{pmatrix},$$

得

$$\boldsymbol{Q}^{-1}\boldsymbol{A}\boldsymbol{Q}=\boldsymbol{\Lambda}=\begin{pmatrix}0 & & \\ & 0 & \\ & & 3\end{pmatrix}.$$

例 5.17(2011 年，数一) 设 $\boldsymbol{A}$ 为 3 阶实对称矩阵，$\boldsymbol{A}$ 的秩为 2，且满足

$$\boldsymbol{A}\begin{pmatrix}1 & 1\\0 & 0\\-1 & 1\end{pmatrix}=\begin{pmatrix}-1 & 1\\0 & 0\\1 & 1\end{pmatrix}.$$

(1) 求 $\boldsymbol{A}$ 的所有特征值与特征向量；

(2) 求矩阵 $\boldsymbol{A}$.

解 (1) 因 $\boldsymbol{R}(\boldsymbol{A})=2$ 知 $|\boldsymbol{A}|=0$，所以 $\lambda=0$ 是 $\boldsymbol{A}$ 的特征值. 又由

$$\boldsymbol{A}\begin{pmatrix}1 & 1\\0 & 0\\-1 & 1\end{pmatrix}=\begin{pmatrix}-1 & 1\\0 & 0\\1 & 1\end{pmatrix}$$

得

$$A\begin{pmatrix}1\\0\\1\end{pmatrix}=1\cdot\begin{pmatrix}1\\0\\1\end{pmatrix},\quad A\begin{pmatrix}1\\0\\-1\end{pmatrix}=\begin{pmatrix}-1\\0\\1\end{pmatrix}=(-1)\begin{pmatrix}1\\0\\-1\end{pmatrix},$$

所由特征值与特征向量的定义可知 $\lambda=1$ 是 A 的特征值,$\boldsymbol{\alpha}_1=(1,0,1)^{\mathrm{T}}$ 是 A 属于 $\lambda=1$的特征向量;$\lambda=-1$ 是 A 的特征值,$\boldsymbol{\alpha}_2=(1,0,-1)^{\mathrm{T}}$ 是 A 属于$\lambda=-1$ 的特征向量.

设 $\boldsymbol{\alpha}_3=(x_1,x_2,x_3)^{\mathrm{T}}$ 是 A 属于特征值$\lambda=0$ 的特征向量,作为实对称矩阵,不同特征值对应的特征向量相互正交,因此

$$\begin{cases}\boldsymbol{\alpha}_1^{\mathrm{T}}\boldsymbol{\alpha}_3=x_1+x_3=0,\\ \boldsymbol{\alpha}_2^{\mathrm{T}}\boldsymbol{\alpha}_3=x_1-x_3=0,\end{cases}$$

求得一解 $\boldsymbol{\alpha}_3=(0,1,0)^{\mathrm{T}}$. 故矩阵 A 的特征值为 1,−1,0,特征向量依次为

$$k_1(1,0,1)^{\mathrm{T}},\quad k_2(1,0,-1)^{\mathrm{T}},\quad k_3(0,1,0)^{\mathrm{T}},$$

其中 k_1,k_2,k_3 均为不为 0 的任意常数.

(2) 由 $A(\boldsymbol{\alpha}_1,\boldsymbol{\alpha}_2,\boldsymbol{\alpha}_3)=(\boldsymbol{\alpha}_1,-\boldsymbol{\alpha}_2,0)$,有

$$\begin{aligned}A&=(\boldsymbol{\alpha}_1,-\boldsymbol{\alpha}_2,0)(\boldsymbol{\alpha}_1,\boldsymbol{\alpha}_2,\boldsymbol{a}_3)^{-1}\\&=\begin{pmatrix}1&-1&0\\0&0&0\\1&1&0\end{pmatrix}\begin{pmatrix}1&1&0\\0&0&1\\1&-1&0\end{pmatrix}^{-1}=\begin{pmatrix}0&0&1\\0&0&0\\1&0&0\end{pmatrix}.\end{aligned}$$

习 题 5

第一部分 客观题

1. x 取值( )时,向量 $\boldsymbol{a}=(-1,2,x,3)$与向量 $\boldsymbol{b}=(x,3,4-1)$正交.

A. 2　　　　B. 0

C. 1　　　　D. −1

2. 设 A 为 4 阶实对称矩阵,且 $A^2+A=\mathbf{0}$,若 A 的秩为 3,则 A 相似于( ).

A. diag(1,1,1,0)　　　　B. diag(1,1,−1,0)

C. diag(1,−1,−1,0)　　　　D. diag(−1,−1,−1,0)

3. 设 A 为三阶方阵,有特征值 $\lambda_1=1,\lambda_2=-1,\lambda_3=-2$,其对应特征向量分别为 $\boldsymbol{\xi}_1,\boldsymbol{\xi}_2,\boldsymbol{\xi}_3$. 记 $P=(2\boldsymbol{\xi}_2,-3\boldsymbol{\xi}_3,4\boldsymbol{\xi}_1)$,则 $P^{-1}AP=$( ).

A. $\begin{pmatrix}-1&&\\&-2&\\&&1\end{pmatrix}$　　　　B. $\begin{pmatrix}2&&\\&1&\\&&-1\end{pmatrix}$

C. $\begin{pmatrix} 1 & & \\ & -1 & \\ & & 2 \end{pmatrix}$　　D. $\begin{pmatrix} -1 & & \\ & 1 & \\ & & 2 \end{pmatrix}$

4. 矩阵 $\boldsymbol{A}=\begin{pmatrix} 1 & & \\ & 1 & \\ & & 2 \end{pmatrix}$ 与矩阵(　　)相似.

A. $\begin{pmatrix} 2 & 0 & 3 \\ 0 & 3 & 4 \\ 0 & 0 & 1 \end{pmatrix}$　　B. $\begin{pmatrix} 1 & 0 & 0 \\ 0 & 2 & 0 \\ 0 & 0 & 2 \end{pmatrix}$

C. $\begin{pmatrix} 1 & 0 & 0 \\ 0 & 1 & 1 \\ 0 & 0 & 2 \end{pmatrix}$　　D. $\begin{pmatrix} 1 & 0 & 1 \\ 0 & 2 & 0 \\ 0 & 0 & 1 \end{pmatrix}$

5. 设 $\boldsymbol{A}=\begin{pmatrix} 1 & -1 & 1 \\ 2 & x & 4 \\ -3 & -3 & 5 \end{pmatrix}$，$\boldsymbol{A}$ 有特征值 $\lambda_1=2,\lambda_2=-\sqrt{2},\lambda_3=\sqrt{2}$，则 $x=$(　　).

A. 2　　B. -2

C. 4　　D. -4

6. 设 3 阶矩阵 $\boldsymbol{A}$ 满足 $|\boldsymbol{A}+3\boldsymbol{E}|=0$，$|2\boldsymbol{A}-6\boldsymbol{E}|=0$，$|9\boldsymbol{A}+5\boldsymbol{E}|=0$，则 $|\boldsymbol{A}^*-3\boldsymbol{A}^{-1}|=$(　　).

A. $-\dfrac{2}{5}$　　B. $\dfrac{2}{5}$

C. $-\dfrac{8}{5}$　　D. $\dfrac{8}{5}$

第二部分　解答题

1. 设 $\boldsymbol{A}$ 为 3 阶可逆方阵，且 $\boldsymbol{A}^{-1}$ 的特征值为 1,2,3. 若 $\boldsymbol{A}_{ij}$ 为 $\boldsymbol{A}$ 的元素 a_{ij} 的代数余子式，试求 $\boldsymbol{A}_{11}+\boldsymbol{A}_{22}+\boldsymbol{A}_{33}$ 的值.

2. 设 $\boldsymbol{\alpha}=(1,1,1)^{\mathrm{T}}$，$\boldsymbol{\beta}=(1,0,k)^{\mathrm{T}}$，若 $\boldsymbol{\alpha}\boldsymbol{\beta}^{\mathrm{T}}$ 相似于 $\boldsymbol{\Lambda}=\mathrm{diag}(3,0,0)$，试求 k 值.

3. 设矩阵 $\boldsymbol{A}_{3\times 3}$ 满足 $\boldsymbol{A}^2+\boldsymbol{A}=\boldsymbol{O}$，且 $r(\boldsymbol{A})=2$，$\boldsymbol{A}$ 可以对角化，试求 $\boldsymbol{A}$ 的一个相似对角矩阵.

4. 设 $\boldsymbol{A}=\begin{pmatrix} 2 & 4 & 0 \\ 0 & 3 & 5 \\ 0 & 0 & 1 \end{pmatrix}$，试求 $(\boldsymbol{A}+2\boldsymbol{E})^2$ 的三个特征值.

5. 设 $\boldsymbol{A}_{n\times n}$ 满足 $|\boldsymbol{A}|\neq 0$，若 λ 为 $\boldsymbol{A}$ 的特征值，试求 $\boldsymbol{A}^*+\boldsymbol{E}$ 的一个特征值.

6. 设 $\boldsymbol{A}$ 为 3 阶方阵，且 $|\boldsymbol{A}+\boldsymbol{E}|=0$，$|\boldsymbol{A}+2\boldsymbol{E}|=0$，$|\boldsymbol{A}-3\boldsymbol{E}|=0$，试求 $|\boldsymbol{A}|$ 与 $|\boldsymbol{A}+4\boldsymbol{E}|$ 的值.

7. 设$A_{4\times 4}$满足$|3E+A|=0$,$AA^T=2E$,$|A|<0$,试求A^*的一个特征值.

8. 设A为n阶方阵且$|A|=2$,若A^*为A的伴随矩阵,试求A^*A的特征值.

9. 设A为3阶方阵,且特征值分别为$\lambda_1=1$,$\lambda_2=-1$,$\lambda_3=2$,记$B=A^3-5A^2$,求$|B|$与$|A-5E|$值.

10. 设A为n阶方阵,

(1) 若$A^2=E$,试判断$8E-A$是否可逆?并证明结论;

(2) 若± 1不是A的特征值,试判断$A\pm E$是否可逆?并证明结论.

11. $A=\begin{pmatrix}2&2&0\\8&2&a\\0&0&6\end{pmatrix}$相似于对角矩阵$\Lambda$,试求常数$a$以及可逆矩阵$P$,使$P^{-1}AP=\Lambda$.

12. 设$A=\begin{pmatrix}a&1&1\\1&a&-1\\1&-1&a\end{pmatrix}$为实对称矩阵,求可逆矩阵$P$,使$P^{-1}AP$为对角矩阵,并求$|A-E|$的值.

13. 设方阵$A=\begin{pmatrix}1&0&1\\0&2&1\\2&0&x\end{pmatrix}$有特征值$\lambda_1=3$,

(1) 求x及A的其他特征值,并求A的特征向量;

(2) 求可逆矩阵P及对角矩阵Λ,使得$P^{-1}AP=\Lambda$.

14. 试证明n阶矩阵A是奇异矩阵$\Leftrightarrow A$有一个特征值为0.

15. 设A,B为n阶正交阵,且$|A|=-|B|=1$,试证明$A+B$为不可逆矩阵.

16. 设n阶方阵A满足$A^T=A^{-1}$,$|A|>0$且n为奇数,试证明$E-A$不可逆.

17. 设$\alpha_1,\alpha_2,\alpha_3$为$n$阶实对称矩阵$A$的三个互异特征值对应的特征向量,$\beta=\alpha_1+\alpha_2+\alpha_3$,试证明$\beta,A\beta,A^2\beta$线性无关.

第 6 章 二次型

在平面解析几何中，为了便于研究二次曲线

$$ax^2+bxy+cy^2=1$$

的几何性质，可以作适当的坐标旋转变换

$$\begin{cases}x=x'\cos\theta-y'\sin\theta;\\ y=x'\sin\theta+y'\cos\theta.\end{cases}$$

代入上式化成标准型式

$$mx'^2+ny'^2=1.$$

标准方程便于画图和研究方程的性质.

二次齐次多项式的化简具有重要意义，在许多理论问题与实际问题中常会遇到. 现在我们把这类问题一般化，讨论 n 个变量的二次齐次多项式的化简问题.

6.1 二次型及其矩阵

定义 6.1 含有 n 个变量 $x_1,x_2,\cdots,x_n$ 的二次齐次函数

$$\begin{aligned}f=f(x_1,x_2,\cdots,x_n)=&a_{11}x_1^2+a_{22}x_2^2+a_{33}x_3^2+\cdots+a_{nn}x_n^2\\&+2a_{12}x_1x_2+2a_{13}x_1x_3+\cdots+2a_{1n}x_1x_n\\&+2a_{23}x_2x_3+\cdots+2a_{2n}x_2x_n+\cdots+2a_{n-1,n}x_{n-1}x_n\end{aligned}$$

称为 ***n* 元二次型**. 其中，$a_{ii}x_i^2$ 称为**平方项**；$a_{ij}x_ix_j$，$i\neq j$ 称为**混乘项**，$i,j=1,2,\cdots,n$.

若取 $a_{ij}=a_{ji}$，则 $2a_{ij}x_ix_j=a_{ij}x_ix_j+a_{ji}x_jx_i$，于是上式可以写成

$$\begin{aligned}f&=a_{11}x_1^2+a_{12}x_1x_2+a_{13}x_1x_3+\cdots+a_{1n}x_1x_n\\&\quad+a_{21}x_2x_1+a_{22}x_2^2+a_{23}x_2x_3+\cdots+a_{2n}x_2x_n+\cdots\\&\quad+a_{n1}x_nx_1+a_{n2}x_nx_2+a_{n3}x_nx_3+\cdots+a_{nn}x_n^2\\&=x_1(a_{11}x_1+a_{12}x_2+a_{13}x_3+\cdots+a_{1n}x_n)\\&\quad+x_2(a_{21}x_1+a_{22}x_2+a_{23}x_3+\cdots+a_{2n}x_n)+\cdots\\&\quad+x_n(a_{n1}x_1+a_{n2}x_2+a_{n3}x_3+\cdots+a_{nn}x_n)\\&\triangleq\sum_{i=1}^{n}\Big(\sum_{j=1}^{n}a_{ij}x_ix_j\Big)\end{aligned}$$

$$=(x_1,x_2,\cdots,x_n)\begin{pmatrix}a_{11}x_1+a_{12}x_2+a_{13}x_3+\cdots+a_{1n}x_n\\a_{21}x_1+a_{22}x_2+a_{23}x_3+\cdots+a_{2n}x_n\\\vdots\\a_{n1}x_1+a_{n2}x_2+a_{n3}x_3+\cdots+a_{nn}x_n\end{pmatrix}$$

$$=(x_1,x_2,\cdots,x_n)\begin{pmatrix}a_{11}&a_{12}&\cdots&a_{1n}\\a_{21}&a_{22}&\cdots&a_{2n}\\\vdots&\vdots&&\vdots\\a_{n1}&a_{n2}&\cdots&a_{nn}\end{pmatrix}\begin{pmatrix}x_1\\x_2\\\vdots\\x_n\end{pmatrix}$$

$$\triangleq \boldsymbol{x}^{\mathrm{T}}\boldsymbol{A}\boldsymbol{x}.$$

其中,$\boldsymbol{x}=\begin{pmatrix}x_1\\x_2\\\vdots\\x_n\end{pmatrix}$;$\boldsymbol{A}=\begin{pmatrix}a_{11}&a_{12}&\cdots&a_{1n}\\a_{21}&a_{22}&\cdots&a_{2n}\\\vdots&\vdots&&\vdots\\a_{n1}&a_{n2}&\cdots&a_{nn}\end{pmatrix}$. 称 $f=f(\boldsymbol{x})=\boldsymbol{x}^{\mathrm{T}}\boldsymbol{A}\boldsymbol{x}$ 为**二次型的矩阵形式**.

由 $a_{ij}=a_{ji}$ 知 $\boldsymbol{A}$ 为对称矩阵,即 $\boldsymbol{A}^{\mathrm{T}}=\boldsymbol{A}$. 称对称矩阵 $\boldsymbol{A}$ 为该二次型的矩阵. 二次型 f 称为对称矩阵 $\boldsymbol{A}$ 的二次型. 对称矩阵 $\boldsymbol{A}$ 的秩 $r(\boldsymbol{A})$ 称为**二次型的秩**. 在这种情况下,二次型 f 与对称矩阵 $\boldsymbol{A}$ 之间通过 $f(\boldsymbol{x})=\boldsymbol{x}^{\mathrm{T}}\boldsymbol{A}\boldsymbol{x}$ 就建立起一一对应关系,故往往用对称矩阵 $\boldsymbol{A}$ 的性质来讨论二次型 f 的性质.

当 a_{ij} 为复数时,f 称为**复二次型**;当 a_{ij} 为实数时,f 称为**实二次型**.

例 6.1 设 $f=x_1^2+2x_1x_2+2x_1x_3+3x_2^2-x_3^2$,求 f 的矩阵,并求 f 的秩.

解 $$f=\boldsymbol{x}^{\mathrm{T}}\boldsymbol{A}\boldsymbol{x}=x_1^2+2x_1x_2+2x_1x_3+3x_2^2-x_3^2$$

对应的对称矩阵是

$$\boldsymbol{A}=\begin{pmatrix}1&1&1\\1&3&0\\1&0&-1\end{pmatrix}\to\begin{pmatrix}1&1&1\\0&2&-1\\0&-1&-2\end{pmatrix}\to\begin{pmatrix}1&1&1\\0&-1&-2\\0&2&-1\end{pmatrix}\to\begin{pmatrix}1&1&1\\0&-1&-2\\0&0&-5\end{pmatrix},$$

故 $r(\boldsymbol{A})=3$,所以二次型 f 的秩为 3.

对于二次型 $f=\boldsymbol{x}^{\mathrm{T}}\boldsymbol{A}\boldsymbol{x}=\sum\limits_{i=1}^{n}\left(\sum\limits_{j=1}^{n}a_{ij}x_ix_j\right)$,我们讨论的主要问题是寻求可逆线性变换 $\boldsymbol{x}=\boldsymbol{C}\boldsymbol{y}$,即

$$\begin{cases}x_1=c_{11}y_1+c_{12}y_2+\cdots+c_{1n}y_n;\\x_2=c_{21}y_1+c_{22}y_2+\cdots+c_{2n}y_n;\\\cdots\cdots\\x_n=c_{n1}y_1+c_{n2}y_2+\cdots+c_{nn}y_n.\end{cases}$$

使二次型 $f(x)=\boldsymbol{x}^{\mathrm{T}}\boldsymbol{A}\boldsymbol{x}$ 化为只含有平方项,而不含有混乘项的形式,即

$$f=k_1y_1^2+k_2y_2^2+\cdots+k_ny_n^2.$$

这种只含有平方项的二次型,称为**标准二次型**,或称为**二次型的标准型**.

对于实二次型,若再使标准型的系数 $k_1,k_2,\cdots,k_n$ 只取 $0,1,-1$,则这种二次型称为**规范二次型**,即

$$f=y_1^2+\cdots+y_p^2-y_{p+1}^2-\cdots-y_r^2,$$

其中 $r(\leqslant n)$为二次型的秩.

下面讨论一下合同矩阵.

对于二次型 $f=\boldsymbol{x}^{\mathrm{T}}\boldsymbol{A}\boldsymbol{x}$ 而言,经可逆线性变换 $\boldsymbol{x}=\boldsymbol{C}\boldsymbol{y}$,将其化成

$$f=\boldsymbol{x}^{\mathrm{T}}\boldsymbol{A}\boldsymbol{x}=(\boldsymbol{C}\boldsymbol{y})^{\mathrm{T}}\boldsymbol{A}(\boldsymbol{C}\boldsymbol{y})=\boldsymbol{y}^{\mathrm{T}}(\boldsymbol{C}^{\mathrm{T}}\boldsymbol{A}\boldsymbol{C})\boldsymbol{y}.$$

若记 $\boldsymbol{B}=\boldsymbol{C}^{\mathrm{T}}\boldsymbol{A}\boldsymbol{C}$ 则 $f=\boldsymbol{y}^{\mathrm{T}}\boldsymbol{B}\boldsymbol{y}$.

由于 $\boldsymbol{B}^{\mathrm{T}}=(\boldsymbol{C}^{\mathrm{T}}\boldsymbol{A}\boldsymbol{C})^{\mathrm{T}}=\boldsymbol{C}^{\mathrm{T}}\boldsymbol{A}^{\mathrm{T}}(\boldsymbol{C}^{\mathrm{T}})^{\mathrm{T}}=\boldsymbol{C}^{\mathrm{T}}\boldsymbol{A}\boldsymbol{C}=\boldsymbol{B}$,故 $\boldsymbol{B}$ 为对称矩阵,从而 $f=\boldsymbol{y}^{\mathrm{T}}\boldsymbol{B}\boldsymbol{y}$ 为关于 $y_1,y_2,\cdots,y_n$ 的二次型.

关于 $\boldsymbol{A}$ 与 $\boldsymbol{B}=\boldsymbol{C}^{\mathrm{T}}\boldsymbol{A}\boldsymbol{C}$ 的关系,我们给出以下合同矩阵的定义.

定义 6.2 设 $\boldsymbol{A},\boldsymbol{B}$ 均为 n 阶方阵,若存在可逆矩阵 $\boldsymbol{C}$,使得 $\boldsymbol{C}^{\mathrm{T}}\boldsymbol{A}\boldsymbol{C}=\boldsymbol{B}$,则称**矩阵 $\boldsymbol{A}$ 合同于矩阵 $\boldsymbol{B}$**,或称 $\boldsymbol{A}$ 与 $\boldsymbol{B}$ 为**合同矩阵**.

由以上定义可以看出,二次型 $f=f(x_1,x_2,\cdots,x_n)=\boldsymbol{x}^{\mathrm{T}}\boldsymbol{A}\boldsymbol{x}$ 的矩阵 $\boldsymbol{A}$ 与经过可逆线性变换 $\boldsymbol{x}=\boldsymbol{C}\boldsymbol{y}$ 得到的二次型的矩阵 $\boldsymbol{B}=\boldsymbol{C}^{\mathrm{T}}\boldsymbol{A}\boldsymbol{C}$ 是合同矩阵.

矩阵合同的**基本性质**:

(1) **自反性**,任意方阵 A 与其自身合同;

(2) **对称性**,若 $\boldsymbol{A}$ 与 $\boldsymbol{B}$ 合同,则 $\boldsymbol{B}$ 与 $\boldsymbol{A}$ 合同;

(3) **传递性**,若 $\boldsymbol{A}$ 与 $\boldsymbol{B}$ 合同,$\boldsymbol{B}$ 与 $\boldsymbol{C}$ 合同,则 $\boldsymbol{A}$ 合同于 $\boldsymbol{C}$.

定理 6.1 若 $\boldsymbol{A}$ 为对称矩阵,$\boldsymbol{C}$ 为可逆矩阵,则 $\boldsymbol{B}=\boldsymbol{C}^{\mathrm{T}}\boldsymbol{A}\boldsymbol{C}$ 仍为对称矩阵,且 $r(\boldsymbol{A})=r(\boldsymbol{B})$.

请读者自己证明.

综上,二次型 $f(\boldsymbol{x})=\boldsymbol{x}^{\mathrm{T}}\boldsymbol{A}\boldsymbol{x}$ 经可逆变换 $\boldsymbol{x}=\boldsymbol{C}\boldsymbol{y}$ 后,其秩不变,但二次型 f 的矩阵 $\boldsymbol{A}$ 变为 $\boldsymbol{B}=\boldsymbol{C}^{\mathrm{T}}\boldsymbol{A}\boldsymbol{C}$.

在本节最后给出矩阵的等价、相似、合同三种关系的逻辑关系:

(1) $\boldsymbol{A}$ 经过若干次初等行列变换得到 $\boldsymbol{B}$,则 $\boldsymbol{A}$ 与 $\boldsymbol{B}$ 等价,即 $\boldsymbol{A}$ 与 $\boldsymbol{B}$ 等价$\Leftrightarrow$存在可逆阵 $\boldsymbol{P},\boldsymbol{Q}$ 使 $\boldsymbol{P}\boldsymbol{A}\boldsymbol{Q}=\boldsymbol{B}$;

(2) $\boldsymbol{A}$ 与 $\boldsymbol{B}$ 相似$\Leftrightarrow$存在可逆阵 $\boldsymbol{P}$ 使 $\boldsymbol{P}^{-1}\boldsymbol{A}\boldsymbol{P}=\boldsymbol{B}$;

(3) $\boldsymbol{A}$ 与 $\boldsymbol{B}$ 合同$\Leftrightarrow$存在可逆阵 $\boldsymbol{P}$ 使 $\boldsymbol{P}^{\mathrm{T}}\boldsymbol{A}\boldsymbol{P}=\boldsymbol{B}$.

通过以上三个关系可以看出,相似矩阵一定是等价矩阵,合同矩阵一定是等价矩阵. 特别,由上一章实对称矩阵可正交相似对角化可知,实对称矩阵与其相似的对角矩阵既相似又合同;但等价矩阵不一定是相似矩阵,也不一定是合同矩阵.

练 习 6.1

1. 写出下列二次型的矩阵,并求其秩:

(1) $f=f(x_1,x_2,x_3)=x_1^2+2x_2^2-3x_3^2+4x_1x_2-6x_2x_3$;

(2) $f=f(x_1,x_2,x_3,x_4)=x_1^2-x_2^2-3x_3^2+4x_1x_2-6x_4x_3$;

(3) $f=f(x_1,x_2,x_3)=(x_1,x_2,x_3)\begin{pmatrix}3&6&-4\\4&-2&7\\6&-1&0\end{pmatrix}\begin{pmatrix}x_1\\x_2\\x_3\end{pmatrix}$.

6.2 化二次型为标准型

在上一节中我们讨论了,若二次型 $f=f(x_1,x_2,\cdots,x_n)$经过可逆线性变换 $\boldsymbol{x}=\boldsymbol{Cy}$化成只含有平方项的形式

$$\begin{aligned}f&=f(\boldsymbol{x})=\boldsymbol{x}^{\mathrm{T}}\boldsymbol{Ax}=(\boldsymbol{Cy})^{\mathrm{T}}\boldsymbol{A}(\boldsymbol{Cy})=\boldsymbol{y}^{\mathrm{T}}(\boldsymbol{C}^{\mathrm{T}}\boldsymbol{AC})\boldsymbol{y}=\boldsymbol{y}^{\mathrm{T}}\boldsymbol{Dy}\\&=k_1y_1^2+k_2y_2^2+\cdots+k_ny_n^2,\end{aligned}$$

即化二次型 f 的标准型. 其中,$\boldsymbol{D}=\begin{pmatrix}k_1&&&\\&k_2&&\\&&\ddots&\\&&&k_n\end{pmatrix}$为对角矩阵.

可以证明任意二次型 f 都可以化成标准型,即对于任意二次型 $f(\boldsymbol{x})=\boldsymbol{x}^{\mathrm{T}}\boldsymbol{Ax}$ 一定存在可逆线性变换 $\boldsymbol{x}=\boldsymbol{Cy}$,使得 f 化成标准型 $f=k_1y_1^2+k_2y_2^2+\cdots+k_ny_n^2$.

下面我们用对称变换法、拉格朗日配方法、正交变换法三种方法分别讨论二次型的标准化问题.

首先介绍**对称变换法**化二次型为标准型.

设有可逆线性变换 $\boldsymbol{x}=\boldsymbol{Cy}$,它把二次型 $f(\boldsymbol{x})=\boldsymbol{x}^{\mathrm{T}}\boldsymbol{Ax}$ 化成标准型

$$f(\boldsymbol{x})=\boldsymbol{x}^{\mathrm{T}}\boldsymbol{Ax}=(\boldsymbol{Cy})^{\mathrm{T}}\boldsymbol{A}(\boldsymbol{Cy})=\boldsymbol{y}^{\mathrm{T}}(\boldsymbol{C}^{\mathrm{T}}\boldsymbol{AC})\boldsymbol{y}=\boldsymbol{y}^{\mathrm{T}}\boldsymbol{Dy}.$$

其中,$\boldsymbol{D}=\boldsymbol{C}^{\mathrm{T}}\boldsymbol{AC}$ 为对角矩阵. 求可逆矩阵 $\boldsymbol{C}$,使对称矩阵 $\boldsymbol{A}$ 化成对角矩阵 $\boldsymbol{D}=\boldsymbol{C}^{\mathrm{T}}\boldsymbol{AC}$ 的过程,称为**将 A 合同对角化**.

由于 $\boldsymbol{C}$ 为可逆矩阵,故 $\boldsymbol{C}$ 可以写成若干个初等矩阵的乘积,即存在初等矩阵 $\boldsymbol{P}_1,\boldsymbol{P}_2,\cdots,\boldsymbol{P}_s$,使 $\boldsymbol{C}=\boldsymbol{P}_1\boldsymbol{P}_2\cdots\boldsymbol{P}_s$,于是有

$$\boldsymbol{D}=\boldsymbol{C}^{\mathrm{T}}\boldsymbol{AC}=\boldsymbol{P}_s^{\mathrm{T}}\cdots\boldsymbol{P}_2^{\mathrm{T}}\boldsymbol{P}_1^{\mathrm{T}}\boldsymbol{AP}_1\boldsymbol{P}_2\cdots\boldsymbol{P}_s,$$

$$\boldsymbol{C}=\boldsymbol{P}_1\boldsymbol{P}_2\cdots\boldsymbol{P}_s=\boldsymbol{EP}_1\boldsymbol{P}_2\cdots\boldsymbol{P}_s.$$

将上面两式合并起来写成分块矩阵的形式,就有

$$\begin{pmatrix}\boldsymbol{P}_s^{\mathrm{T}}&\boldsymbol{O}\\\boldsymbol{O}&\boldsymbol{E}\end{pmatrix}\cdots\begin{pmatrix}\boldsymbol{P}_2^{\mathrm{T}}&\boldsymbol{O}\\\boldsymbol{O}&\boldsymbol{E}\end{pmatrix}\begin{pmatrix}\boldsymbol{P}_1^{\mathrm{T}}&\boldsymbol{O}\\\boldsymbol{O}&\boldsymbol{E}\end{pmatrix}\begin{pmatrix}\boldsymbol{A}\\\boldsymbol{E}\end{pmatrix}\boldsymbol{P}_1\boldsymbol{P}_2\cdots\boldsymbol{P}_s=\begin{pmatrix}\boldsymbol{D}\\\boldsymbol{C}\end{pmatrix},$$

即

$$\begin{pmatrix} \boldsymbol{P}_s & \boldsymbol{O} \\ \boldsymbol{O} & \boldsymbol{E} \end{pmatrix}^{\mathrm{T}} \cdots \begin{pmatrix} \boldsymbol{P}_2 & \boldsymbol{O} \\ \boldsymbol{O} & \boldsymbol{E} \end{pmatrix}^{\mathrm{T}} \begin{pmatrix} \boldsymbol{P}_1 & \boldsymbol{O} \\ \boldsymbol{O} & \boldsymbol{E} \end{pmatrix}^{\mathrm{T}} \begin{pmatrix} \boldsymbol{A} \\ \boldsymbol{E} \end{pmatrix} \boldsymbol{P}_1 \boldsymbol{P}_2 \cdots \boldsymbol{P}_s = \begin{pmatrix} \boldsymbol{D} \\ \boldsymbol{C} \end{pmatrix}.$$

由此可以看出，对由 $\boldsymbol{A}$ 与 $\boldsymbol{E}$ 构成的 $2n\times n$ 型矩阵 $\begin{pmatrix} \boldsymbol{A} \\ \boldsymbol{E} \end{pmatrix}$ 作相当于右乘矩阵 $\boldsymbol{P}_1$，$\boldsymbol{P}_2,\cdots,\boldsymbol{P}_s$ 的初等列变换，再对其中 $\boldsymbol{A}$ 所在部分作相当于左乘矩阵 $\boldsymbol{P}_1^{\mathrm{T}},\boldsymbol{P}_2^{\mathrm{T}},\cdots,\boldsymbol{P}_s^{\mathrm{T}}$ 的初等行变换，则矩阵 $\boldsymbol{A}$ 所在部分变为对角矩阵 $\boldsymbol{D}$，而单位矩阵 $\boldsymbol{E}$ 所在部分就相应的变为所用的可逆矩阵 $\boldsymbol{C}$.

对由 $\boldsymbol{A}$ 与 $\boldsymbol{E}$ 构成的 $2n\times n$ 型矩阵 $\begin{pmatrix} \boldsymbol{A} \\ \boldsymbol{E} \end{pmatrix}$ 作一次相当于右乘初等矩阵 $\boldsymbol{P}$ 的初等列变换和一次相应的（相当于左乘矩阵 $\begin{pmatrix} \boldsymbol{P} & \boldsymbol{O} \\ \boldsymbol{O} & \boldsymbol{E} \end{pmatrix}^{\mathrm{T}}$ 的）初等行变换合起来称为**一次对称变换**，即对称变换有如下三种：

(1) $c_i \leftrightarrow c_j$ 及相应的 $r_i \leftrightarrow r_j$；

(2) kc_i 及相应的 kr_i；

(3) $c_i + lc_j$ 及相应的 $r_i + lr_j$.

对称矩阵 $\boldsymbol{A}$ 合同对角化方法为，对 $\begin{pmatrix} \boldsymbol{A} \\ \boldsymbol{E} \end{pmatrix}_{2n\times n}$ 进行对称变换：①先作倍列加，化 $\boldsymbol{A}$ 所在部分的左上角对角元素为非零；再作一次相应的初等行变换；②再利用这个非零对角元素作倍列加化 $\boldsymbol{A}$ 所在部分的第一行对角元素右边的所有元素都为 0，每次初等列变换，后都要作一次相应的初等行变换；③再对 $\boldsymbol{A}$ 所在部分的第二个对角元素，进行上述变换，直到 $\boldsymbol{A}$ 所在部分化成了对角矩阵 $\boldsymbol{D}$，则 $\boldsymbol{E}$ 所在部分就相应地变为所作的可逆矩阵 $\boldsymbol{C}$ 了.

例 6.2　设 $\boldsymbol{A}=\begin{pmatrix} 1 & 1 & 1 \\ 1 & 2 & 2 \\ 1 & 2 & 1 \end{pmatrix}$，利用对称变换法求可逆矩阵 $\boldsymbol{C}$，使 $\boldsymbol{C}^{\mathrm{T}}\boldsymbol{A}\boldsymbol{C}=\boldsymbol{D}$ 为对角矩阵.

解

$$\begin{pmatrix} \boldsymbol{A} \\ \boldsymbol{E} \end{pmatrix} = \begin{pmatrix} 1 & 1 & 1 \\ 1 & 2 & 2 \\ 1 & 2 & 1 \\ 1 & 0 & 0 \\ 0 & 1 & 0 \\ 0 & 0 & 1 \end{pmatrix} \xrightarrow[\substack{r_2 - r_1 \\ r_3 - r_1}]{\substack{c_2 - c_1 \\ c_3 - c_1}} \begin{pmatrix} 1 & 0 & 0 \\ 0 & 1 & 1 \\ 0 & 1 & 0 \\ 1 & -1 & -1 \\ 0 & 1 & 0 \\ 0 & 0 & 1 \end{pmatrix} \xrightarrow[r_3 - r_2]{c_3 - c_2} \begin{pmatrix} 1 & 0 & 0 \\ 0 & 1 & 0 \\ 0 & 0 & -1 \\ 1 & -1 & 0 \\ 0 & 1 & -1 \\ 0 & 0 & 1 \end{pmatrix},$$

因此,所作可逆变换 $\boldsymbol{x}=\boldsymbol{C}\boldsymbol{y}$ 的矩阵 $\boldsymbol{C}=\begin{pmatrix}1 & -1 & 0\\ 0 & 1 & -1\\ 0 & 0 & 1\end{pmatrix}$,对角矩阵

$$\boldsymbol{D}=\boldsymbol{C}^{\mathrm{T}}\boldsymbol{A}\boldsymbol{C}=\begin{pmatrix}1 & & \\ & 1 & \\ & & -1\end{pmatrix}.$$

例 6.3 求一个可逆线性变换,将二次型

$$f=f(x_1,x_2,x_3)=2x_1x_2+2x_1x_3-4x_2x_3$$

化成标准型.

解 由于二次型 f 所对应的矩阵为

$$\boldsymbol{A}=\begin{pmatrix}0 & 1 & 1\\ 1 & 0 & -2\\ 1 & -2 & 0\end{pmatrix},$$

利用对称变换法对 $\boldsymbol{A}$ 进行合同对角化,

$$\begin{pmatrix}\boldsymbol{A}\\ \boldsymbol{E}\end{pmatrix}=\begin{pmatrix}0 & 1 & 1\\ 1 & 0 & -2\\ 1 & -2 & 0\\ 1 & 0 & 0\\ 0 & 1 & 0\\ 0 & 0 & 1\end{pmatrix}\xrightarrow[r_1+r_2]{c_1+c_2}\begin{pmatrix}2 & 1 & -1\\ 1 & 0 & -2\\ -1 & -2 & 0\\ 1 & 0 & 0\\ 1 & 1 & 0\\ 0 & 0 & 1\end{pmatrix}$$

$$\xrightarrow[\substack{r_2-1/2r_1\\ r_3+1/2r_1}]{\substack{c_2-1/2c_1\\ c_3+1/2c_1}}\begin{pmatrix}2 & 0 & 0\\ 0 & -\frac{1}{2} & -\frac{3}{2}\\ 0 & -\frac{3}{2} & -\frac{1}{2}\\ 1 & -\frac{1}{2} & \frac{1}{2}\\ 1 & \frac{1}{2} & \frac{1}{2}\\ 0 & 0 & 1\end{pmatrix}\xrightarrow[r_3-3r_2]{c_3-3c_2}\begin{pmatrix}2 & 0 & 0\\ 0 & -\frac{1}{2} & 0\\ 0 & 0 & 4\\ 1 & -\frac{1}{2} & 2\\ 1 & \frac{1}{2} & -1\\ 0 & 0 & 1\end{pmatrix},$$

所以 $\boldsymbol{C}=\begin{pmatrix}1 & -\frac{1}{2} & 2\\ 1 & \frac{1}{2} & -1\\ 0 & 0 & 1\end{pmatrix}$,$|\boldsymbol{C}|\neq 0$,且 $\boldsymbol{D}=\begin{pmatrix}2 & & \\ & -\frac{1}{2} & \\ & & 4\end{pmatrix}$,$\boldsymbol{C}^{\mathrm{T}}\boldsymbol{A}\boldsymbol{C}=\boldsymbol{D}$.

令 $\boldsymbol{x}=\boldsymbol{C}\boldsymbol{y}$,即

$$\begin{cases} x_1 = y_1 - \frac{1}{2}y_2 + 2y_3; \\ x_2 = y_1 + \frac{1}{2}y_2 - y_3; \\ x_3 = \qquad\qquad\quad y_3. \end{cases}$$

将该可逆线性变换代入原二次型可得其标准型

$$f = 2y_1^2 - \frac{1}{2}y_2^2 + 4y_3^2.$$

通过以上讨论可以看出,对称变换法化二次型为标准型就相当于利用对称变换把二次型 f 所对应的对称矩阵 $\boldsymbol{A}$ 合同对角化.

下面介绍**拉格朗日配方法**化二次型为标准型.

拉格朗日配方法的规则:

(1) 按平方项的顺序配方,即若二次型含有 x_i 的平方项,则先将所有含有 x_i 项集中在一起,按公式

$$ax_i^2 + bx_i = a\left(x_i + \frac{b}{2a}\right)^2 - \frac{b^2}{4a} \quad (\text{其中 } a \text{ 为系数}, b \text{ 中不含有 } x_i)$$

配成完全平方,再对其余的变量重复上述过程直到所有变量配成平方项为止,经过可逆线性变换,就得到标准型;

(2) 若二次型中不含有平方项,只含有混乘项,若 $a_{ij} \neq 0, i \neq j$,则可以先作一个可逆线性变换

$$\begin{cases} x_i = y_i - y_j; \\ x_j = y_i + y_j; \quad k = 0, 1, \cdots, n \text{ 且 } k \neq i, j \\ x_k = y_k, \end{cases}$$

化二次型 f 为含有平方项的二次型,然后再按(1)中方法配方.

注意:配方法是一种可逆线性变换,其标准型中平方项的系数只与配方的方法有关,与 $\boldsymbol{A}$ 的特征值无关.

由于二次型 f 与对称矩阵 $\boldsymbol{A}$ 一一对应,而任一二次型 f 经配方法一定可以标准化,即存在可逆线性变换 $\boldsymbol{x} = \boldsymbol{C}\boldsymbol{y}$ 使得 $f = f(\boldsymbol{x}) = \boldsymbol{x}^{\mathrm{T}}\boldsymbol{A}\boldsymbol{x} = (\boldsymbol{C}\boldsymbol{y})^{\mathrm{T}}\boldsymbol{A}(\boldsymbol{C}\boldsymbol{y}) = \boldsymbol{y}^{\mathrm{T}}(\boldsymbol{C}^{\mathrm{T}}\boldsymbol{A}\boldsymbol{C})\boldsymbol{y}$ 为标准型,即

$$\boldsymbol{C}^{\mathrm{T}}\boldsymbol{A}\boldsymbol{C} = \boldsymbol{D} = \begin{pmatrix} k_1 & & & \\ & k_2 & & \\ & & \ddots & \\ & & & k_n \end{pmatrix}$$

为对角矩阵.

至此,我们已经分别用对称变换法和配方法证明了以下定理:

定理 6.2 对于任一对称矩阵 $\boldsymbol{A}$,存在可逆矩阵 $\boldsymbol{C}$,使 $\boldsymbol{C}^{\mathrm{T}}\boldsymbol{A}\boldsymbol{C}=\boldsymbol{D}$ 为对角矩阵,即任一对称矩阵都与一个对角矩阵合同.

从而二次型 f 可以经过可逆线性变换 $\boldsymbol{x}=\boldsymbol{C}\boldsymbol{y}$ 变成标准型,即 $\boldsymbol{D}=\boldsymbol{C}^{\mathrm{T}}\boldsymbol{A}\boldsymbol{C}$ 为对角矩阵,亦即

$$\begin{aligned} f &= \boldsymbol{x}^{\mathrm{T}}\boldsymbol{A}\boldsymbol{x}=(\boldsymbol{C}\boldsymbol{y})^{\mathrm{T}}\boldsymbol{A}(\boldsymbol{C}\boldsymbol{y})=\boldsymbol{y}^{\mathrm{T}}(\boldsymbol{C}^{\mathrm{T}}\boldsymbol{A}\boldsymbol{C})\boldsymbol{y}=\boldsymbol{y}^{\mathrm{T}}\boldsymbol{D}\boldsymbol{y} \\ &= k_1y_1^2+k_2y_2^2+\cdots+k_ny_n^2. \end{aligned}$$

注意:(1) 在该定理中,$\boldsymbol{A}$ 的合同对角矩阵 $\boldsymbol{D}=\begin{pmatrix} k_1 & & & \\ & k_2 & & \\ & & \ddots & \\ & & & k_n \end{pmatrix}$ 的对角线元素 $k_1,k_2,\cdots,k_n$ 只与对称变换法或配方法的过程有关,不一定是 A 的 n 个特征值;

(2) 由于对称变换法或配方法的过程中我们只需用到加减乘除四则运算,因此,对于实二次型化标准型所用的可逆线性变换一定可以为实实变换,对于实对称矩阵合同对角化时所用的合同变换矩阵也一定可以为实实变换.

例 6.4 设

$$f=f(x_1,x_2,x_3)=x_1^2+2x_1x_2+2x_1x_3+2x_2^2+4x_2x_3+x_3^2,$$

试将二次型 f 化成标准型,并写出所用的可逆线性变换.

解

$$\begin{aligned} f &= f(x_1,x_2,x_3) \\ &= x_1^2+2x_1x_2+2x_1x_3+2x_2^2+4x_2x_3+x_3^2 \\ &= [x_1^2+(2x_2+2x_3)x_1]+2x_2^2+4x_2x_3+x_3^2 \\ &= [(x_1+x_2+x_3)^2-(x_2+x_3)^2]+2x_2^2+4x_2x_3+x_3^2 \\ &= (x_1+x_2+x_3)^2+(x_2^2+2x_2x_3) \\ &= (x_1+x_2+x_3)^2+(x_2+x_3)^2-x_3^2. \end{aligned}$$

令

$$\begin{cases} y_1=x_1+x_2+x_3; \\ y_2=\qquad x_2+x_3; \\ y_3=\qquad\qquad x_3, \end{cases}$$

即

$$\begin{cases} x_1=y_1-y_2; \\ x_2=\qquad y_2-y_3; \\ x_3=\qquad\qquad y_3, \end{cases}$$

则 f 的标准型为 $y_1^2+y_2^2-y_3^2$. 此时也为 f 的规范形.

所用的可逆线性变换为

$$\begin{cases} x_1=y_1-y_2; \\ x_2=\qquad y_2-y_3; \\ x_3=\qquad\qquad y_3, \end{cases}$$

即

$$x=Cy, C=\begin{pmatrix}1 & -1 & 0\\ 0 & 1 & -1\\ 0 & 0 & 1\end{pmatrix}.$$

在上例中，由于 $f(x)=x^{\mathrm{T}}Ax$ 的对称矩阵 $A=\begin{pmatrix}1 & 1 & 1\\ 1 & 2 & 2\\ 1 & 2 & 1\end{pmatrix}$，且将 f 化成标准型所需的可逆线性变换系数矩阵 $C=\begin{pmatrix}1 & -1 & 0\\ 0 & 1 & -1\\ 0 & 0 & 1\end{pmatrix}$，则必有 $C^{\mathrm{T}}AC=D=\begin{pmatrix}1 & & \\ & 1 & \\ & & -1\end{pmatrix}$，即 A 与对角阵 $D=\begin{pmatrix}1 & & \\ & 1 & \\ & & -1\end{pmatrix}$ 合同. 由此可见，要把二次型 f 化成标准型，关键在于求出一个可逆线性变换系数矩阵 C，使得 $C^{\mathrm{T}}AC=D$ 为对角矩阵.

例 6.5 化二次型 $f=f(x_1,x_2,x_3)=x_1^2+2x_1x_2+3x_2^2+2x_2x_3+2x_3^2$ 为标准型.

解 方法一.
$$\begin{aligned}f&=f(x_1,x_2,x_3)=(x_1^2+2x_1x_2+x_2^2)+(x_2^2+2x_2x_3+x_3^2)+x_2^2+x_3^2\\ &=(x_1+x_2)^2+(x_2+x_3)^2+x_2^2+x_3^2.\end{aligned}$$

由于原二次型为三元二次型，配方完成后出现了 4 个平方项，即平方项的项数大于二次型的元数，这是错误的. 即二次型标准化的过程中，标准型中的平方项数小于等于二次型的元数. 怎样才能避免以上错误呢？方法就是按平方项的顺序完全配方，即遵循拉格朗日配方法的第(1)准则.

方法二.
$$\begin{aligned}f&=f(x_1,x_2,x_3)\\ &=(x_1^2+2x_1x_2+x_2^2)+(2x_2^2+2x_2x_3)+2x_3^2\\ &=(x_1+x_2)^2+2\left(x_2^2+x_2x_3+\frac{1}{4}x_3^2\right)+\frac{3}{2}x_3^2\\ &=(x_1+x_2)^2+2\left(x_2+\frac{1}{2}x_3\right)^2+\frac{3}{2}x_3^2\\ &=y_1^2+2y_2^2+\frac{3}{2}y_3^2.\end{aligned}$$

其中，令

$$\begin{cases}y_1=x_1+x_2;\\ y_2=\quad\quad x_2+\dfrac{1}{2}x_3;\\ y_3=\quad\quad\quad\quad x_3,\end{cases}$$

即

$$\begin{cases} x_1 = y_1 - y_2 + \frac{1}{2}y_3; \\ x_2 = \quad\quad y_2 - \frac{1}{2}y_3; \\ x_3 = \quad\quad\quad\quad y_3 \end{cases}$$

为所用的可逆线性变换,即

$$\boldsymbol{x}=\boldsymbol{C}\boldsymbol{y},\quad \boldsymbol{C}=\begin{pmatrix} 1 & -1 & \frac{1}{2} \\ 0 & 1 & -\frac{1}{2} \\ 0 & 0 & 1 \end{pmatrix}.$$

例 6.6 化 $f=f(x_1,x_2,x_3)=2x_1x_2+2x_1x_3-6x_2x_3$ 为标准型,并求所用的可逆线性变换矩阵 $\boldsymbol{C}$.

解 由于 f 中不含有平方项,可以令

$$\begin{cases} x_1 = y_1 + y_2; \\ x_2 = y_1 - y_2; \\ x_3 = \quad\quad y_3, \end{cases}$$

即 $\boldsymbol{x}=\boldsymbol{C}_1\boldsymbol{y}$,其中,

$$\boldsymbol{C}_1=\begin{pmatrix} 1 & 1 & 0 \\ 1 & -1 & 0 \\ 0 & 0 & 1 \end{pmatrix}.$$

代入 f,得

$$\begin{aligned} f &= 2x_1x_2+2x_1x_3-6x_2x_3 \\ &= 2(y_1+y_2)(y_1-y_2)+2(y_1+y_2)y_3-6(y_1-y_2)y_3 \\ &= 2y_1^2-2y_2^2-4y_1y_3+8y_2y_3, \end{aligned}$$

再配方

$$\begin{aligned} f &= (2y_1^2-4y_1y_3)-2y_2^2+8y_2y_3 \\ &= 2(y_1-y_3)^2-2y_3^2-2y_2^2+8y_2y_3 \\ &= 2(y_1-y_3)^2-2y_2^2+8y_2y_3-2y_3^2 \\ &= 2(y_1-y_3)^2-2(y_2-2y_3)^2+6y_3^2. \end{aligned}$$

令

$$\begin{cases} z_1 = y_1 \quad\quad - y_3; \\ z_2 = \quad\quad y_2 - 2y_3; \\ z_3 = \quad\quad\quad\quad y_3, \end{cases}$$

即

$$\begin{cases} y_1 = z_1 \quad + z_3; \\ y_2 = \quad z_2 + 2z_3; \\ y_3 = \quad\quad z_3, \end{cases}$$

亦即 $\boldsymbol{y}=\boldsymbol{C}_2\boldsymbol{z}$. 其中

$$\boldsymbol{C}_2=\begin{pmatrix} 1 & 0 & 1 \\ 0 & 1 & 2 \\ 0 & 0 & 1 \end{pmatrix},$$

则二次型 f 化成标准型

$$f=2z_1^2-2z_2^2+6z_3^2,$$

这时 $\boldsymbol{x}=\boldsymbol{C}_1\boldsymbol{y}=\boldsymbol{C}_1\boldsymbol{C}_2\boldsymbol{z}$，故所用的可逆线性变换矩阵为

$$\boldsymbol{C}=\boldsymbol{C}_1\boldsymbol{C}_2=\begin{pmatrix} 1 & 1 & 0 \\ 1 & -1 & 0 \\ 0 & 0 & 1 \end{pmatrix}\begin{pmatrix} 1 & 0 & 1 \\ 0 & 1 & 2 \\ 0 & 0 & 1 \end{pmatrix}=\begin{pmatrix} 1 & 1 & 3 \\ 1 & -1 & -1 \\ 0 & 0 & 1 \end{pmatrix}.$$

上面介绍了利用拉格朗日配方法化二次型为标准型，此方法与二次型的矩阵 $\boldsymbol{A}$ 的特征值及特征向量无关.

最后介绍**正交变换法**，此方法只适用于化实二次型为标准型，且与实二次型 f 的实对称矩阵 $\boldsymbol{A}$ 的特征值及特征向量密切相关.

由于任一实对称矩阵 $\boldsymbol{A}$ 都可以正交相似对角化，即存在正交矩阵 $\boldsymbol{P}$ 使得 $\boldsymbol{P}^{\mathrm{T}}\boldsymbol{A}\boldsymbol{P}=\boldsymbol{P}^{-1}\boldsymbol{A}\boldsymbol{P}=\boldsymbol{\Lambda}$ 为由 $\boldsymbol{A}$ 的特征值为对角元素的对称矩阵. 从而再一次证明了任一实对称矩阵都可以合同对角化，且合同变换矩阵可以是实可逆矩阵.

定理 6.3 任一实二次型 $f(\boldsymbol{x})=\boldsymbol{x}^{\mathrm{T}}\boldsymbol{A}\boldsymbol{x}$，总存在正交变换 $\boldsymbol{x}=\boldsymbol{P}\boldsymbol{y}$，使

$$f=\boldsymbol{x}^{\mathrm{T}}\boldsymbol{A}\boldsymbol{x}=(\boldsymbol{P}\boldsymbol{y})^{\mathrm{T}}\boldsymbol{A}(\boldsymbol{P}\boldsymbol{y})=\boldsymbol{y}^{\mathrm{T}}(\boldsymbol{P}^{\mathrm{T}}\boldsymbol{A}\boldsymbol{P})\boldsymbol{y}$$

为标准型

$$f=\lambda_1 y_1^2+\lambda_2 y_2^2+\cdots+\lambda_n y_n^2.$$

其中，$\lambda_1,\lambda_2,\cdots,\lambda_n$ 恰好为实二次型 f 的实对称矩阵 $\boldsymbol{A}$ 的 n 个特征值.

通过以上讨论可得利用正交变换法化实二次型为标准型的基本步骤：

(1) 将实二次型 f 写成矩阵形式 $f(\boldsymbol{x})=\boldsymbol{x}^{\mathrm{T}}\boldsymbol{A}\boldsymbol{x}$，求出实对称矩阵 $\boldsymbol{A}$；

(2) 求出 $\boldsymbol{A}$ 的所有特征值 $\lambda_1,\lambda_2,\cdots,\lambda_n$；

(3) 求出 $\boldsymbol{A}$ 的不同特征值对应的线性无关的特征向量 $\boldsymbol{\xi}_1,\boldsymbol{\xi}_2,\cdots,\boldsymbol{\xi}_n$；

(4) 将特征向量 $\boldsymbol{\xi}_1,\boldsymbol{\xi}_2,\cdots,\boldsymbol{\xi}_n$ 正交化，再单位化得 $\boldsymbol{p}_1,\boldsymbol{p}_2,\cdots,\boldsymbol{p}_n$，记

$$\boldsymbol{P}=(\boldsymbol{p}_1,\boldsymbol{p}_2,\cdots,\boldsymbol{p}_n),\quad \boldsymbol{\Lambda}=\begin{pmatrix} \lambda_1 & & & \\ & \lambda_2 & & \\ & & \ddots & \\ & & & \lambda_n \end{pmatrix};$$

(5) 作正交变换 $\boldsymbol{x}=\boldsymbol{P}\boldsymbol{y}$,则

$$f=\boldsymbol{x}^{\mathrm{T}}\boldsymbol{A}\boldsymbol{x}=(\boldsymbol{P}\boldsymbol{y})^{\mathrm{T}}\boldsymbol{A}(\boldsymbol{P}\boldsymbol{y})=\boldsymbol{y}^{\mathrm{T}}(\boldsymbol{P}^{\mathrm{T}}\boldsymbol{A}\boldsymbol{P})\boldsymbol{y}=\boldsymbol{y}^{\mathrm{T}}\boldsymbol{\Lambda}\boldsymbol{y}=\lambda_1 y_1^2+\lambda_2 y_2^2+\cdots+\lambda_n y_n^2.$$

例 6.7 将二次型

$$f=f(x_1,x_2,x_3)=17x_1^2+14x_2^2+14x_3^2-4x_1x_2-4x_1x_3-8x_2x_3$$

利用正交变换 $\boldsymbol{x}=\boldsymbol{C}\boldsymbol{y}$ 化成标准型.

解 (1) 二次型 f 对应的实对称矩阵

$$\boldsymbol{A}=\begin{pmatrix}17&-2&-2\\-2&14&-4\\-2&-4&14\end{pmatrix};$$

(2) 求 $\boldsymbol{A}$ 的特征值,由

$$|\lambda\boldsymbol{E}-\boldsymbol{A}|=\begin{vmatrix}\lambda-17&2&2\\2&\lambda-14&4\\2&4&\lambda-14\end{vmatrix}\xlongequal{r_3-r_2}\begin{vmatrix}\lambda-17&2&2\\2&\lambda-14&4\\0&18-\lambda&\lambda-18\end{vmatrix}\xlongequal{c_2+c_3}\begin{vmatrix}\lambda-17&4&2\\2&\lambda-10&4\\0&0&\lambda-18\end{vmatrix}$$

$$=(\lambda-18)(\lambda^2-27\lambda+170-8)=(\lambda-18)^2(\lambda-9)=0,$$

得 $\lambda_1=9,\lambda_2=\lambda_3=18$;

(3) 求 A 的特征向量,对 $\lambda_1=9$,由

$$(9\boldsymbol{E}-\boldsymbol{A})=\begin{pmatrix}-8&2&2\\2&-5&4\\2&4&-5\end{pmatrix}\xrightarrow[\substack{r_2+r_1\\r_3+r_1}]{\substack{r_1+r_2\\r_1+2r_3}}\begin{pmatrix}-2&5&-4\\0&0&0\\0&9&-9\end{pmatrix}\xrightarrow[r_1-5r_3]{\frac{1}{9}r_3}\begin{pmatrix}-2&0&1\\0&0&0\\0&1&-1\end{pmatrix}$$

$$\xrightarrow[-\frac{1}{2}r_1]{r_2\leftrightarrow r_3}\begin{pmatrix}1&0&-\frac{1}{2}\\0&1&-1\\0&0&0\end{pmatrix},$$

得 $(9\boldsymbol{E}-\boldsymbol{A})\boldsymbol{x}=\boldsymbol{0}$ 的基础解系为

$$\boldsymbol{\xi}_1=\begin{pmatrix}\frac{1}{2}\\1\\1\end{pmatrix},$$

对 $\lambda_2=\lambda_3=18$,由

$$18\boldsymbol{E}-\boldsymbol{A}=\begin{pmatrix}1&2&2\\2&4&4\\2&4&4\end{pmatrix}\xrightarrow{\substack{r_2-2r_1\\r_2-2r_1}}\begin{pmatrix}1&2&2\\0&0&0\\0&0&0\end{pmatrix},$$

得 $(18\boldsymbol{E}-\boldsymbol{A})\boldsymbol{x}=\boldsymbol{0}$ 的基础解系为

$$\boldsymbol{\xi}_2=\begin{pmatrix}-2\\1\\0\end{pmatrix},\quad \boldsymbol{\xi}_3=\begin{pmatrix}-2\\0\\1\end{pmatrix};$$

(4) 正交化单位化,先正交化,令

$$\boldsymbol{\alpha}_1=\boldsymbol{\xi}_1=\begin{pmatrix}\frac{1}{2}\\1\\1\end{pmatrix},\quad \boldsymbol{\alpha}_2=\boldsymbol{\xi}_2=\begin{pmatrix}-2\\1\\0\end{pmatrix},\quad \boldsymbol{\alpha}_3=\boldsymbol{\xi}_3-\frac{[\boldsymbol{\alpha}_2,\boldsymbol{\xi}_3]}{[\boldsymbol{\alpha}_2,\boldsymbol{\alpha}_2]}\boldsymbol{\alpha}_2=\begin{pmatrix}-\frac{2}{5}\\-\frac{4}{5}\\1\end{pmatrix},$$

再单位化,令

$$\boldsymbol{p}_1=\frac{\boldsymbol{\alpha}_1}{\|\boldsymbol{\alpha}_1\|}=\begin{pmatrix}\frac{1}{3}\\\frac{2}{3}\\\frac{2}{3}\end{pmatrix},\quad \boldsymbol{p}_2=\frac{\boldsymbol{\alpha}_2}{\|\boldsymbol{\alpha}_2\|}=\begin{pmatrix}-\frac{2}{\sqrt{5}}\\\frac{1}{\sqrt{5}}\\0\end{pmatrix},\quad \boldsymbol{p}_3=\frac{\boldsymbol{\alpha}_3}{\|\boldsymbol{\alpha}_3\|}=\begin{pmatrix}-\frac{2}{3\sqrt{5}}\\-\frac{4}{3\sqrt{5}}\\\frac{5}{3\sqrt{5}}\end{pmatrix},$$

令 $\boldsymbol{P}=(\boldsymbol{p}_1,\boldsymbol{p}_2,\boldsymbol{p}_3)$,即为所求的正交变换矩阵,所求的正交变换为 $\boldsymbol{x}=\boldsymbol{P}\boldsymbol{y}$,且在正交变换 $\boldsymbol{x}=\boldsymbol{P}\boldsymbol{y}$ 下原二次型化成标准型

$$f=9y_1^2+18y_2^2+18y_3^2.$$

在本节最后再讨论一下二次型的规范形.

在以上的讨论过程中我们可以看出,任意二次型都可以标准化. 虽然标准型不唯一,但是对于实二次型,在标准型中,正、负平方项的项数及零项的项数是唯一确定的,即正平方项的项数等于 f 对应的对称矩阵 $\boldsymbol{A}$ 的正特征值的个数,负平方项的项数等于 $\boldsymbol{A}$ 的负特征值的个数,零项的项数等于 $\boldsymbol{A}$ 的特征值为 0 的个数(其中重根按重数计算). 在此基础上,如有必要我们可以重新安排变量的次序,使平方项的顺序分别为正平方项,负平方项和零项,则秩为 r 的二次型 f 的标准型可以化成

$$f=d_1x_1^2+d_2x_2^2+\cdots+d_px_p^2-d_{p+1}x_{p+1}^2-\cdots-d_rx_r^2+0+\cdots+0.$$

其中,$d_i>0,i=1,2,\cdots,r;r=r(\boldsymbol{A})$为 f 的秩. 进而化成

$$f=(\sqrt{d_1}x_1)^2+(\sqrt{d_2}x_2)^2+\cdots+(\sqrt{d_p}x_p)^2-(\sqrt{d_{p+1}}x_{p+1})^2-\cdots-(\sqrt{d_r}x_r)^2,$$

若再作可逆线性变换(这个变换通常称为**开方变换**):

$$\begin{cases}y_1=\sqrt{d_1}x_1;\\y_2=\sqrt{d_2}x_2;\\\quad\cdots\cdots\\y_r=\sqrt{d_r}x_r;\\y_{r+1}=x_{r+1};\\\quad\cdots\cdots\\y_n=x_n,\end{cases}$$

则

$$f=y_1^2+\cdots+y_p^2-y_{p+1}^2-\cdots-y_r^2,$$

即二次型 f 最终可化成以上形式的标准型(此种标准型是一种特殊的规范形). 因此我们有以下定理.

定理 6.4 任何实二次型都可以通过实可逆线性变换化成规范形且规范形是由二次型本身唯一确定,即 $+1$, -1 系数的项数及零项的项数是唯一确定的,与所作的可逆线性变换无关.

通常将实二次型 f 的规范形的正项个数 p 称为 f 的**正惯性指数**,负项个数 $r-p\overset{\Delta}{=}q$ 称为**负惯性指数**,$s=p-q$ 称为 f 的**符号差**,$p+q=r$ 正好为 f 的秩,也为 f 对应的矩阵 $\boldsymbol{A}$ 的秩 $r(\boldsymbol{A})$. 同时也可以看出,二次型 f 的正惯性指数等于 f 对应的矩阵 $\boldsymbol{A}$ 的正特征值的个数,负惯性指数 $q=r-p$ 为 $\boldsymbol{A}$ 的负特征值的个数,其中重根按重数计算.

例 6.8 化实二次型 $f=f(x_1,x_2,x_3)=2x_1^2+4x_1x_2+x_2^2+3x_3^2$ 为规范形,并求其正、负惯性指数.

解

$$\begin{aligned} f&=2(x_1^2+2x_1x_2+x_2^2)-x_2^2+3x_3^2\\ &=2(x_1+x_2)^2-x_2^2+3x_3^2\\ &=[\sqrt{2}(x_1+x_2)]^2-x_2^2+(\sqrt{3}x_3)^2, \end{aligned}$$

令

$$\begin{cases} y_1=\sqrt{2}(x_1+x_2);\\ y_2=\sqrt{3}x_3;\\ y_3=x_2, \end{cases}$$

则 $f=y_1^2+y_2^2-y_3^2$ 为规范形,且正惯性指数 $p=2$,负惯性指数 $q=1$.

练　习　6.2

1. 求二次型 $f(x_1,x_2)=2x_1^2-2x_1x_2+2x_2^2$ 的标准型与规范形. 并求得到标准型和规范形分别所用的可逆线性变换.(建议用三种不同的方法求其标准型以及所用的可逆线性变换.)

2. 将下列二次型化为标准型,并求所用的可逆线性变换矩阵:

(1) $f=f(x_1,x_2,x_3)=x_1^2+2x_2^2+5x_3^2+2x_1x_2+2x_1x_3+6x_2x_3$;

(2) $f=f(x_1,x_2,x_3)=x_1^2+3x_2^2+5x_3^2+2x_1x_2-4x_1x_3$;

(3) $f=f(x_1,x_2,x_3)=2x_1x_2+2x_2x_3$.

6.3　正定二次型

实二次型的标准型显然不是唯一的,只是标准型中所含正负平方项的项数是确定的,即正、负惯性指数是确定的.故对于任意实二次型,若不考虑项的前后顺序则其规范形是唯一,故我们有以下定理.

定理 6.5 设实二次型 $f(\boldsymbol{x})=\boldsymbol{x}^{\mathrm{T}}\boldsymbol{A}\boldsymbol{x}$,$r(\boldsymbol{A})=r$. 若实可逆线性变换 $\boldsymbol{x}=\boldsymbol{C}\boldsymbol{y}$ 及 $\boldsymbol{x}=\boldsymbol{P}\boldsymbol{z}$ 使

$$f=k_1y_1^2+k_2y_2^2+\cdots+k_ry_r^2,\quad k_i\neq 0, i=1,2,\cdots,r,$$

及

$$f=\lambda_1z_1^2+\lambda_2z_2^2+\cdots+\lambda_rz_r^2,\quad \lambda_i\neq 0, i=1,2,\cdots,r,$$

则 $k_1,k_2,\cdots,k_r$ 与 $\lambda_1,\lambda_2,\cdots,\lambda_r$ 中正数的个数是相同的.从而其中负数的个数也是相同的.

这个定理称为**惯性定理**,证明略.

由以上惯性定理很容易推出以下结论:

推论 6.1 设实二次型 $f(\boldsymbol{x})=\boldsymbol{x}^{\mathrm{T}}\boldsymbol{A}\boldsymbol{x}$ 的秩为 r,则其规范形一定可以表示为 $f=y_1^2+y_2^2+\cdots+y_p^2-y_{p+1}^2-\cdots-y_r^2+0+\cdots+0$. 其中 p 为**正惯性指数**,$q=r-p$ 为**负惯性指数**.

定义 6.3 设有二次型 $f(\boldsymbol{x})=\boldsymbol{x}^{\mathrm{T}}\boldsymbol{A}\boldsymbol{x}$,$\boldsymbol{A}$ 为实对称矩阵,

(1) 如果对任何 $\boldsymbol{x}\neq\boldsymbol{0}$ 都有 $f(\boldsymbol{x})=\boldsymbol{x}^{\mathrm{T}}\boldsymbol{A}\boldsymbol{x}>0$ 成立,则称 $f(\boldsymbol{x})=\boldsymbol{x}^{\mathrm{T}}\boldsymbol{A}\boldsymbol{x}$ 为**正定二次型**,矩阵 $\boldsymbol{A}$ 称为**正定矩阵**,记作 $f>0$;

(2) 如果对任何 $\boldsymbol{x}\neq\boldsymbol{0}$ 都有 $f(\boldsymbol{x})=\boldsymbol{x}^{\mathrm{T}}\boldsymbol{A}\boldsymbol{x}<0$ 成立,则称 $f(\boldsymbol{x})=\boldsymbol{x}^{\mathrm{T}}\boldsymbol{A}\boldsymbol{x}$ 为**负定二次型**,矩阵 $\boldsymbol{A}$ 称为**负定矩阵**,记作 $f<0$.

例 6.9 设 $f=f(x_1,x_2,x_3)=x_1^2+2x_1x_2+2x_2^2+x_3^2$,判断 f 的正定性.

解 由 $f=(x_1+x_2)^2+x_2^2+x_3^2\triangleq y_1^2+y_2^2+y_3^2$ 得,对于任意 $\boldsymbol{x}=\begin{pmatrix}x_1\\x_2\\x_3\end{pmatrix}\neq\boldsymbol{0}$ 有

$$\boldsymbol{y}=\begin{pmatrix}y_1\\y_2\\y_3\end{pmatrix}=\begin{pmatrix}x_1+x_2\\x_2\\x_3\end{pmatrix}\neq\boldsymbol{0},$$

故 $f>0$,即 f 为正定二次型.

定理 6.6 n 元实二次型 $f(\boldsymbol{x})=\boldsymbol{x}^{\mathrm{T}}\boldsymbol{A}\boldsymbol{x}$ 为正定二次型的充分必要条件是,它的标准型的 n 个系数全为正,即它的正惯性指数 $p=n$,亦即它的规范形的 n 个系数全为 1.

证 设有实可逆线性变换 $\boldsymbol{x}=\boldsymbol{C}\boldsymbol{y}$ 使二次型 $f(\boldsymbol{x})=\boldsymbol{x}^{\mathrm{T}}\boldsymbol{A}\boldsymbol{x}$ 化成标准型

$$f=f(\boldsymbol{x})=f(\boldsymbol{C}\boldsymbol{y})=k_1y_1^2+k_2y_2^2+\cdots+k_ny_n^2.$$

充分性. 设 $k_i>0, i=1,2,\cdots,n$,任给 $\boldsymbol{x}\neq\boldsymbol{0}$,则 $\boldsymbol{y}=\boldsymbol{C}^{-1}\boldsymbol{x}\neq\boldsymbol{0}$,故

$$f=k_1y_1^2+k_2y_2^2+\cdots+k_ny_n^2>0,$$

即 f 正定.

必要性,利用反证法.假设有 $k_s\leqslant 0$ 则令 $\boldsymbol{y}=\boldsymbol{e}_s$(单位坐标向量),则

$$f=f(\boldsymbol{C}\boldsymbol{e}_s)=k_s\leqslant 0,$$

再由 $\boldsymbol{C}\boldsymbol{e}_s\neq\boldsymbol{0}$,这与 f 为正定二次型矛盾.

由以上定理立即得到以下推论:

推论 6.2 二次型 $f(\boldsymbol{x})=\boldsymbol{x}^{\mathrm{T}}\boldsymbol{A}\boldsymbol{x}$ 负定的充分必要条件是二次型 $-f(\boldsymbol{x})=\boldsymbol{x}^{\mathrm{T}}(-\boldsymbol{A})\boldsymbol{x}$ 正定.

推论 6.3 n 元实二次型 $f(\boldsymbol{x})=\boldsymbol{x}^{\mathrm{T}}\boldsymbol{A}\boldsymbol{x}$ 为负定二次型的充分必要条件是它的标准型的 n 个系数全为负数,即它的负惯性指数 $q=n$,亦即它的规范形中的 n 个系数全为 -1.

推论 6.4 对称矩阵 $\boldsymbol{A}$ 为正定的充分必要条件是 $\boldsymbol{A}$ 的特征值全为正数.

推论 6.5 对称矩阵 $\boldsymbol{A}$ 为负定的充分必要条件是 $\boldsymbol{A}$ 的特征值全为负数.

定理 6.7 (1) 实对称矩阵 $\boldsymbol{A}=(a_{ij})_{n\times n}$ 为正定的充分必要条件是 $\boldsymbol{A}$ 的各阶顺序主子式都为正,即

$$a_{11}>0,\quad \begin{vmatrix} a_{11} & a_{12} \\ a_{21} & a_{22} \end{vmatrix}>0,\quad \cdots,\quad \begin{vmatrix} a_{11} & \cdots & a_{1n} \\ \vdots & & \vdots \\ a_{n1} & \cdots & a_{nn} \end{vmatrix}>0;$$

(2) 实对称矩阵 $\boldsymbol{A}=(a_{ij})_{n\times n}$ 为负定的充分必要条件是 $\boldsymbol{A}$ 的奇数阶顺序主子式都为负,偶数阶顺序主子式都为正,即

$$(-1)^i\begin{vmatrix} a_{11} & \cdots & a_{1i} \\ \vdots & & \vdots \\ a_{i1} & \cdots & a_{ii} \end{vmatrix}>0,\ i=1,2,\cdots,n.$$

这个定理称为**赫尔维茨(Hurwitz)定理**,这里不予证明.

例 6.10 判断实二次型 $f=(x,y,z)=-5x^2-6y^2-4z^2+4xy+4xz$ 的正定性.

解 由实二次型 $f=-5x^2-6y^2-4z^2+4xy+4xz$ 的矩阵 $\boldsymbol{A}=\begin{pmatrix} -5 & 2 & 2 \\ 2 & -6 & 0 \\ 2 & 0 & -4 \end{pmatrix}$ 的顺序主子式:

$$\text{一阶}\quad a_{11}=-5<0,$$

$$\text{二阶}\quad \begin{vmatrix} -5 & 2 \\ 2 & -6 \end{vmatrix}=30-4=26>0,$$

$$\text{三阶}\quad |\boldsymbol{A}|=\begin{vmatrix} -5 & 2 & 2 \\ 2 & -6 & 0 \\ 2 & 0 & -4 \end{vmatrix}=-80<0,$$

根据赫尔维茨定理可知 $\boldsymbol{A}$ 为负定矩阵,故 f 为负定二次型.

注意:若给出实二次型 f,判断其正定性,一般是利用赫尔维茨定理来判断 f 对应的矩阵 $\boldsymbol{A}$ 的正定性,进而判断 f 的正定性,这是一种方便有效的方法,请读者牢记.

例 6.11 当 λ 何值时,实二次型

$$f=f(x_1,x_2,x_3)=x_1^2+2x_1x_2+4x_1x_3+2x_2^2+6x_2x_3+\lambda x_3^2$$

为正定二次型.

解 由于实二次型 f 的矩阵 $\boldsymbol{A}=\begin{pmatrix}1&1&2\\1&2&3\\2&3&\lambda\end{pmatrix}$,故由赫尔维茨定理可知,$f$ 正定的充分必要条件是

$$a_{11}=1>0,\quad \begin{vmatrix}a_{11}&a_{12}\\a_{21}&a_{22}\end{vmatrix}=\begin{vmatrix}1&1\\1&2\end{vmatrix}=1>0,$$

$$|\boldsymbol{A}|=\begin{vmatrix}1&1&2\\1&2&3\\2&3&\lambda\end{vmatrix}\xlongequal[r_3-2r_1]{r_2-r_1}\begin{vmatrix}1&1&2\\0&1&1\\0&1&\lambda-4\end{vmatrix}\xlongequal{r_3-r_2}\begin{vmatrix}1&1&2\\0&1&1\\0&0&\lambda-5\end{vmatrix}=\lambda-5>0,$$

即 $\lambda>5$. 故当 $\lambda>5$ 时,f 为正定二次型.

关于正定矩阵的性质,我们不加证明地给出如下几个结论:

(1) 设 $\boldsymbol{A}$ 为正定矩阵,则 $k\boldsymbol{A}(k>0),\boldsymbol{A}^m,\boldsymbol{A}^{-1},\boldsymbol{A}^*$ 也是正定矩阵;

(2) 设 $\boldsymbol{A},\boldsymbol{B}$ 为正定矩阵,则 $\begin{pmatrix}\boldsymbol{A}&\boldsymbol{O}\\\boldsymbol{O}&\boldsymbol{B}\end{pmatrix}$ 也是正定矩阵;

(3) 实对称矩阵 $\boldsymbol{A}$ 为正定矩阵的充分必要条件是 $\boldsymbol{A}$ 与单位矩阵 $\boldsymbol{E}$ 合同且合同变换矩阵为实可逆矩阵;

(4) 实对称矩阵 $\boldsymbol{A}$ 为正定矩阵的充分必要条件是 $\boldsymbol{A}$ 具有分解 $\boldsymbol{A}=\boldsymbol{U}^{\mathrm{T}}\boldsymbol{U}$,其中 $\boldsymbol{U}$ 为实可逆矩阵.

练　习　6.3

1. 指出下列二次型哪些是正定二次型,哪些是负定二次型:

(1) $f=f(x_1,x_2,x_3)=2x_1^2+4x_2^2+5x_3^2-4x_1x_3$;

(2) $f=f(x_1,x_2,x_3)=x_1^2+3x_2^2+5x_3^2+2x_1x_2-4x_1x_3$;

(3) $f=f(x_1,x_2,x_3)=5x_1^2+x_2^2+5x_3^2+4x_1x_2-8x_1x_3-4x_2x_3$;

(4) $f=f(x,y,z)=-5x^2-6y^2-4z^2+4xy+4xz$;

(5) $f=f(x_1,x_2,x_3)=2x_1x_2+2x_1x_3-6x_2x_3$.

2. 设 $\boldsymbol{A},\boldsymbol{B}$ 为同阶的正定矩阵,试证明 $\boldsymbol{A}+\boldsymbol{B}$ 正定.

3. 设实对称矩阵 $\boldsymbol{A}$ 满足 $\boldsymbol{A}^2-3\boldsymbol{A}+2\boldsymbol{E}=\boldsymbol{O}$,试证明 $\boldsymbol{A}$ 为正定矩阵.

4. 设 $\boldsymbol{A}$ 为 n 阶实对称矩阵,且满足 $\boldsymbol{A}^3-6\boldsymbol{A}^2+11\boldsymbol{A}-6\boldsymbol{E}=\boldsymbol{O}$,试证明 $\boldsymbol{A}$ 是正定矩阵.

5. 已知二次型 $f(x_1,x_2,x_3)=x_1^2+2x_2^2+(1-k)x_3^2+2kx_1x_2+2x_1x_3$ 正定,求 k 的取值范围.

6. 求 k 的取值范围,使实二次型 $f=f(x_1,x_2,x_3)=x_1^2+10x_2^2+5x_3^2+2x_1x_2-4kx_1x_3+2kx_2x_3$ 正定.

历年考研试题选讲 6

本章最后再讲解若干个近年来的线性代数考研题,以供读者体会考研线性代数题的难度、深度与广度,从而对线性代数的深入学习起到一个很好的参考作用.

例 6.12(2005 年,数一) 已知二次型

$$f(x_1,x_2,x_3)=(1-a)x_1^2+(1-a)x_2^2+2x_3^2+2(1+a)x_1x_2$$

的秩为 2.

(1) 求 a 的值;

(2) 求正交变换 $\boldsymbol{x}=\boldsymbol{Q}\boldsymbol{y}$,把 $f(x_1,x_2,x_3)$化成标准形;

(3) 求方程 $f(x_1,x_2,x_3)=0$ 的解.

解 (1) 二次型 $f(x_1,x_2,x_3)$的矩阵为

$$\boldsymbol{A}=\begin{pmatrix}1-a & 1+a & 0\\ 1+a & 1-a & 0\\ 0 & 0 & 2\end{pmatrix},$$

由二次型 f 秩为 2 知

$$r(\boldsymbol{A})=2\Rightarrow|\boldsymbol{A}|=0\Rightarrow a=0.$$

(2) 由 $|\lambda\boldsymbol{E}-\boldsymbol{A}|=\begin{vmatrix}\lambda-1 & -1 & 0\\ -1 & \lambda-1 & 0\\ 0 & 0 & \lambda-2\end{vmatrix}=\lambda(\lambda-2)^2=0$ 得 $\boldsymbol{A}$ 的特征值为 0,2,2.

当 $\lambda=2$ 时,有

$$(2\boldsymbol{E}-\boldsymbol{A})=\begin{pmatrix}1 & -1 & 0\\ -1 & 1 & 0\\ 0 & 0 & 0\end{pmatrix}\to\begin{pmatrix}1 & -1 & 0\\ 0 & 0 & 0\\ 0 & 0 & 0\end{pmatrix},$$

得特征向量 $\boldsymbol{\alpha}_1=(1,1,0)^{\mathrm{T}},\quad \boldsymbol{\alpha}_2=(0,0,1)^{\mathrm{T}}.$

当 $\lambda=0$ 时,有

$$(0\boldsymbol{E}-\boldsymbol{A})=\begin{pmatrix}-1 & -1 & 0\\ -1 & -1 & 0\\ 0 & 0 & -2\end{pmatrix}\to\begin{pmatrix}1 & 1 & 0\\ 0 & 0 & 1\\ 0 & 0 & 0\end{pmatrix},$$

得特征向量 $$\boldsymbol{\alpha}_3=(-1,1,0)^{\mathrm{T}}.$$

由于 $\boldsymbol{\alpha}_1,\boldsymbol{\alpha}_2,\boldsymbol{\alpha}_3$ 已经两两正交，只需将其分别单位化，令

$$\boldsymbol{\beta}_1=\frac{\boldsymbol{\alpha}_1}{\|\boldsymbol{\alpha}_1\|}=\frac{1}{\sqrt{2}}(1,1,0)^{\mathrm{T}},\quad \boldsymbol{\beta}_2=\boldsymbol{\alpha}_2=(0,0,1)^{\mathrm{T}},\quad \boldsymbol{\beta}_3=\frac{\boldsymbol{\alpha}_3}{\|\boldsymbol{\alpha}_3\|}=\frac{1}{\sqrt{2}}(-1,1,0)^{\mathrm{T}}$$

令 $$Q=(\beta_1,\beta_2,\beta_3)=\begin{pmatrix}\frac{1}{\sqrt{2}} & 0 & \frac{-1}{\sqrt{2}}\\ \frac{1}{\sqrt{2}} & 0 & \frac{1}{\sqrt{2}}\\ 0 & 1 & 0\end{pmatrix},$$

则经过正交变换 $\boldsymbol{x}=\boldsymbol{Q}\boldsymbol{y}$ 后得到原二次型的标准形为 $f=2y_1^2+2y_2^2$.

(3) **方法一** $f(x_1,x_2,x_3)=0$ 经过正交变换 $\boldsymbol{x}=\boldsymbol{Q}\boldsymbol{y}$ 后变成 $2y_1^2+2y_2^2=0$，其解为 $y_1=y_2=0,y_3=c$ 为任意常数. 所以 $f(x_1,x_2,x_3)=0$ 的解为

$$\boldsymbol{x}=\boldsymbol{Q}\boldsymbol{y}=(\boldsymbol{\beta}_1,\boldsymbol{\beta}_2,\boldsymbol{\beta}_3)\begin{pmatrix}0\\0\\y_3\end{pmatrix}=\boldsymbol{\beta}_3\boldsymbol{y}_3$$

$$=c\left(\frac{-1}{\sqrt{2}},\frac{1}{\sqrt{2}},0\right)^{\mathrm{T}}\triangleq k(-1,1,0)^{\mathrm{T}},$$

其中 k 取任意常数.

方法二 由 $f(x_1,x_2,x_3)=x_1^2+x_2^2+2x_3^2+2x_1x_2=(x_1+x_2)^2+2x_3^2=0$ 得

$$\begin{cases}x_1+x_2=0,\\ x_3=0,\end{cases}$$

解得方程组的解为 $k(-1,1,0)^{\mathrm{T}}$，其中 k 取任意常数.

例 6.13(2015 年，数一) 设二次型 $f(x_1,x_2,x_3)$ 在正交变换 $\boldsymbol{x}=\boldsymbol{P}\boldsymbol{y}$ 下的标准形为 $f=2y_1^2+y_2^2-y_3^2$，其中 $\boldsymbol{P}=(\boldsymbol{e}_1,\boldsymbol{e}_2,\boldsymbol{e}_3)$. 若 $\boldsymbol{Q}=(\boldsymbol{e}_1,-\boldsymbol{e}_3,\boldsymbol{e}_2)$，则 $f(x_1,x_2,x_3)$ 在正交变换 $\boldsymbol{x}=\boldsymbol{Q}\boldsymbol{y}$ 下的标准形为(　　).

A. $2y_1^2-y_2^2+y_3^2$　　B. $2y_1^2+y_2^2-y_3^2$

C. $2y_1^2-y_2^2-y_3^2$　　D. $2y_1^2+y_2^2+y_3^2$

解 二次型经正交变换所得的标准形的平方项系数为特征值.

因为 $\boldsymbol{x}=\boldsymbol{P}\boldsymbol{y}$ 是正交变换，所以 $\boldsymbol{e}_1,\boldsymbol{e}_2,\boldsymbol{e}_3$ 分别是 $\boldsymbol{A}$ 的相应于特征值 $2,1,-1$ 的特征向量. $-\boldsymbol{e}_3$ 仍为 $\boldsymbol{A}$ 相应于特征值 $\lambda=-1$ 的特征向量，因此分别与 $\boldsymbol{e}_1,-\boldsymbol{e}_3,\boldsymbol{e}_2$ 相应的特征值为 $2,1,-1$，在正交变换 $\boldsymbol{x}=\boldsymbol{Q}\boldsymbol{y}$ 下的标准形为 $f=2y_1^2-y_2^2+y_3^2$，故选 A.

例 6.14(2014 年，数学一、二、三) 设二次型

$$f(x_1,x_2,x_3)=x_1^2-x_2^2+2ax_1x_3+4x_2x_3$$

的负惯性指数为 1，求 a 的取值范围.

解 二次型的正负惯性指数与和二次型的矩阵合同的对角阵的主对元的正负性一致.设与二次型 $f=\boldsymbol{x}^{\mathrm{T}}\boldsymbol{A}\boldsymbol{x}$ 的矩阵 $\boldsymbol{A}$ 合同的对角阵为 $\boldsymbol{\Lambda}$,则二次型的正惯性指数等于 $\boldsymbol{\Lambda}$ 的正主对元的个数,负惯性指数等于 $\boldsymbol{\Lambda}$ 的负主对元的个数.

将二次型的矩阵 $\boldsymbol{A}$ 合同成对角阵 $\boldsymbol{\Lambda}$,有

$$\boldsymbol{A}=\begin{pmatrix}1&0&a\\0&-1&2\\a&2&0\end{pmatrix}\xrightarrow[c_3-ac_1]{r_3-ar_1}\begin{pmatrix}1&0&0\\0&-1&2\\0&2&-a^2\end{pmatrix}\xrightarrow[c_3-2c_2]{r_3-2r_2}\begin{pmatrix}1&0&0\\0&-1&0\\0&0&4-a^2\end{pmatrix}=\boldsymbol{\Lambda},$$

由 $\boldsymbol{A}$ 负惯性指数为 1,所以 $\boldsymbol{\Lambda}$ 的负主对元的个数为 1,因此 $4-a^2\geqslant 0\Rightarrow -2\leqslant a\leqslant 2$.

注:解本题的其他思路:(1)利用配方法化标准形,根据平方项系数只能有一项为负,进而确定 a 的取值范围;(2)利用特征值的正负性与惯性指数的一致性.

例 6.15(2013 年,数学一、二、三) 设二次型

$$f(x_1,x_2,x_3)=2(a_1x_1+a_2x_2+a_3x_3)^2+(b_1x_1+b_2x_2+b_3x_3)^2,$$

记

$$\boldsymbol{\alpha}=\begin{pmatrix}a_1\\a_2\\a_3\end{pmatrix},\quad \boldsymbol{\beta}=\begin{pmatrix}b_1\\b_2\\b_3\end{pmatrix}.$$

(1) 证明二次型 f 对应的矩阵为 $2\boldsymbol{\alpha}\boldsymbol{\alpha}^{\mathrm{T}}+\boldsymbol{\beta}\boldsymbol{\beta}^{\mathrm{T}}$;

(2) 若 $\boldsymbol{\alpha},\boldsymbol{\beta}$ 正交且均为单位向量,证明 f 在正交变换下的标准形为 $2y_1^2+y_2^2$.

证 (1)设 $\boldsymbol{x}=\begin{pmatrix}x_1\\x_2\\x_3\end{pmatrix}$,则

$$\boldsymbol{x}^{\mathrm{T}}\boldsymbol{\alpha}=\boldsymbol{\alpha}^{\mathrm{T}}\boldsymbol{x}=a_1x_1+a_2x_2+a_3x_3,\quad \boldsymbol{x}^{\mathrm{T}}\boldsymbol{\beta}=\boldsymbol{\beta}^{\mathrm{T}}\boldsymbol{x}=b_1x_1+b_2x_2+b_3x_3,$$

于是

$$\begin{aligned}f(x_1,x_2,x_3)&=2(a_1x_1+a_2x_2+a_3x_3)^2+(b_1x_1+b_2x_2+b_3x_3)^2\\&=2(\boldsymbol{x}^{\mathrm{T}}\boldsymbol{\alpha})(\boldsymbol{\alpha}^{\mathrm{T}}\boldsymbol{x})+(\boldsymbol{x}^{\mathrm{T}}\boldsymbol{\beta})(\boldsymbol{\beta}^{\mathrm{T}}\boldsymbol{x})\\&=2\boldsymbol{x}^{\mathrm{T}}(\boldsymbol{\alpha}\boldsymbol{\alpha}^{\mathrm{T}})\boldsymbol{x}+\boldsymbol{x}^{\mathrm{T}}(\boldsymbol{\beta}\boldsymbol{\beta}^{\mathrm{T}})\boldsymbol{x}\\&=\boldsymbol{x}^{\mathrm{T}}(2\boldsymbol{\alpha}\boldsymbol{\alpha}^{\mathrm{T}}+\boldsymbol{\beta}\boldsymbol{\beta}^{\mathrm{T}})\boldsymbol{x},\end{aligned}$$

显然 $2\boldsymbol{\alpha}\boldsymbol{\alpha}^{\mathrm{T}}+\boldsymbol{\beta}\boldsymbol{\beta}^{\mathrm{T}}$ 是对称矩阵,所以二次型 f 对应的矩阵为 $2\boldsymbol{\alpha}\boldsymbol{\alpha}^{\mathrm{T}}+\boldsymbol{\beta}\boldsymbol{\beta}^{\mathrm{T}}$.

(2) 记 $\boldsymbol{A}=2\boldsymbol{\alpha}\boldsymbol{\alpha}^{\mathrm{T}}+\boldsymbol{\beta}\boldsymbol{\beta}^{\mathrm{T}}$,只需求出 $\boldsymbol{A}$ 的特征值即可.

因为 $\boldsymbol{\alpha},\boldsymbol{\beta}$ 正交且均为单位向量,所以

$$\boldsymbol{\alpha}^{\mathrm{T}}\boldsymbol{\beta}=\boldsymbol{\beta}^{\mathrm{T}}\boldsymbol{\alpha}=0,\quad \boldsymbol{\alpha}^{\mathrm{T}}\boldsymbol{\alpha}=\boldsymbol{\beta}^{\mathrm{T}}\boldsymbol{\beta}=1,$$

于是有

$\boldsymbol{A}\boldsymbol{\alpha}=(2\boldsymbol{\alpha}\boldsymbol{\alpha}^{\mathrm{T}}+\boldsymbol{\beta}\boldsymbol{\beta}^{\mathrm{T}})\boldsymbol{\alpha}=2\boldsymbol{\alpha}\boldsymbol{\alpha}^{\mathrm{T}}\boldsymbol{\alpha}+\boldsymbol{\beta}\boldsymbol{\beta}^{\mathrm{T}}\boldsymbol{\alpha}=2\boldsymbol{\alpha}\Rightarrow\lambda_1=2$ 是 $\boldsymbol{A}$ 的特征值;

$\boldsymbol{A}\boldsymbol{\beta}=(2\boldsymbol{\alpha}\boldsymbol{\alpha}^{\mathrm{T}}+\boldsymbol{\beta}\boldsymbol{\beta}^{\mathrm{T}})\boldsymbol{\beta}=2\boldsymbol{\alpha}\boldsymbol{\alpha}^{\mathrm{T}}\boldsymbol{\beta}+\boldsymbol{\beta}\boldsymbol{\beta}^{\mathrm{T}}\boldsymbol{\beta}=\boldsymbol{\beta}\Rightarrow\lambda_2=1$ 是 $\boldsymbol{A}$ 的特征值;

$r(\boldsymbol{A})=r(2\boldsymbol{\alpha\alpha}^{\mathrm{T}}+\boldsymbol{\beta\beta}^{\mathrm{T}})\leqslant r(2\boldsymbol{\alpha\alpha}^{\mathrm{T}})+r(\boldsymbol{\beta\beta}^{\mathrm{T}})\leqslant 1+1=2<3\Rightarrow|\boldsymbol{A}|=0\Rightarrow\lambda_3=0$ 是 $\boldsymbol{A}$ 的特征值.

所以 $\boldsymbol{A}$ 的特征值是 2,1,0,因此 f 在正交变换下的标准形为

$$f=\lambda_1 y_1^2+\lambda_2 y_2^2+\lambda_3 y_3^2=2y_1^2+y_2^2.$$

习　题　6

第一部分　客观题

1. 二次型 $f(x_1,x_2,x_3)=5x_1^2+5x_2^2+cx_3^2-2x_1x_2+6x_1x_3-6x_2x_3$ 的秩为 2,则 $c=$(　　).

A. 4　　B. 3

C. 2　　D. 1

2. 设 $\boldsymbol{A},\boldsymbol{B}$ 均为 n 阶矩阵,且 $\boldsymbol{A},\boldsymbol{B}$ 合同,则(　　).

A. $\boldsymbol{A},\boldsymbol{B}$ 相似　　B. $|\boldsymbol{A}|=|\boldsymbol{B}|$

C. $r(\boldsymbol{A})=r(\boldsymbol{B})$　　D. $\boldsymbol{A},\boldsymbol{B}$ 有相同的特征值

3. 矩阵(　　)与矩阵 $\boldsymbol{A}=\mathrm{diag}\left(-2,\frac{1}{2},5\right)$ 合同.

A. $\mathrm{diag}(5,-1,-3)$　　B. $\mathrm{diag}(3,3,1)$

C. $\mathrm{diag}(-2,0,1)$　　D. $\mathrm{diag}(7,4,-1)$

4. 矩阵 $\boldsymbol{A}=\begin{pmatrix}7&-2&2\\-2&8&-1\\2&-1&3\end{pmatrix}$ 不是(　　).

A. 可逆矩阵　　B. 正定矩阵

C. 正交矩阵　　D. 实对称矩阵

5. 设矩阵 $\boldsymbol{A}=\begin{pmatrix}2&-1&-1\\-1&2&-1\\-1&-1&2\end{pmatrix}$,$\boldsymbol{B}=\begin{pmatrix}1&0&0\\0&1&0\\0&0&0\end{pmatrix}$,则 $\boldsymbol{A}$ 与 $\boldsymbol{B}$(　　).

A. 合同,且相似　　B. 合同,但不相似

C. 不合同,但相似　　D. 既不合同,也不相似

6. 实对称矩阵 $\boldsymbol{A}$ 与 $\boldsymbol{B}=\begin{pmatrix}0&0&3\\0&1&0\\3&0&0\end{pmatrix}$ 合同,则二次型 $\boldsymbol{x}^{\mathrm{T}}\boldsymbol{A}\boldsymbol{x}$ 的规范形为(　　).

A. $y_1^2+y_2^2+y_3^2$　　B. $y_1^2-y_2^2-y_3^2$

C. $y_1^2-y_2^2+y_3^2$　　D. $-y_2^2+y_3^2$

7. n 阶实对称矩阵 $\boldsymbol{A}$ 正定的充要条件是(　　).

A. 二次型 $\boldsymbol{x}^{\mathrm{T}}\boldsymbol{A}\boldsymbol{x}$ 的负惯性指数为零　B. $\boldsymbol{A}$ 没有负特征值

C. 存在 n 阶矩阵使得 $\boldsymbol{A}=\boldsymbol{C}^{\mathrm{T}}\boldsymbol{C}$　D. $\boldsymbol{A}$ 与 n 阶单位矩阵合同

8. 若二次型 $f(x_1,x_2,x_3)=\lambda(x_1^2+x_2^2+x_3^2)+2x_1x_2+2x_1x_3-2x_2x_3$ 正定,则 λ 的取值范围是(　　).

A. $(-\infty,2)$　B. $(-\sqrt{2},\sqrt{2})$

C. $(2,+\infty)$　D. $(-1,1)$

第二部分　解答题

1. 求一个正交变换 $\boldsymbol{x}=\boldsymbol{P}\boldsymbol{y}$,将二次型

$$f(x_1,x_2,x_3,x_4)=2x_1x_2+2x_1x_3-2x_1x_4-2x_2x_3+2x_2x_4+2x_3x_4$$

化为标准型.

2. 试证明 $l>2$ 时,实二次型 $f=f(x,y,z)=3x^2+2xy-2xz+ly^2+4yz+5z^2$ 正定.

3. 试证明对称矩阵 $\boldsymbol{A}$ 正定的充要条件是存在可逆矩阵 $\boldsymbol{U}$,使得 $\boldsymbol{A}=\boldsymbol{U}^{\mathrm{T}}\boldsymbol{U}$,即矩阵 $\boldsymbol{A}$ 与单位矩阵 $\boldsymbol{E}$ 合同.

4. 二次曲面 $x^2+ay^2+z^2+2bxy+2xz+2yz=4$ 可经正交变换 $\begin{pmatrix}x\\y\\z\end{pmatrix}=\boldsymbol{P}\begin{pmatrix}\xi\\\eta\\\zeta\end{pmatrix}$ 化为椭圆柱面方程 $\eta^2+4\zeta^2=4$,求 a,b 的值与正交阵 $\boldsymbol{P}$.

5. 设二次型 $f(x_1,x_2,x_3)=ax_1^2+ax_2^2+(a-1)x_3^2+2x_1x_3-2x_2x_3$,若二次型 $f(x_1,x_2,x_3)$ 的规范形为 $y_1^2+y_2^2$,求 a 的值.

6. 设 $\boldsymbol{A}$ 为三阶实对称矩阵,且满足条件 $\boldsymbol{A}^2+2\boldsymbol{A}=\boldsymbol{O}$,已知 $\boldsymbol{A}$ 的秩 $R(\boldsymbol{A})=2$.

(1) 求 $\boldsymbol{A}$ 的全部特征值;

(2) 当 k 为何值时,矩阵 $\boldsymbol{A}+k\boldsymbol{E}$ 为正定矩阵,其中 $\boldsymbol{E}$ 为三阶单位矩阵.

7. 设 $\boldsymbol{A}$ 是 n 阶正定矩阵,试证明 $|\boldsymbol{A}+2\boldsymbol{E}|>2^n$.

8. 设 $\boldsymbol{A}$ 为 n 阶实对称矩阵,且 $\boldsymbol{A}^3+\boldsymbol{A}^2+\boldsymbol{A}=3\boldsymbol{E}$,试证明 $\boldsymbol{A}$ 为正定矩阵.

9. 设 $\boldsymbol{A},\boldsymbol{B}$ 为 n 阶正定矩阵,试证明 $\boldsymbol{AB}$ 正定的充要条件是 $\boldsymbol{A}$ 与 $\boldsymbol{B}$ 为可交换矩阵.

线性代数综合测试题

一、填空题(每小题 3 分,共 15 分)

1. 排列 645231 的逆序数为=________.

2. 设$|\boldsymbol{A}_3|=-4$,则$|\boldsymbol{A}^*+\boldsymbol{A}^{-1}|=$________.

3. 设向量组$\boldsymbol{\alpha},\boldsymbol{\beta},\boldsymbol{\gamma}$线性无关,向量组$\boldsymbol{\alpha}+4\boldsymbol{\beta}+k\boldsymbol{\gamma},\boldsymbol{\alpha}+4\boldsymbol{\beta}-\boldsymbol{\gamma},\boldsymbol{\alpha}+3\boldsymbol{\beta}-3\boldsymbol{\gamma}$也线性无关,则$k$的取值范围是________.

4. 设三阶可对角化矩阵$\boldsymbol{A}$满足$\boldsymbol{A}^2+2\boldsymbol{A}=\boldsymbol{O}$,且$r(\boldsymbol{A})=2$,而矩阵$\boldsymbol{B}$与矩阵$\boldsymbol{A}$相似,则$\mathrm{tr}(\boldsymbol{B}+3\boldsymbol{E})=$________.

5. 二次型$3x^2+4xy+4xz+2y^2+12z^2+8yz$的秩是________.

二、选择题(每小题 3 分,共 15 分)

6. 行列式$\begin{vmatrix}2&1&3&2\\x&4&1&4\\x&y&0&1\\2&1&4&2\end{vmatrix}$的值多项式中,$xy$的系数为(　　).

A. 6　　B. -8　　C. 14　　D. -2

7. 矩阵$\begin{pmatrix}2&3&1\\2&4&1\\2&2&4\end{pmatrix}$经过下列初等变换(　　)变为$\begin{pmatrix}2&3&1\\2&4&1\\0&-1&3\end{pmatrix}$.

A. r_1-r_3　　B. c_1-c_3　　C. r_3-r_1　　D. c_3-c_1

8. 如果方程组$\begin{cases}x+2y+kz-lw=k\\ \quad 4y+kz+4w=4\\ x+4y+6z-3w=4\end{cases}$无解,则$(k,l)$的取值为(　　).

A. $k\neq2,l\neq5$　　B. $k=2,l=5$

C. $k\neq4,l\neq5$　　D. $k=4,l=5$

9. 设$\boldsymbol{x}$为$\boldsymbol{A}$相应于特征值$\lambda_1=7$的特征向量,$\boldsymbol{y}$是$\boldsymbol{A}$相应于特征值$\lambda_2=4$的特征向量,则当(　　)时,$k_1\boldsymbol{x}+k_2\boldsymbol{y}$仍为$\boldsymbol{A}$的特征向量.

A. $k_1=0,k_2\neq0$　　B. $k_1\neq0,k_2\neq0$

C. $k_1=0,k_2=0$　　D. $k_1k_2=0$

10. 设 $\boldsymbol{\alpha}_1(1,1,1),\boldsymbol{\alpha}_2=(1,-1,0)$,当$(k,l)=($　　$)$,$\boldsymbol{\beta}_1=k\boldsymbol{\alpha}_1+\boldsymbol{\alpha}_2$ 与 $\boldsymbol{\beta}_2=\boldsymbol{\alpha}_1+l\boldsymbol{\alpha}_2$ 正交.

A. $(2,-3)$　　B. $(2,3)$　　C. $(3,-2)$　　D. $(-3,2)$

三、判断题(每小题 2 分,共 10 分)

11. 2 阶行列式 $|(\boldsymbol{\alpha}_1,\boldsymbol{\alpha}_2)|=0$ 时,向量 $\boldsymbol{\alpha}_1$ 与 $\boldsymbol{\alpha}_2$ 成比例.　　(　　)

12. 矩阵运算式 $\boldsymbol{A}_{3\times4}\boldsymbol{B}_{4\times5}-(\boldsymbol{C}_{5\times3})^{\mathrm{T}}\boldsymbol{B}^{\mathrm{T}}\boldsymbol{B}+6\boldsymbol{CAB}$ 是有意义的.　　(　　)

13. 任意两个相似的实对称矩阵一定是合同矩阵.　　(　　)

14. 齐次线性方程组 $\boldsymbol{A}_{3\times8}\boldsymbol{x}=\boldsymbol{0}$ 的基础解系可以由 3 个解向量组成.　　(　　)

15. $\lambda=7$ 是矩阵 $\boldsymbol{A}=\begin{pmatrix}3&3&1\\1&4&2\\0&3&4\end{pmatrix}$ 的一个特征值.　　(　　)

四、计算题(每小题 8 分,共 48 分)

16. 已知矩阵

$$\boldsymbol{A}=\begin{pmatrix}1&2&1&2\\3&3&1&2\\0&0&4&2\\0&0&5&5\end{pmatrix},$$

化简计算$[3(\boldsymbol{A}-2\boldsymbol{E})^{-1}]^*$.

17. 设二次型

$$f(x_1,x_2,x_3)=x_1^2+2x_1x_2+4x_1x_3-kx_2^2-4kx_2x_3+6x_3^2.$$

(1) 化二次型 f 为标准形,并求出所用的可逆线性变换;

(2) 若二次型 $f(x_1,x_2,x_3)$正定则求 k 的取值范围.

18. 求解线性方程组

$$\begin{cases}x_1+4x_2+\ \ x_3-2x_4=-4,\\2x_1+8x_2+2x_3-4x_4=-8,\\x_1+4x_2+2x_3-2x_4=-2.\end{cases}$$

19. 已知矩阵

$$\boldsymbol{A}=\begin{pmatrix}6&3&0\\1&8&0\\0&0&9\end{pmatrix},$$

(1)求 $\boldsymbol{A}$ 的全部特征值;

(2)求 $\boldsymbol{A}$ 的最大特征值对应的全体特征向量.

20. 计算行列式:$\begin{vmatrix}1&2&3&4\\2&5&3&4\\2&4&5&1\\0&1&3&5\end{vmatrix}$.

21. 设向量组：

$$\boldsymbol{\alpha}_1=\begin{pmatrix}1\\-1\\0\end{pmatrix},\quad \boldsymbol{\alpha}_2=\begin{pmatrix}3\\-4\\2\end{pmatrix},\quad \boldsymbol{\alpha}_3=\begin{pmatrix}-4\\3\\2\end{pmatrix},\quad \boldsymbol{\alpha}_4=\begin{pmatrix}-2\\2\\1\end{pmatrix},\quad \boldsymbol{\alpha}_5=\begin{pmatrix}3\\-4\\5\end{pmatrix}.$$

(1) 求向量组 $\boldsymbol{\alpha}_1,\boldsymbol{\alpha}_2,\boldsymbol{\alpha}_3,\boldsymbol{\alpha}_4,\boldsymbol{\alpha}_5$ 的秩及一个极大无关组；

(2) 用(1)中所求的极大无关组将其余向量线性表示出来.

五、证明题(每小题 6 分,共 12 分)

22. 设实对称矩阵 $\boldsymbol{A}$ 满足 $\boldsymbol{A}^2+4\boldsymbol{A}+3\boldsymbol{E}=\boldsymbol{O}$,证明矩阵 $\boldsymbol{A}+5\boldsymbol{E}$ 也是实对称矩阵而且正定.

23. 设矩阵 $\boldsymbol{A}$ 满足 $\boldsymbol{A}^3-4\boldsymbol{A}^2-3\boldsymbol{E}=\boldsymbol{O}$,且矩阵 $\boldsymbol{B}$ 与 $\boldsymbol{A}$ 相似,试证明:$\boldsymbol{B}-3\boldsymbol{E}$ 是可逆矩阵.

习题答案

练 习 1.1

1. (1) 1; (2) $\lambda^2-3\lambda$; (3) -14; (4) a^2-1.

2. $\begin{cases} x_1=2; \\ x_2=-3. \end{cases}$

练 习 1.2

1. (1) $N(32514)=5$,奇排列; (2) $N(31524)=4$,偶排列;

(3) $N[135\cdots(2n-1)246\cdots(2n)]=\frac{n(n-1)}{2}$,当 $n=4k$ 或 $n=4k+1$ 为偶排列,当 $n=4k+2$ 或 $n=4k+3$ 为奇排列.

练 习 1.3

1. $a_{13}a_{24}a_{31}a_{42}$, $-a_{13}a_{21}a_{34}a_{42}$.

2. (1) $(-1)^{\frac{n(n-1)}{2}}\lambda_1\lambda_2\cdots\lambda_n$; (2) 4; (3) -72.

练 习 1.4

1. (1) 0; (2) 48; (3) 40; (4) $(a-b)^3$.

2. -12. 3. a^4. 4. $x^n-a^2x^{n-2}$.

练 习 1.5

1. 40. 2. 4 和 0. 3. 0. 4. $-1,0,3$.

5. $(ad-bc)^n$.

练 习 1.6

1. 不对. 2. D. 3. $k=-2$ 或 $k=1$.

习 题 1

第一部分 客观题

1. C.　2. A.　3. B.　4. A.　5. D.

第二部分 解答题

1. $a=b=0$.

2. $k\neq -1$ 且 $k\neq -\frac{1}{4}$.

3. $x=2$ 或 $x=3$.

4. (1) 11,奇排列;(2) $n(n-1)$,偶排列.

5. 0,6.

6. (1) 12;(2) -4×10^7.

7. (1) $4abcdef$; (2) $(x-a)(x-b)(x-c)(c-a)(c-b)(b-a)$;

(3) $1+cd+ab+ad+abcd$;

(4) $(a+b+c+d)(a-b-c+d)(a+b-c-d)(a-b+c-d)$.

8. 0.

9. (1) $(-1)^n n!$;　(2) $[a+(n-1)b](a-b)^{n-1}$;

(3) $\prod\limits_{1\leqslant j<i\leqslant n+1}(a_jb_i-a_ib_j)$.

10. (1) $x_1=\frac{D_1}{D}=1, x_2=\frac{D_2}{D}=2, x_3=\frac{D_3}{D}=3, x_4=\frac{D_4}{D}=-1$;

(2) $x_1=3, x_2=-4, x_3=-1, x_4=1$.

11. $f(x)=2x^2-3x+1$.

12. $\lambda=0,\lambda=2$ 或 $\lambda=3$.

练 习 2.1

1. (1) $\begin{pmatrix}1 & 1\\ 1 & -1\end{pmatrix}$;　(2) $\begin{pmatrix}1 & 1 & -2\\ -3 & -1 & 1\\ 2 & -3 & 0\end{pmatrix}$;

(3) $\begin{pmatrix}1 & & \\ & 1 & \\ & & 1\end{pmatrix}$;　(4) $\begin{pmatrix}1 & 1 & -1\\ 3 & -1 & 2\\ 2 & -3 & 1\\ 1 & -1 & 4\end{pmatrix}$.

练 习 2.2

1. (1) $\begin{pmatrix}13 & 11 & 4\\ 7 & -4 & 4\\ 6 & 8 & 9\end{pmatrix}$;　(2) 10;　(3) $\begin{pmatrix}2 & 4\\ 2 & 4\\ 3 & 6\end{pmatrix}$;　(4) (1,13).

2. $\boldsymbol{AB}=\begin{pmatrix}1 & 3\\ 2 & 6\end{pmatrix}=\boldsymbol{AC}$.

3. $\boldsymbol{AB}=\begin{pmatrix}0 & 0\\ 0 & 0\end{pmatrix}$,$\boldsymbol{BA}=\begin{pmatrix}2 & 2\\ -2 & -2\end{pmatrix}$.

4. $s=4,t=v=5,u=3$.

5. 48.

6. $\boldsymbol{AB}+\boldsymbol{BA}=\boldsymbol{O}$;证明略.

练 习 2.3

1. 证明略.

2. $\begin{pmatrix}2-2^n & 2^n-1\\ 2-2^{n+1} & 2^{n+1}-1\end{pmatrix}$.

3. $\varphi(\boldsymbol{A})=\begin{pmatrix}5 & 0 & 5\\ 0 & 0 & 0\\ 5 & 0 & 5\end{pmatrix}$.

4. 3.

5. 证明略.

6. (1)$\boldsymbol{A}^*=\begin{pmatrix}-3 & 5\\ -4 & 2\end{pmatrix}$,$\boldsymbol{A}^{-1}=\frac{1}{14}\begin{pmatrix}-3 & 5\\ -4 & 2\end{pmatrix}$;

(2)$\boldsymbol{A}^*=\begin{pmatrix}2 & -4 & -6\\ 19 & -2 & -3\\ 5 & -10 & 3\end{pmatrix}$,$\boldsymbol{A}^*=\frac{1}{36}\begin{pmatrix}-2 & 4 & 6\\ -19 & 2 & 3\\ -5 & 10 & -3\end{pmatrix}$.

7. (1) $\begin{pmatrix}-17 & -28\\ -4 & -6\end{pmatrix}$;

(2) $\begin{pmatrix}1 & -1\\ -3 & 5\end{pmatrix}$.

8. $\boldsymbol{X}=\begin{pmatrix}2 & -23\\ 0 & 8\end{pmatrix}$.

9. $\boldsymbol{X}=\begin{pmatrix}-2 & 2 & 6\\ 2 & 0 & -3\\ 2 & -1 & -3\end{pmatrix}$.

10. $\boldsymbol{X}=\frac{1}{4}\begin{pmatrix}2 & 1 & 2\\ 0 & 2 & 0\\ 2 & 1 & 0\end{pmatrix}$.

11. $\boldsymbol{B}=\begin{pmatrix}2 & 2 & 0\\ 0 & -4 & 0\\ 0 & 0 & 2\end{pmatrix}$.

12. (1) $\frac{4}{3}$;

(2) $-\frac{1}{6}\begin{pmatrix}1 & 0 & 0\\ 9 & 3 & 0\\ -5 & 7 & -2\end{pmatrix}$.

13. (1)$\begin{pmatrix}-1 & 0 & -7\\ 0 & 3 & 2\\ 0 & 0 & -3\end{pmatrix}$;

(2)$\frac{1}{7}\begin{pmatrix}3 & 0 & -7\\ 0 & 7 & 2\\ 0 & 0 & 1\end{pmatrix}$.

14. $A^{101}=100^{100}\begin{pmatrix}0&0&0\\0&64&48\\0&48&36\end{pmatrix}$.　　15. $A^2=\begin{pmatrix}5&4&8\\4&5&8\\8&8&17\end{pmatrix}$.

16. (1) $(A+E)^{-1}=(A-3E)$；　(2) $(A+E)^{-1}=-\frac{1}{4}(A^2-A-E)$.

练　习　2.4

1. $AB=\begin{pmatrix}3&1&-1&0\\2&4&-2&0\\-1&5&-1&0\\2&-1&0&-1\end{pmatrix}$.　　2. $A^{-1}=\begin{pmatrix}\frac{1}{5}&0&0\\0&1&-1\\0&-2&3\end{pmatrix}$.

3. $A^2=\begin{pmatrix}7&12&0&0\\4&7&0&0\\0&0&1&0\\0&0&0&4\end{pmatrix}$；　$|A^8|=256$；　$A^{-1}=\begin{pmatrix}2&-3&0&0\\-1&2&0&0\\0&0&1&0\\0&0&0&\frac{1}{2}\end{pmatrix}$.

4. (1) $\begin{pmatrix}1&-2&1&0\\0&1&-2&1\\0&0&1&-2\\0&0&0&1\end{pmatrix}$；　(2) $\begin{pmatrix}0&-4&0&0\\-2&0&0&0\\0&0&3&0\\0&0&0&1\end{pmatrix}$.

5. $D^{-1}=\begin{pmatrix}O&B^{-1}\\A^{-1}&-A^{-1}CB^{-1}\end{pmatrix}$.

6. 6.　　7. 30.

练　习　2.5

1. 行阶梯形矩阵$\begin{pmatrix}1&1&-2&1&4\\0&1&-1&1&6\\0&0&0&1&5\\0&0&0&0&0\end{pmatrix}$;行最简形矩阵$\begin{pmatrix}1&0&-1&0&-4\\0&1&-1&0&-5\\0&0&0&1&5\\0&0&0&0&0\end{pmatrix}$;

等价标准型矩阵$\begin{pmatrix}1&0&0&0&0\\0&1&0&0&0\\0&0&1&0&0\\0&0&0&0&0\end{pmatrix}$.

2. (1) $A^{-1}=\begin{pmatrix}1 & 3 & -1\\ -1 & -2 & 1\\ -1 & -5 & 2\end{pmatrix}$; (2) $A^{-1}=\begin{pmatrix}1 & -4 & -3\\ 1 & -5 & -3\\ -1 & 6 & 4\end{pmatrix}$;

(3) $A^{-1}=\frac{1}{4}\begin{pmatrix}1 & 1 & 1 & 1\\ 1 & 1 & -1 & -1\\ 1 & -1 & 1 & -1\\ 1 & -1 & -1 & 1\end{pmatrix}$.

3. $X=\begin{pmatrix}2 & -1 & 0\\ 1 & 3 & -4\\ 1 & 0 & -2\end{pmatrix}$.

练　习　2.6

1. $r(A)=3$, $\begin{vmatrix}3 & 2 & 5\\ 3 & -2 & 6\\ 2 & 0 & 5\end{vmatrix}$为 A 的一个秩子式.

2. $k=1$ 时,$r(A)=1$;$k=-2$ 时,$r(A)=2$;$k\neq1$ 且 $k\neq-2$ 时,$r(A)=3$.

3. $k=-2$ 时,$r(A)=2$;$k\neq-2$ 时,$r(A)=3$.

4. $\lambda=5,\mu=1$.　　5. 2.

7. $r(A)=1$.

练　习　2.7

1. (1) $r(A)=3<5$,有非零解;

(2) $r(A)=r(A,b)=2<4$,无穷多解;

(3) $r(A)=2<r(A,b)=3$,无解.

2. (1) $r(A)=r(A,b)=3$,方程组有唯一解$\begin{cases}x_1=5,\\ x_2=0,\\ x_3=3;\end{cases}$

(2) $r(A)\neq r(A,b)$,方程组无解;

(3) $r(A)=r(A,b)=2$,方程组有无穷多解$\begin{cases}x_1=\frac{5}{4}+3c_1-3c_2,\\ x_2=-\frac{1}{4}+3c_1+7c_2,\\ x_3=2c_1,\\ x_4=4c_2.\end{cases}$

c_1,c_2 为任意常数.

3. 当 $\lambda=-2$ 时无解；当 $\lambda\neq1$ 且 $\lambda\neq-2$ 时有唯一解；当 $\lambda=1$ 时，有无穷解.

习 题 2

第一部分 客观题

1. A. 2. D. 3. B. 4. C. 5. B.
6. C. 7. D. 8. D. 9. B.

第二部分 解答题

1. $\boldsymbol{A}^k=\begin{pmatrix}\lambda^k & k\lambda^{k-1} & \frac{k(k-1)}{2}\lambda^{k-2}\\ 0 & \lambda^k & k\lambda^{k-1}\\ 0 & 0 & \lambda^k\end{pmatrix}, k\geqslant2$. 2. 0.

3. $(\boldsymbol{A}-2\boldsymbol{E})^{-1}=\begin{pmatrix}1 & 0 & 0\\ -\frac{1}{2} & \frac{1}{2} & 0\\ 0 & 0 & 1\end{pmatrix}$. 4. $\boldsymbol{B}=-36\begin{pmatrix}1 & 0 & 5\\ 1 & -4 & 1\\ 0 & 0 & 1\end{pmatrix}$.

5. $\varphi(\boldsymbol{A})=4\begin{pmatrix}1 & 1 & 1\\ 1 & 1 & 1\\ 1 & 1 & 1\end{pmatrix}$.

8. (1) $(\boldsymbol{A}-9\boldsymbol{E})^{-1}=\frac{1}{3}(\boldsymbol{A}^2+7\boldsymbol{A}+63\boldsymbol{E})$；(2) $(\boldsymbol{A}+2\boldsymbol{E})^{-1}=-\frac{1}{11}(\boldsymbol{A}^2-3\boldsymbol{E})$.

练 习 3.1

1. (1) √； (2) ×. 2. (1) 0； (2) $\frac{8}{3}$.

3. $\boldsymbol{\alpha}_1,\boldsymbol{a}_2,\boldsymbol{a}_3$ 线性相关；$\boldsymbol{\alpha}_1,\boldsymbol{\alpha}_2$ 线性无关.

4. $R(\boldsymbol{\alpha}_1,\boldsymbol{\alpha}_2,\boldsymbol{\alpha}_3,\boldsymbol{\alpha}_4,\boldsymbol{\alpha}_5)=3$，$\boldsymbol{\alpha}_1,\boldsymbol{\alpha}_2,\boldsymbol{\alpha}_3,\boldsymbol{\alpha}_4,\boldsymbol{\alpha}_5$ 线性相关.

5. 当 $k=-2$ 时，向量组 $\boldsymbol{\alpha}_2,\boldsymbol{\alpha}_2,\boldsymbol{\alpha}_3$ 线性相关；当 $k\neq-2$ 时，向量组 $\boldsymbol{\alpha}_2,\boldsymbol{\alpha}_2,\boldsymbol{\alpha}_3$ 线性无关.

6. $k=-\frac{5}{13}$. 7. 任何数.

8. $t\neq-2$ 且 $t\neq3$ 时向量组线性无关；$t=-2$ 或 $t=3$ 时向量组线性相关.

练 习 3.2

1. 能；否. 2. 是. 3. $\boldsymbol{\gamma}=(-7,1,4,0)^{\mathrm{T}}$.

6. 当 $\lambda\neq1$ 时，$\boldsymbol{\beta}$ 可由 $\boldsymbol{\alpha}_1,\boldsymbol{\alpha}_2,\boldsymbol{\alpha}_3$ 线性表示，且 $\boldsymbol{\beta}=\frac{6-4\lambda}{\lambda-1}\boldsymbol{\alpha}_1-\frac{2}{\lambda-1}\boldsymbol{\alpha}_2+\boldsymbol{\alpha}_3$.

练　习　3.3

1. $\boldsymbol{\alpha}_1,\boldsymbol{\alpha}_2;\boldsymbol{\alpha}_1,\boldsymbol{\alpha}_3;\boldsymbol{\alpha}_2,\boldsymbol{\alpha}_3$ 均为 $\boldsymbol{\alpha}_1,\boldsymbol{\alpha}_2,\boldsymbol{\alpha}_3$ 的一个极大无关组,$r(\boldsymbol{\alpha}_1,\boldsymbol{\alpha}_2,\boldsymbol{\alpha}_3)=2$.

2. $r(\boldsymbol{\alpha}_1,\boldsymbol{\alpha}_2,\boldsymbol{\alpha}_3,\boldsymbol{\alpha}_4)=2$;$\boldsymbol{\alpha}_1,\boldsymbol{\alpha}_2$ 为 $\boldsymbol{\alpha}_1,\boldsymbol{\alpha}_2,\boldsymbol{\alpha}_3,\boldsymbol{\alpha}_4$ 的一个极大无关组.

3. $r(\boldsymbol{A})=3<5=n$,列向量组线性相关;$\boldsymbol{\alpha}_1,\boldsymbol{\alpha}_2,\boldsymbol{\alpha}_4$ 为 $\boldsymbol{A}$ 的列向量组的一个极大无关组,且 $\boldsymbol{\alpha}_3=-\boldsymbol{\alpha}_1-\boldsymbol{\alpha}_2+0\boldsymbol{\alpha}_4$;$\boldsymbol{\alpha}_5=4\boldsymbol{\alpha}_1+3\boldsymbol{\alpha}_2-3\boldsymbol{\alpha}_4$.

5. $\begin{pmatrix}1&0&1&2&0\\0&1&3&0&0\\0&0&-2&0&0\\0&0&0&1&0\\0&0&0&0&0\end{pmatrix}$.　　　6. $a=2,b=5$.

练　习　3.4

1. (1) 是向量空间,是 $n-1$ 维向量空间;

(2) 不是向量空间,因为对加法运算不封闭;

(3) 不是向量空间,因为对加法运算不封闭;

(4) 不是向量空间,因为对负数数乘运算不封闭;

(5) 不是向量空间,因为对加法运算不封闭;

(6) 是一个由向量 $\boldsymbol{a},\boldsymbol{b}$ 所生成的向量空间,维数为 2;

(7) 一个零向量构成 0 维向量空间;

(8) 一个非零向量的集合不构成向量空间.

2. $\boldsymbol{A}\sim\boldsymbol{E}\Rightarrow\boldsymbol{a}_1,\boldsymbol{a}_2,\boldsymbol{a}_3$ 为 $\boldsymbol{R}^3$ 的基;$\boldsymbol{b}_1,\boldsymbol{b}_2$ 在基 $\boldsymbol{a}_1,\boldsymbol{a}_2,\boldsymbol{a}_3$ 下的坐标分别为 $\dfrac{2}{3},-\dfrac{2}{3},-1;\dfrac{4}{3},1,\dfrac{2}{3}$.

4. $\boldsymbol{P}=\begin{pmatrix}2&3&4\\0&-1&0\\-1&0&-1\end{pmatrix}$.　　　5. $\dim\boldsymbol{V}=3$.

习　题　3

第一部分　客观题

1. B.　　2. C.　　3. D.　　4. D.　　5. B.　　6. C.

第二部分　解答题

1. 当 $\lambda\neq\dfrac{9}{8}$ 时,$\boldsymbol{\beta}$ 可由 $\boldsymbol{\alpha}_1,\boldsymbol{\alpha}_2,\boldsymbol{\alpha}_3$ 线性表示,且 $\boldsymbol{\beta}=\dfrac{11}{9-8\lambda}\boldsymbol{\alpha}_1+\dfrac{10-4\lambda}{9-8\lambda}\boldsymbol{\alpha}_2+\dfrac{8-\lambda}{9-8\lambda}\boldsymbol{\alpha}_3$.

2. $r(\boldsymbol{\alpha}_1,\boldsymbol{\alpha}_2,\boldsymbol{\alpha}_3,\boldsymbol{\alpha}_4,\boldsymbol{\alpha}_5)=2$，且 $\boldsymbol{\alpha}_1,\boldsymbol{\alpha}_3$ 是向量组 $\boldsymbol{\alpha}_1,\boldsymbol{\alpha}_2,\boldsymbol{\alpha}_3,\boldsymbol{\alpha}_4,\boldsymbol{\alpha}_5$ 的一个极大无关组，且 $\boldsymbol{\alpha}_2=-\boldsymbol{\alpha}_1+\boldsymbol{\alpha}_3$；$\boldsymbol{\alpha}_4=\boldsymbol{\alpha}_1+\boldsymbol{\alpha}_3$；$\boldsymbol{\alpha}_5=2\boldsymbol{\alpha}_1+\boldsymbol{\alpha}_3$.

3. $r(\boldsymbol{\beta}_1,\boldsymbol{\beta}_2,\boldsymbol{\beta}_3,\boldsymbol{\beta}_4)\leqslant 3<4$，故向量组 $\boldsymbol{\beta}_1,\boldsymbol{\beta}_2,\boldsymbol{\beta}_3,\boldsymbol{\beta}_4$ 线性相关.

4. k 取任何值时 $r(\boldsymbol{\alpha}_1,\boldsymbol{\alpha}_2,\boldsymbol{\alpha}_3)=3$，向量组 $\boldsymbol{\alpha}_2,\boldsymbol{\alpha}_2,\boldsymbol{\alpha}_3$ 线性无关.

5. 令 $\boldsymbol{A}=(\boldsymbol{\alpha}_1,\boldsymbol{\alpha}_2,\boldsymbol{\alpha}_3)$，则 $r(\boldsymbol{A})=r(\boldsymbol{A},\boldsymbol{b})=2$，故 $\boldsymbol{b}$ 可以由向量组 $\boldsymbol{\alpha}_1,\boldsymbol{\alpha}_2,\boldsymbol{\alpha}_3$ 线性表示，且 $\boldsymbol{b}=(-3c+2)\boldsymbol{a}_1+(2c-1)\boldsymbol{a}_2+c\boldsymbol{a}_3$，其中 c 为任意常数.

6. $x=y\neq\dfrac{1}{2}$.

7. 由 $\boldsymbol{A}=(\boldsymbol{a},\boldsymbol{b})\begin{pmatrix}\boldsymbol{a}^{\mathrm{T}}\\ \boldsymbol{b}^{\mathrm{T}}\end{pmatrix}$ 知道 $r(\boldsymbol{A})\leqslant r(\boldsymbol{a},\boldsymbol{b})$，因此(1) $r(\boldsymbol{A})\leqslant 2$；(2) 当 $\boldsymbol{\alpha},\boldsymbol{\beta}$ 线性相关时，$r(\boldsymbol{A})\leqslant 1<2$.

11. (1) $\boldsymbol{B}=\begin{pmatrix}0&0&0\\1&0&3\\0&1&-1\end{pmatrix}$；(2) $|\boldsymbol{A}|=0$；(3) $|\boldsymbol{A}+\boldsymbol{E}|=-3$.

14. $ab-9a-3b+17\neq 0$.

15. $(\boldsymbol{\alpha}_1,\boldsymbol{\alpha}_2,\boldsymbol{\alpha}_3)\xrightarrow{r}\begin{pmatrix}0&0&(3+k)(3-k)\\0&k-3&2(3-k)\\1&1&k-1\end{pmatrix}$.

设 $\boldsymbol{V}=L(\boldsymbol{a}_1,\boldsymbol{a}_2,\boldsymbol{a}_3)$：当 $k=3$ 时，$\dim(\boldsymbol{V})=1$；当 $k=-3$ 时，$\dim(\boldsymbol{V})=2$；当 $k\neq 3$ 且 $k\neq -3$ 时，$\dim(\boldsymbol{V})=3$.

16. 由 $r(\boldsymbol{\alpha}_1,\boldsymbol{\alpha}_2,\boldsymbol{\alpha}_3)=3$ 知 $\boldsymbol{\alpha}_1,\boldsymbol{\alpha}_2,\boldsymbol{\alpha}_3$ 为 $\boldsymbol{R}^3$ 的一组基；$\boldsymbol{v}_1=2\boldsymbol{\alpha}_1+3\boldsymbol{\alpha}_2-\boldsymbol{\alpha}_3$，$\boldsymbol{v}_2=3\boldsymbol{\alpha}_1-3\boldsymbol{\alpha}_2-2\boldsymbol{\alpha}_3$.

练 习 4.1

1. (1) ×；　(2) √；　(3) √；　(4) ×.

2. (1) $\begin{pmatrix}x_1\\x_2\\x_3\\x_4\end{pmatrix}=c_1\begin{pmatrix}\frac{2}{7}\\ \frac{5}{7}\\1\\0\end{pmatrix}+c_2\begin{pmatrix}\frac{3}{7}\\ \frac{4}{7}\\0\\1\end{pmatrix}$，其中，$c_1,c_2$ 为任意常数；

(2) 一般解 $\begin{cases}x_1=0;\\x_2=2c;\\x_3=c;\\x_4=0,\end{cases}$ 通解为 $\begin{pmatrix}x_1\\x_2\\x_3\\x_4\end{pmatrix}=c\begin{pmatrix}0\\2\\1\\0\end{pmatrix}$，其中，$c$ 为任意常数；

(3) 一般解为$\begin{cases}x_1= & 2c_1+5c_2; \\ x_2= & -2c_1-4c_2; \\ x_3= & c_1; \\ x_4= & 3c_2.\end{cases}$通解为$\begin{pmatrix}x_1\\x_2\\x_3\\x_4\end{pmatrix}=c_1\begin{pmatrix}2\\-2\\1\\0\end{pmatrix}+c_2\begin{pmatrix}5\\-4\\0\\3\end{pmatrix}$,

其中,c_1,c_2为任意常数.

3. $\lambda=1$或$\mu=0$.

练　习　4.2

1. (1) √;　　(2) ×.　　2. $\boldsymbol{x}=c\begin{pmatrix}1\\1\\1\\0\end{pmatrix}+\begin{pmatrix}4\\3\\0\\-3\end{pmatrix}$,其中,$c$为任意常数.

3. 当$\lambda=2$时无解;当$\lambda=-1$时,方程组有无穷解,通解为

$$\begin{pmatrix}x_1\\x_2\\x_3\end{pmatrix}=c_1\begin{pmatrix}-1\\1\\0\end{pmatrix}+c_2\begin{pmatrix}-1\\0\\1\end{pmatrix}+\begin{pmatrix}-1\\0\\0\end{pmatrix},$$

其中,c_1,c_2是任意常数;当$\lambda\neq-1$且$\lambda\neq2$时,方程组有唯一解,其解为$x_1=\dfrac{\lambda-1}{\lambda-2}$,$x_2=\dfrac{1}{\lambda-2}$,$x_3=\dfrac{(\lambda-1)^2}{\lambda-2}$.

4. 当$\lambda\neq0$且$\lambda\neq-3$时方程组有唯一解,其解为$x_1=-\dfrac{1}{\lambda}$,$x_2=\dfrac{2}{\lambda}$,$x_3=1-\dfrac{1}{\lambda}$;

当$\lambda=0$时,方程组无解;

当$\lambda=-3$时方程组有无穷解,方程组的通解为$\begin{pmatrix}x_1\\x_2\\x_3\end{pmatrix}=c\begin{pmatrix}1\\1\\1\end{pmatrix}+\begin{pmatrix}-1\\-2\\0\end{pmatrix}$ $(c\in\mathbf{R})$.

5. 设$\boldsymbol{X}=(\boldsymbol{x}_1,\boldsymbol{x}_2)$,$\boldsymbol{B}=(\boldsymbol{b}_1,\boldsymbol{b}_2)$则$\boldsymbol{X}=\boldsymbol{A}^{-1}\boldsymbol{B}=\begin{pmatrix}-4&2\\0&1\\-3&2\end{pmatrix}$.

6. $\boldsymbol{\xi}=\boldsymbol{\xi}_1+c_1\boldsymbol{\eta}_1+c_2\boldsymbol{\eta}_2$,$c_1,c_2\in\mathbf{R}$,其中,$\boldsymbol{\eta}_1=(2,1,5,8,8)^{\mathrm{T}}$,$\boldsymbol{\eta}_2=(2,4,6,7,9)^{\mathrm{T}}$.求解$\boldsymbol{\eta}_1\boldsymbol{\eta}_2$的方法不唯一.

习　题　4

第一部分　客观题

1. D.	2. C.	3. C.	4. C.
5. B.	6. B.	7. C.	8. C.

第二部分　解答题

1.（1）$\boldsymbol{x}=\begin{pmatrix}x_1\\x_2\\x_3\\x_4\end{pmatrix}=\begin{pmatrix}\frac{1}{6}\\\frac{1}{6}\\\frac{1}{6}\\0\end{pmatrix}+k\begin{pmatrix}\frac{5}{6}\\-\frac{7}{6}\\\frac{5}{6}\\1\end{pmatrix}$，$k$ 为任意常数；

（2）$\boldsymbol{x}=\begin{pmatrix}\frac{3}{5}\\0\\\frac{4}{5}\\0\\0\end{pmatrix}+k_1\begin{pmatrix}-3\\1\\0\\0\\0\end{pmatrix}+k_2\begin{pmatrix}\frac{7}{5}\\0\\\frac{1}{5}\\1\\0\end{pmatrix}+k_3\begin{pmatrix}\frac{1}{5}\\0\\-\frac{2}{5}\\0\\1\end{pmatrix}$，$k_1,k_2,k_3$ 为任意常数；

（3）$\boldsymbol{x}=k_1\begin{pmatrix}\frac{9}{4}\\-\frac{3}{4}\\1\\0\\0\end{pmatrix}+k_2\begin{pmatrix}\frac{3}{4}\\\frac{7}{4}\\0\\1\\0\end{pmatrix}+k_3\begin{pmatrix}-\frac{1}{4}\\-\frac{5}{4}\\0\\0\\1\end{pmatrix}$，$k_1,k_2,k_3$ 为任意常数.

2.（1）当 $a=-1$ 时，$\boldsymbol{x}=\begin{pmatrix}x_1\\x_2\\x_3\\x_4\end{pmatrix}=k\begin{pmatrix}1\\0\\1\\0\end{pmatrix}$，$k$ 为任意常数；

（2）当 $a=2$ 时，$\boldsymbol{x}=\begin{pmatrix}x_1\\x_2\\x_3\\x_4\end{pmatrix}=k\begin{pmatrix}0\\-1\\0\\1\end{pmatrix}$，$k$ 为任意常数.

3. $\boldsymbol{X}=\begin{pmatrix}0&1&0\\3&-\frac{24}{5}&\frac{11}{5}\end{pmatrix}$.　　4. $\boldsymbol{X}=\begin{pmatrix}\frac{1}{4}&\frac{1}{4}&0\\0&\frac{1}{4}&\frac{1}{4}\\\frac{1}{4}&0&\frac{1}{4}\end{pmatrix}$.

5. (1) 当 $a\neq 0, b\neq 1$ 时方程组有唯一解;

(2) 当 $a=\frac{1}{2}, b=1$ 时方程组有无穷多解,$\boldsymbol{x}=\begin{pmatrix}2\\2\\0\end{pmatrix}+k\begin{pmatrix}-1\\0\\1\end{pmatrix}$ $(k\in\mathbf{R})$;

(3) 当 a,b 取上述以外的值时方程组无解.

6. $\boldsymbol{\xi}=c\boldsymbol{\eta}+\boldsymbol{\xi}_1, c\in\mathbf{R}$,其中,$\boldsymbol{\eta}=(1,-2,1,0)^{\mathrm{T}}$ 为 $\boldsymbol{Ax}=\boldsymbol{0}$ 的解,$\boldsymbol{\xi}_1=(1,1,1,1)^{\mathrm{T}}$ 为 $\boldsymbol{Ax}=\boldsymbol{b}$ 的解.

9. $r(\boldsymbol{A}^*)=1$.

11. $\boldsymbol{B}=\begin{pmatrix}1 & -1\\5 & 11\\8 & 0\\0 & 8\end{pmatrix}$.

12. 方程组 I 的基础解系 $\boldsymbol{\alpha}_1=\begin{pmatrix}0\\0\\1\\0\end{pmatrix}, \boldsymbol{\alpha}_2=\begin{pmatrix}-1\\1\\0\\1\end{pmatrix}$. 方程组 I 与 II 的公共解 $k_1(1,-1,-1,-1)^{\mathrm{T}}$, k_1 为非零实常数.

14. (1) 当 $\lambda=1$ 时,$r(\boldsymbol{A})=r(\boldsymbol{A},\boldsymbol{\beta})=1<3$,$\boldsymbol{\beta}$ 可由 $\boldsymbol{\alpha}_1,\boldsymbol{\alpha}_2,\boldsymbol{\alpha}_3$ 线性表示且表示法不唯一;

(2) 当 $\lambda=10$ 时,$r(\boldsymbol{A})=2\neq r(\boldsymbol{A},\boldsymbol{\beta})=3$,$\boldsymbol{\beta}$ 不可由 $\boldsymbol{\alpha}_1,\boldsymbol{\alpha}_2,\boldsymbol{\alpha}_3$ 线性表示;

(3) 当 $\lambda\neq 10$ 且 $\lambda\neq 1$ 时,$r(\boldsymbol{A})=r(\boldsymbol{A},\boldsymbol{B})=3$,$\boldsymbol{\beta}$ 可由 $\boldsymbol{\alpha}_1,\boldsymbol{\alpha}_2,\boldsymbol{\alpha}_3$ 唯一表示,$\boldsymbol{\beta}=\frac{3}{10-\lambda}\boldsymbol{\alpha}_1+\frac{6}{10-\lambda}\boldsymbol{\alpha}_2+\frac{4-\lambda}{10-\lambda}\boldsymbol{\alpha}_3$.

15. (1) $\boldsymbol{A}\boldsymbol{\xi}_2=\boldsymbol{\xi}_1$ 的通解为 $\boldsymbol{\xi}_2=k_1\begin{pmatrix}1\\-1\\2\end{pmatrix}+\begin{pmatrix}0\\0\\1\end{pmatrix}$,其中 k_1 为任意常数;

$\boldsymbol{A}^2\boldsymbol{\xi}_3=\boldsymbol{\xi}_1$ 的通解为 $\boldsymbol{\xi}_3=k_2\begin{pmatrix}1\\-1\\0\end{pmatrix}+k_3\begin{pmatrix}0\\0\\1\end{pmatrix}+\begin{pmatrix}-\frac{1}{2}\\0\\0\end{pmatrix}$,其中 k_2,k_3 为任意常数;

(2) $(\boldsymbol{\xi}_1,\boldsymbol{\xi}_2,\boldsymbol{\xi}_3)=\begin{vmatrix}-1 & k_1 & k_2-\frac{1}{2}\\1 & -k_1 & -k_2\\-2 & 2k_1+1 & k_3\end{vmatrix}=-\frac{1}{2}\neq 0$ 知 $\boldsymbol{\xi}_1,\boldsymbol{\xi}_2,\boldsymbol{\xi}_3$ 线性无关.

练　习　5.1

1. $\boldsymbol{\alpha}_3=k(-1\quad 0\quad 1)^{\mathrm{T}},k\in\mathbf{R}$.　　2. $\boldsymbol{\alpha}_2=\begin{pmatrix}1\\0\\-1\end{pmatrix}$，$\boldsymbol{\alpha}_3=\frac{1}{2}\begin{pmatrix}-1\\2\\-1\end{pmatrix}$.

3. $\boldsymbol{\gamma}_1=\frac{1}{\sqrt{3}}\begin{pmatrix}1\\1\\1\end{pmatrix}$，$\boldsymbol{\gamma}_2=\frac{1}{\sqrt{2}}\begin{pmatrix}0\\1\\-1\end{pmatrix}$，$\boldsymbol{\gamma}_3=\frac{1}{\sqrt{6}}\begin{pmatrix}-2\\1\\1\end{pmatrix}$.

4. $\boldsymbol{A},\boldsymbol{B}$ 是正交矩阵，$\boldsymbol{C}$ 不是正交阵.

练　习　5.2

1. (1) $\boldsymbol{A}$ 的特征值 $\lambda_1=4,\lambda_2=2$.

$\lambda_1=4$ 对应的全部特征向量 $c_1\begin{pmatrix}1\\-1\end{pmatrix}$，$c_1$ 是非零的任意常数；

$\lambda_2=2$ 对应的全部特征向量 $c_2\begin{pmatrix}1\\1\end{pmatrix}$，$c_2$ 是非零的任意常数；

(2) $\boldsymbol{A}$ 的特征值 $\lambda_1=\lambda_2=2,\lambda_3=-7$.

$\lambda_1=\lambda_2=2$ 对应的全部特征向量为 $c_1\begin{pmatrix}2\\0\\1\end{pmatrix}+c_2\begin{pmatrix}0\\1\\1\end{pmatrix}$，$c_1,c_2$ 是不全为零的任意常数；

$\lambda_3=-7$ 对应的全部特征向量为 $c_3\begin{pmatrix}1\\2\\-2\end{pmatrix}$，$c_3$ 是非零的任意常数；

(3) $\boldsymbol{A}$ 的特征值 $\lambda_1=\lambda_2=\lambda_3=1$，对应的全部特征向量为 $c\begin{pmatrix}1\\1\\-1\end{pmatrix}$，$c$ 是非零的任意常数.

3. (1) -78；　(2) 25.　　4. 0.

6. (1)×；　(2)√；　(3)√.

练　习　5.3

1. (1) 可以；(2) 可以；(3) 不可以.

2. $\lambda=-1,x=-3,y=0$. 不可以.

3. $\boldsymbol{A}^*$ 的特征值为 $1,-\frac{3}{2},-6$;可以相似对角化.

4. 1771.

练 习 5.4

1. $\boldsymbol{A}=\begin{pmatrix}4&1&1\\1&4&1\\1&1&4\end{pmatrix}$.

2. $\boldsymbol{A}=\frac{1}{3}\begin{pmatrix}-1&0&2\\0&1&2\\2&2&0\end{pmatrix}$.

3. $\begin{cases}x=4;\\y=5.\end{cases}$

4. $\boldsymbol{A}^n=\frac{1}{2}\begin{pmatrix}1+3^n&1-3^n\\1-3^n&1+3^n\end{pmatrix}$.

5. $\varphi(\boldsymbol{A})=\begin{pmatrix}-2&-2\\-2&-2\end{pmatrix}$.

6. $\boldsymbol{A}=\boldsymbol{E}$.

7. (1) ×; (2) √.

习 题 5

第一部分 客观题

1. D. 2. D. 3. A. 4. C.

5. D. 6. D.

第二部分 解答题

1. 1. 2. $k=2$. 3. $\mathrm{diag}(-1,-1,0)$.

4. $\lambda_1=16,\lambda_2=25,\lambda_3=9$. 5. $\frac{|\boldsymbol{A}|}{\lambda}+1$.

6. 6,42. 7. $\frac{4}{3}$. 8. $\lambda=2$ 为 n 重特征值.

9. $|\boldsymbol{B}|=-288,|\boldsymbol{A}-5\boldsymbol{E}|=-72$. 10. (1) 可逆; (2) 可逆.

11. $\lambda_1=\lambda_2=6,\lambda_3=-2,a=0,\boldsymbol{P}^{-1}\boldsymbol{AP}=\boldsymbol{\Lambda}=\mathrm{diag}(6,6,-2)$.

12. $\boldsymbol{P}=\begin{pmatrix}1&1&-1\\1&0&1\\0&1&1\end{pmatrix}$,则 $\boldsymbol{P}^{-1}\boldsymbol{AP}=\boldsymbol{\Lambda}=\mathrm{diag}(a+1,a+1,a-2)$;$|\boldsymbol{A}-\boldsymbol{E}|=a^2(a-3)$.

13. (1) $x=2,\lambda_2=0,\lambda_3=2$;$\lambda_1=3$ 对应特征向量 $\boldsymbol{p}_1=\begin{pmatrix}-1\\2\\2\end{pmatrix}$,

$\lambda_2=0$ 对应特征向量 $\boldsymbol{p}_2=\begin{pmatrix}-2\\-1\\2\end{pmatrix}$,

$\lambda_3=2$ 对应特征向量 $\boldsymbol{p}_3=\begin{pmatrix}0\\1\\0\end{pmatrix}$；

(2) $\boldsymbol{P}=\begin{pmatrix}-1 & -2 & 0\\ 2 & -1 & 1\\ 2 & 2 & 0\end{pmatrix}$ 且 $\boldsymbol{P}^{-1}\boldsymbol{AP}=\boldsymbol{\Lambda}=\mathrm{diag}(3,0,2)$.

练 习 6.1

(1) $\boldsymbol{A}=\begin{pmatrix}1 & 2 & 0\\ 2 & 2 & -3\\ 0 & -3 & -3\end{pmatrix}$,3； (2) $\boldsymbol{A}=\begin{pmatrix}1 & 2 & 0 & 0\\ 2 & -1 & 0 & 0\\ 0 & 0 & -3 & -3\\ 0 & 0 & -3 & 0\end{pmatrix}$,4；

(3) $\boldsymbol{A}=\begin{pmatrix}3 & 5 & 1\\ 5 & -2 & 3\\ 1 & 3 & 0\end{pmatrix}$,3.

练 习 6.2

1. 标准型 $f=2y_1^2+\frac{3}{2}y_2^2$，可逆线性变换为 $\begin{pmatrix}x_1\\x_2\end{pmatrix}=\begin{pmatrix}1 & \frac{1}{2}\\ 0 & 1\end{pmatrix}\begin{pmatrix}y_1\\y_2\end{pmatrix}$；规范形 $f=z_1^2+z_2^2$，可逆线性变换为 $\begin{pmatrix}x_1\\x_2\end{pmatrix}=\begin{pmatrix}\frac{\sqrt{2}}{2} & \frac{\sqrt{6}}{6}\\ 0 & \frac{\sqrt{6}}{3}\end{pmatrix}\begin{pmatrix}z_1\\z_2\end{pmatrix}$.

2. (1) $f=y_1^2+y_2^2$，$x=\boldsymbol{P}y$，$\boldsymbol{P}=\begin{pmatrix}1 & -1 & 1\\ 0 & 1 & -2\\ 0 & 0 & 1\end{pmatrix}$，其中，$|\boldsymbol{P}|=1\neq 0$；

(2) $f=y_1^2+2y_2^2-y_3^2$，$x=\boldsymbol{P}y$，$\boldsymbol{P}=\begin{pmatrix}1 & -1 & 3\\ 0 & 1 & 1\\ 0 & 0 & 1\end{pmatrix}$，其中，$|\boldsymbol{P}|=1\neq 0$；

(3) 标准型为 $f=2y_1^2-2y_2^2$，$x=\boldsymbol{P}y$，$\boldsymbol{P}=\begin{pmatrix}1 & 1 & 0\\ 1 & -1 & 1\\ 0 & 0 & 1\end{pmatrix}$，其中，$|\boldsymbol{P}|=-2\neq 0$.

练　习　6.3

1. (1) 正定； (2) 不定； (3) 正定； (4) 负定； (5) 不定.

5. $k\in(-1,0)$.　　6. $k\in(-1,1)$.

习　题　6

第一部分　客观题

1. B.　2. C.　3. D.　4. C.

5. B.　6. C.　7. D.　8. C.

第二部分　解答题

1. $\boldsymbol{A}$ 的特征值 $\lambda_1=-3,\lambda_2=\lambda_3=\lambda_4=1$；所求标准型为 $f=-3y_1^2+y_2^2+y_3^2+y_4^2$，

所用的正交变换 $\begin{pmatrix}x_1\\x_2\\x_3\\x_4\end{pmatrix}=\begin{pmatrix}\frac{1}{2} & \frac{1}{\sqrt{2}} & \frac{1}{\sqrt{6}} & -\frac{\sqrt{3}}{6}\\ -\frac{1}{2} & \frac{1}{\sqrt{2}} & -\frac{1}{\sqrt{6}} & \frac{\sqrt{3}}{6}\\ -\frac{1}{2} & 0 & \frac{2}{\sqrt{6}} & \frac{\sqrt{3}}{6}\\ \frac{1}{2} & 0 & 0 & \frac{\sqrt{3}}{2}\end{pmatrix}\begin{pmatrix}y_1\\y_2\\y_3\\y_4\end{pmatrix}$.

4. $\begin{cases}a=3;\\ b=1.\end{cases}$ 所求得正交变换矩阵为 $\boldsymbol{P}=\begin{pmatrix}-\frac{1}{\sqrt{2}} & \frac{1}{\sqrt{3}} & \frac{1}{\sqrt{6}}\\ 0 & -\frac{1}{\sqrt{3}} & \frac{2}{\sqrt{6}}\\ \frac{1}{\sqrt{2}} & \frac{1}{\sqrt{3}} & \frac{1}{\sqrt{6}}\end{pmatrix}$.

5. $a=2$.

6. $\boldsymbol{A}$ 的特征值为 $\lambda_1=\lambda_2=-2,\lambda_3=0$；当 $k>2$ 时正定.

线性代数综合测试题

一、填空题

1. 13.　2. $\frac{27}{4}$.　3. $k\neq-1$.　4. 5.　5. 2.

二、选择题

6. D.　7. C.　8. D.　9. A.　10. A.

三、判断题

11. √.　　12. ×.　　13. √.　　14. ×.　　15. √.

四、计算题

16. 由 $\boldsymbol{A}=\begin{pmatrix}1&2&1&2\\3&3&1&2\\0&0&4&2\\0&0&5&5\end{pmatrix}$,可得

$$\boldsymbol{A}-2\boldsymbol{E}=\begin{pmatrix}-1&2&1&2\\3&1&1&2\\0&0&2&2\\0&0&5&3\end{pmatrix},$$

故

$$|\boldsymbol{A}-2\boldsymbol{E}|=\begin{vmatrix}-1&2&1&2\\3&1&1&2\\0&0&2&2\\0&0&5&3\end{vmatrix}=\begin{vmatrix}-1&2\\3&1\end{vmatrix}\cdot\begin{vmatrix}2&2\\5&3\end{vmatrix}=(-1-6)\cdot(6-10)=28.$$

从而有

$$\begin{aligned}[3(\boldsymbol{A}-2\boldsymbol{E})^{-1}]^*&=|3(\boldsymbol{A}-2\boldsymbol{E})^{-1}|\cdot[3(\boldsymbol{A}-2\boldsymbol{E})^{-1}]^{-1}\\&=3^4\cdot|(\boldsymbol{A}-2\boldsymbol{E})^{-1}|\cdot\frac{1}{3}[(\boldsymbol{A}-2\boldsymbol{E})^{-1}]^{-1}\\&=3^3\cdot\frac{1}{|(\boldsymbol{A}-2\boldsymbol{E})|}\cdot(\boldsymbol{A}-2\boldsymbol{E})\\&=\frac{27}{28}\begin{pmatrix}-1&2&1&2\\3&1&1&2\\0&0&2&2\\0&0&5&3\end{pmatrix}.\end{aligned}$$

17. (1) 由

$$\begin{aligned}f(x_1,x_2,x_3)&=x_1^2+2x_1x_2+4x_1x_3-kx_2^2-4kx_2x_3+6x_3^2\\&=(x_1+x_2+2x_3)^2-(k+1)x_2^2-4(k+1)x_2x_3+2x_3^2\\&=(x_1+x_2+2x_3)^2+2[-(k+1)x_2+x_3]^2-(k+1)(2k+3)x_2^2,\end{aligned}$$

令

$$\begin{cases}y_1=x_1+x_2+2x_3,\\y_2=-(k+1)x_2+x_3,\\y_3=x_2,\end{cases}$$

则所求标准形为 $f=y_1^2+2y_2^2-(k+1)(2k+3)y_3^2$,

且所用的可逆线性变换为

$$\begin{cases}x_1=y_1-2y_2-(2k+3)y_3,\\x_2=y_3,\\x_3=-2y_2+(k+1)y_3.\end{cases}$$

(2) 根据(1)中的 f 的标准型 $f=y_1^2+2y_2^2-(k+1)(2k+3)y_3^2$ 可知,若 f 正定,则 $-(k+1)(2k+3)>0$,即有 $-\frac{3}{2}<k<-1$.

18. 对增广矩阵初等行变换有

$$(\boldsymbol{A},\boldsymbol{b})=\begin{pmatrix}1&4&1&-2&-4\\2&8&2&-4&-8\\1&4&2&2&-2\end{pmatrix}\xrightarrow[r_3-r_1]{r_2-2r_1}\begin{pmatrix}1&4&1&-2&-4\\0&0&0&0&0\\0&0&1&4&2\end{pmatrix}$$

$$\xrightarrow[r_1-r_2]{r_3\leftrightarrow r_2}\begin{pmatrix}1&4&0&-6&-6\\0&0&1&4&2\\0&0&0&0&0\end{pmatrix},$$

故 $r(\boldsymbol{A},\boldsymbol{b})=r(\boldsymbol{A})=2<4=n$,从而原方程有无穷多解.

此时原方程的等价方程为

$$\begin{cases}x_1+4x_2-6x_4=-6,\\x_3+4x_4=2,\end{cases}$$

可令 $x_2=c_1,x_4=c_2$,代入上方程解得

$$x_1=-4c_1+6c_2-6,x_3=-4c_2+2.$$

故原方程的通解为

$$x=\begin{pmatrix}x_1\\x_2\\x_3\\x_4\end{pmatrix}=\begin{pmatrix}-4c_1+6c_2-6\\c_1\\-4c_2+2\\c_2\end{pmatrix}=c_1\begin{pmatrix}-4\\1\\0\\0\end{pmatrix}+c_2\begin{pmatrix}6\\0\\-4\\1\end{pmatrix}+\begin{pmatrix}-6\\0\\2\\0\end{pmatrix},$$

其中 c_1,c_2 为任意常数.

19. (1) 由题设得

$$(\lambda\boldsymbol{E}-\boldsymbol{A})=\begin{pmatrix}\lambda-6&-3&0\\-1&\lambda-8&0\\0&0&\lambda-9\end{pmatrix}.$$

令 $|\lambda\boldsymbol{E}-\boldsymbol{A}|=0$,则

$$\begin{vmatrix}\lambda-6&-3&0\\-1&\lambda-8&0\\0&0&\lambda-9\end{vmatrix}=0$$

$$\Rightarrow(\lambda-9)\begin{vmatrix}\lambda-6 & -3\\ -1 & \lambda-8\end{vmatrix}=0$$

$$\Rightarrow(\lambda-9)^2(\lambda-5)=0$$

$$\Rightarrow\lambda_1=\lambda_2=9,\lambda_3=5.$$

(2) 当 $\lambda=\lambda_1=\lambda_2=9$ 时,有

$$(\lambda\boldsymbol{E}-\boldsymbol{A})=\begin{pmatrix}3 & -3 & 0\\ -1 & 1 & 0\\ 0 & 0 & 0\end{pmatrix}\xrightarrow{r_1\leftrightarrow r_2}\begin{pmatrix}-1 & 1 & 0\\ 3 & -3 & 0\\ 0 & 0 & 0\end{pmatrix}\xrightarrow[r_1\times(-1)]{r_2+3r_1}\begin{pmatrix}1 & -1 & 0\\ 0 & 0 & 0\\ 0 & 0 & 0\end{pmatrix},$$

故有 $r=1<n=3$. 可令

$$\boldsymbol{\xi}_1=\begin{pmatrix}1\\1\\0\end{pmatrix},\quad \boldsymbol{\xi}_2=\begin{pmatrix}0\\0\\1\end{pmatrix},$$

故 $\boldsymbol{A}$ 相应于特征值 $\lambda=9$ 的全体特征向量为

$$\boldsymbol{p}=c_1\boldsymbol{\xi}_1+c_2\boldsymbol{\xi}_2=c_1\begin{pmatrix}1\\1\\0\end{pmatrix}+c_2\begin{pmatrix}0\\0\\1\end{pmatrix},$$

其中 c_1,c_2 为不同时为 0 的任意常数.

20. $$\begin{vmatrix}1 & 2 & 3 & 4\\ 2 & 5 & 3 & 4\\ 2 & 4 & 5 & 1\\ 0 & 1 & 3 & 5\end{vmatrix}\overset{\substack{r_2-2r_1\\ r_3-2r_1}}{=\!=\!=}\begin{vmatrix}1 & 2 & 3 & 4\\ 0 & 1 & -3 & -4\\ 0 & 0 & -1 & -7\\ 0 & 1 & 3 & 5\end{vmatrix}$$

$$\overset{r_4-r_2}{=\!=\!=}\begin{vmatrix}1 & 2 & 3 & 4\\ 0 & 1 & -3 & -4\\ 0 & 0 & -1 & -7\\ 0 & 0 & 6 & 9\end{vmatrix}\overset{r_4+6r_3}{=\!=\!=}\begin{vmatrix}1 & 2 & 3 & 4\\ 0 & 1 & -3 & -4\\ 0 & 0 & -1 & -7\\ 0 & 0 & 0 & -33\end{vmatrix}=33.$$

21. 利用初等行变换对矩阵$(\boldsymbol{\alpha}_1,\boldsymbol{\alpha}_2,\boldsymbol{\alpha}_3,\boldsymbol{\alpha}_4)$进行化简有

$$(\boldsymbol{\alpha}_1,\boldsymbol{\alpha}_2,\boldsymbol{\alpha}_3,\boldsymbol{\alpha}_4,\boldsymbol{\alpha}_5)=\begin{pmatrix}1 & 3 & -4 & -2 & 3\\ -1 & -4 & 3 & 2 & -4\\ 0 & 2 & 2 & 1 & 5\end{pmatrix}$$

$$\xrightarrow{r_2+r_1}\begin{pmatrix}1 & 3 & -4 & -2 & 3\\ 0 & -1 & -1 & 0 & -1\\ 0 & 2 & 2 & 1 & 5\end{pmatrix}\xrightarrow[r_3+2r_2]{r_1+3r_2}\begin{pmatrix}1 & 0 & -7 & -2 & 0\\ 0 & -1 & -1 & 0 & -1\\ 0 & 0 & 0 & 1 & 3\end{pmatrix}$$

$$\xrightarrow[r_1+2r_3]{r_2\times(-1)}\begin{pmatrix}1 & 0 & -7 & 0 & 6\\ 0 & 1 & 1 & 0 & 1\\ 0 & 0 & 0 & 1 & 3\end{pmatrix},$$

故向量组的秩为 $r(\boldsymbol{\alpha}_1,\boldsymbol{\alpha}_2,\boldsymbol{\alpha}_3,\boldsymbol{\alpha}_4,\boldsymbol{\alpha}_5)=3$，其中 $\boldsymbol{\alpha}_1,\boldsymbol{\alpha}_2,\boldsymbol{\alpha}_4$ 是一个极大无关组；

(2) 由矩阵$\begin{pmatrix}1&0&-7&0&6\\0&1&1&0&1\\0&0&0&1&3\end{pmatrix}$可以看出 $\boldsymbol{\alpha}_3,\boldsymbol{\alpha}_5$ 由极大无关组 λ 表示的线性表示式为

$$\begin{cases}\boldsymbol{\alpha}_3=-7\boldsymbol{\alpha}_1+\boldsymbol{\alpha}_2,\\ \boldsymbol{\alpha}_5=6\boldsymbol{\alpha}_1+\boldsymbol{\alpha}_2+3\boldsymbol{\alpha}_4.\end{cases}$$

五、证明题

22. 由 $\boldsymbol{A}$ 为对称矩阵，故 $\boldsymbol{A}^{\mathrm{T}}=\boldsymbol{A}$，从而

$$(\boldsymbol{A}+5\boldsymbol{E})^{\mathrm{T}}=\boldsymbol{A}^{\mathrm{T}}+5\boldsymbol{E}^{\mathrm{T}}=\boldsymbol{A}+5\boldsymbol{E},$$

即有 $\boldsymbol{A}+5\boldsymbol{E}$ 也是对称矩阵

设 λ 是 $\boldsymbol{A}$ 的任一个特征值，由

$$\boldsymbol{A}^2+4\boldsymbol{A}+3\boldsymbol{E}=\boldsymbol{O},$$

得
$$\lambda^2+4\lambda+3=0,$$

即
$$(\lambda+1)(\lambda+3)=0,$$

解得
$$\lambda=-1\text{ 或 }\lambda=-3,$$

故 $\boldsymbol{A}$ 的特征值为

$$\lambda=-1\quad\text{或}\quad\lambda=-3.$$

再由 λ 为 A 的特征值，则 $\lambda+5$ 为 $\boldsymbol{A}+5\boldsymbol{E}$ 的特征值可知，$\boldsymbol{A}+5\boldsymbol{E}$ 的特征值为 $-1+5=4$ 或 $-3+5=2$，即 $\boldsymbol{A}+5\boldsymbol{E}$ 的特征值都大于 0. 再考虑到 $\boldsymbol{A}+5\boldsymbol{E}$ 是对称矩阵，故 $\boldsymbol{A}+5\boldsymbol{E}$ 是正定矩阵.

23. (反证法)反设 $\boldsymbol{B}-3\boldsymbol{E}$ 不可逆，则

$$|\boldsymbol{B}-3\boldsymbol{E}|=0,$$

即 $\lambda=3$ 是 $\boldsymbol{B}$ 的一个特征值. 由 $\boldsymbol{B}$ 与 $\boldsymbol{A}$ 相似可知 $\boldsymbol{B}$ 与 $\boldsymbol{A}$ 有相同的特征值，故 $\lambda=3$ 也是 $\boldsymbol{A}$ 的一个特征值. 再由 $\boldsymbol{A}$ 满足

$$\boldsymbol{A}^3-4\boldsymbol{A}^2-3\boldsymbol{E}=\boldsymbol{O}$$

得 $\lambda=3$ 必须满足 $x^3-4x^2-3=0$，又

$$\lambda^3-4\lambda^2-3=3^3-4\times3^2-3\neq0,$$

这显然是矛盾的. 这就证明了 $\boldsymbol{B}-3\boldsymbol{E}$ 是可逆矩阵.

主要参考文献

李永乐，王式安. 2016. 考研数学(一)、(二)、(三)复习全书. 西安：西安交通大学出版社.

李正元，李永乐. 2015. 考研数学(一)复习全书. 北京：中国政法大学出版社.

同济大学数学系. 2014. 线性代数. 6版. 北京：高等教育出版社.

张军好，余启港，欧阳露莎. 2014. 线性代数. 2版. 北京：科学出版社.